第2版

新 野菜つくりの実際

誰でもできる
露地・トンネル・
無加温ハウス栽培

果菜Ⅱ

ウリ科・イチゴ・オクラ

川城英夫 編

農文協

はじめに

『新 野菜つくりの実際』（全５巻、76種類１４４作型）は、２００１年に直売向けの野菜生産者を主な対象として発刊されました。現場指導で活躍している技術者に、各野菜の生理・生態と栽培の基本技術などを初心者にもわかりやすく解説していただきました。おかげで各方面から好評を得て、生産者はもちろん、研究者や農業改良普及員、ＪＡ営農指導員などの必携の書となりました。

発刊後、増刷を重ねてきましたが20年余り経ち、野菜生産の状況も変わってきました。専業農家の中に少量多品目を生産して直売所専門に出荷する方が現われ、農外からの若い新規就農者も増えました。国は２０２２年5月に「みどりの食料システム法」を制定し、２０５０年までに化学農薬の50％低減、化学肥料の30％低減、有機農業の取り組みを全農地の25％に当たる１００万haに拡大させることを目標に掲げました。米余りが続く中で水田の作物転換が進み、加工・業務用野菜が拡大し、イタリア野菜やタイ野菜などの栽培も増えてきました。

こうした変化を踏まえて改訂版を出版することにしました。新たな版では主な読者対象は変えず、凡例を入れるなど、予備知識の少ない新規就農者にも配慮して編集しました。また、読者の要望を踏まえて各作型の新規項目として「品種の選び方」を加えました。取り上げる野菜の種類は、近年、直売所やレストランでよく見かけるようになったものを新たに加えました。さらに新しい作型や優れた栽培技術も積極的に加えました。

こうして新版では、野菜87種類１７１作型を収録して全7巻とし、判型はＡ５判からＢ５判に大判化し、文字も一回り大きくして読みやすくしました。今後20年の野菜つくりの土台となることをめざし、現場の第一線で農家の指導に当たっておられる研究者や農業改良普及員などに執筆をお願いしました。各野菜の生理・生態、栄養や機能性、利用法といった基礎知識、栽培の基本技術から最新の技術・知見までをわかりやすく、しかもベテランの生産者にとっても十分活用できる濃い内容に仕上げていただいており、執筆者各位に深謝いたします。また、本書ができたのは企画・編集された農山漁村文化協会編集部のおかげであり、記してお礼申し上げます。

本シリーズは、「果菜Ⅱ」のほか、「果菜Ⅰ」「葉菜Ⅰ」「葉菜Ⅱ」「根茎菜Ⅰ」「根茎菜Ⅱ」「軟化・芽物」の7巻からなり、本「果菜Ⅱ」では13種類26作型を取り上げています。他の巻とあわせてご活用いただき、安全でおいしい野菜生産と活気あふれる直売所経営に、そして人と環境にやさしいグリーン農業の推進と野菜産地活性化の一助としていただければ幸いです。

２０２３年8月

川城英夫

目次

この本の使い方

◆各品目の基本構成

本書では、各品目は「この野菜の特徴と利用」と「○○栽培」（各作型の特徴と栽培技術）からなります。以下は基本的な解説項目です。一部の品目では、産地の実情や技術体系を踏まえて、項目立てが異なる場合があります。各種資材や経営指標など掲載情報は執筆時のものです。

この野菜の特徴と利用

(1) 野菜としての特徴と利用
(2) 生理的な特徴と適地

○○栽培

1 この作型の特徴と導入

(1) 作型の特徴と導入の注意点
(2) 他の野菜・作物との組合せ方

2 栽培のおさえどころ

(1) どこで失敗しやすいか
(2) おいしく安全につくるためのポイント
(3) 品種の選び方

3 栽培の手順

(1) 育苗のやり方（あるいは「畑の準備」）
(2) 定植のやり方
（あるいは「播種のやり方」）
(3) 定植後の管理
（あるいは「播種後の管理」）
(4) 収穫

4 病害虫防除

(1) 基本になる防除方法
(2) 農薬を使わない工夫

5 経営的特徴

◆巻末付録

初心者からベテランまで参考となる基本技術と基礎データです。「ウリ科野菜の育苗方法」「農薬を減らすための防除の工夫」「天敵の利用」「各種土壌消毒の方法」「被覆資材の種類と特徴」「主な肥料の特徴」を収録しました。

栽植様式の用語（1ウネ2条の場合）

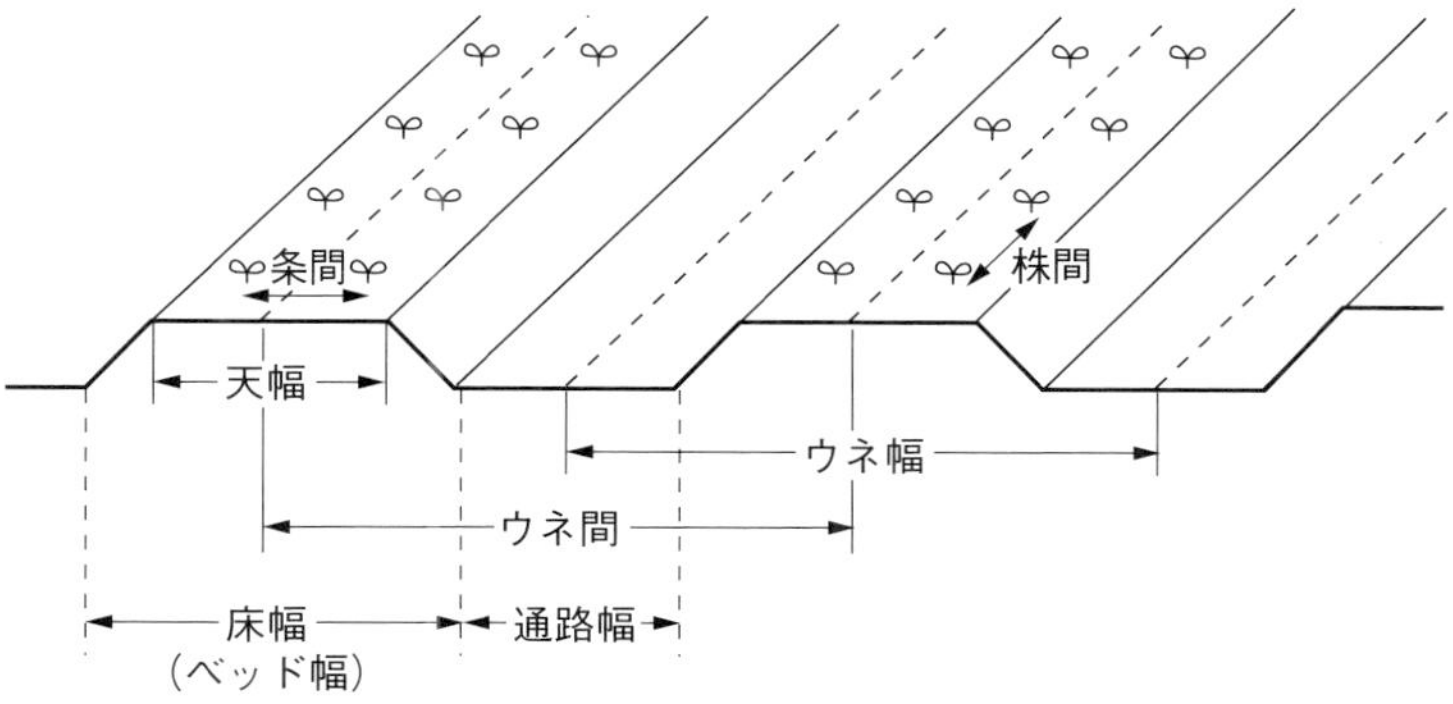

※栽植密度は株間と条数とウネ幅によって決まります

◆栽植様式の用語

本書では、栽植様式の用語は農業現場での本来の用法に従い、次の意味で使っています。

ウネ幅　ウネの間を通る溝（通路）の中心と中心の間隔、あるいは床幅と通路幅を合わせた長さのことです。

ウネ間　ウネの中心と中心の間隔のことです。ウネ幅とウネ間は同じ長さになります。

条間　種子を等間隔で条状《すじ》に播く方法を条《じょう》播《は》と呼び、播いた条《じょう》と条の間隔を条間といいます。苗を複数列植え付ける場合の列の間隔も条間といいます。1ウネ1条で播種もしくは植え付けた場合、条間とウネ間は同じ長さになります。

株間　ウネ方向の株と株の間隔のことです。

◆苗数の計算方法

10ａ（1000㎡）当たりの苗数（栽植株数）は、次の計算式で求められます。

1000（㎡）÷ウネ幅（m）÷株間（m）×条数＝10ａ当たりの苗数

ハウスの場合

1000（㎡）÷ハウスの間口（m）÷株間（m）×ハウス内の条数＝10ａ当たりの苗数

ただし、枕地や両端のウネの余裕をどのくらいにするかで苗数は変わります。

近年、家庭菜園の本では床幅を「ウネ幅」と表記して計算している例が見られますが、床幅をウネ幅として計算してしまうと面積当たりの正しい苗数は得られませんので、ご注意ください。また、1ウネ2条の場合は2倍した苗数、3条の場合は3倍した苗数になります。

◆農薬情報に関する注意点

本書の農薬情報は執筆時のものです。対象となる農作物・病害虫に登録のない農薬の使用は、農薬取締法で禁止されています。使用にあたっては、必ずラベルに記載された登録内容をご確認のうえ、使用方法を遵守してください。

キュウリ

表1　キュウリの作型，特徴と栽培のポイント

主な作型と適地

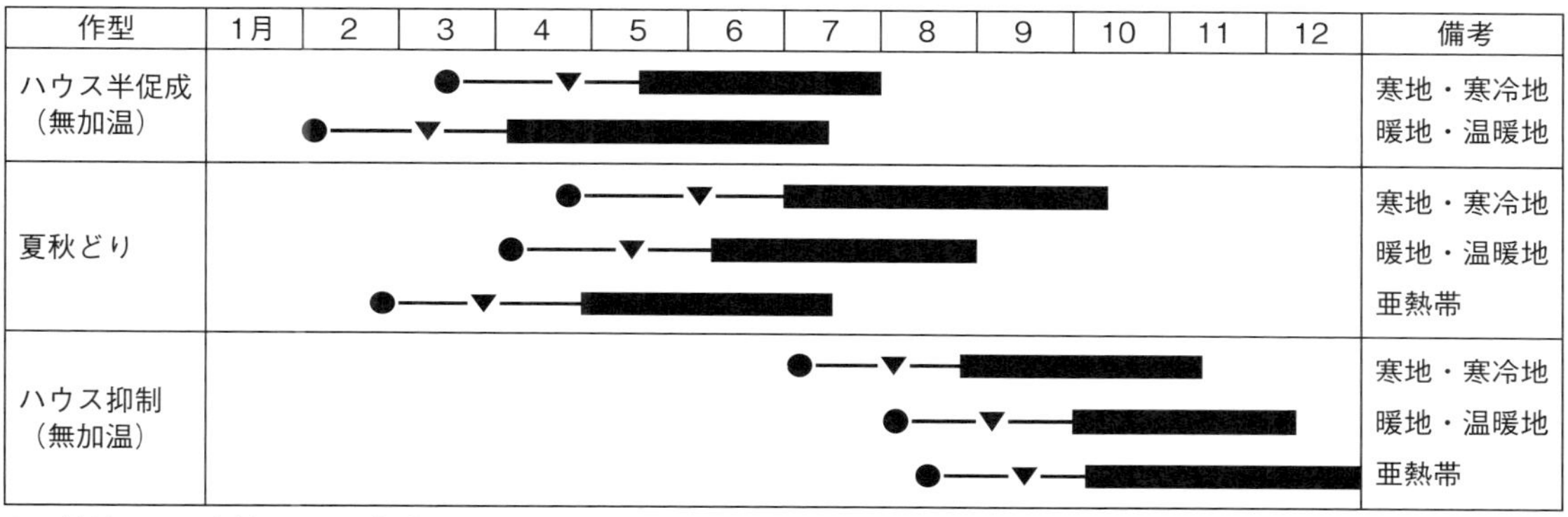

●：播種，▼：定植，■：収穫

特徴	名称	キュウリ（ウリ科キュウリ属）
	原産地・来歴	原産地はインド北部のヒマラヤ南山麓とされる。緯度から見れば熱帯に属するが高温の地帯ではない。しかし，湿度の高い地帯とされる。原産地のこの環境は，栽培管理に生かすことができる。日本には中国の華南を経たものと華北を経たものが渡来したが，両者の渡来時期には1,000年以上の開きがあり，華南型が古代に渡来したのに対し華北型は19世紀以降である。現在利用されているのはこれらの交雑種であるが，華北型の形質を強く残した品種が多い
	生産・消費状況	2010（平成22）年の統計資料によると，全国の作付け面積は11,100ha，生産量は468,400tで，国民1人当たりの年間消費量は約2.5kgである
	栄養・機能性成分	果実に含まれるカリウムは利尿作用を通じてむくみを解消する。抗ガン作用があるとされるククルビタシン，美容成分のシリカを含む。血液が固まるのを防ぐピラジンも含む 食べると体熱を冷ます機能が知られており，暑い季節の健康維持には欠かせない野菜である
	利用法	生食するほか漬け物としても利用する。煮食も美味である
生理・生態的特性	発芽・生育適温	発芽適温25〜30℃，発芽後の昼間の生育適温は25〜28℃。夜間の生育適温は12〜15℃であるが，10℃でも十分生育する
	日照・日長反応	光飽和点は約5万lx。日長に対する反応は無視してよい
	土壌適応性	pHを5.5〜6.8に保ち，乾燥しないようにすれば土壌は選ばない
	台木と穂木の組合せ	ブルームレス台木と白イボキュウリの組合せが多い。ブルームの出る台木と黒イボキュウリの再評価が必要である
栽培のポイント	接ぎ木と対象病害虫	つる割病と疫病，線虫など土壌病害虫の回避，および果実をブルームレスにする目的で接ぎ木を行なう。防除が必要な地上部病害はべと病，褐斑病，うどんこ病，灰色かび病など。害虫はアブラムシ類，アザミウマ類，コナジラミ類など
	他の作物との組合せ	キュウリ同士の組合せでは半促成栽培と抑制栽培は互いを前後作にできる。亜熱帯に限り，夏秋どり栽培と抑制栽培の組合せが可能。他品目との組合せは，抑制栽培の後作としてトマト，ピーマンなどの半促成栽培ができる。暖地・温暖地・亜熱帯では抑制栽培の前作にスイートコーン，カボチャが栽培できる。暖地・温暖地では半促成栽培の後作にカボチャが栽培できる

この野菜の特徴と利用

(1) 野菜としての特徴と利用

①原産と来歴

キュウリの原産地は、インド北部のヒマラヤ南山麓とされる。緯度から見れば熱帯に属するが、高温の地帯ではない。また、湿度の高い地帯とされる。

日本には、中国の華南を経たものと華北を経たものが伝わった。両者の渡来時期には1000年以上の開きがあり、華南型（多くが黒イボ）が古代に渡来したのに対し、華北型（白イボ）は19世紀以降である。現在利用されているのはこれらの交雑種であるが、どちらかといえば華北型の形質を強く残した品種が多い。

②生産と利用、機能性

2010（平成22）年の統計資料によると、全国の作付け面積は1万1100ha、生産量は46万8400tで、国民1人当たりの年間消費量は約2・5kgである。

キュウリは生食されるほか、漬け物としても利用される。また、煮食も美味である。

果実に含まれるカリウムは利尿作用があり、むくみを解消する。抗ガン作用があるとされるククルビタシン、美容成分のシリカを含む。血液が固まる（脳梗塞、心筋梗塞の原因）のを防ぐピラジンも含む。

また、成分的根拠は解明されていないけれども、食べると体を冷やすことが知られている。昔の記録に出てくる疫病の多くは、暑気による身体の衰弱が原因のようである。いわゆる熱病であり、予防あるいは治療は体の熱を冷ますことである（＊参照）。

(2) 生理的な特徴と適地

①生育温度

発芽の適温は25～30℃である。これは種子が播かれている地温（培地温度）であり、発芽後の生育指標になる気温ではない。発芽後の昼間の生育適温は午前が25～28℃、午後が23～24℃である。夜間の適温は12～15℃とされ、ナス、ピーマン、メロン、スイカより低い。

10℃でも十分生育するので、ハウス栽培で茎葉が徒長しそうなときは、一時的に夜間も換気して10℃に落とすとよい。また、ハウス抑制栽培の後半は、保温で10℃が確保できるかぎり栽培を継続できる。

②光、湿度、日長、土壌適応性

光合成速度が最大になる光飽和点の照度は5万lxぐらいであり、果菜類の中では低い部類に入る。普通、立ちつくりの群落状態で栽培するので、葉の多くは光飽和点より低い環境にある。そのため採光に気を配る必要はあるが、そのことによってハウス内の空気が乾

＊：京都八坂神社の祇園祭は疫病退散を祈願する祭礼である。この列島の最も暑い時期に行なうのは、祭礼の目的に沿ったものなのだろう。八坂神社の神紋は、キュウリの断面図であるとの説があり、また、昔から氏子は祭りがある7月はキュウリを食べないという習慣がある。八坂神社は牛頭天王を祀る。牛頭天王は、もともとインドの神で、かの祇園精舎で修行僧の病魔退散を担っていた。祇園精舎は今に残る。その位置はインド北部のヒマラヤ南山麓で、奇しくもキュウリの原産地と重なる。

燥するのはよくない。

キュウリの葉は乾燥によって寿命が短くなる。光が弱い季節であっても、ハウスの内カーテンは換気部分だけ開けて、日中も張りっぱなしにして空中湿度を保ったほうが、全部開けて乾燥するよりも成績がよい。低照度による光合成速度の低下より、葉が長命になる効果のほうが大きいのである。

日長に対する反応は、もともと短日で雌花が多くなる性質を持っているが、品種改良が進んだ現在、その性質は鈍化されており、栽培者が日長を気にかける場面はない。

土壌適応性は、ほぼ100%接ぎ木栽培なので、半分はカボチャの根の適応性ということになる。pHを5・5～6・8に保ち、乾燥しないようにすれば土壌は選ばない。

③品種

表2に作型と使用される品種の例を示した。日本のキュウリは白イボ品種とブルームレス台木の組合せ一色である。しかし、黒イボ品種もブルームの出る台木も優れた個性を持っている。再評価が必要である（表3、4）。

（執筆：白木己歳）

表2　作型と品種

作型	要件	品種例
ハウス半促成（無加温）	・栽培初期の低温期にも生育がよい ・夏秋どり栽培の出荷が始まる前に多く出荷できる ・耐病性を持っている（べと病，うどんこ病，褐斑病，灰色かび病など）	フリーダムハウス1号（サカタのタネ），グリーンラックス（埼玉原種育成会），瑞帆（みずほ）（久留米原種育成会）
夏秋どり	・高温・強光下でも葉や果実に焼けが出ない ・ドカ成りせず各時期に平均して着果する ・耐病性を持っている（ハウス半促成と同じ）	VR夏すずみ（タキイ種苗），よしなり（サカタのタネ）
ハウス抑制（無加温）	・栽培初期の高温時に葉が大きくなりすぎない ・高温下でも雌花のつきがよい ・耐病性を持っている（ハウス半促成と同じ）	フリーダムハウス3号（サカタのタネ），よしなり（サカタのタネ），なおよし（埼玉原種育成会），エクセレント節成1号（埼玉原種育成会）
台木の主要品種	・いずれもブルームレスである ・台木と穂木の販売元を合わせる必要はない	ときわパワーZ（ときわ研究場），ゆうゆう一輝（埼玉原種育成会），スーパー雲竜（久留米原種育成会），シェルパ（タキイ種苗）

表3　復活させたいブルームを発現する台木

品種名	耐寒性	耐暑性	ケイ素の吸収量（茎葉の構造的耐病性）
クロダネ	強い	普通	多い（強い）
新土佐	普通	強い	多い（強い）

注1）ブルームレス台木はケイ素の吸収量が少なく病原菌が侵入しやすい
注2）ブルームレス台木の耐寒性と耐暑性はどちらもやや弱い

表4　黒イボ品種を見直す

品種	耐低温・寡日照	果皮の状態	適する利用法
白イボ（主流品種）	弱い	濃緑でピカピカ	生食
黒イボ（1975年ごろまで主流品種）	強い	緑	生食，漬け物，煮食

夏秋どり栽培

1 この作型の特徴と導入

(1) 作型の特徴と導入の注意点

夏秋どり栽培は、晩霜の心配がなくなってから定植し、初夏から秋にかけて収穫するキュウリの基本的な作型である。トンネル栽培や遅播きの栽培を組み合わせることで、長期間収穫することができる。

この作型は、梅雨の長雨や日照不足、夏期の高温・乾燥、台風の襲来など、天候の変化が激しい期間に栽培する。そのため、病害虫の発生や湿害、乾燥、強風などによって草勢が低下し、不良果や収量の低下をまねきやすい。

栽培にあたっては、堆肥などの有機物を投入して深耕し、排水対策をしっかり行なって、健全に生育できる土つくりをする必要がある。また、風が当たりにくい圃場を選び、乾燥や強風に備えて灌水施設や防風網を設置することが望ましい。

(2) 他の野菜・作物との組合せ方

病害虫の発生を抑制するためには、ウリ科以外の作物と組み合わせ、輪作することが望ましい。

キュウリ栽培は、他品目より多くの肥料を使用するため、吸収されなかった肥料成分が土壌に残りやすい。そのため、翌年には、肥料分が多く必要なスイートコーンなどがよい。また、ネギ類を組み合わせると、つる割病などの発生を抑制する効果がある。

キュウリ―スイートコーン―ダイコン、キュウリ―ネギなどの組合せ例がある。

図1　キュウリの夏秋どり栽培　栽培暦例

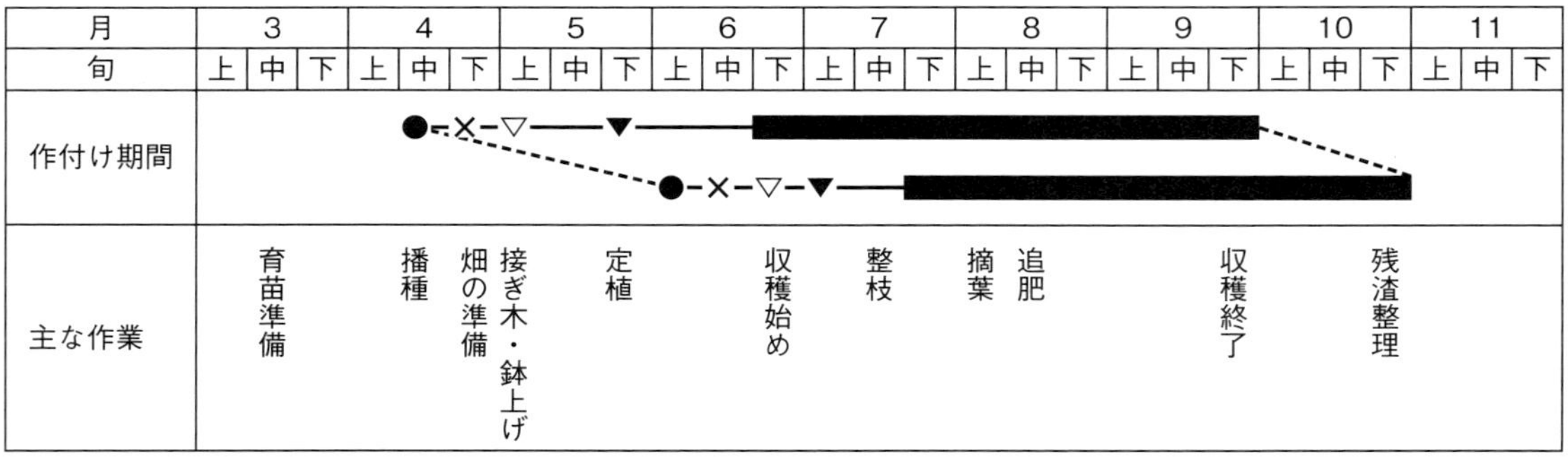

●：播種，✕：接ぎ木，▽：鉢上げ，▼：定植，■：収穫

2 栽培のおさえどころ

(1) どこで失敗しやすいか

①土壌条件が悪い

キュウリは根の酸素要求量が高いので、土壌の通気性や排水性が悪いと健全に生育しない。一方、水分要求量は高く、酸素を十分含んだ水が供給されなければならない。

したがって、排水対策と深耕による根の分布範囲の拡大、有機物の投入による保水性の向上、灌水設備の導入などの栽培条件の整備が重要になる。

②苗質が悪い

軟弱に徒長した苗は、地上部の伸長に対して根の量が少なく、定植後の生育も弱くなる。軟弱徒長を防ぐため、育苗中は日光に十分当て、後半は夜温を下げて順化し、健苗育成に努める。

定植が遅れた老化苗は根張りが悪く、生育後半まで影響するので、本葉4枚程度で定植する。老化苗を使わなければならないときは、定植時に液肥を与え、主枝の雌花を10節以上まで摘除する。

③定植時の条件が悪い

定植時の地温が低いと根が動かず、活着が遅れるので、地温17℃以上を確保してから定植する。定植前に、あらかじめポリマルチを張って地温を上げておき、好天日を選んで定植する。

キュウリは定植日や定植後2～3日に、低温、曇雨天、強風にあうと生育不良になる。また、乾燥に弱く、定植後の水分が不足すると活着が悪くなる。このため、定植後1週間は株元が乾燥しないように灌水し、根張りを促す。

④過繁茂になる

密植にしたり側枝を放任したりすると、生育が進むにしたがって過繁茂になる。過繁茂になると病害虫が発生しやすくなったり、光が十分当たらないため着果不良や奇形果が多くなったりする。

それを防ぐため、6～7節まで（主枝の高さ40cm程度まで）の下位節の側枝や雌花は除去し、株元付近を整理する。また、中位節の側枝や古葉は、随時摘心や摘葉して、新葉に光が当たるようにする。

⑤病害虫が発生する

キュウリは、必ずといってよいほど病害虫が発生する。排水不良や過繁茂、窒素過多、連作などの条件が発生を助長するので、これらの条件を改善し、適期に薬剤散布して病害虫の発生・拡大を防ぐ。

(2) おいしく安全につくるためのポイント

キュウリを健全に生育させるには、土つくりが重要である。まず、排水をよくし、次に、堆肥を適量投入して深耕し、地力を高める。

堆肥が入手できない場合は、キュウリ栽培の終了後、ライムギの種子を10a当たり6～10kg播き、翌年の定植1カ月前に石灰窒素などを散布し、すき込む。

(3) 品種の選び方

キュウリは品種によって、食味、雌花の着生、草勢、耐病性などさまざまな特性があるので、栽培管理がしやすくなる品種を選定する（表5）。

たとえば、露地栽培で病気の発生が問題になる場合は、それらの病気に耐病性がある品種を選定することで、薬剤散布の回数を減らすことができる。

表5　夏秋どり栽培の主な品種

品種名	販売元	品種特性
夏もよう	ときわ研究場	べと病，褐斑病，ウイルス病（ZYMV）の耐病性があり，草勢がよい
なつめく	埼玉原種育成会	べと病，褐斑病，うどんこ病，ウイルス病の耐病性があり，草勢がよい
よしなり	サカタのタネ	べと病，褐斑病，うどんこ病の耐病性があり，草勢がよい

品種の選定には、各種苗メーカーのカタログやホームページなどから、最新の情報を参考にする。

3 栽培の手順

(1) 育苗のやり方（付録も参照）

①播種、播種後の管理

露地栽培での早播き限界の播種日は、晩霜の恐れがなくなり、栽培する圃場の地温が17℃程度に上がる時期から逆算して、30日前ころを目安にする。

発芽したら徐々に温度を下げ、光を当て、換気をして徒長を防ぐ。高温の強い日差しや、乾いた外気に当てると子葉が傷みやすいので、日差しが強い場合はトンネルに寒冷紗などをかけ、注意して緑化させる。

②接ぎ木

接ぎ木の手順　ここでは、断根片葉接ぎを紹介する。市販されているチューブやクリップを用いる方法で、育苗トレイなどで養生できるため、一度に多くの接ぎ木苗を生産できる。この方法は、晴天の午後に行ない、雨天や低温の日は避ける。

手順は以下のようである。①カボチャ台木は根を切断して、子葉の片葉と生長点を斜めに切断する。②穂木は、子葉の下約3cmを斜めに切断する。③カボチャ台木と穂木の切断面を密着させ、市販のチューブやクリップで固定する。

接ぎ木した苗は、活着促進のため、ポリエチレンで包んで湿気を保ち、直射日光に当たらない場所で保管して、翌日に挿し木するとよい。

挿し木は、あらかじめ培養土を詰めて準備しておいた育苗トレイに行ない、挿し木後たっぷり灌水する。

養生　養生には、保湿・保温のためにポリエチレンでトンネルをつくり、直射日光を避けるため遮光資材をかけておく。挿し木後は、トンネル内で湿度を高く維持し、温度は25～30℃を目標に管理する。

5日程度で発根してくるので、遮光資材を徐々に開けて、萎れないよう注意して日光にならす。7日程度で4寸ポットに鉢上げしてから、通常の育苗管理に移す。

③鉢ずらし、灌水

葉が触れ合うようになったら鉢をずらし、採光と通風をよくする。

育苗中の灌水は、晴天時の午前10時ころまでに行なう。灌水量は夕方に鉢の表面が乾く程度にする。

(2) 定植のやり方

①定植の準備

土壌改良資材は定植1カ月前に全面散布して耕起し、元肥は定植2週間前に施用して耕起する（表7）。

雑草を抑えるために、シルバーマルチなどを張るとよい。マルチは、土壌水分が適度に

表6　夏秋どり栽培のポイント

	技術目標とポイント	技術内容
定植準備	◎畑の選定と土つくり	
	・畑の選定	・排水性と保水性がよい圃場を選定する
	・土つくり	・秋に完熟した牛糞堆肥を10a当たり4t散布し，深く耕す
	・排水対策	・大雨に備えて，圃場の周囲に排水溝を掘る
	◎土壌改良と施肥	
	・土壌改良	・pH6.5を目標に苦土石灰などを散布する
	・適正施肥	・元肥は有機質肥料など緩効性肥料を主体にする
	（窒素過多は過繁茂や病害虫の発生をまねく）	・追肥には速効性の化成肥料や液体肥料を用いる
	◎ウネつくり	
	・地温と水分の確保	・ウネつくりは適度な土壌水分のときに行なう
		・定植1週間前までにウネをつくり，ポリマルチを張って地温を上げておく
	・排水性の確保	・排水不良地では，20～30cmの高ウネにする
育苗方法	◎健苗育成	
	・よい床土の使用	・完熟堆肥や腐葉土と無病の土を用い，水はけと保水のよい床土を準備する
	・適期播種	・4月播きでは，4寸鉢で育苗する場合，播種後30日程度で定植できるよう，計画的に作業を進める
	・発芽を揃える	・低温期は電熱温床とし，発芽まで28℃とする
		・発芽後は地温を下げ，徒長を防ぐ
	・接ぎ木後の温度と湿度	・片葉接ぎは晴天日の午後に行ない，挿し木直後は遮光し，湿度は高く，温度は25～30℃を目標に管理する
	・徒長の防止	・育苗後半は鉢をずらして，受光をよくし，徒長させないようにする
	・定植に備えての順化	・灌水は午前中に十分行なうが，夕方には鉢の表面が乾く程度にする
		・定植3日前から外気に当てて，灌水をやや控えめにする
定植方法	◎定植	
	・栽植密度	・1a当たり80～90本とする
	・活着の促進	・地温が17℃程度に上がってから，風が弱い日に定植する
		・鉢にたっぷり灌水してから，定植する
		・鉢土がやや出る程度の浅植えとする
		・定植後は株元にしっかり灌水し，畑土と鉢土をなじませ，根張りを促す
定植後の管理	◎活着の促進	
	・株元灌水による根張りの促進	・活着までの1週間は，株元が乾かないように灌水する
	◎整枝	
	・下位側枝と雌花の除去	・主枝1本仕立ての場合，6～7節まで（主枝の高さ40cm程度）の側枝や雌花は除去する
	・整枝，摘心による過繁茂の防止	・整枝，摘心は，常に側枝の生長点を3本以上残しながら行なう
		・新葉に光がよく当たるように側枝を誘引する
	・主枝の摘心	・主枝はアーチパイプの肩部で摘心し，しっかり固定する
	◎追肥	
	・肥切れしないように追肥する	・雌花が多くなってきたら早めに追肥する
		・追肥は1回に多量に施さず，少量多回数にする
	◎摘葉	・古葉，黄化葉，病葉を随時除去し，新葉や側枝に光がよく当たるようにする
	◎摘果	・商品化できない曲がり果や奇形果は早めに摘果し，株の負担を軽くする
収穫	◎適期収穫と鮮度保持	・盛期には朝夕2回収穫する
		・収穫適期の果実をとり残すと株の負担が大きくなるので，収穫が遅れないようにする
		・収穫したキュウリは鮮度が低下しないよう日陰に置き，ポリフィルムなどで覆い水分の蒸散を防ぐ

表7　施肥例　（単位：kg/10a）

	肥料名	施肥量	成分量 窒素	成分量 リン酸	成分量 カリ
土壌改良・元肥	完熟堆肥	4,000			
	苦土石灰	100			
	重焼燐	20		7	
	発酵鶏糞	120	4.5	5.5	2.4
	油かす	120	6.1	3	1.7
	スーパー IB 複合 S222	100	12	12	12
	燐硝安加里 S604	20	3.2	2	2.8
	小計		25.8	29.5	18.9
追肥	燐硝安加里 S646	100	16	4	16
	トミー液肥	20	2	0.8	1.2
施肥成分量			43.8	34.3	36.1

注）完熟堆肥は秋または定植1カ月前に，苦土石灰，重焼燐，発酵鶏糞は定植1カ月前に全面散布し，耕起する。その他の元肥は定植2週間前に施用し，砕土・整地する

あるときに張り、定植床の水分と地温を確保する。

②定植の方法

栽植密度は、ウネ間２４０～２７０㎝、条間90～１２０㎝、株間70～80㎝を標準とする（図2）。側枝の発生が旺盛な品種では、株間を広くとる。支柱立てとネット張りは、定植前に行なったほうが容易に作業できる。

図2　夏秋どりキュウリの栽植様式

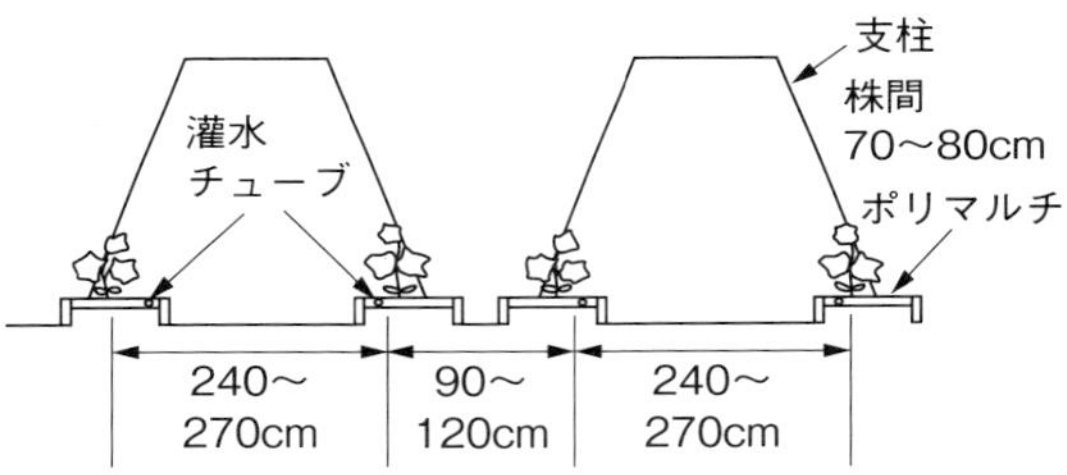

4寸ポットであれば本葉3・5～4枚程度で植えるが（図3）、小さい鉢では若苗で植える。

活着の良否がその後の生育に大きく影響するので、定植は暖かく風の弱い日の午前中に行なうとよい。定植前にポットに十分灌水しておく。定植が遅れて苗が老化している場合は、液肥を与える。

アブラムシ類対策で粒剤を施用する場合は、農薬の最新の登録内容を確認して使用する。

定植直後または翌日に、必ず株元に手灌水を行なって、鉢土と畑土を密着させ、根張りを促進する。

図3　定植適期のキュウリの接ぎ木苗

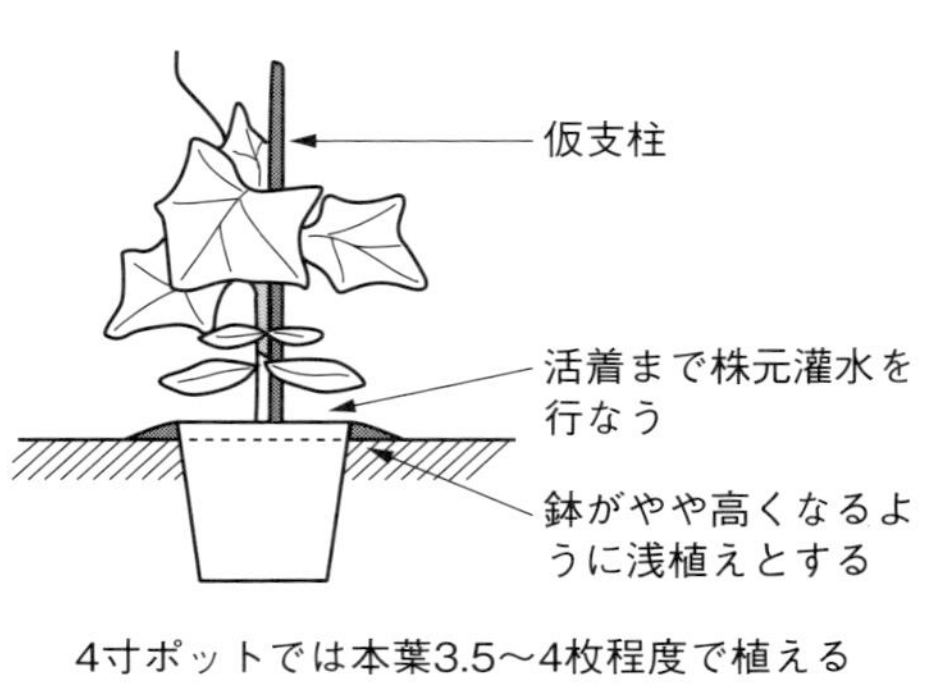

4寸ポットでは本葉3.5～4枚程度で植える

(3) 定植後の管理

①活着の促進

定植後、新根が伸び、新葉が動き出すまで1週間程度かかる。その期間は育苗管理の延長のつもりで、株元が乾かないように手灌水を2～3回行なう。

②生育初期の側枝と雌花の摘除

本葉10枚以上になったら、主枝の6～7節（高さ40㎝程度）までの側枝は、2～3回に分けて順次除去する。また、6～7節までの

雌花も早めに除去する。6節より下位に着果させると草勢を弱めるので、主枝の着果は8節程度以降にしたほうがよい。

6～7節（高さ40cm程度）から10節（高さ60cm程度）までの側枝は1葉残して摘心し、11節以上の側枝は1～2葉残して摘心する。

③整枝

キュウリは節に着果するので、収量を上げるためには節数を増やす必要がある。同時に、葉や側枝に光がよく当たるように整枝し、ネット面に効率的に誘引し、配置していくことがポイントになる。

通常、株間70cmで主枝1本仕立てとし、側枝は1～2節で摘心するが、中段の側枝の発生が弱い場合が多いので、強い側枝を1～2本放任して管理する（図4）。主枝は支柱の肩部に届いたら摘心し、しっかり固定する（図5）。孫枝も込み具合を見て、摘心または放任する。

生長点と根の生育には密接な関係があるので、根の生育を確保するために、常に強い生長点が3～4本あるように整枝を進め、1回に多量の摘心をしない。また、草勢が強いときには強めに摘心し、弱いときには摘心を控える。

④摘葉、摘果

茎葉が過繁茂になると、通風や採光が悪くなるので、側枝が弱くなり、落花や不良果が発生する。病害虫も発生しやすくなり、薬剤もかかりにくくなる。

黄化葉や病葉は随時摘除するとともに、側

図4　キュウリの整枝方法（例）

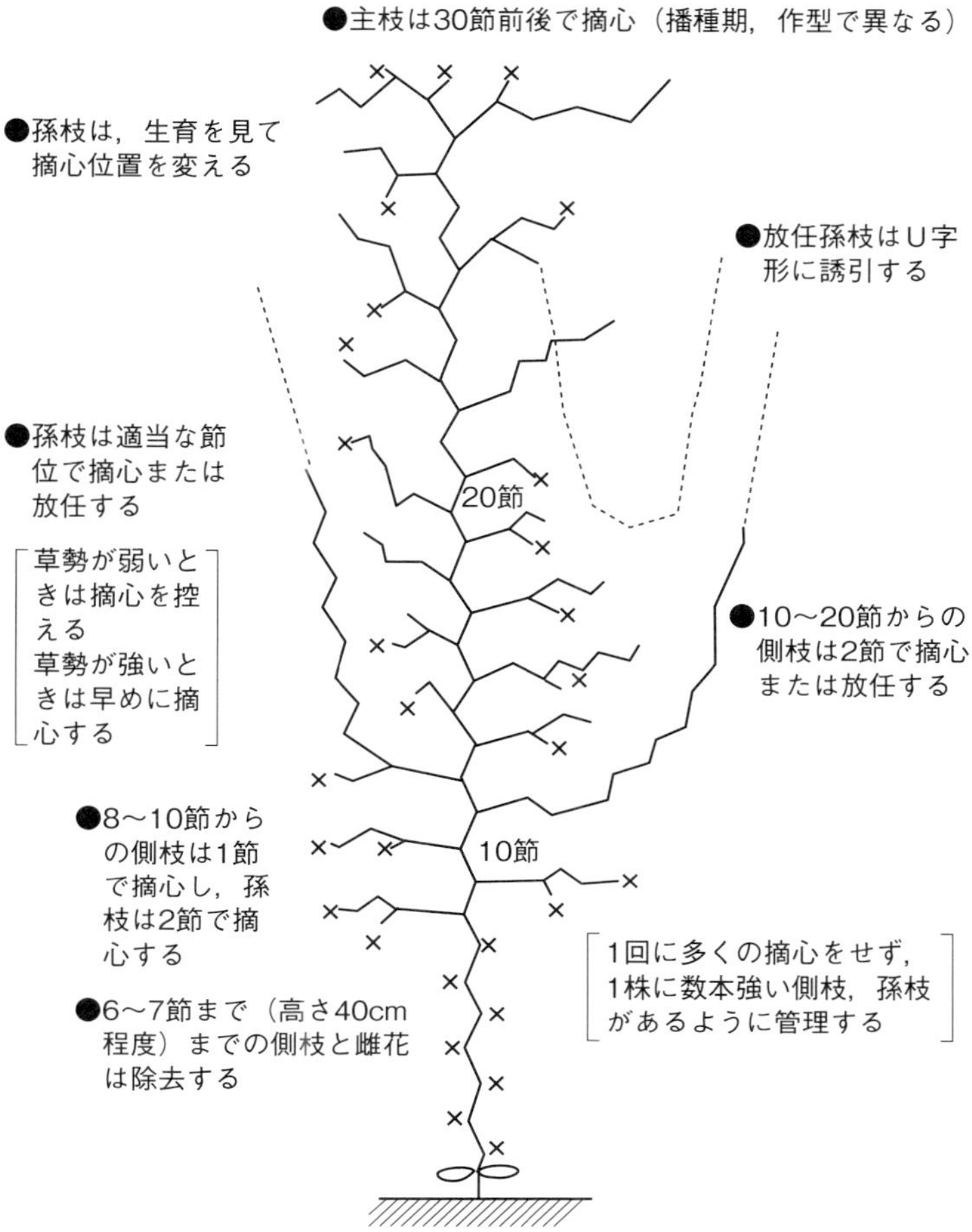

●主枝は30節前後で摘心（播種期，作型で異なる）
●孫枝は，生育を見て摘心位置を変える
●放任孫枝はU字形に誘引する
●孫枝は適当な節位で摘心または放任する
草勢が弱いときは摘心を控える
草勢が強いときは早めに摘心する
20節
●10～20節からの側枝は2節で摘心または放任する
10節
●8～10節からの側枝は1節で摘心し，孫枝は2節で摘心する
●6～7節まで（高さ40cm程度）までの側枝と雌花は除去する
1回に多くの摘心をせず，1株に数本強い側枝，孫枝があるように管理する

図5　主枝摘心時のキュウリ

摘心によって株元と天井を開けるようにする。この後，新葉を覆っている中段の葉を摘葉しながら，側枝の葉に更新していく

枝の新葉を覆っている葉は健全であっても摘葉する。収穫盛期の摘葉は、1株当たり1回に3枚までとするが、過繁茂のためにそれ以上摘葉する場合は、幼果の摘果を同時に行ない、草勢を維持する。

着果量が増加して、株の負担が強まると、曲がり果などの変形果が発生する。これらは幼果のうちに摘果して、株の負担を軽くする。

⑤追肥

主枝への着果・肥大が始まったら、追肥を開始する。追肥は、1株当たり1kg収穫を目安に行ない、1回当たりの量は窒素成分で10a当たり3kgとする。液肥を用いる場合は、1回当たり、窒素成分で10a当たり1kg程度とし、1回に多量の追肥をすることは避け、少量、多回数とする。

とくに追肥が必要な時期は、①雌花が多くなってきたとき、②収穫量が増加したとき、③側枝の発生が悪くなったとき、④主枝を摘心したときである。また、新葉の色が淡くなったり、生長点が小さくなったりしたときは、肥料切れなので早急に追肥を行なう。

降雨があったときや、灌水できるときは固形肥料でよいが、乾燥時には液肥の葉面散布を行なう。また、早急に草勢を回復させたいときは、液肥を20cmの深さに土壌灌注するとよい。

(4) 収穫

通常の規格で収穫する場合、盛期には朝夕2回収穫する。とり残した果実があると草勢が弱まるので、規格の大きさになった果実はすべて収穫する。

キュウリは鮮度が重要なので、とくに夏は、収穫後の鮮度保持に努める。鮮度の低下は品温の上昇と水分の蒸散によって起こるので、収穫したキュウリを日陰の涼しい場所に置き、ポリフィルムなどで覆って蒸散を防ぐ。

4 病害虫防除

(1) 基本になる防除方法

キュウリの病気の発生は、降雨後の多湿条件で多くなり、茎葉の過繁茂や着果負担などの草勢の低下で助長される。そのため、以下の点を基本に防除を行なう。

①多湿条件を避けるため、明渠や暗渠を設置したり、高ウネ栽培にしたりするなど、排水をよくする。

②ポリマルチで雨の跳ね上がりを防ぐ。

③病気の発生しにくい耐病性の品種や、カボチャ台木を利用する。

④適度な整枝、摘葉を行ない、採光と通風をよくする。また、薬剤が生長点にもよくかかるような管理をする。

⑤薬剤は、病害虫が広がる前の発生初期に用いる。

⑥ウリ類以外の作物との輪作を行なう。

(2) 主な病害虫の防除

主な病害虫の防除方法を表8に示した。この中でも発生が多いのは、炭疽病、べと病、つる枯病、うどんこ病、アブラムシ類、ハダニ類である。

病害虫の防除にあたっては専門の参考書などを確認し、農薬の使用にあたっては登録内容を守る。

5 経営的特徴

この作型は露地栽培のため、作柄が気象条件に左右されやすく、生産が不安定になりや

表8　病害虫防除の方法

	病害虫名	特徴と防除法	
病気	炭疽病	窒素過多，過繁茂にしない	多湿条件で発生しやすいので，排水をよくする。下葉や下位側枝を整理して，通風と採光をよくする。また，ポリマルチによって雨の跳ね上がりを防ぐ。とくに，風雨の前は薬剤を散布する。このとき，葉裏にもよくかかるように散布する
	べと病	耐病性品種を用いる。マルチなどにより雨の跳ね上がりを防ぎ，密植を避け，通風や採光をよくする	
	つる枯病	排水をよくする。地際に発生しやすいので，株元の通風をよくし，過湿にならないようにする	
	うどんこ病	乾燥条件で発病しやすい。夏の後半に多発するが，生育初期にも発生する。過繁茂を避け，発病葉を随時除去する。薬剤を用いるときは，同じ種類の農薬を連用しない。耐病性品種を用いる	
	褐斑病	窒素過多や肥料切れにしない。排水をよくする。露地では，栽培後半の気温が高く降雨が多い時期に発生しやすい。新葉に発病すると草勢が低下し，収穫終了が早まってしまう。窒素過多や肥料切れにしない。排水をよくし，整枝や摘葉によって通風をよくする。発病葉は早めに摘除する。耐病性品種を用いる	
	黒星病	梅雨期に低温が続くと発生しやすい。生長点付近に発生し，蔓延すると果実にも発生する。連作を避ける。薬剤が生長点にもよくかかるように散布する	
	斑点細菌病	梅雨期の多湿条件で発生しやすい。雨などの水分で伝染するので，排水対策をするとともに，マルチ栽培で雨の跳ね上がりを防ぐ。多湿時に整枝，誘引作業を行なわないようにする。薬剤散布は，防除計画に銅剤を組み入れ，葉の薬液が乾く時間帯に行なう	
	つる割病，立枯性疫病	土壌病害で株全体が枯死するため被害が大きい。連作畑や排水不良畑で発生しやすく，薬剤防除がむずかしい。畑の排水をよくし，排水不良地では高ウネにする。抵抗性のカボチャ台木を利用した接ぎ木栽培によって，高い確率で回避できる	
害虫	アブラムシ類	吸汁害だけでなく，ウイルスを伝搬してモザイク病を発生させるので注意する。発生を防ぐため，育苗ハウスの側面を防虫ネット（1mm 目合）で囲って侵入を防ぐ。シルバーマルチの利用。定植時に粒剤施用を行なう。発生が多いときは殺虫剤を散布する。畑の周辺の雑草は早めに刈り取り，清潔にしておく	
	アザミウマ類	乾燥時に多発するので，早期発見に努め防除する	
	ハダニ類	高温乾燥時に多発するので，早期発見に努める。露地では梅雨明けごろから発生が増えるが，高温乾燥の年には早くから発生する。虫が小さいため，被害が進むまで気づかないことがあるので，梅雨明けごろになったらよく観察し，早めに防除する。薬剤を散布するときは葉裏によくかかるよう，過繁茂にしない。ダニの被害葉は，畑の外に持ち出し土壌中に埋めるなど，発生が拡大しないようにする	

表9　夏秋どり栽培[注1]の経営指標

項目	
収量（kg/10a）	11,500
単価（円 /kg）	300
粗収入（円 /10a）	3,450,000
経営費（円 /10a）	1,807,000
種苗費	164,000
肥料費	104,000
薬剤費	79,000
資材費	96,000
動力光熱費	20,000
農機具費	13,000
施設・機械費など	217,000
流通経費（運賃，手数料など）	914,000
荷造経費（段ボールなど）	200,000
農業所得（円 /10a）	1,643,000
労働時間[注2]（時間 /10a）	751

注1）4月播種，露地栽培
注2）共同選果場利用の場合

すい。台風や降雹《ひょう》などで大きな被害を受け、生産量が激減することもある。

最も労働力が必要な作業は、収穫と選果や箱詰めである。収穫は毎日継続して、朝夕2回行なう必要があり、他の管理作業と合わせた1日の労働時間は10a当たり10時間を超える。

キュウリを経営の主品目にする場合は、播種時期をずらして収穫ピークを調整したり、施設栽培によって作型を分化させたりすることが望ましい。また、省力化のため、共同選果場や小型選果機の利用、規格の簡素化、自走式防除機による薬剤散布、セル苗の購入なども必要である。

参考のため、福島県中通り地方での、共同選果場を利用した場合の経営例を表9に示した。

（執筆：根本知明）

ハウス半促成栽培（無加温）

1 この作型の特徴と導入

(1) 作型の特徴と導入の注意点

半促成栽培の期間は、キュウリに好適な気温で日射量も多く、比較的栽培しやすい時期である。この作型の出荷が始まるころは促成物の最盛期であるが、品質が低下し始める時期でもあり、新物で品質が優れている半促成物のほうが有利に販売できる。

ただし、収穫盛期が田植えなど春の農繁期と重なるので、管理不足にならないよう労力確保に留意が必要である。

(2) 他の野菜・作物との組合せ方

半促成栽培では、2月中旬から7月中旬がハウスの占有期間になる。栽培終了後に土壌消毒してから後作の栽培を開始するなら、9月から翌年1月ころまでの短い期間になる。

組合せ可能な品目は抑制キュウリ、あるいはコマツナ、ホウレンソウ、シュンギクなどの葉菜類が中心となる。

2 栽培のおさえどころ

(1) どこで失敗しやすいか

キュウリは病気や障害に弱い野菜である。本作型は栽培しやすい時期とはいえ、長く収穫を続けるコツは、初期に生育や収穫を急ぎすぎないよう株をじっくり育てることと、栽培期間を通じて湿度を適正に保つことである。

①早植えを避け、圃場準備は早めに

無加温栽培で無理な早植えをすると、地温不足によって活着が悪くなり、栽培が不安定になる。定植適期は、温暖地では3月中下旬、寒冷地では4月上旬なので、これを守る。

また、栽培初期は夜間に施設が密閉されるので、未熟な堆肥を多投すると、アンモニアガス障害を引き起こすことがある。完熟した

図6　キュウリのハウス半促成栽培（無加温）　栽培暦例

月	2			3			4			5			6			7		
旬	上	中	下	上	中	下	上	中	下	上	中	下	上	中	下	上	中	下
作付け期間		⌂●		×		▼			■	■	■	■	■	■	■	■	■	
主な作業	土壌消毒	播種		接ぎ木	圃場準備	定植	防除		収穫開始	防除		防除		防除		防除	収穫終了	

●：播種，×：接ぎ木，▼：定植，■：収穫，⌂：ハウス，⌒：トンネル

良質なものを使用するとともに、定植の10日以上前に堆肥の施用やベッドつくりを終わらせ、定植までに地温が高まるようにしておく。

②初期の灌水は控えめ、収穫は急がない

活着後は灌水を控え、地下部優先の株つくりをめざす。また、株が小さいうちから着果させると、株に大きな負担がかかるので、主枝の第7節までは花の咲くころまでに摘果する。活着不良などで生育が思わしくないと感じたら、もったいないと思わないで第7節より上の数節も摘果する。

③湿度の管理

生育前半は梅雨入り前であり、茎葉が十分に繁茂しておらず、日中ハウス内が乾燥しやすい。通路に散水するなどして、午前中は湿度が60％を下回らないようにする。

逆に夜間は湿度が100％近くなり、べと病や褐斑病などが発生しやすい条件になる。夜温が十分に高くなった5月以降は、夜間もハウスをわずかに開けて通風と除湿を促し、湿度をできるだけ低く抑えたい。

(2) おいしく安全につくるためのポイント

一般においしいといわれるキュウリはみずみずしく、パリッとした歯切れのあるものである。これには鮮度がよいことが重要であるが、肥料と水が過不足なく与えられて育ったキュウリがやはりおいしく、タイミングよく追肥や灌水を行なうことが重要である。

元来キュウリの果実には苦味成分ククルビタシンが含まれ、とくに肩の部分が苦いが、長年の育種の結果、苦味の強いものは淘汰され、現在の主要品種は苦味果の発生は少ない。しかし、地方の在来品種には苦味果の出やすいものもあり、高温時に多窒素条件で栽培すると苦味が強くなるので、肥培管理に注意する。

また、メロンやトマトと同様に、ばら色かび病が発生すると強烈な苦味果になるので、この病気にも気をつけたい。

(3) 品種の選び方

近年主流となっているのは、いわゆるワックス系と呼ばれる、果実の光沢に優れているイボのある品種である。半促成栽培では雌花率が高く、褐斑病やうどんこ病に強い品種を選ぶとよい。

このほかにイボがないことで傷がつきにくく、業務向けであれば洗浄工程が少なくて済むイボなし品種や、逆にイボのトゲが高く外観に特徴があって良食味の四葉系品種など、契約販売や直売所などでの販売で差別化できる品種もある（表10）。

表10　ハウス半促成栽培（無加温）に適した主要品種の特性

品種名	販売元	特性
兼備2号	埼玉原種育成会	うどんこ病，褐斑病に強い。雌花率が高い
クラージュ	ときわ研究場	うどんこ病，褐斑病に強い。雌花率が高い
PR四川，四川2号	カネコ種苗	四葉系，PR四川はうどんこ病に強い
フリーダムハウス1号	サカタのタネ	歯切れのよいイボなし品種

台木品種名	販売元	特性
ゆうゆう一輝黒	埼玉原種育成会	ブルームレス
ぞっこん	ときわ研究場	ブルームレス，うどんこ病に強い
黒ダネカボチャ	サカタのタネほか	ブルームが出る，低温伸長性に優れる

台木はブルームレス台木カボチャを利用するのが一般的である。この台木を用いるとブルームと呼ばれる果実表面の白い粉がほとんど出なくなる。ブルームは指でさわると取れて見た目が悪くなるが、そのようなことがなく外観がきれいで、果皮がやや硬めでもあるので店《たな》持ちも優れている。しかし、果肉がやや柔らかく歯切れが悪くなる欠点がある。

そのため、食感を重視し、黒ダネカボチャなどブルームが発生する台木を利用する場合もある。

3 栽培の手順

(1) 圃場の準備

①ハウスの準備

半促成栽培は栽培期間中の日照時間が長く光条件に恵まれた作型であるが、外張りフィルムが汚れハウス内が暗くなっていては多収を望めない。フィルムが汚れている場合は洗浄し、年数が経ち劣化が激しいときは張り替える。

アブラムシ類、コナジラミ類、アザミウマ類などは、各種のウイルス病を媒介する。この対策として、防虫ネットを窓や出入り口などハウス開口部分へ展張する。また、これらの害虫の発生源になる前作の残渣は埋設し、除草を行なってハウス内と周辺の環境を整える。

土壌病害虫の対策として、クロルピクリン剤やD-D剤などくん蒸剤による土壌消毒を行なう。地温が低い時期はガス抜けが悪いので、ガス抜きの耕うんはていねいに数回行なう。

②施肥、灌水

堆肥は、土壌を柔らかくして根張りをよくするだけでなく、各種の微量要素を適度に含んだ肥料としての効果や、土壌病害虫の増殖を抑える効果も期待できるので積極的に施用する。ただし、未熟なものを用いるとアンモニアガスが発生し、定植後の苗にガス障害を起こすことがあるので注意する。

堆肥の施用量は、ハウスの新設時などは年間10a当たり5t程度必要である。塩類を多く含む畜糞堆肥の場合、毎年この量を入れ続けると塩類障害の原因になるので、徐々に減らし年間2t程度にする。前年夏に堆肥を十分に施用してある場合は、土壌消毒で減った有用微生物を復活させる目的で、消毒後に10a当たり１００kg程度施用する。

半促成栽培では、栽培前半は地温が低く肥効が悪く、後半は逆に肥効がよい。このため、施肥の考え方としては、元肥主体でよいが量はそれほど多めにする必要はない。10a当たりの窒素量は、元肥20～25kg、追肥と合わせて30kg程度にする（表12）。土壌診断で残肥があった場合は、その分を差し引く。

施肥後に耕うんしたら、十分に灌水し、土壌をムラなく湿らせる。灌水不足のまま定植し、その後に多量に灌水すると地温が低下して活着不良になるので、この作型ではとくに注意する。

③栽植密度、栽培ベッドとトンネルつくり

栽植密度は10a当たり１４００～１５００株にするとよい。促成栽培よりやや密植であるが、日射量が多いので、葉数を多くしても葉1枚当たりの受光量は変わらないからである。

間口5・4mのパイプハウスを利用する場合、千鳥2条植えの栽培ベッドを2つつくるか、1条植えのベッドを3つつくる（図7）。株間は、千鳥2条植えの場合は40cm、1条植えの場合は50cm程度である。

表11　ハウス半促成栽培（無加温）のポイント

	技術目標とポイント	技術内容
定植準備	◎圃場の準備	・ハウス内の他作物の残渣を除去し，十分灌水する
	・土壌消毒	・土壌くん蒸剤を処理し，必ず土壌をフィルムで被覆する
	・被覆資材の掃除	・ハウスの被覆資材が汚れている場合は，掃除してきれいにする
	◎施肥	
	・堆肥の施用	・良質の完熟堆肥を適量投入する
		・殺線虫剤を肥料投入時に全面に施用し，耕うんする
	◎ウネつくり	・定値10日前までにウネ立て，マルチ張りをし，地温を上昇させる
		・定植前日までに植穴を掘り，殺虫剤を入れ，灌水する
		・低温期なので，余裕のある作業日程とする
育苗方法	◎購入苗の利用	・低温期なので購入苗を利用する
	◎接ぎ木	・自家育苗する場合は温床線を準備し，呼び接ぎか断根挿し接ぎでカボチャ台木に接ぎ木する
定植方法	◎定植	・ポット育苗の場合，本葉2.5枚の若苗を定植する
	・適期定植	・暖かい日に浅植えで定植
	・適正な栽植株数	・主枝1本仕立てなら10a当たり1,400～1,500株，親子2本仕立てなら700～750株
定植後の管理	◎灌水	
	・株元灌水	・定植後2回，株元灌水をし，活着を促進させ，生育を揃える
		・活着後，草勢を見ながらチューブ灌水を行ない，収穫開始期から灌水量を多くする
	・通路灌水	・ハウス内の加湿も兼ねて，通路灌水を行なう
	◎温湿度管理	・トンネルの開け遅れによる高温障害に注意する
	（午前中は高温多湿）	・午前27～28℃，午後25℃を温度管理の目標とする。夜はなるべく12℃以上にする
		・午前中の湿度はなるべく60%以上にする
	◎整枝	・主枝を高さ140cm程度で摘心する。側枝と孫枝は2本ほど残して1節か2節で摘心し，過繁茂にならないようにする
	・横誘引ヒモ張り	・側枝が垂れ下がらないように横誘引ヒモを3～4本張る
	・摘葉	・黄化した葉や古い葉は適宜取り除く
	◎病害虫防除	・早めの防除を励行する。天気予報により晴天日に薬剤散布を行なう計画を立てる
	◎追肥	・収穫開始期から肥切れさせないよう10日に1回程度行なう
収穫	◎収穫	
	・100g果収穫	・高価格が期待できる100g前後の重さを目標に毎日収穫する

表12　施肥例　（単位：kg/10a）

	肥料名	施肥量	成分量		
			窒素	リン酸	カリ
元肥	牛糞堆肥	2,000			
	マイルドユーキ（10-13-10）	160	16	20.8	16
	CDUS555タマゴ（15-15-15）	60	9	9	9
	苦土石灰	100			
追肥	OK-F-1（15-8-17）	3×8回	3.6	1.9	4.1
施肥成分量			28.6	31.7	29.1

注）追肥は液肥を7日に1回灌水に混ぜて施用

購入苗の利用で苗代を節約したい場合は、親子2本仕立て（図8）にして、2倍の株間にする。

灌水後、数日おいて土壌水分が安定してから、ウネ立て機などでベッドをつくる。梅雨

図7　間口5.4mパイプハウスでの栽植様式

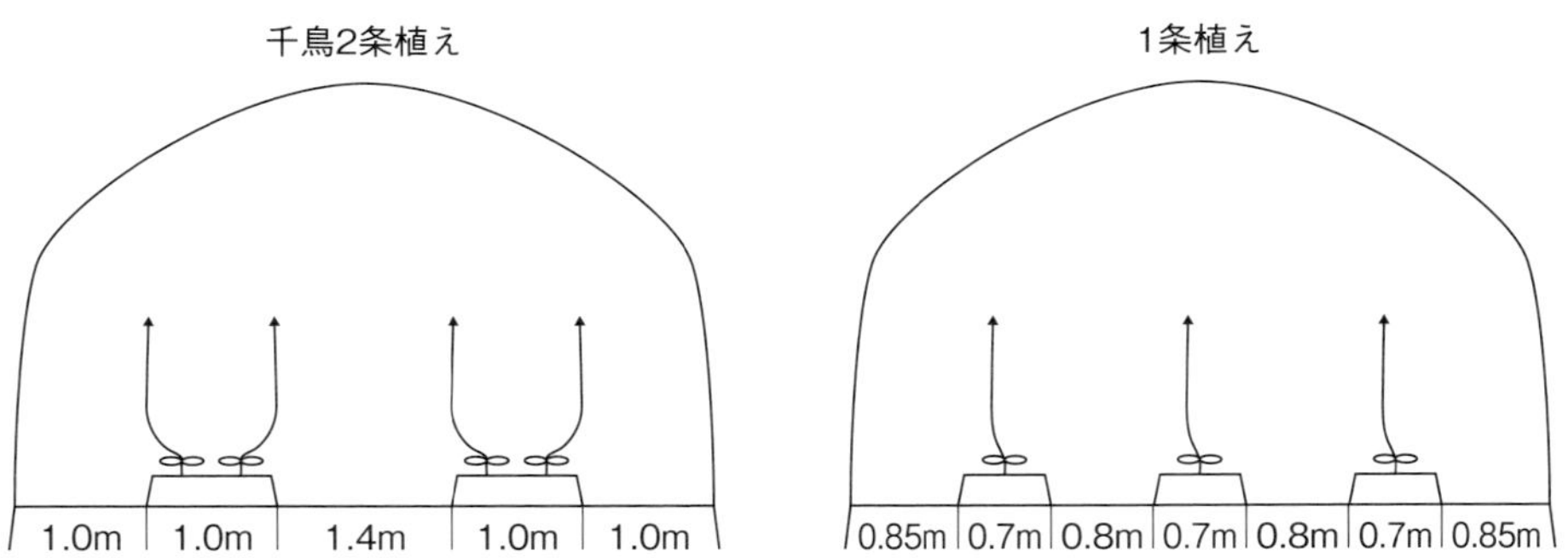

の大雨などで圃場が冠水する恐れがなければ、ベッドの高さは15cm程度あればよい。植穴を掘り、灌水チューブを1ベッド当たり2本設置してからマルチングをする。マルチフィルムには、地温の上昇のよい透明か雑草の発生を抑える緑色の0・02mm厚ポリマルチが一般的である。灌水の配管は通路にも行ない、通路灌水用のチューブも設置する。

トンネル支柱を立て、トンネル用の農ビフィルムなどをかけて密閉する。ハウスも密閉して、地温の上昇を促す。

図8　主枝の仕立て方と側枝の誘引のやり方

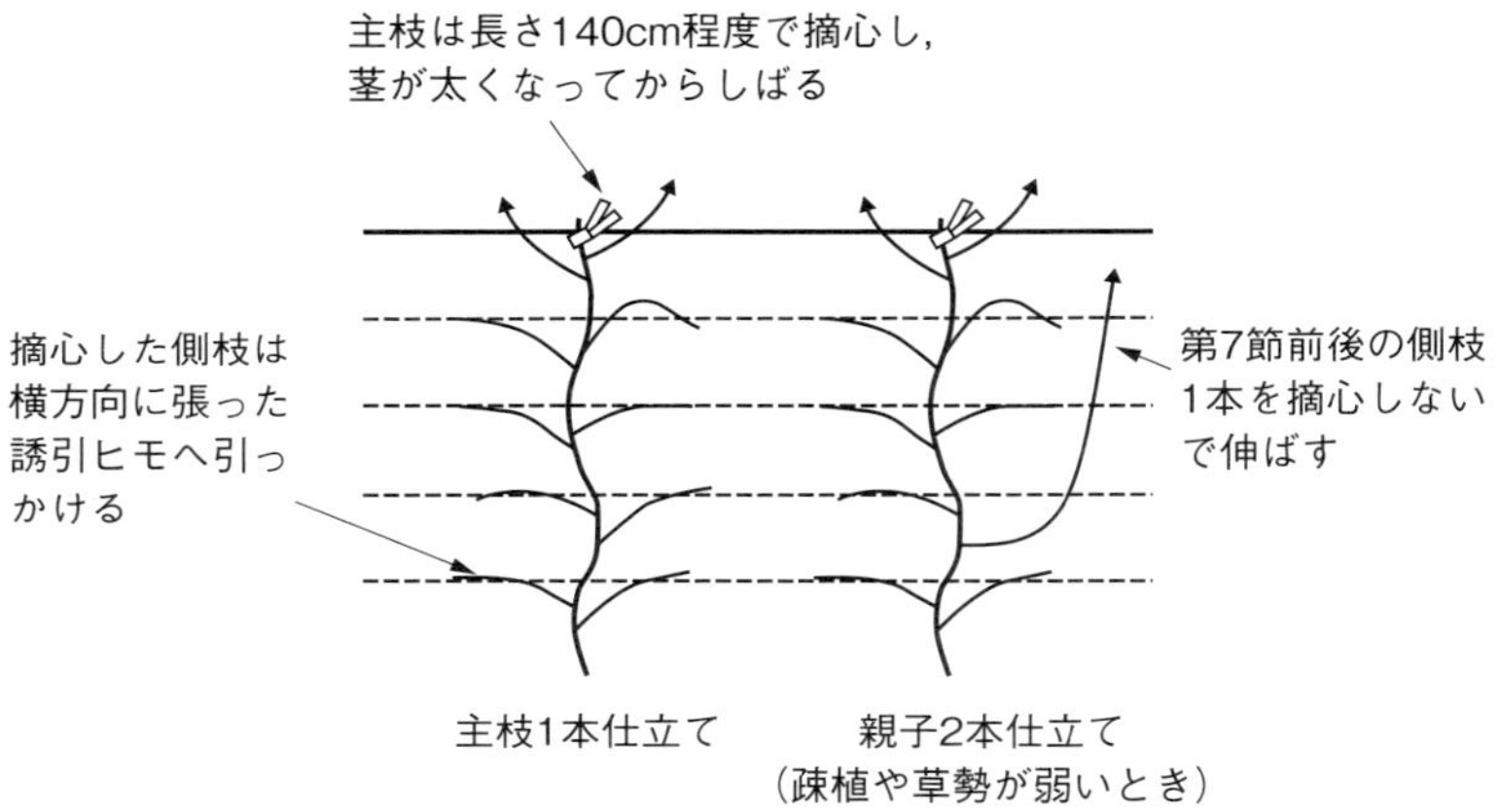

ここまでの作業は定植10日前までに行ない、地温がキュウリの適温の20℃以上になるのを待つ。

(2) 育苗のやり方

半促成栽培での育苗には、暖房機や温床線などの設備が必要なので、基本的に接ぎ木苗を購入するのがよい。育苗については、付録のウリ科野菜の育苗方法を参照されたい。

(3) 定植のやり方

定植適期の苗のサイズは、9cmポットの場合は本葉2・5枚程度（図9）、セル成型苗の場合は本葉1・5～2枚である。苗が若すぎると、根鉢がこわれて植えにくい。逆に、老化していると活着後の生育が遅れる。セル成型苗は定植適期が短いのでとくに注意する。

定植は、気温が高く活着しやすい晴天日に行なう。マルチフィルムに植穴をあけ、殺虫粒剤を施用してから、苗を浅く植え、周囲に軽く土寄せする。その後、ホースなどで株元に少量灌水する。葉色が淡いときは、灌水に替えてOK－F－1の500倍液など濃度が薄い液肥を施用する。

(4) 定植後の管理

①換気

株がトンネルに納まっているうちは、朝夕トンネルフィルムの開閉を行なう。気温が低い曇雨天日は日中も密閉したままにするが、株が大きくなってくると蒸れてくるので、除湿のためにフィルムの裾を少しまくり上げる。

サイド換気は、午前中27〜28℃、午後25℃を目標に開閉する。午後の換気を強めるのは、病害予防を目的に夜間の湿度を下げるためなので、活着まではやや早く閉め、株が育つにしたがって閉める時刻を徐々に遅らせる。最低気温の予想が12℃以下なら夜間は密閉するが、株が繁茂しだす5月以降は夜間もわずかに開けて除湿する。

図9　定植適期のキュウリ苗

②整枝・誘引

本葉8枚程度に生育したら、5節目までの側枝と7節目までの花を摘除する。

トンネルを除去した後、主枝は誘引ヒモを用いてつり上げる。その後、主枝が伸びてきたら、先端が垂れ下がらないうちに、何度かヒモに巻きつける。主枝はベッド面からの高さ１４０cmくらいで摘心する。数日すると茎の最上部が太くなるので、ヒモでしばって株がずり落ちないように固定する。

側枝と孫枝は、週に1〜2回見回り、伸びている枝を1節か2節で摘心するが、株の上方に常に2本ほど摘心しない枝を残す。草勢が強い場合は残す枝を減らし、逆に弱い場合は増やす。長年連作しているなどの理由で初期から草勢が弱いときは、葉面積を早めに確保するため第7節前後の側枝1本を伸ばし親子2本仕立てにする。

誘引ヒモは横方向にも3〜4本張り、側枝が垂れ下がらないように引っかける。

黄化した下葉や硬くなった古い葉は光合成の妨げや病害虫の発生源になる。適宜取り除いて採光と通風をよくする。

③灌水・追肥

定植後7日ころに、生育を揃えるため、もう一度株元灌水をする。その後は、週1回程度、灌水チューブで行ない、側枝の発生が悪いときは多めにするなど、様子を見ながら灌水量を徐々に増やす。

収穫開始後は、曇雨天を除いて黒ボク土で2〜3日おき、乾きやすい砂質土ではほぼ毎日灌水する。それとともに通路灌水も行なって、午前中は湿度がなるべく60％以上になるようにする。なお、マルチをしていると土の表面がいつも湿っていて、ベッドの中まで水分が足りているか判断できないので、ときどき掘って土の湿り具合を確認する。

追肥は収穫開始期から行ない、液肥を灌水に混ぜて行なうのがよい。1回の施用量は窒素成分で10a当たり1kg以内とし、伸びている側枝の数や葉色を観察し、肥切れしないようこまめに行なう。

図10　収穫最盛期の半促成キュウリ

(5) 収穫

収穫は果実の重さ１００gを目安に毎日行なう。晴天日の日中はハウス内がかなり暑くなり、労働負荷が増すので、涼しい時間帯に行なうようにする（図10）。

収穫した果実は、暑さや寒さ、乾燥に弱いので、出荷するまで強い日差しや風の当たらない場所に置く。

図11　うどんこ病

春から初夏は乾燥しやすく要注意。油断していると，このように大発生になる

4 病害虫防除

(1) 基本になる防除方法

代表的な病害虫の防除法を表13に示した。

前作で土壌病害虫の被害が出たら、必ず土壌消毒を行なう。あわせて、ネコブセンチュウ類には、ウネ立て前に殺線虫粒剤の施用を行なう。また、栽培中に根を掘り、コブの着生が見られた場合は、液剤の灌注処理を行なう。

褐斑病やうどんこ病（図11）は、これらになるべく強い品種を利用する。キュウリは肥切れしてくると、根から水を多く吸い上げて少ない肥料分を補おうとし、体内のあまった水分を葉先の水孔《すいこう》から排出する。こうなると夜間に葉が濡れて、べと病の発生が多くなるので、肥培管理に気をつける。うどんこ病は逆に乾燥条件で激発するので、日中の湿度が極端に低下しないように注意する。

害虫防除の基本は、なるべく細かい目合いの防虫ネットをハウスの開口部に張って、飛んでくる成虫を入れないことである。各種のウイルス病を媒介するアブラムシ類やコナジラミ類、アザミウマ類は、育苗時から防除を行なうとともに、定植時の粒剤施用を行なう。ハダニ類は防虫ネットでは防げないので、葉裏を観察し、見つけたら早めに殺ダニ剤を散布する。

薬剤散布するときは、同じ系統の薬剤を続けて使用しないローテーション散布を心がける。

(2) 農薬を使わない工夫

無農薬のキュウリ栽培は厳しいが、農薬の

表13　病害虫防除の方法

	病害虫名	耕種的防除法	化学的防除法
土壌病害虫	ネコブセンチュウ	前年夏に土壌還元消毒	D-D，ネマトリン粒剤（1B），ネマキック液剤（1B）
	ホモプシス根腐病		クロルピクリン
	つる割病	台木カボチャに接ぎ木	バスアミド微粒剤　ガス抜き２回以上
茎葉病害	褐斑病	耐病性品種，過湿を避ける	ダコニール1000（M5），スミブレンド水和剤（10，2），パレード20フロアブル（7）
	べと病	肥切れさせない，過湿を避ける	ピシロックフロアブル（U17），ベトファイター顆粒水和剤（27，40）
	うどんこ病	耐病性品種，乾燥を避ける	アフェットフロアブル（7），ショウチノスケフロアブル（U13）
	菌核病，灰色かび病	過湿を避ける	セイビアーフロアブル20（12），ベルクートフロアブル（M7，9）
	つる枯病		トップジンＭペースト（1）株元塗布
害虫	アブラムシ類	防虫ネット	スタークル粒剤（4A），ウララDF（29）
	コナジラミ類		ベストガード水溶剤（4A），コルト顆粒水和剤（9B），モベントフロアブル（23）
	アザミウマ類		アドマイヤー顆粒水和剤（4A），スピノエース顆粒水和剤（5）
	ハダニ類		ピラニカEW（21A），スターマイトフロアブル（25A）

注）殺菌剤の（　）はFRACコード，殺虫剤の（　）はIRACコード。コードが同じ薬剤が同一系統剤である。令和4年版千葉県農作物病害虫雑草防除指針を参考にしたが，表示した農薬は一例であり，薬剤抵抗性の発達程度や害虫の種類により効果が異なることもあるため，薬剤の選択については普及指導センターなど地域の農業機関から情報を得ること

使用回数を減らすためには，発生前からの予防剤や，発生初期から治療・殺虫効果が高い薬剤を使用することが重要である。また，キュウリは葉が大きく，上下２枚の葉が密着していると薬剤散布時にうまく薬液がかからないことがあるので，１枚１枚ていねいに散布する。

近年，キュウリの害虫防除として，天敵カブリダニ類の利用が広まっている。春は気温が低く，害虫が一気に広がりにくいし天敵の働きもよく，成功しやすい作型なので利用を検討したい。

5　経営的特徴

約３カ月間の収穫期間で，収量を10ａ当たり９t，単価を１kg当たり２２０円として経営指標を示した（表14）。単価は品種や販売方法で大きく違うので，うまく工夫して所得を多くしたい。

（執筆：大木　浩）

表14　ハウス半促成栽培（無加温）の経営指標

項目	
収量（kg/10a）	9,000
単価（円/kg）	220
粗収入（円/10a）	1,980,000
経営費（円/10a）	1,284,000
種苗費	130,000
肥料費	60,000
薬剤費	40,000
資材費	42,000
動力光熱費	12,000
農機具費	110,000
施設費	340,000
流通経費（運賃・手数料）	550,000
農業所得（円/10a）	696,000
労働時間（時間/10a）	750

ハウス抑制栽培（無加温）

1 この作型の特徴と導入

(1) 作型の特徴と導入の注意点

キュウリの抑制栽培は秋から冬にかけての栽培である。ハウス抑制栽培にハウスの語が冠されているのは、露地の抑制栽培もあるからであり、かつてはそちらのほうが秋キュウリの主流であった。しかし露地栽培は気象災害を受けやすく、とりわけ霜は、薄霜であっても1回遭遇すれば栽培はそこで打ち切りになる。ハウス抑制栽培は、それらの問題を解決する手段として成立したものである。

また、栽培期間の長い半促成栽培を主幹部門（キュウリ、スイカ、ピーマンなど）とする経営では、前作に栽培期間の短い作型を導入すると、ハウスの有効利用ができるうえ、経営費の負担も分散できる。このこともハウス抑制栽培成立の小さくない動機である。

播種時期は地域で違い、寒い地域ほど早く、亜熱帯が最も遅い。収穫期間は寒地から温暖地は約2カ月であり、亜熱帯は3カ月である。

(2) 他の野菜・作物との組合せ方

キュウリ同士の組合せでは、後作に半促成栽培を持ってくることができる。亜熱帯に限り、前作に夏秋どり栽培ができる。

他品目との組合せでは、後作に多くの品目を栽培できるが、せっかくのハウス栽培なので高収益の品目を選ぶべきである。スイカ、ピーマン、トマト、スイートコーンなどになろう。

2 栽培のおさえどころ

(1) どこで失敗しやすいか

①太陽熱処理の手順

太陽熱処理は、処理後に土を動かす作業をすると効果が失われる。そのため、元肥施用やウネつくりなどの土を動かす作業を終えてから行なう。

②草勢維持に直接関係する管理

キュウリの吸水と水かけ　キュウリの栽培全期間の吸水量は、灌水で与えた量よりもはるかに多い。耕土より下層の、「天然供給域」とでも呼ぶべき場所の水を吸うからである。

天然供給域の水の多くは降雨がもたらす。ハウスの天井を毎年張り替える場合は、圃場が降雨に当たる機会があるので、天然供給域の水が不足することはない。しかし、数年、張りっぱなしのハウスや、太陽熱処理のために被覆期間が長い場合は、人為的に供給しないと、栽培中盤に草勢低下を起こす。定植前10日ごろに50㎜（10a当たり50t）ぐらい水をかけて供給する。定植時にはその水は下層に行きついて、表層がべたつくことはない。

また、水を多く必要とするキュウリは、栽培中は常に通路に水がうっすらにじんでいる状態を保ち、白く乾かしてはならない（図13）。

摘葉　株の吸水は、根の吸い上げというよりも、蒸散による引き上げというのが実情に

図12　キュウリのハウス抑制栽培（無加温）　栽培暦例（暖地・温暖地）

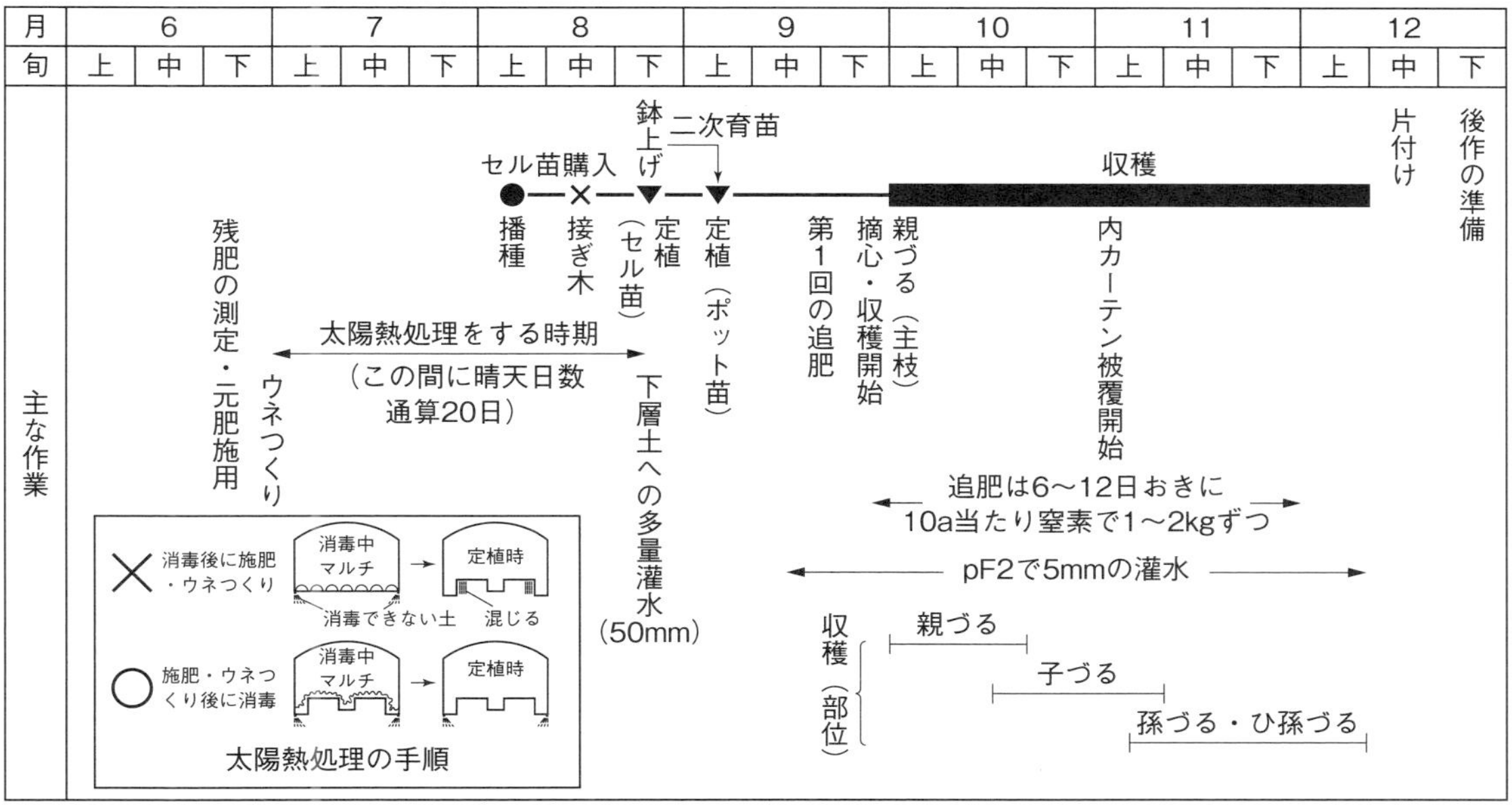

●：播種，×：接ぎ木，▼：定植，▬：収穫

近い。蒸散は老化葉でも行なっている。そのため、物質生産よりも呼吸消耗のほうが大きいとの理由で、老化葉を一気に摘むと、吸水のリズムがこわれて草勢が低下する。摘葉は週1～2枚にとどめる。

収穫果実の大きさ　キュウリは、熟果に対する収穫果の大きさが、果菜の中で最も小さい。キュウリの草勢管理は、「大きな実をならせて株を弱らせない」ということを大前提に成立している。そのため収穫間隔を延ばすなど、実が大きくなる管理をしてはならない。出荷基準を超した果重は、その分が損失だとの意識で収穫することが大切である。

③保温（夕方は早めにハウスを閉める）

無加温栽培の夜温は、朝まで下がり続け、日の出前に最低になる。夜温はハウス外の温度の影響を受けるが、夕方、ハウスを閉めたときのハウス内の温度の影響も大きい。「保温」とは暖気のパックのことであり、パック

図13　栽培中は通路に水がうっすらにじんでいる状態を保ち，白く乾かさない

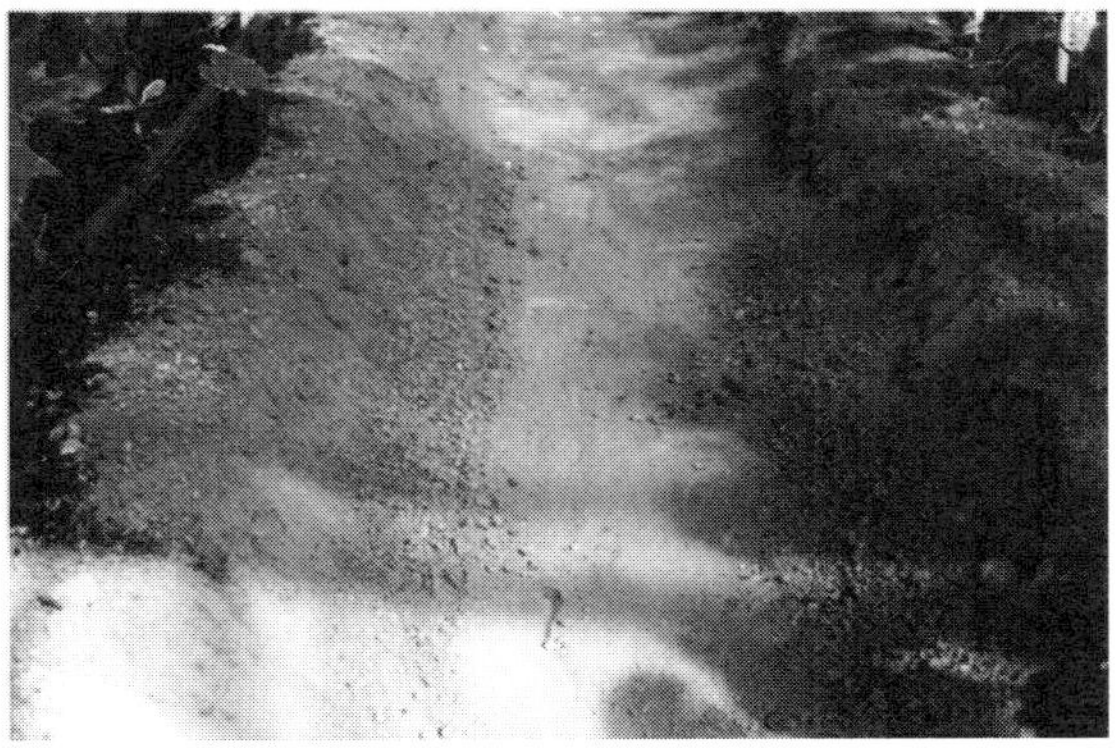

×：通路が白く乾いている

○：通路に水がにじんでいる

表15　ハウス抑制栽培（無加温）に適した主要品種の特性

品種名	販売元	特性
エクセレント節成1号	埼玉原種育成会	節成性が強く，初期から収量が多い。べと病，うどんこ病，褐斑病に強い
なおよし	埼玉原種育成会	葉がコンパクトで採光に優れる。時期による収量の波が少なく，コンスタントな収穫ができる。褐斑病にとくに強く，べと病，うどんこ病にも強い
フリーダムハウス3号	サカタのタネ	イボなし果である。側枝の発生がよく，後期まで収量が安定している。食味もよい。うどんこ病にとくに強く，べと病にも強い
よしなり	サカタのタネ	耐暑性，耐寒性ともに優れる。時期による収量の波が少なく，全期間にわたり収量が安定して多い。べと病，うどんこ病，褐斑病に強い
京しずく	タキイ種苗	耐暑性に優れる。株の生長が早く，初期収量が多い。また，側枝の発生がよいので，後半まで収量が安定して多い。褐斑病に強い

した温度によって夜温の下がり具合が違ってくる。無加温栽培の熱源は太陽だけであり、夜温の制御手段は日射によって得られるパック温度だけである。

普通、ハウスの午後の温度管理は、同化産物の呼吸消耗を防ぎながら転流を促すために、なだらかに下降させる。本作型も10月まではそのやり方に準じるが、11月以降はそのやり方では夜温が下がりすぎるので、日射でハウス内が26～27℃ぐらいに上がる時刻に閉めて夜を迎えるようにする。

(2) 品種の選び方

この作型は、栽培初期は高温であり後期は低温である。それぞれに茎葉の反応も違うし、対象病害虫も違う。品種選びは高温と低温の両にらみになるが、順調な栽培のためには初期の滑り出しが大切であり、高温条件に重きをおいて品種を選ぶ（表15）。

3 栽培の手順

(1) 育苗のやり方

最初に決めることは、苗は自分でつくるか、購入するかである。

苗にはポット苗とセル苗がある。ポットのサイズは普通12cmで、セルは50穴トレイである。自家育苗ならポット苗をつくれるが、購入できる苗はセル苗である。購入したセル苗を直接定植すれば、苗つくりの手間はかからない。その代わりポット苗より定植を10日早めなければならない。それができなければ、播種を10日遅らせる必要が出てくる（図14）。

これらの制約を解消したい場合は、ポットで二次育苗して定植するか、自家育苗で最初からポット苗をつくる。ポット苗のつくり方は付録を参照。

(2) 施肥

施肥は、元肥も追肥も窒素に照準を当てて量を決める。リン酸とカリは、窒素にともなうなりゆきの量でよい（表17）。

元肥は前作の窒素の残肥を差し引いた量を施用する。残肥量を知るためには正式な土壌分析で測ることになるが、EC値から推測する簡易法でも十分である。EC値×20にkgをつけた数値を10a当たりの窒素の残肥と見るのである。たとえばEC値が0・5なら10a当たりの窒素の残肥は10kgである。

追肥は、1回に窒素を10a当たり1～2kgを施用する。粒状の肥料と液肥を半々にして

表16　ハウス抑制栽培（無加温）のポイント

	技術目標とポイント	技術内容
本圃の準備	◎土壌管理	
	・残肥の有効利用	・元肥は，残肥を測定し，その分を差し引いた量とする
	・太陽熱処理の効果が出やすい管理手順	・元肥の施用やウネつくりなど，土を動かす作業をすべて終えた後に太陽熱処理を行なう
	◎ウネつくり	・ウネは270cm幅につくる
	◎下層への灌水	
	・定植後の生育を想定した灌水	・定植10日前ごろに約50mmの灌水を行ない下層を湿らせる
	◎マルチ	・土の昇温防止効果のある資材を張る。またはマルチはしない
育苗方法	◎方式の決定	・まず，苗は購入するか自分でつくるか決める
	・購入する場合の利用法の決定	・購入苗は50～72穴セル苗（1,100株購入）。これを直接定植するか，ポットで二次育苗して定植
		・直接定植はポット苗より10日早く定植することが必要
	・苗到着時の扱い	・購入苗は到着したら，まず液肥を灌水
	◎自分でつくるときの接ぎ木法	・自家育苗するなら台・穂ともに1,500粒準備。播種用のイネの育苗箱はそれぞれ17箱準備。専用用土を購入
	・呼び接ぎと断根接ぎ	・断根接ぎ（セル育苗）は専用用土を購入。呼び接ぎ（ポット育苗）なら自家製用土を約1m^{3}準備
	◎苗の病害虫防除	・育苗ハウスのサイドには防虫ネットを張る。殺菌剤は接ぎ木前に散布
定植～収穫開始	◎害虫の防除	・植穴処理用の薬剤を定植時に施薬
	◎定植作業	
	・適期苗の定植	・定植適期の苗の大きさは，直接定植するセル苗は本葉1.5枚，ポット苗は3.5枚が目安
	・植付けの深さ	・ポット苗は根鉢の上部がウネ面から1cm高くなるように植え，セル苗はウネ面と水平になるように植える
	◎活着用の灌水	・セル苗は定植日を含めて3回，ポット苗は同5回の灌水で活着させる。1回の量は株当たり約500cc
	◎支柱など	・高さ150cmの支柱を3mおきに立て，横ヒモを25cm間隔で6本張る
	◎最初の整枝	・下位5節の子づると雌花を除去
	◎活着後の日常の灌水	・ウネ面から10cmぐらいの深さのpFが2.3になったら灌水する。量は1回5mm
	◎最初の追肥	・10a当たり窒素で1～2kg（以降6～12日おき）
	◎温度管理	・午前中は25～28℃，午後は23～24℃。夜間はなりゆき
	◎病害虫の防除	・収穫が始まると防除機会が限られるので，それまでに予防を徹底。病害ではべと病，褐斑病，うどんこ病など。害虫ではアブラムシ類，アザミウマ類，コナジラミ類など
収穫期	◎収穫	・果重90～100gで収穫（10月は1日2回収穫）
	◎整枝と摘葉	・親づる18節摘心（親づる摘心と収穫開始はほぼ同時期），側枝は原則1～2で摘心，ひ孫づる以降は数本放任し込み合う部分を適宜せん除
		・摘葉は黄化葉を週1～2枚のペース
	◎11月以降の温・湿度管理	・11月から内カーテンを被覆。内カーテンは昼間も換気部だけを開けて閉めっぱなしにして，空中湿度を確保
		・夕方はハウス内が26～27℃になる時刻に閉める
栽培終盤	◎最後の追肥	・収穫打ち切り予定の10日前に最後の追肥をする
	◎夜温の低下を防ぐ	・夕方，冷えない時間にハウスを閉めることで，夜温の低下を防ぎ，収穫期間をできるだけ延ばす

施用する。液肥は灌水チューブで施用し、粒状の肥料は通路に施用する。根はウネと通路にへだてなく張るので、通路施用でも十分効く。多肥作物のキュウリは追肥を遅れないように施用していくことが大切である（図15）。

なお、1回目の追肥は収穫開始の直前に行なう。

図14　セル苗直接定植の問題点

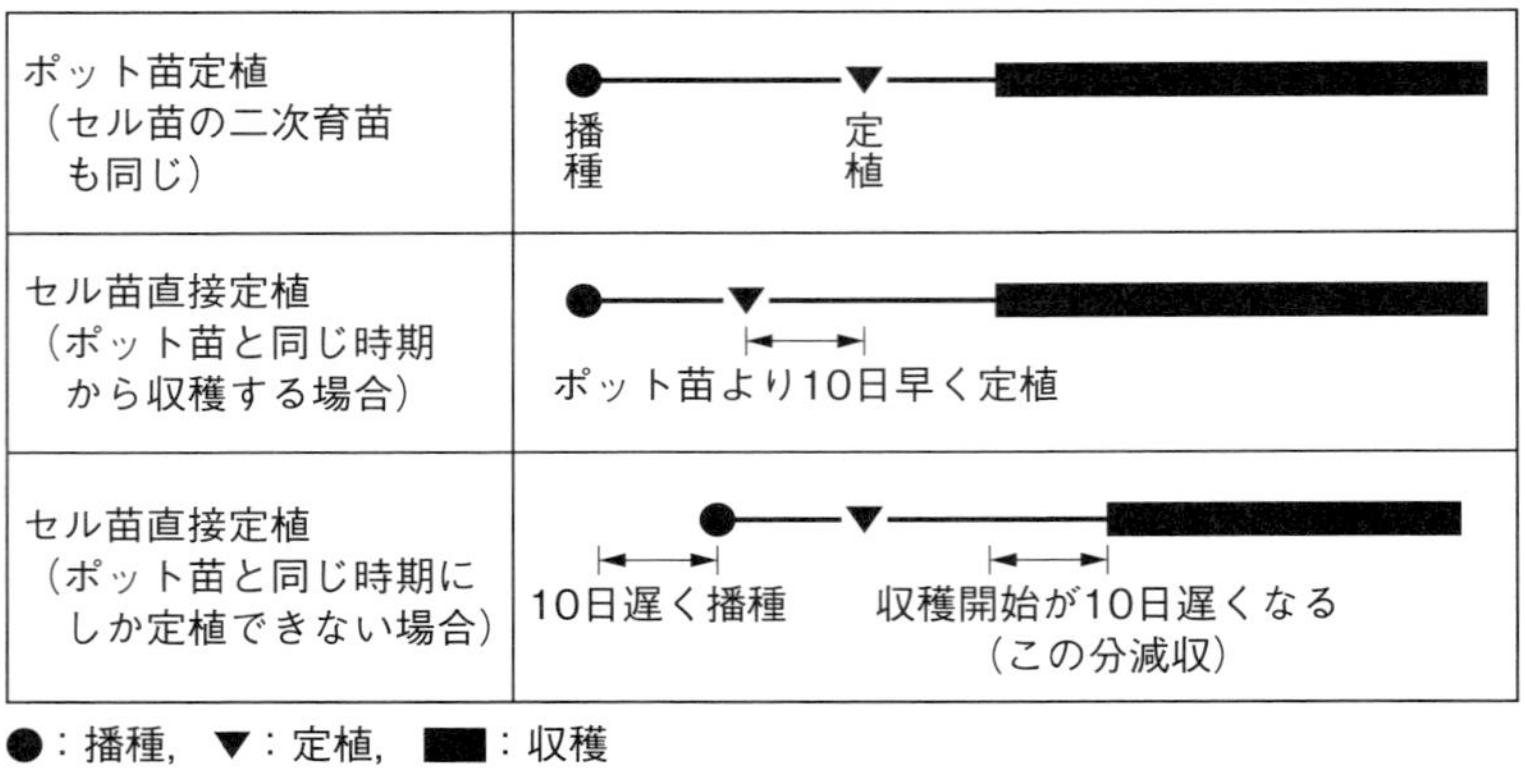

表17　施肥例　（単位：kg/10a）

	肥料名	施肥量	成分量		
			窒素	リン酸	カリ
元肥	堆肥	2,000			
	苦土石灰	100			
	複合（8-6-8）	300	24	18	24
追肥	複合（16-10-14）	30	5	3	4
	液肥（10-4-6）	50	5	2	3
施肥成分量			34	23	31

(3) ウネつくり

10a当たり1100株を植える。その原則を守ったうえで、ウネ幅、列数、株間を決める。大事なことは、作業性と採光を重視することである。そのためには、間口540cmのハウスの場合、4列植えがよい。ウネ幅を270cmとし、67cmの株間で2条植えにする（図16）。

(4) 定植のやり方

定植の適期は、ポット苗は本葉が3・5枚、セル苗は1・5枚のときである
ポット苗は、根鉢の上部1cmをウネ面から出して定植する。セル苗を同じようにすると、根鉢が乾いて活着が遅れるので、ウネ面と水平になるように定植する（図17）。

(5) 定植後の管理

①支柱立て

3mおきに支柱を立て、25cm間隔で6本の横ヒモを張る。最上部だけは針金にし、あとは麻かバインダー用の結束ヒモを使う（図18）。

②整枝

親づるは18節摘心とする。子づるは下位5節は摘除したうえで、低節と上節は1節、中節は2節で摘心する。孫づるは低節は1節で摘心し、あとは2節で摘心する（図19）。

ひ孫づる以降は、普通、草勢維持のために放任して適宜せん除する方法をとるが、寒さによって栽培打ち切り時期が決まるこの作型では、果実肥大の早い1～2節摘心のつるも配置して、確実に収穫する。なお、10節以下

図15　追肥は遅れないように施用する

多肥作物のキュウリは，追肥を遅れないように施用していくことが大切。左は適切な量を適切な間隔で施用。右は１回の量が少なすぎたか，間隔があきすぎた場合。肥料が少ないと，葉がぼんやりと大きな草姿になる

図17　定植の深さ

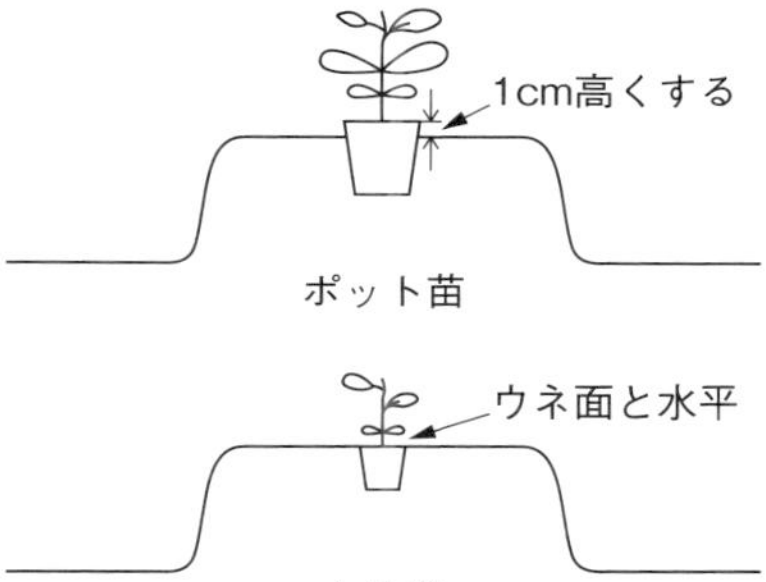

図16　ウネ幅270cmの２ウネ４列植え

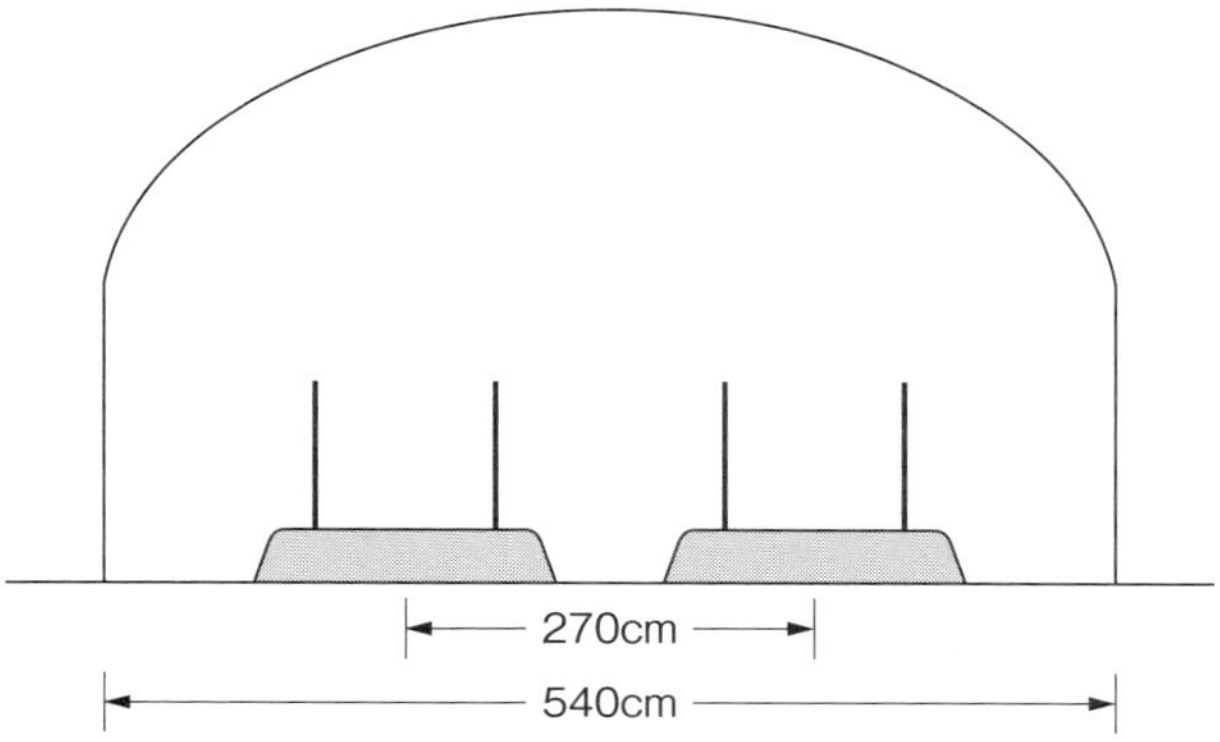

図19　整枝法

節位	子づるの扱い	孫づるの扱い	ひ孫づる以降の扱い
18（上節位）	１節摘心	２節摘心	２～３本放任して適宜せん除。他は１～２節で摘心
15（中節位）	２節摘心	２節摘心	上節位と同じ
10（低節位）	１節摘心	１節摘心	１～２節摘心
5（下節位）	摘除	―	―

図18　支柱と横ヒモの設置

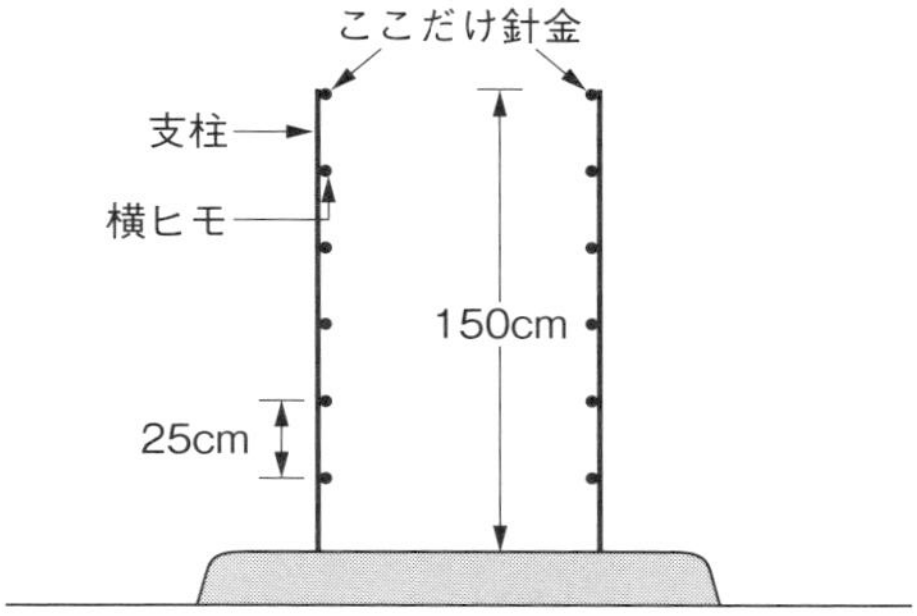

表18　病害虫防除の方法

	病害虫名	発生と被害の特徴	防除のポイント	有効な農薬など
病気	べと病	葉だけに発生する。病斑は黄褐色で，葉脈に区切られた角形を呈する。伝染には水滴が必要である。病原菌の分生子は気孔から侵入する。 株が肥料不足のときに被害が大きい	追肥遅れに注意し，株の良好な栄養状態を維持する。数日の曇雨天が予想されるとき，前もって薬剤を散布する	ダコニール1000 テーク水和剤 プロポーズ顆粒水溶剤
	褐斑病	栽培初期の高温時期に発生する。主に葉に発生し，病斑は褐色の不成形の斑点で，最初は小さいが，しだいに拡大して5～10mmになる 病原菌は被害葉とともに土壌中に残る	薬剤の散布液が毛茸にはばまれて病斑に到達しないことがあるので，やや高圧で噴霧する 茎葉残渣の圃場外への持ち出しを徹底する	テーク水和剤 ベルクート水和剤 ヨネポン水和剤
	灰色かび病	ハウス内の気温が低くなるほど発生が多くなる。葉，花弁，果実に発生し，灰褐色に腐らせる キュウリ以外の多くの野菜にも発生する	低温が続かないよう保温に気を配る うどんこ病を防除するときには，灰色かび病にも効果のある薬剤を使う	ダコニール1000 フルピカフロアブル アフェットフロアブル
	うどんこ病	ブルームレス台木が普及した1985（昭和60）年以降に発生が多くなった病害である（ケイ酸の吸収不足） うどん粉状の病斑は，最初は葉の表面にふりかけた状態であるが，しだいに組織に食い込み防除が困難になる	病斑が組織に食い込む前の「表在」状態のときに薬剤散布をする 最下葉の1～2枚から発生することが多いので，摘葉が遅れないようにする	トップジンＭ水和剤 ベルクート水和剤 ブルーム発現台木の使用
害虫	アブラムシ類	本来，季節的な発生消長があるが，ハウスでは年中発生する。葉裏に寄生するので発見が遅れがちになる。アリと共生するので，アリの動きを発見の目印にする 排泄物由来のすす病をともなう ウイルス病の媒介昆虫でもある	発見後ただちに防除することが，他の害虫同様に大切である 苗で発生した場合は，駆除したのち本圃に定植する	ダントツ粒剤（定植時） モベントフロアブル スタークル顆粒水溶剤 モスピラン顆粒水溶剤 アクタラ顆粒水溶剤
	アザミウマ類	温度が高い時期に発生が多い。成虫も幼虫も葉から吸汁する。吸汁された部分は銀灰色のカスリ状になる 茎葉残渣で生息することができる	茎葉残渣の圃場外への持ち出しを徹底する 苗で発生した場合は，駆除したのち本圃に定植する	ダントツ粒剤（定植時） モベントフロアブル モスピラン顆粒水溶剤 グレーシア乳剤
	コナジラミ類	温度の高い時期に発生が多いが，低温にも比較的強い。葉から吸汁する 排泄物由来のすす病をともなう 寄生する植物の種類が非常に多い	苗床と本圃周辺の除草をする。近くで粗放的な野菜つくりをしない。苗で発生した場合は，駆除したのち本圃に定植する	モベントフロアブル スタークル顆粒水溶剤 モスピラン顆粒水溶剤 アプロード水和剤

注1）紫外線カットビニールは，灰色かび病と表に示したすべての害虫に防除効果がある
注2）育苗ハウスと本圃ハウスの開口部に防虫ネットを張る処置は，表に示したすべての害虫に加え鱗翅目害虫にも効果がある

のひ孫づる以降は、込み合うのですべて1～2節で摘心する。

③内カーテン

11月になったら、夜は内カーテン（天井部分）を被覆して保温する。内カーテンは昼間も被覆しっぱなしでも減収しないので、換気部だけを開ける。

キュウリの葉は、空気が乾燥すると老化が早い。ハウス内に入ったとき、メガネが一時的に曇るぐらいの湿度があったほうがよい。内カーテンを昼間も完全に開けないことで、湿度が保たれる。

内カーテンによる減光は10～20％である。この程度の減光の悪影響は、葉の長命が相殺する。ただし、湿度が高いと病気が発生しやすくなるので、防除はしっかり行なう。

4 病害虫防除

(1) 基本になる防除方法

主な病害虫と防除法を表18に示した。

化学農薬を使わないでキュウリを栽培

することはできない。努力目標は、化学農薬の使用量を減らすことである。そのためには、紫外線カットフィルムや防虫ネットなど、病害虫の防除に有効な資材を活用する。なお、農薬は使い方の工夫によって減らすことができる。以下、噴霧による防除の例を述べる。

(2) 農薬を減らす使い方の工夫

①十分な散布量で発生を断ち切る

病気でも害虫でも、散布量が少なすぎないようにすることが大切である。量の少ない小出しの散布では、かけムラができて発生を断ち切ることはできない。その結果ひんぱんに散布することになり、農薬の使用量が多くなる。

これに対し十分な量を散布して、発生をいったん断ち切ると、次の散布が必要になるまでの日数が長く、散布回数が少なくて済む。その結果、トータルで農薬の使用量が少なくなる。

②病気の防除は葉表→葉裏の順に散布

病気に対しては、葉表と葉裏の散布の順番も、発生の断ち切りに関係する。葉裏を先に散布し、その後、葉表を散布することが多い(理由はわからない)。しかしこの順番だと、葉表の胞子が下からの風で空中に飛散する。飛散した胞子が、薬剤がかかっていないところに落下すると、新たな病原になる。これでは、病気を断ち切ることはできない。

しかし、葉表を先に散布すると、胞子は濡れるので風で飛散することはない。葉裏の胞子は葉の天井があるので、散布が後でも先でも飛散しない。葉表→葉裏の順番にすると病気を断ち切りやすく、農薬の使用量が少なくなる。

5 経営的特徴

この作型は、暖房機代と燃油代がいらないことに加え、果実の品質が落ちないうちに栽培が終了するので、単価が高く所得率が高い。

労働時間から見た適正規模は、労働力2人の場合20～25aであろう(表19)。

(執筆:白木己歳)

表19　ハウス抑制栽培(無加温)の経営指標

項目	
収量(kg/10a) 単価(円/kg)	5,100 320
販売金額(円/10a)	1,632,000
経営費(直接的経費)(円/10a) 種苗費(苗購入代) 肥料費 農薬費 諸材料費 光熱動力費 流通経費	582,000 110,000 120,000 110,000 105,000 6,000 131,000
農業所得(円/10a)	1,050,000
所得率(%)	64.3
必要な労働時間(10a)	530

(「宮崎県経営管理指針」より抜粋)

メロン

表1　メロンの作型，特徴と栽培のポイント

主な作型と適地

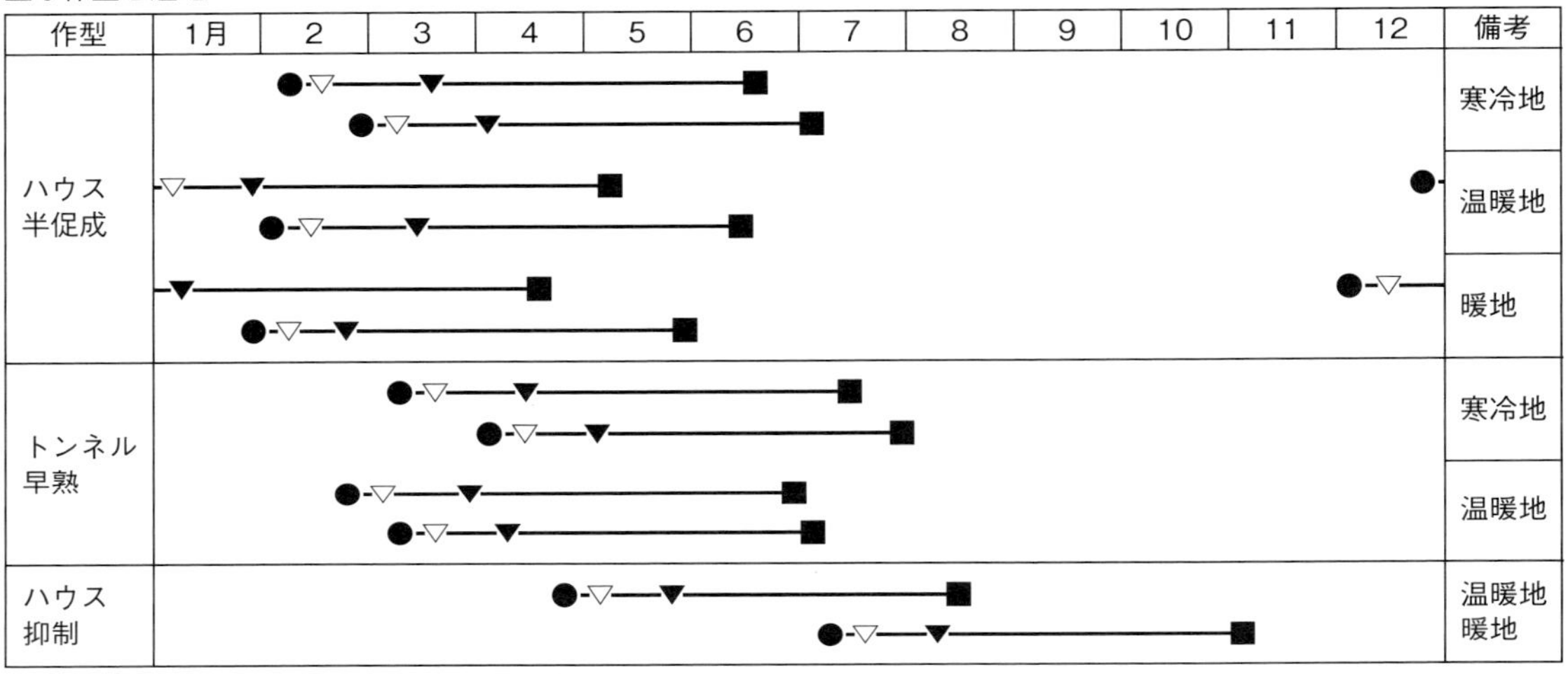

●：播種，▽：移植，▼：定植，■：収穫

特徴	名称	メロン（ウリ科キュウリ属）
	原産地・来歴	原産地はアフリカ，中近東，アジアなどで多元的に発達した。日本への伝来はマクワウリ，シロウリは弥生時代，ヨーロッパ系メロンは明治時代，温室メロンの‘アールスフェボリット’は大正時代に導入された
	栄養・機能性成分	カリウム，GABA（γ-アミノ酪酸）を多く含む。また，赤肉メロンにはβ-カロテンが多く含まれる
	機能性・薬効など	カリウムは，高血圧の原因になるナトリウムの体外排出や血栓を予防する作用がある。GABAは，興奮系の神経伝達物質の過剰分泌を抑えて，リラックスさせる効果や血圧の上昇を抑える働きがある。β-カロテンは，活性酸素を除去する抗酸化作用が強いので，老化抑制やガン予防が期待できる
生理・生態的特徴	発芽条件	発芽適温は28～30℃
	温度への反応	生育適温は15～30℃，最適温は25～28℃
	地温への反応	根の生育適温はかなり高く35℃でも問題ないが，最低地温は16℃以上が必要とされる
	日照への反応	光飽和点は5万～6万 lx
	土壌適応性	浅根性で根の酸素要求度が高いため，通気性のよい土壌を好む。最適な土壌pHは6～6.5
	開花（着果）習性	同一株に両性花と雄花をつける両性雄花同株型。雄花は親づる，子づる，孫づるの各節につき，両性花は子づるや孫づるにつく

（つづく）

栽培のポイント	主な病害虫	病気：（地上部）べと病，つる枯病，うどんこ病，斑点細菌病，菌核病 （主に地下部）つる割病，えそ斑点病，ホモプシス根腐病，黒点根腐病 害虫：アブラムシ類，コナジラミ類，アザミウマ類，ハダニ類，線虫類
	接ぎ木と対象病害	対象病害：つる割病，えそ斑点病 露地メロンでのカボチャ台では新土佐系，ハウスメロンでは共台
	他の作物との組合せ	軟弱葉菜類，抑制トマト，抑制メロンなど

この野菜の特徴と利用

(1) 野菜としての特徴と利用

①原産地、伝来と生産の現状

メロンの原産地には諸説があるが、アフリカ、中近東、南アジア、東アジアなどで多元的に発達し、改良されて今日の栽培メロンの祖先となったといわれている。

日本への伝来は、マクワウリ、シロウリは弥生時代であるが、ヨーロッパ系メロンは明治時代に、温室メロンの'アールスフェボリット'は大正時代に導入された。第二次世界大戦後には世界各地から育種素材が導入され、品種の育成が進んだ。

メロンの主な産地は茨城県、北海道、熊本県で、3道県で全国収穫量の2分の1を超え、5～8月を中心に出荷される。収穫量は年々減少傾向にあり、ピーク時（1990年）の3分の1程度に低下している。国民1人当たりの消費量は、近年は600g前後で推移している。

②栄養・機能性と利用

メロンにはカリウムが多く含まれ、高血圧の原因になるナトリウムを体外に排出する作用や、血小板凝集を抑制して血栓を予防する作用がある。また、GABA（γ－アミノ酪酸）というアミノ酸の含有量は生鮮食品の中でも最上位で、興奮系の神経伝達物質の過剰分泌を抑えて、リラックスさせる効果や血圧の上昇を抑える働きがあることが知られている。

赤肉メロンにはβ－カロテンが多く含まれ、活性酸素を除去する抗酸化作用が強いので、老化抑制やガン予防が期待できるほか、風邪予防にも効果があるとされている。

メロンは、高級果実として贈答用、ホームユースとして量販店、直売所などで販売されるほか、レストランなどの外食産業で業務用に消費されている。

玉での販売のほかに、カットフルーツとしての販売が増加している。また、菓子、飲料などの原料にも利用されている。

(2) 生理的な特徴と適地

① 生理的な特徴、土壌適応性

発芽適温は28～30℃であり、適温域では光の影響は少ない。土壌水分は、スイカやカボチャよりも多めに必要とする。生育適温は15～30℃、最適温は25～28℃である。根の生育適温はかなり高く35℃でも問題ないが、最低地温は16℃以上が必要とされる。光飽和点は5万～6万lxと、比較的強光を必要とする。

メロンは同一株に両性花と雄花をつける、両性雄花同株型の着花習性である。雄花は親づる、子づる、孫づるの節につき、両性花は品種や系統によって違うが、子づるや孫づるにつく。

土壌の適応性の幅は広く、砂壌土ないしは埴壌土の範囲では、生育に差がない。浅根性で根の酸素要求度が高いため、通気性のよい土壌を好む。最適な土壌pHは6～6・5である。

② メロンの品種

メロン品種は、便宜的に露地メロン、ハウスメロン、温室メロンに分けられている（表2）。

露地メロンは、露地やトンネルで栽培されている。マクワウリとの交雑種であるノーネット系の‘プリンス’などの品種で、病害に強く早生でつくりやすい。

ハウスメロンは、ハウスやトンネルで栽培される品種群で、主に地這い栽培で生産されるネット系の‘アンデス’など、ノーネット系の‘ホームランスター’など、立体栽培で生産されるアールス系の‘雅’などの品種がある。

ネット系のネットの出方やノーネット系の果皮色、また果肉色も変化に富み、さまざまな品種がある。

地這い栽培では、ハウスやトンネルによる保温のみの無加温栽培になるため、作型とそれに応じた品種の選定が重要である。アールス系は、温室メロンに近い外観を持ちながら栽培をしやすくした品種で、土耕での栽培が可能である。温室メロンは、ガラス温室の隔離床で栽培される。

メロンは、栽培環境に敏感に反応するとともに、果実品質の良否で単価が大きく違うので、栽培には最適な施設環境と熟練した技術が必要とされる。

③ 適地と作型

メロンには、通気性に優れていて水はけのよい、火山灰土や砂壌土が適している。地下水位の高い圃場や排水の悪い圃場では、高ウネ栽培や排水対策が必要になる。

日射量が多く、昼夜の温度差が大きい条件で、高品質の果実を生産できる。雨は病害の発生を助長し、着果不良や果実の裂果、糖度不足の原因になるので、着果時期や成熟時期に好天が続く地域や作型が望ましい。しかし、地域や作型に適した品種を選ぶことで、全国各地で栽培が可能である。

トンネルやハウスでの地這い無加温栽培で

表2　品種のタイプと品種例

品種のタイプ		品種例
温室メロン		アールスフェボリット
ハウスメロン	アールス系	雅，ヴェルダ，妃（赤肉）
	ネット系	アンデス，オトメ，タカミ，クインシー（赤肉），レノン（赤肉）
	ノーネット系	ホームランスター
露地メロン		プリンス，キンショウ

は、生育に適する気温や地温が確保できる時期に定植し、十分な保温装備を設置する。なお、トンネルの開閉作業やハウスの換気作業に多大な労力を要するため、大きめのハウスのほうが管理や作業がしやすい。

アールス系の品種では、一部に加温を導入することによって、周年栽培が可能になっている。

作型ごとに、その時期に適用する品種が細かく分かれており、栽培条件と合わせて適正な品種選定を行なう。

④主な病害虫

主な病害虫には、地上病害ではべと病、つる枯病、うどんこ病、斑点細菌病、菌核病など、土壌病害ではつる割病、えそ斑点病、ホモプシス根腐病、黒点根腐病などがある。害虫では、アブラムシ類、コナジラミ類、アザミウマ類、ハダニ類、線虫類などがある。

品種によっては、つる割病やえそ斑点病などの病害に抵抗性を持っている。抵抗性のない品種は、台木への接ぎ木で回避する。つる割病に対しては、マクワ型の品種であるプリンスなどは、'新土佐'などのカボチャ台木を利用する。ハウスメロンでは品質の低下を避けるため、病害の発生状況に応じてそれぞれに抵抗性・耐病性のある共台に接ぎ木する。

（執筆：金子賢一）

ノーネット系メロンのハウス半促成栽培（無加温）

1 この作型の特徴と導入

この作型は、厳寒期は加温した温床で育苗し、定植から収穫まで無加温ハウスで栽培する。春から初夏にかけて気象条件が安定してくる時期の栽培であり、梅雨前の収穫になるので栽培しやすく品質も安定する。

しかし、低温期の定植になるので保温には注意し、最低気温、地温が確保できる装備と無理のない時期を選ぶ。

図1　ノーネット系メロンのハウス半促成栽培（無加温）　栽培暦例

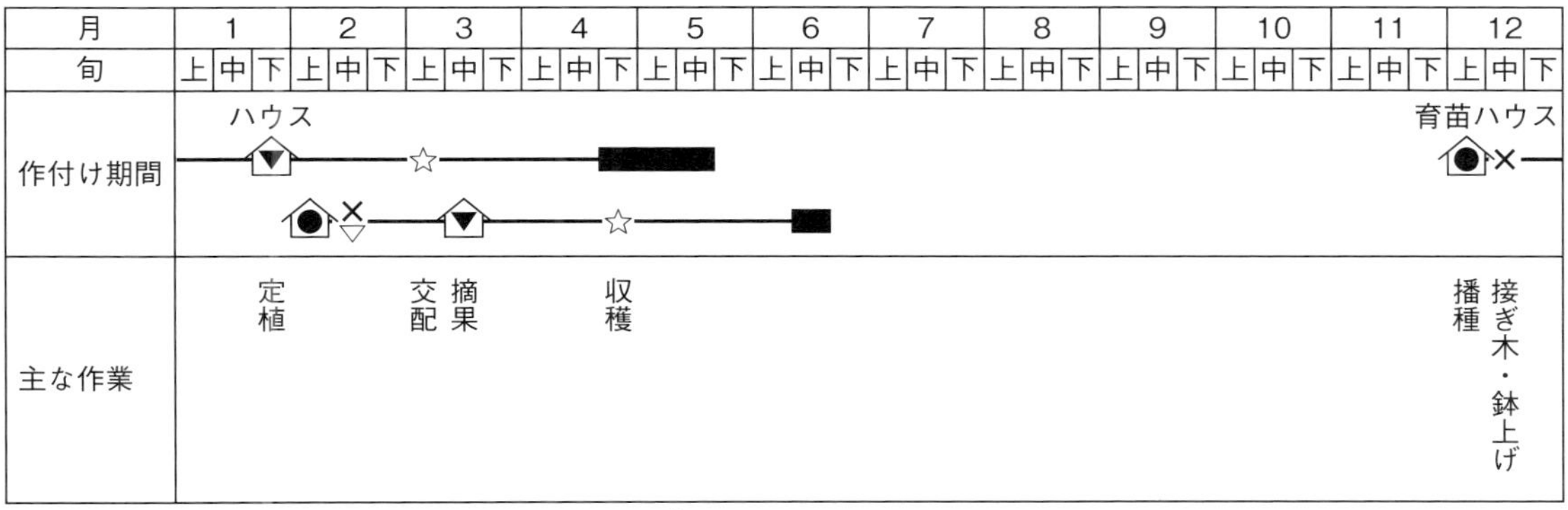

●：播種，×：接ぎ木，▽：鉢上げ，▼：定植，⌂：ハウス，☆：交配，■：収穫

2 栽培のおさえどころ

(1) どこで失敗しやすいか

この作型で最も注意する点は、ハウスの温度確保である。とくに失敗が多いのは、定植時の寒さによる植え傷みである。活着をスムーズに行なわせるため、早播きを避け、苗も徒長や老化していないがっしりとした良苗をつくる。

ハウスを早めに張り、定植準備を急いで地温を確保し、定植時には地温を16℃以上にしておく。また、晴天日に定植するとともに、十分なハウス内トンネル装備による保温が重要になる。

交配時の天候不順で着果が不安定になることもあるので、より充実した雌花が着生するよう、草勢を抑え過繁茂にしないようにする。また、交配期から果実肥大期にかけて低温にあうと、果実肥大が劣るので保温に努める。

(2) おいしく安全につくるためのポイント

品質の高いおいしいメロンにするには、素質のよい雌花を咲かせ、適度な着果数を確保して肥大させ、栽培後半には土壌水分を控えて糖度を上げていく。

そのためには、保温するのに十分な施設装備が必要であり、排水がよく日照条件に恵まれた場所にハウスを建てる。肥料が多すぎると過繁茂になり、病虫害の発生も多くなるだけでなく、果実品質も劣るので元肥の量に注意する。誘引・整枝は早めに行ない、先手先手の作業を心がけることも必要である。暖かい昼間には換気を行ない、葉を厚くがっしり育てる。

うどんこ病やつる割病に抵抗性の品種を用いることにより、それらの防除を省くことができる。つる枯病は地際部に発生しやすいので、定植時の深植えは禁物である。

土壌病害を防ぐには、圃場の移動や輪作体系をとって発生しないような工夫をする。

アブラムシ類など害虫の飛び込み防止には、圃場周りの雑草防除やハウスサイドへの防虫網の設置も効果が高い。

(3) 品種の選び方

①品種選びのポイント

プリンス　南欧系のシャランテ×ニューメロンの早生系F_1品種。低温期の草勢は強く、葉は中葉、濃緑で欠刻が大きく、茎は細い。果重は中玉で、果皮色は灰白色、果肉はサーモンピンクで、糖度が高く芳香がある。

イエローキング　草勢は中位で初期生育に優れる。果実は大玉で、果皮は濃黄色、果肉は淡白緑色で厚い。

ホームランスター　白色系ハネデュー×緑色系ハネデューのF_1品種。中葉で節間が短く、草勢はやや弱い。果肉は白色で、糖度が安定している。果実は比較的大玉で、果形はやや腰高、肉質は粘質で熟期が短い。

②台木品種選びのポイント

新土佐系　西洋カボチャと日本カボチャのF_1カボチャ。低温伸長性、草勢とも強い。強草勢による緑条、発酵果が発生する場合がある。マクワ系メロンの台木として用いる。

No.8　日本種カボチャで、「新土佐系」に比べて草勢がおとなしく、果皮色の上がりがよくなる。生育後期の草勢の低下に注意する。マクワ系メロンの台木として用いる。

表3　ノーネット系メロンのハウス半促成栽培（無加温）のポイント

	技術目標とポイント	技術内容
育苗方法	◎播種の準備 ・温床育苗 ・発芽の斉一化	・播種箱に播種し，温床（電熱線で300W/3.3m^2）に入れる。発芽揃いまで床土の乾燥に注意し，30℃程度の床温を確保する。発芽揃い後は徐々に床温を下げ，徒長を防ぐ
	◎健苗の育成	・鉢上げは10.5cm鉢に行なう。接ぎ木をする場合は呼び接ぎにし，鉢上げ時に実施する。深植えを避ける
	・根傷みや徒長を避ける	・とくに育苗後期は過剰な水分を避け，床温も低くして順化し，定植後の活着促進に備える
	・病害虫防除	・アブラムシ類，コナジラミ類，アザミウマ類，うどんこ病，べと病，つる枯病，ウイルス病などの予防を行なう
定植準備	◎圃場の選定と土つくり ・圃場の選定	・連作を避ける。連作する場合は，土壌消毒の実施や接ぎ木育苗を心がける ・排水良好な圃場を選定する
	・土つくり	・土つくりに努める。完熟堆肥を2t/10a以上施用し，深耕して，炭酸苦土石灰でpHを6～6.5程度に矯正する。火山灰土壌などリン酸吸収係数が高い土壌では，リン酸肥料を施用する
	・ハウス張り，ウネ立て，マルチ張り，トンネルかけ	・ハウスに早めにフィルムを被覆し，ウネ立てを行ない，マルチとトンネルをかけて，地温の確保を図る。マルチには透明ビニールを使用する
	◎施肥 （過剰な施肥は品質低下をきたす）	・施肥前に土壌を分析し，元肥量を決める。窒素が収穫期まで残るようでは果実品質が劣るので，収穫期には切れるよう草勢を見ながら追肥を行なう
定植方法	◎適正な栽植密度	・ウネ幅を2.5～2.7mにし，2本仕立てでは株間40～45cm，10a当たり900株，3本仕立てでは株間55～70cm，10a当たり600株前後になるように定植する
	◎適期定植	・根鉢が回った本葉3～3.5枚時，育苗日数32～35日程度，接ぎ木苗は35～38日程度で定植を行なう ・定植は晴天日の午前中に行ない，植え傷みしないよう，ていねいに植え付ける。浅植えとする
	◎活着の促進	・定植後，地温が低下しないように温水を鉢周りに灌水する。やや高温管理にして，活着を促進する
定植後の管理	◎整枝	・着果節から10節上で主枝を摘心する。着果節位を8～11節にし，その節位に結果枝3本を選定して，2葉残して摘む。結果枝より下位の側枝は摘除し，上位の側枝は1葉で摘む。上位の側枝2～3本から出る孫づるは，草勢維持のため放任する
	◎着果の促進	・交配は，ミツバチを使用して行なうか，条件が悪い場合は着果ホルモン剤を利用する
	◎摘果	・交配から5～6日後，果実が鶏卵大のときに摘果する。着果数は収穫時期によって異なるが，2本仕立てで3～4果，3本仕立てで4～6果とする
	◎果実の肥大促進	・着果後，定期的に灌水し，果実の肥大を促す。果実の肥大後，収穫の2週間くらい前になったら，土壌水分を乾燥気味にして品質の向上を図る。ただし，極端な乾燥は，草勢を低下させるので避ける
収穫	◎適期収穫	・品種独特の果実色になったら，糖度を確認し，収穫する。プリンスの場合は，収穫が遅れるとヘタ落ちするので，収穫期に注意する
	◎2番果の着果	・2番果を収穫する場合は，1番果の交配から20日ほど経過したら，上位節の充実した両性花に2番果を着果させる

ダブルガードEX　メロンつる割病とえそ斑点病に複合耐病性の共台である。草勢は中位で、品質への影響はほとんどなく、幅広く対応できる。

3 栽培の手順

(1) 育苗のやり方

①播種

播種量は播種期や、仕立て方によって違うが、2本仕立ての場合は本圃10a当たり1000粒、3本仕立ての場合は800粒程度にする。野菜専用育苗箱を、本圃10a当たり5箱程度準備する。接ぎ木する場合は、台木用としてさらに6～7箱程度必要になる。

播種期は地域や気象条件、施設と被覆方法などによって決めるが、ハウス内の地温が16℃以下では生育に問題が出るので、それ以上確保できる時期を想定して決める。暖地では12月上旬、中間地では1月上旬、冷涼地では2月上旬ころからになる。

台木は、呼び接ぎを行なう場合は、穂木より共台で5日、カボチャ台で7日程度遅く播種する。ただし、使用する台木品種により調整する。

播種は、育苗箱に深さ1cmほどの溝をつくり、種子を溝に対し直角に揃えて並べる。条間5〜7cm、種子間1〜2cmを目安に播種する。種子の向きと子葉の向きが同じになるのでていねいに並べ、溝に床土を寄せて覆土の厚さが5〜7mmほどになるようにする。育苗箱1枚につきメロンでは200粒程度播く。播種後はしっかり灌水した後、乾燥を防止するため播種箱の上に新聞紙をかける。

メロンの発芽適温は28〜30℃なので、温床育苗とする（電熱線で3・3㎡当たり300W以上）。播種後は、昼間は30〜33℃で管理し、夜間は25℃が確保できるようサーモスタットを設定する。播種から発芽までの日数は3〜4日である、発芽後、しだいに温度を下げ、移植前に床温を20℃に設定し、昼間の気温は28〜30℃で管理する。

②移植（鉢上げ）

移植は、直径10・5cmのポリ鉢を用い、子葉が八分から完全に展開したときに行なう。つる枯病を回避するために、できるかぎり浅植えにし、胚軸を鉢土の中に埋め込まないようにする。

移植後の温度管理は、活着までの3〜4日間は昼間30〜33℃、夜間22℃を目標にする。活着後は昼間28〜30℃とし、夜間の温度を5日間隔2℃単位で下げ、定植の2〜3日前には13℃程度にして苗を硬化させる。

③接ぎ木のやり方

自根栽培が望ましいが、つる割病が発生する恐れのある圃場では、接ぎ木栽培によって回避する。カボチャ台に接ぎ木をすれば低温伸長性が高くなる。

カボチャ台は〝プリンス〟に親和性が高いが、〝ホームランスター〟では接ぎ木不親和、品質低下、裂果などが発生するので、メロン共台に接ぎ木する。

接ぎ木の方法は、呼び接ぎにするとよい。

呼び接ぎする場合は、台木の子葉が完全に展開したときに、本葉を取り除いて穂木を接ぎ木すると同時に、台木、穂木とも移植する。移植後の2〜3日間は寒冷紗で強光を避け、活着を促す。接ぎ木後7〜10日で穂木を切断する。

④摘心

本葉が3枚展開したころ、2本仕立てでは4節、3本仕立てでは5節残して摘心する。

(2) 定植のやり方

①定植準備

ハウス栽培を行なうには、単棟ハウス（間口5m以上）とトンネル（12尺、9尺、6尺の3重トンネル）を準備する（図2）。被覆資材は、ハウスの外張り用に塩化ビニール（厚さ0・075mm）またはポリオレフィンフィルム、トンネル用に塩化ビニール（厚さ0・05mm）またはポリエチレン、ポリオレフィンフィルムを用意する。そのほか、チューブ灌水施設があるとよい。

ハウスの展張、施肥、ウネ立てを早めに行ない、定植の15〜20日前にマルチを張り、地表下10cmの地温が16℃以上に安定するようにしておく。土壌が乾燥していると地温が上がらないので、散水して、適当な水分条件にしてからマルチを張る。

メロンは土壌の適応性の幅は広いが、根の酸素要求度は高いので、堆肥を入れ石灰質資材でpHを矯正するなど土つくりは早めに実施しておく。

マルチを張る前に元肥を土壌に混和し、ウネ立てして、灌水チューブを敷設する。

②施肥

窒素が生育期間中にムラなく吸収され、収穫前に切れる状態になるような施肥が望ましい。とくに、生育後期の窒素過多は、糖の蓄積不良、果皮の色抜け不良、裂果、発酵果の発生など品質低下につながる。前作の残肥を計算して施用する。

メロン類は、品種ごとに吸肥量が違う。一般に、‘ホームランスター’のようなノーネット系のハウスメロンは、ネット系メロンより吸肥量が少ない品種が多い。

10a当たり施肥成分量は、窒素、リン酸、カリそれぞれ10～15kg程度とし、品種（穂木、台木）、前作肥料の残存量、堆肥の投入量、土質、栽培期間によって調節する。表4に‘プリンス’と‘ホームランスター’の施肥例を示したので、これを目安に草勢を見て調節する。

図2　ハウスの構造と栽植様式

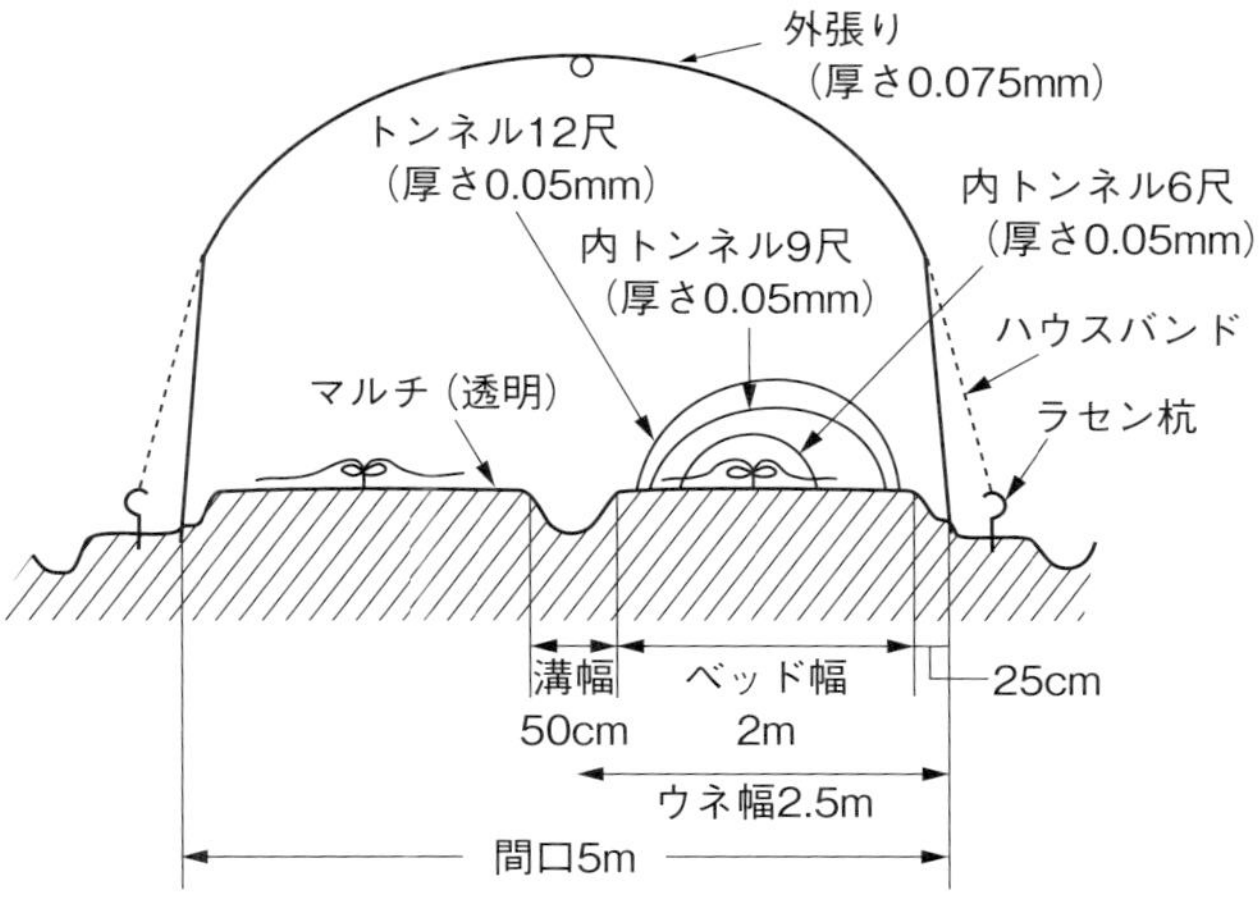

表4　施肥例　（単位：kg/10a）

プリンス（No.8台）の場合

	肥料名	施肥量	成分量		
			窒素	リン酸	カリ
元肥	完熟堆肥	2,000			
	炭酸苦土石灰	100			
	苦土重焼燐	40		14	
	CDU・S555	100	15	15	15
追肥	燐硝安加里	20	3.2	0.8	3.2
施肥成分量			18.2	29.8	18.2

ホームランスターの場合

	肥料名	施肥量	成分量		
			窒素	リン酸	カリ
元肥	完熟堆肥	2,000			
	炭酸苦土石灰	100			
	苦土重焼燐	40		14	
	CDU・S555	60	9	9	9
追肥	有機液肥	20	2	0.8	1.2
施肥成分量			11	23.8	10.2

③定植の方法

育苗日数32～38日、展開葉3～3.5枚で定植する。

晴天の日を選び、植え傷みのないように定植する。植付けの際、地際部のつる枯病を回避するために、根鉢の八分目くらいのところまでの浅植えにする。

ウネ幅2.5～2.7m、株間は2本仕立てで40～45cm、3本仕立てで55～70cm程度にして植え付ける。10a当たりの株数は、3本仕立ての場合、‘プリンス’では570～600株、‘ホームランスター’、‘イエローキング’では670株程度になる。

定植後、土壌の乾燥状態を見ながら、株元を中心に数日間灌水し活着の促進を図る。

(3) 定植後の管理

①温度管理

低温期の無加温栽培では、昼間の温度をいかに逃がさず保温するかが、生育を順調に行なわせるポイントになる。ハウスメロンは低温に弱く、地温が15℃

図3　定植後30日ころの生育状況

図4　内トンネル除去後の栽培の様子

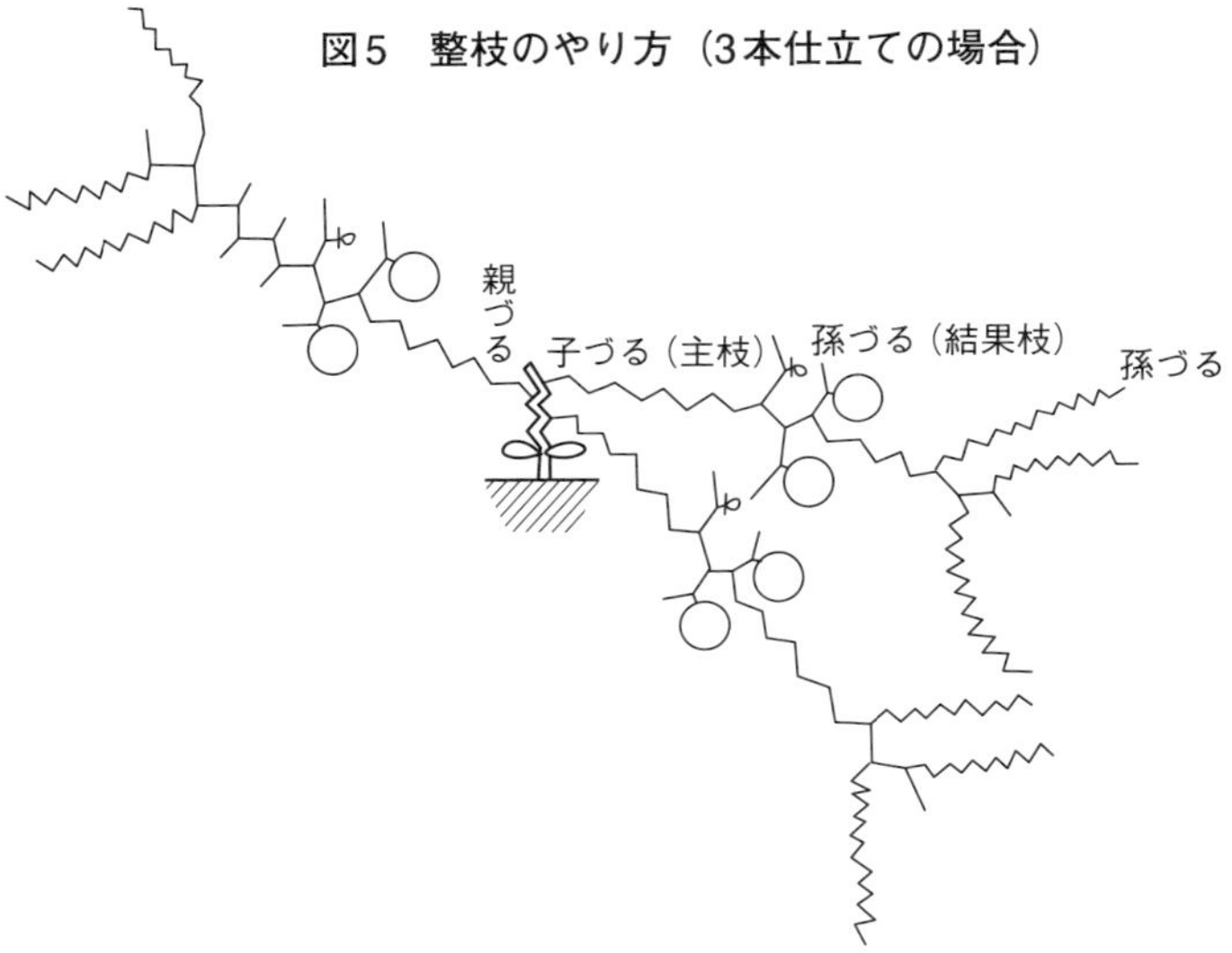

図5　整枝のやり方（3本仕立ての場合）

以上、最低気温が13℃以上なければ順調な生育は望めないので、13℃を基準に温度確保ができるようにする。したがって、最低気温は、13℃以上を確保できるようにトンネルを装備する。

　定植後4～5日は32～35℃と高めに管理し、活着を促進する。35℃を超えるときはトンネルを開け、温度を下げる。しかし、この管理を長期間行なうと軟弱な生育になる。そのため、葉縁に溢液が見られるようになり、活着を確認したら、昼間の最高気温を30～32℃とし、午前中28℃、午後25℃が確保できるようにハウス管理する。

　交配期から着果後25日くらいまでは、午前中30～32℃、午後26～27℃を維持し、最低気温15℃を確保して、果実の肥大を助長する。

　着果後30日を経過すると果実の肥大がほぼ終了するので、管理温度を下げていく。午前中26℃、午後23℃を維持温度とし、換気を強める。この時期に高温多湿にすると果面汚点症が発生しやすい。夜間は、最低気温を下げすぎると発酵果、裂果の発生があるから、15℃を確保する。

②整枝

　3本仕立ての場合、親づるは苗の時点で、5節で摘心する。活着後子づるが伸び始めたら、揃いがよい3本を主枝として残し、他はかき取る。

　順調な生育状態であれば、子づるの8～11節の範囲に結果枝（孫づる）を各3本選定する。結果枝より下位の側枝（孫づる）は早めにすべて摘み取り、結果枝は1～2節残して摘心する。結果枝から上位の側枝（孫づる）は、草勢維持の目的で1葉残して摘心する

図6　開花・交配期の生育状況

図7　収穫期の果実

（図5）。

　また、孫づるから出る側枝（ひ孫づる）は、草勢が弱い場合は残し、そうでない場合は摘み取るが、いずれの場合も上位の数本は常に生長点があるようにする。なお、主枝は、着果節位から8〜10節上位の20節前後で摘心する。

③灌水

　活着促進のため、定植後に鉢の周りに灌水する。定植の4〜5日後、早朝、葉に露が見られたら灌水をやめる。以後、土壌の水分保持力にもよるが、原則的に着果期まで灌水はしない。

　低温期に土壌水分が過剰だと、生育が旺盛になりすぎ、縦伸びが強くなって、いわゆる腰高果になりやすい。また、高温期の多水分管理は、根の伸長に対して茎葉の伸びが旺盛になり、収穫前に急性萎凋を発生しやすい。

　着果を確認後、果実の硬化期を意識して灌水の操作を行なうネット系と違い、ノーネット系では果実の硬化が少ないため、着果から定期的に灌水を行ない、果実を肥大させる。

　着果から30日目以降は土壌を乾燥させていくが、極端な乾燥は草勢低下につながるので、収穫期まで少量の土壌水分を維持する。

④交配

　ミツバチ交配を基本にするが、条件が悪いときは着果ホルモン剤を使用する（図6）。

⑤摘果

　摘果は、交配から5〜6日後、果実が鶏卵大くらいになったときに行なう。この時期には果実が縦伸びするから、正形なものよりやや縦伸びしたものを残す。果実の形を確認し、形の歪んだもの、花落ちの大きいもの、傷のついたものを優先して摘果する。また、このとき大きさを揃えると、以後の管理がやりやすくなる。

　着果数は2本仕立てで3〜4果、3本仕立てで4〜6果とし、収穫期が早いほど低温期の栽培になるので着果数を少なくするなど、収穫期によって調整して着果過多を避ける。

⑥2番果の着果

　2番果を収穫する場合は、1番果の交配後20日程度で着生する、上位節の充実した両性花を交配し、着果させる。なお、それより早い交配は、1番果の果実肥大を抑制するので慎む。

(4) 収穫

収穫の目安は、品種特有の色上がり（果皮色）、果肉の熟度、糖度である。

‘プリンス’では、熟期になると果梗部に離層を形成し、軽いヒビができる。その直前に収穫するが、果皮に光沢が出て、‘プリンス’独特の芳香がする。着果から収穫までおよそ38日かかる（図7）。

‘ホームランスター’、‘イエローキング’は品種特有の果皮色を目安に、果実糖度を確認し、15度以上で収穫する。

4 病害虫防除

(1) 基本になる防除方法

病気、害虫ともに、発生が多くなってからでは防除の効果が上がりにくい。育苗床での防除を徹底して本圃に病害虫を持ち込まないことや、定植時の粒剤利用、予防を主にした防除を組み立てることなどで、減農薬栽培が可能になる。

それでも病害やハダニ類が発生するので、常に圃場を観察して手遅れにならないよう、初期防除の徹底が重要になる。

薬剤防除を行なう場合は、早期発見・早期防除を徹底する。また、同一系統の薬剤を連用すると薬剤感受性が低下するため、系統の違う薬剤を組み合わせてローテーション散布を実施する。

表5　病害虫防除の方法

	病害虫名	防除法
病気	べと病	窒素の多用を避け，肥料切れにならないように適切な施肥管理をする。密植を避け，換気をよくし，過湿の防止に努める 適用農薬例：ダコニール1000，ベジセイバー，ランマンフロアブル
	疫病	灌漑水で蔓延する場合があるので，病原菌の混入の恐れがない水を使用する。また，高ウネにして排水をよくし，浸水，冠水しないようにする 適用農薬例：ジマンダイセン水和剤
	つる枯病	土壌中の被害残渣，資材が伝染源になる場合があるので，残渣の処理，資材の消毒を行なう。定植は浅植えにして，株元を乾燥させる。施設内が過湿にならないように排水をよくし，換気を図る 適用農薬例：ロブラール水和剤，ストロビーフロアブル，プロポーズ顆粒水和剤
	つる割病	連作を避け，抵抗性台木への接ぎ木を行なう。窒素肥料の多用は，発生を助長するので避ける。石灰の施用，完熟堆肥の施用により，発病が抑制される。発病圃場で連作する場合は土壌消毒する 適用農薬例：クロルピクリン
	うどんこ病	窒素肥料の多用や密植を避け，適切な肥培管理を行なうとともに，換気を図って採光に努める 適用農薬例：トリフミン水和剤，アフェットフロアブル，プロパティフロアブル
害虫	アブラムシ類	防虫網などで，育苗施設やハウスへの侵入を防ぐ。シルバーマルチやシルバーテープも効果がある 適用農薬例：ベストガード粒剤，コルト顆粒水和剤，サンマイトフロアブル
	コナジラミ類	防虫網などで，育苗施設やハウスへの侵入を防ぐ。黄色粘着テープで発生を把握し，適期防除に努める。タバココナジラミが媒介するウイルス病（メロン退緑黄化病）の発生に注意する 適用農薬例：ベリマークSC，モベントフロアブル，ディアナSC
	アザミウマ類	防虫網などで，育苗施設やハウスへの侵入を防ぐ。圃場周辺の雑草は，発生源になるので除草する。苗床から本圃への持ち込みを防ぐ。青色や黄色の粘着テープで発生を把握し，適期防除に努める。ミナミキイロアザミウマが媒介するウイルス病（メロン黄化えそ病）の発生に注意する 適用農薬例：アファーム乳剤，グレーシア乳剤，スピノエース顆粒水和剤
	ハダニ類	苗床での徹底防除を図り，ハウス周辺の雑草防除に努める。とくに，4月以降の高温・乾燥条件で多発しやすいので注意する 適用農薬例：ダブルフェースフロアブル，アグリメック，アーデント水和剤

注）農薬は，使用基準を遵守するとともに，使用前には必ず登録内容を確認する。また，ミツバチ，マルハナバチへの影響を十分に考慮する

(2) 農薬を使わない工夫

農薬散布量を少なくする耕種的防除には、抵抗性品種の利用、過繁茂や肥料切れを避けた適切な肥培管理、密植せず換気で過湿を防ぎ病害を発生しにくくする、などがある。

害虫予防では、防虫網を育苗床やハウスの開口部に張り、物理的に害虫を遮断することや、シルバーマルチ、本圃周りの雑草防除も効果が高い。

5 経営的特徴

ノーネット系メロンのハウス半促成栽培は、気象条件が低温期から好適な条件に向かう作型なので、生産が安定している。地這い栽培で、栽培期間も比較的短いので、品種を組み合わせることにより、広い栽培面積をこなすことができる。

ハウスの後作として、暖地では抑制のアールス系メロンや抑制トマト、抑制キュウリなどの果菜類の導入も可能であり、水稲の栽培もできる。

10a当たり2・6tの収量、400時間の投下労働時間、所得率47％（表6）、家族労力2人で40aの経営規模が、一般的な経営目標である。

（執筆：白水武仁）

表6　ノーネット系メロンのハウス半促成栽培の経営指標

項目	
収量（kg/10a）	2,600
単価（円/kg）	450
粗収入（円/10a）	1,170,000
経営費（円/10a）	620,000
種苗費	35,000
肥料費	30,000
薬剤費	30,000
資材費	214,000
動力光熱費	4,000
流通経費	264,000
その他経費	43,000
農業所得（円/10a）	550,000
労働時間（時間/10a）	400

ネット系メロンのハウス半促成栽培（無加温）

1 この作型の特徴と導入

(1) 作型の特徴と導入の注意点

①作型の特徴

半促成栽培は、生育が進むにつれて温度条件と日照条件がメロンの生育に適した環境になるため、品質の高いメロンを生産することができる。

播種期は12月から3月にかけての約3カ月、収穫期は5月から6月の約2カ月と、かなり幅がある。1月末に播種して6月上旬に収穫する作型が最も栽培が容易で、収量が多く、品質も優れているので、これが作型の標準である（作型と作付け期間は「この野菜の特徴と利用」表1参照）。

しかし、労力が交配から摘果期や収穫期などに集中するので、労力を分散させるために、1回の定植面積を1人当たり5a程度とし、定植時期をずらして栽培し、多くの作型を同時並行的に管理することになる。

なお、ハウス半促成栽培の生育と主な作業、温度管理、灌水管理は図8に示したとおりである。

図8　主な作業と温度，灌水管理のポイント

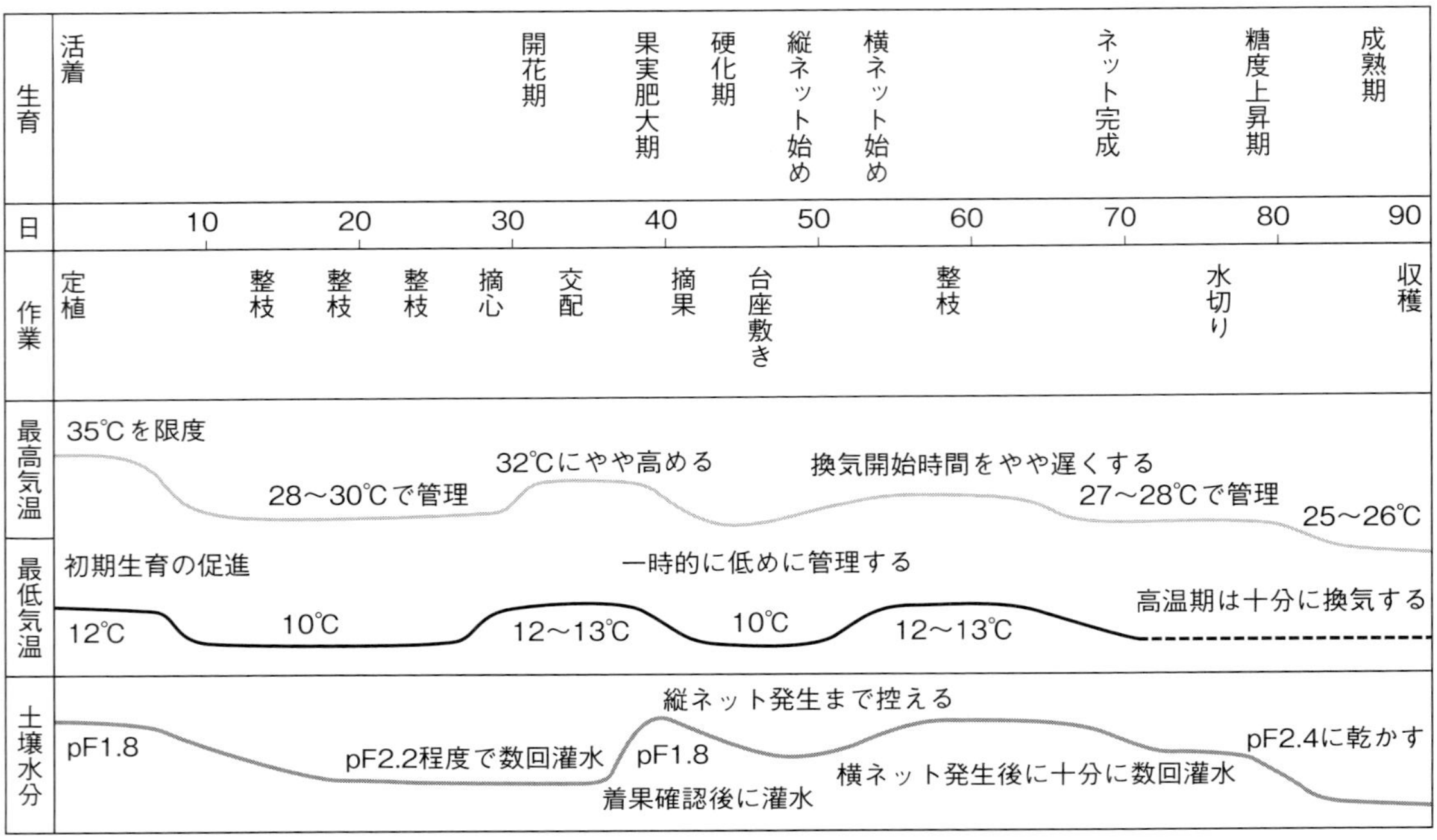

②導入の注意点

収益性を考慮すると無加温での栽培になるが、育苗時期や生育初期が低温で経過するので、気温と地温の確保が重要であり、作型に適した保温装備を整える必要がある。

育苗には温床などの加温施設が必要であるが、本圃は地這い栽培として、内張りカーテンやトンネルでの保温を行なう。定植の早い作型ほど、重装備の保温が長期間におよぶので、フィルム資材費用やカーテン、トンネルの開閉作業に多くの労力を要する。

栽培施設が大型になるほど保温性や作業性に優れるが、定植日をずらして栽培する場合は生育ステージごとに管理条件が違うので、ビニールかポリオレフィン系のフィルムを張った、単棟のパイプハウスを多く準備するほうが管理しやすい。

栽培には日当たりがよく、地下水位が低く、水はけのよい圃場が望ましい。ハウス周辺に雨水がたまることがないように、明渠を整備しておく。

半促成栽培用のネット系メロン品種には、果実の形やネット発現の仕方、果肉の色などそれぞれに特徴のある多くの品種が栽培されている。品種の特性を十分に発揮できるかどうかは作型によって違うので、茎葉の伸長性やスタミナ、果実の肥大性や品質、日持ち性などを考慮し、地域や作型に適した品種を選定する。

(2) 他の野菜・作物との組合せ方

半促成メロンの後作には抑制トマト、抑制メロンなどの果菜類、ホウレンソウ、コマツナなどの葉菜類、ダイコンやカブなどの根菜類を導入することができる。

しかし、連作すると土壌病害虫の密度が高くなって被害が出やすくなること、トマトとの輪作ではネコブセンチュウが増えやすいこと、葉菜類の作付け跡地では肥料の残存量が多くなりやすいことなどに注意が必要である。

したがって、病害虫防除のための太陽熱消

毒を行なったり、物理性と化学性を改善するために青刈り作物を栽培したりするなど土つくり対策を導入し、持続的な活用を可能にする長期的なハウス利用計画を立てる必要がある。

2 栽培のおさえどころ

(1) どこで失敗しやすいか

①育苗管理

播種・育苗には温床を用いる。播種後の地温を28～30℃で均一に確保できるよう、電熱温床線を設置し、トンネル保温を行なう。

3・5号（直径10・5cm）程度の大きめのポットを用いると、定植適期にある程度の幅があるので、定植作業の調整ができる。定植適期を過ぎた苗は急速に老化し、発根力が弱くなるので、活着が遅れるばかりでなく、根の量や茎葉の大きさにも影響する。

セル苗など購入苗を利用する場合は、小型の苗ほど低温の影響を受けやすく、定植適期幅も狭いので、早い作型の場合にはポットに移植し、二次育苗を行なう。

②圃場準備と定植後の管理

メロンは、地温が16℃以下では根の働きが劣り、活着が不良となって、必要な生育量を確保することができない。定植の2週間前にはマルチやトンネルの設置を済ませ、定植時の地温確保に努める。

定植は晴天の続く日を選び、天候が悪い場合は延期するなどして、定植後の活着を重視した日を選ぶ。

定植後の生育を確保するためには、最低気温を10℃以上に保つ必要がある。活着までは生育を促進するために、温度確保を重視して高温・多湿気味の管理を行なう。しかし、この時期は収穫目標とする12～13節目の雌花が分化する時期に当たり、飛び節などの要因になるため、高温管理の期間は長くても7日程度にとどめる。

③交配～摘果時期の管理

交配期には高めの温度管理とし、最低気温12～15℃以上を確保する。ミツバチ交配を基本とする。しかし、曇雨天の日が続くとミツバチの活動が鈍り、花粉稔性や雌花の質が低下するので、着果ホルモン剤を併用するとよい。トマトトーンを花梗に塗布する方法と、トマトトーン単剤またはジベレリンとの混用液を花に散布する方法がある。

着果確認後は早めに灌水を行なう。灌水量は、ネット発生期まで水分が残らないように、土壌水分や天候により加減する。

交配後7～10日で果実が鶏卵大になった時期に、1つる当たり2個の果実が連続着果するように摘果を行なう。

④収穫期の管理

収穫2週間前ころから土壌水分を少なくしていき、糖の蓄積を図るとともに草勢を弱める。収穫間際になっても草勢が衰えず、果実の肥大が続いている場合は、急激に吸水させると裂果する。

収穫適期の判断は、交配後の日数を参考にするのが最も確実である。収穫時期が近づいたら必ず試し切りを行ない、肉質や糖度を確認したうえで収穫日を決定する。

(2) おいしく安全につくるためのポイント

①土つくりと施肥

メロンは浅根性で酸素要求量が多いため、有機物を投入して土壌物理性の改善に努める。また、有機物の投入により土壌内の有用微生物が増加し、土壌病害虫の発生抑制も期待できる。

窒素の過剰施用は草勢を旺盛にし、糖度不足や肉質低下の原因になる。また、カリ過剰は堆肥の連続施用などでも生じやすいが、拮抗作用により異常発酵果や苦土欠乏症の要因になる。作付け前の土壌診断にもとづいて、バランスのとれた適正な施肥を行なう必要がある。

②土壌水分

メロン栽培では、各生育ステージによって、求められる土壌水分管理が異なる（図8参照）。収穫まで安定した草勢を保ちながら、果実肥大や糖の蓄積、および果肉の成熟などを順調に進めるために、土壌水分を適正にコントロールする必要がある。

果実肥大期終了以降は徐々に土壌水分を減らし、草勢を抑制して果実を成熟させると、糖度が高く、高品質なメロンを生産できる。

③適切な整枝と着果管理

受光量や葉面積に対して着果過多になると、果実の大きさや糖度が低下する。1株当たり子づる2本整枝、1つる2個（1株4個）着果を基本に、作型に応じてつる数や着果数を加減する。

作業の遅れなどで、一度に多数の枝の摘除や摘葉を行なうと、急激に草勢が低下し、雌花の不良や萎れによる果実品質の低下につながるので、こまめな管理作業が重要である。

(3) 品種の選び方

半促成栽培は収穫期の幅が広く、作期により温度や日照条件が違うので、作期が早いほど生育が抑制され小玉になりやすい。また、作期が遅いほど過肥大や糖度の低下、生育後半の萎れなどが発生しやすい。

そのため、作期に応じて品種を変える必要があるが、近年は、異なる系統に同じ名称を与えて、作型適用幅を広げている事例がある（たとえば適応作型の早い順に、'春のクインシー'、'クインシー'、'クインシー719'、'初夏のクインシー'など）（表7）。

また、近年は、つる割病（レース1およびレース1,2）やえそ斑点病などの土壌病害による被害が発生している。被害程度が大きい場合は、耐病性台木品種を用いた接ぎ木栽培が必要になる。耐病性の種類や草勢の強弱などを参考に、適した品種を選定する（表8）。

3 栽培の手順

(1) 育苗のやり方

①苗床と培土の準備

苗床に電熱温床線を設置して、15～30℃の範囲でできるだけ均一に地温をコントロールできるよう準備しておく。ビニールと保温マットでトンネル被覆すると、厳冬期でも15～20℃程度の最低気温を確保できる。

培土は、市販の播種用培土（窒素成分で100mg／ℓ程度）と鉢上げ用培土（窒素成分で300mg／ℓ程度）を用いると便利である。鉢上げ用に必要な培土量は、10a当たり400ℓである（3.5号ポット800鉢の場合）。

自家製の培土を用いる場合は、透水性のよい資材を用い、pH6～6.5、EC0.5～1mS／cmを目標に調整して、必ず土壌消毒を行なう。

②播種、播種後の管理

播種はポットに種子を直播してもよいが、播種箱に条播し、子葉展開後に鉢上げすると、生育の揃った苗を育成できる。10a当た

表7　ネット系メロンのハウス半促成栽培に適した主要品種の特性（茨城県）

品種名（グループ）	販売元	特性
アンデス	サカタのタネ	5月中旬から6月下旬に収穫される緑肉メロンの代表的品種。糖度が高く，食味が優れる。‘アンデス5号’‘アンデスナナ’などの品種があり，各産地や作期に合わせて栽培が行なわれている
オトメ	大島種苗（育成元：タキイ種苗）	4月中旬から5月中旬に収穫される低温伸長性，肥大性に優れる緑肉品種。シーズンの先頭をきって出荷され，さわやかな甘さが特徴。‘オトメ7’‘オトメアイ’がある
タカミ	園芸植物育種研究所（旧日本園芸生産研究所）	6月上旬から7月上旬に収穫される緑肉品種。縦長でネットが細かく，しっかりした肉質で日持ち性に優れる。つくりやすく，トンネル栽培でも生産されている
クインシー	横浜植木	5月下旬から6月下旬に収穫される赤肉メロンの代表的品種。肉質が緻密で濃厚な食味が特徴。‘春のクインシー’‘クインシー’‘初夏のクインシー’など作期に応じたラインナップがある
レノン	タキイ種苗	5月中旬から6月中旬に収穫される赤肉品種。ネット発生が安定しており，果肉が厚くて日持ち性にも優れる。適用作期の早い順に‘レノンハート’‘レノン’‘レノンスター’などのラインナップがある

表8　ネット系メロンのハウス半促成栽培に適した主要台木品種の特性（茨城県）

品種名	販売元	つる割病 注1)			えそ斑点病
		レース0，レース1，レース2	レース1,2w	レース1,2y	
UA－902	横浜植木	○	△	△	
UA－909	横浜植木	○	△	△	○ 注2)
ダブルガードパワー	タキイ種苗	○	△	△	○ 注2)
ワンツーシャット	朝日工業	○	△	△	○ 注2)
ワンツーアタック	サカタのタネ	○	△	△	

注1）○：抵抗性，△：耐病性
注2）○：厳寒期には，低温で抵抗性が打破され，発病することがあるので注意する

り900粒を、条間6cm×種子間隔1・5cmに播種し、地温28～30℃で発芽させる。

播種後7日前後の子葉展開後に、根を傷めないようにていねいに鉢上げを行なう。鉢上げ後はしだいに気温と地温を下げていき、定植の前日には最低気温10℃、最低地温16℃ぐらいとする。

育苗前半は培土の表面が乾かない程度に灌水し、育苗後半は夕方まで培土に水分が残らない程度に量を調節して、昼ごろまでには灌水を済ませる。

また、葉が重ならないように鉢のずらしを適宜行ない、しっかりした苗をつくる。

育苗日数は、播種期や育苗中の管理によって少し違うが、3・5号ポット（直径10・5cm）を用いた場合は約35日になる。

定植前日までに、本葉4枚を残し摘心する。

③接ぎ木と養生

つる割病（レース1またはレース1,2）やえそ斑点病など、土壌病害が発生していれば、接ぎ木の必要がある。接ぎ木には、呼び接ぎや挿し接ぎがあるが、穂木の根を切り落として接ぎ木作業を行なう、挿し接ぎのほうが作業性がよい。しかし、接ぎ木後の養生管理に

は注意を要する。

台木は共台を使用し、挿し接ぎの場合、台木品種は穂木品種の5～10日前に播種する。

接ぎ木作業は、台木は第1本葉の展開中、穂木は子葉が完全に展開したころ、晴天日が続いた日に行なう。接ぎ木前の天候が曇雨天だと、苗の貯蔵養分が少なく、接ぎ木後の活着率が低下するので、天候の回復を待って行なうほうがよい。

接ぎ木後は萎れを防ぐため、遮光した密閉トンネル内で養生する。受光量が多いほど活着は促進されるが、温度が上がりすぎないよ

表9　ネット系メロンのハウス半促成栽培のポイント

	技術目標とポイント	技術内容
圃場準備	◎圃場の選定と土つくり ◎施肥基準 ◎ベッド，トンネル設置	・排水がよく地下水位の低い圃場を選定する ・完熟堆肥2t/10a，リン酸，石灰を施用する ・緩効性肥料，有機質肥料を中心に，全量元肥施用 ・窒素成分で10～15kg/10a程度 ・定植2週間前までにベッド，トンネルを設置し地温を確保する ・ベッド幅は200cm，高さ10～30cmとする ・株元から30cm離して灌水チューブを設置する
育苗方法	◎播種，鉢上げ ◎接ぎ木（土壌病害発生の場合） ◎育苗管理	・発芽までは28～30℃を確保する ・子葉展開後，10.5cmポットへ移植する ・台木を穂木より5～10日前に播種する（挿し接ぎの場合） ・接ぎ木後，遮光したトンネルを密閉して養生する ・3日後から徐々に換気を開始し，7日後にはトンネル日中開放 ・葉が込み合わないように，ポットのずらしを行なう ・しだいに温度を下げ，定植前日には気温10℃，地温16℃にする ・アブラムシ類，コナジラミ類を防除
定植方法	◎定植準備 ◎定植 ◎栽植方法	・育苗日数35日程度，本葉4枚で摘心する ・地温は16℃以上を確保する ・鉢土に十分に灌水してから定植する ・鉢土の上に土をのせないように浅植えにする ・つる間隔が30cmになるよう株間を決める。一方向誘引で60～70cm，振り分け誘引で40～50cm
定植後の管理	◎温度管理 ◎整枝 ◎低節位の管理 ◎交配準備 ◎交配 ◎着果確認 ◎摘果 ◎硬化～縦ネット発生期の管理 ◎横ネット発生開始後の管理 ◎ネット完成期以後の管理 ◎病害虫の防除	・日中は28～30℃で換気，最低気温は10～12℃を保つ ・天候や風向きにより換気量や場所を調節する ・子づるが30cm程度に伸びたら2本に整枝する ・1回の整枝量が多くなりすぎないよう3回程度に分けて行なう ・10節までの孫づるは摘除する ・11～14節の孫づるは2節で摘心し着果枝とする ・交配前に子づるを24～25節で摘心する ・最低気温は12～15℃以上を確保する ・ミツバチ交配が基本 ・曇雨天の場合は人工交配とホルモン剤を併用する ・交配後2～3日で着果が確認できる ・着果確認後に灌水を行ない果実肥大を促進する ・果実が鶏卵大のころに，1つる2個になるよう摘果する ・縦長で果形に乱れがなく，花座の小さい果実を選ぶ ・交配後7～10日ころに台座を敷く ・横ネット発生までは灌水を控える ・気温，湿度を高めに管理し，ネット発生を促進する ・灌水を2～3回，十分に行ない肥大を促進する ・しだいに気温を下げ，日中の気温を25℃程度にする ・しだいに灌水を減らし，収穫10日前には灌水をやめる ・葉かきや整枝を行ない通風をよくする ・早期発見，初期防除に努める
収穫	◎適期収穫 ◎収穫作業	・結果枝葉の黄化や果皮，果梗付近の退色などの症状が現われる ・交配後日数を目安に試し切りを行ない品質を確認する ・朝夕の涼しい時間に収穫する ・果実温度を上げないよう，収穫後はすみやかに納屋などに運び込む

うに、気温27～28℃、地温25℃で管理する。光反射シートは、ある程度の光を確保しながら、昇温抑制効果が期待できる。

接ぎ木後3日ごろから、苗の様子を見ながら、徐々にトンネルの換気量を多くしていき、7日ごろに活着を確認したら、日中はトンネルを開放する。

(2) 定植のやり方

①圃場の準備

圃場の土壌水分条件を十分に考慮し、必要に応じて暗渠排水やハウス周辺の明渠の整備を行なったり、定植ベッドを高ウネにしたりするなどの対策を行なう。

施肥は有機質肥料と緩効性肥料を中心に全量元肥とする（表10）。窒素成分で10a当たり10～15kgを基本とするが、土壌の肥料残存量を考慮して増減する。

表10　施肥例　（単位：kg/10a）

	肥料名	施肥量	成分量		
			窒素	リン酸	カリ
元肥	完熟堆肥	2,000			
	苦土石灰	60			
	緩効性肥料	80	12	12	12
	重焼燐	20		7	
追肥	なし				
施肥成分量			12	19	12

定植の2週間前には施肥、耕うんを行ない、マルチの展張とトンネルを設置して地温の上昇を図る。定植時の最低地温16℃を確保するのが目標になる。

ベッド幅は200cmとし、ベッドの高さは、排水性や地温確保などを目的に、10～30cmの高ウネとする。

②定植の方法

定植は、風がなく暖かい日の午前中に行なうようにする。植穴の位置は、誘引方法や着果位置を考慮して、ベッド中央か通路側に寄せたところに決める（株間は表9参照）。さらに、定植位置の両側に株元から30cm以上離して、灌水チューブを配置する。

定植前に、温水を入れた桶にポットごと浸漬し、吸水させる。十分量の水を与えていれば、定植後に灌水を行なう必要はない。

根鉢を崩さないよう、株を逆さにして苗を取り出したのち、ていねいに植付けを行なう。植付けの深さは、鉢土の上に土をのせない程度の浅植えにする。接ぎ木苗の場合は、必ず接合部が土に埋まらないよう注意する。

(3) 定植後の管理

①保温方法と温度管理

日中の温度管理は30℃を超えないように換気を行ない、最低気温は10～12℃以上を確保する。半促成栽培は低温期に定植するが、作期によって屋外の最低気温が違うので、作期に応じた保温装備が必要になる。

1～2月の厳寒期に定植する場合は、2～3重のトンネル被覆に加え、水封マルチや保温マットで温度を確保する（図9）。水封マルチは、ポリダクトに水を充填してベッド上に置き、日中水に蓄熱し、夜間その放熱を利用するもので、ビニール被覆1枚に相当する効果がある。また、内張りカーテン（図10）は夜間の保温効果だけでなく、低温期のトンネルを開放した作業時の温度確保にも有効である。

作期が遅くなるほどトンネルの数を少なくする。2月下旬～3月上旬には2重被覆で、3月下旬～4月上旬には1重被覆で、10～12℃を確保することができる。

図9　定植時期別の保温方法

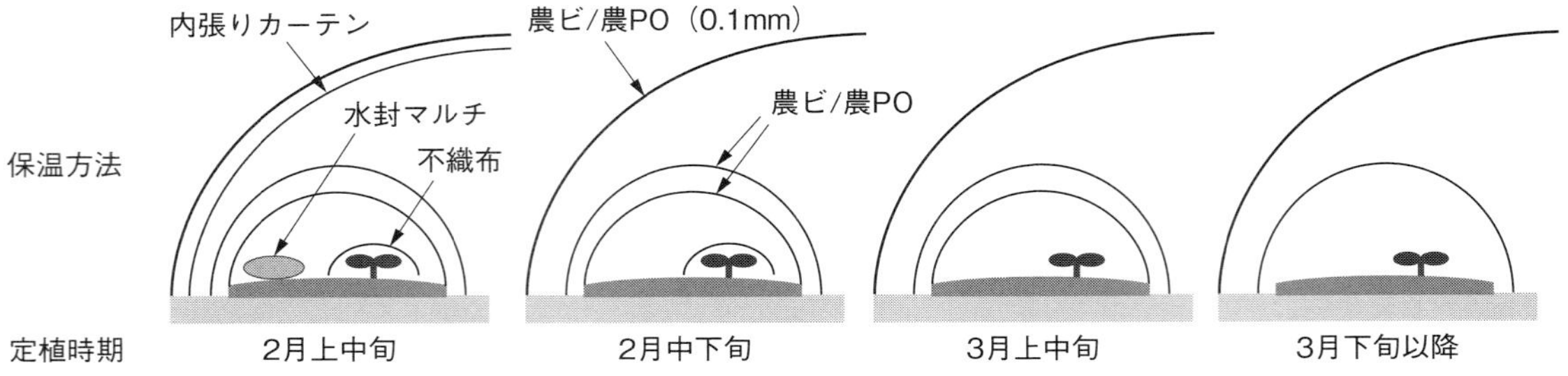

図10　内張りカーテンによる保温

矢印が内張りカーテン用の支柱とサイドフィルム

5月上旬ごろからトンネル被覆が不要になるとともに、日中の温度がしだいに高くなり、生育適温を超えるようになる。果実成熟期まで高温管理を続けると、糖度が高くならないうちに果肉が成熟して軟化したり、茎葉の老化が進んで草勢が低下したりしやすいので、十分に換気して温度低下に努める。

②整枝、誘引

各節から発生した子づるが30cm程度になったころ、生育の揃った2本を残して整枝する。誘引には、一方向誘引と振り分け誘引の2つの方法がある。

一方向誘引は、株間を広くとる必要があるが、子づるの生育が均一で、着果位置もベッド中央付近に揃えることができるため、温度や草勢の確保が重要な早い作型に適する。ハウス中央の通路が確保されるため、作業性にも優れている。

振り分け誘引は、多くの株数を栽培できるが、ハウスの内側と外側で生育や果実肥大に差が出やすい。そのため、温度確保が容易になる、遅い作型や小型ハウスでの栽培に適する（図11）。

側枝（孫づる）の摘徐と誘引を随時行ない、11～14節の側枝を残して着果枝とする。定植後40～45日程度で交配期になるが、その前に株元の葉かきを行ない、通風をよくして病害を予防する。

着果枝は交配前に本葉2枚を残して摘心するが、着果枝の第2節間が短い場合は、草勢が弱く小玉になるので、着果節位を2～3節高めるのが望ましい。

子づるは24～25節で摘心し、15節より上の孫づる（側枝）は数本を残して摘除する（図12）。

③交配期の管理

交配期以降は、ステージごとに適切な管理が違い、交配期は最低気温を高めに管理する（図8参照）。交配はミツバチ利用が基本になるが、ミツバチは気温が15℃以上にならないと活動しないので、低温期はハウス内に巣箱を置く。

曇雨天の日が続くと花粉稔性や雌花の質が劣り、着果率が低下するので、人工受粉を行ない、着果ホルモン剤を使用する。トマトトーンを花梗に塗布する方法と、トマトトーン単剤またはジベレリンとの混用液を花に散布する方法がある。

11～14節の側枝に、できるだけ連続して一斉に着果させるのが目標になる。着果の状況は交配後2～3日で確認できるようになるので、着果を確認したら灌水を行ない、初期肥大を促す。交配後7日ころ、果実が鶏卵大になったときに、縦長で果形に乱れがなく、花座の小さい果実を残して摘果し、1つる2個着果（あるいは1株4個着果）にする。

摘果後は灌水を控え、温度管理も交配前の管理に戻して果皮を硬化させる。

交配後2週間ほどでネット発生が開始するが、その前に硬化促進とネットの安定発生を目的に、果実台座を敷く。個別の台座の代わりに、あらかじめベッド面上に専用のネットを展張しておく方法もあり、省力的である。

④ネット発生期の管理

交配後15日ころになると、花痕部付近に同心円状のネットが発生し始め、その後、縦ネットが発生する。この時期は、果実がまだ硬化しており、太すぎるネット（ヒルネット）が発生することがあるので、灌水を控え、高温・多湿にならないように換気を行な

図11　誘引方法の違い

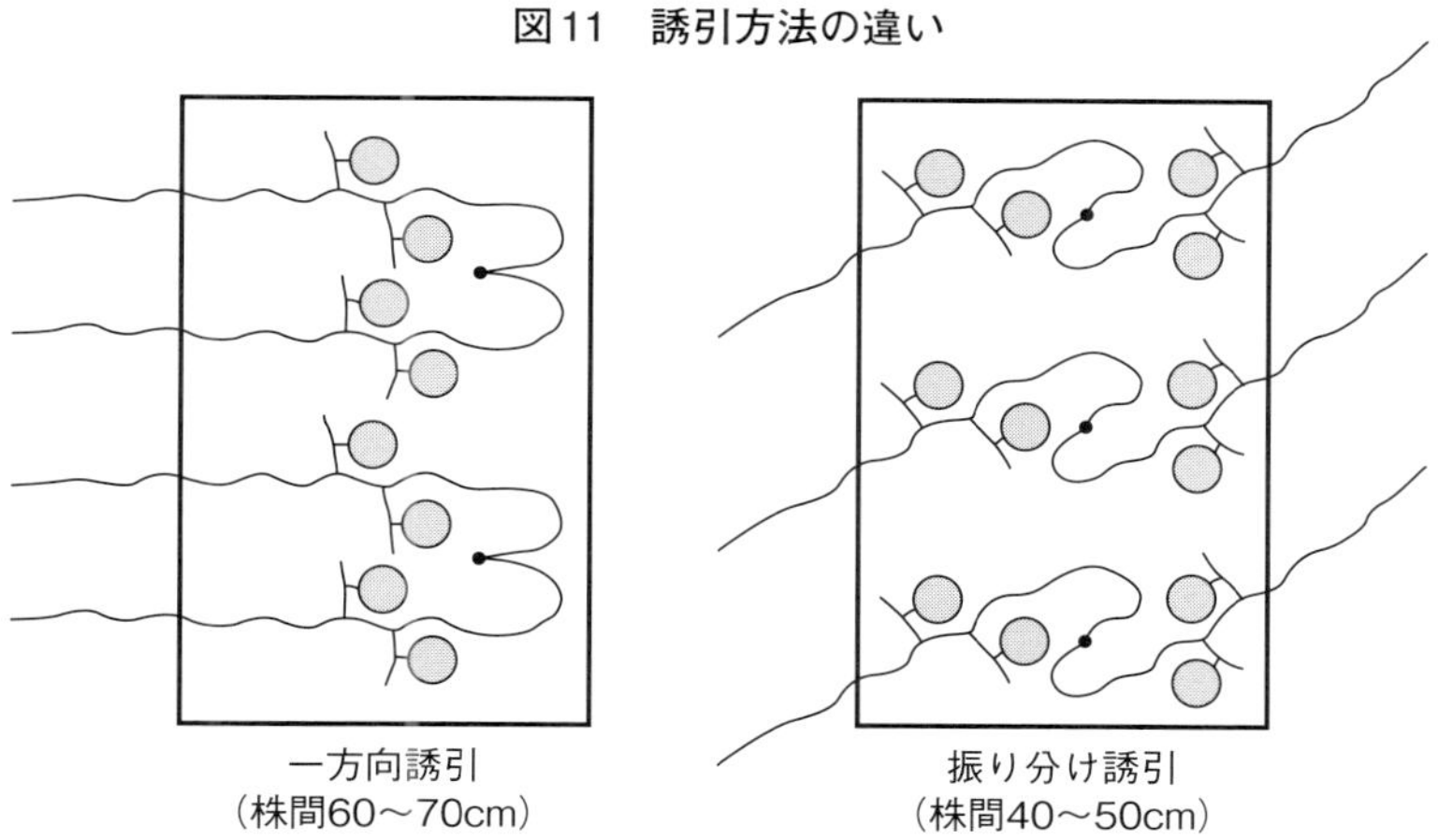
一方向誘引
（株間60～70cm）
振り分け誘引
（株間40～50cm）

図12　着果節位と整枝の方法（2本仕立て）

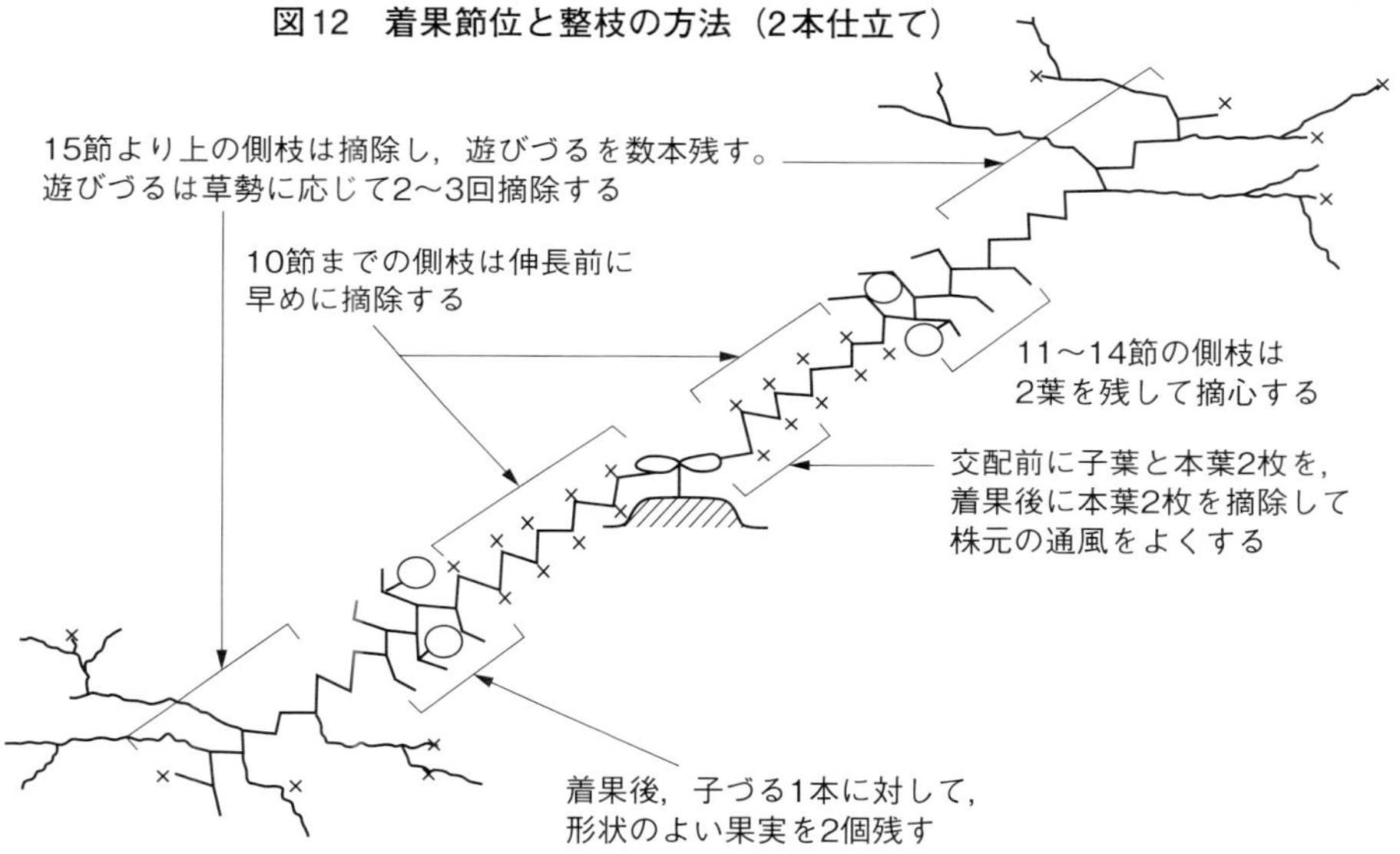
15節より上の側枝は摘除し，遊びづるを数本残す。
遊びづるは草勢に応じて2～3回摘除する
10節までの側枝は伸長前に
早めに摘除する
11～14節の側枝は
2葉を残して摘心する
交配前に子葉と本葉2枚を，
着果後に本葉2枚を摘除して
株元の通風をよくする
着果後，子づる1本に対して，
形状のよい果実を2個残す

図13　収穫期のネット系メロン

う。

交配後20日ころから横ネット発生期になるので、温度を高めに管理し、灌水を開始して果実肥大を促す。朝の換気開始を遅らせ、気温32～33℃を上限に換気量を少なくして、空中湿度を高めに管理する。

交配後40～45日ころにはネットが完成するので、灌水量を徐々に減らしていく。灌水過多は裂果や発酵果の発生、灌水不足は萎れによる糖度不足や軟化の発生をまねくので、草勢を見ながら加減する。

(4) 収穫

収穫適期は、着果枝の葉の黄化・枯れ上がりや果皮の退色、果梗付近の退色やネット発生などの変化から、ある程度判断することができる。しかし、これらの変化には品種や草勢の強弱によって差がある。

一般的には、成熟日数（交配から収穫までの日数）が適期収穫の目安になる。収穫予定の日数に達したら数個の果実について試し切りを行ない、糖度と果肉の成熟度合を確認して収穫日を決定する（図13）。

収穫時の気温は、収穫後の果実品質に影響する。収穫は朝夕の涼しい時間に行ない、収穫した果実はハウス内に放置しないで、すみやかに納屋などに運び込み、果実温の上昇を防ぐ。

4 病害虫防除

(1) 基本になる防除方法

つる割病、えそ斑点病　土壌病害であり、被害程度が大きい場合は耐病性台木品種に接ぎ木する。薬剤や太陽熱利用などにより土壌消毒を行なう。また、圃場から土壌の移動を行なわないように注意する。えそ斑点病は整枝作業などでも伝染するので注意が必要で、栽培前後には資材などの消毒を十分に行なう。

黒点根腐病　土壌病害であり、薬剤による土壌消毒を行なう。高温に強く、太陽熱土壌消毒では効果が低いため注意する。

ホモプシス根腐病　土壌病害であり、半促成栽培での発生が多い。夏の太陽熱土壌消毒の効果が高い。

つる枯病　地際部での発病が多いので、苗をやや浅植えにし、株元の葉を摘除して通風を図る。多湿にならないよう、換気を十分に行なう。

べと病、斑点細菌病　多湿条件で発生しやすい。類似した症状の病害もあるが、病原菌が違うので、葉裏のカビの発生（べと病）などで判別して登録薬剤を散布する。

菌核病　交配期に花弁から感染して着果を妨げるので、交配前から土壌水分を少なくして吸水を抑え、換気も十分に行なって発生を未然に防止する。

うどんこ病　生育後半の乾燥条件で、急激に発病が広がることがある。糖度の上昇時期であり、多発すると糖度低下をまねくので、予防散布に努める。

アブラムシ類　ウイルス病を媒介するので、育苗期から早期発見と初期防除に努める。農薬登録のある粒剤を用いて防除を行なう（育苗期の株元処理、または定植時の植穴処理土壌混和）。

ハダニ類　ハウス内が乾燥すると多発し、短期間で草勢を著しく弱めることがある。激発すると薬剤防除を繰り返す必要があるので、発生初期の防除に努める。

ネコブセンチュウ　土壌害虫であり、夏の太陽熱土壌消毒や登録農薬による土壌消毒、定植前の粒剤処理の効果が高い。

(2) 農薬を使わない工夫

土壌病害には太陽熱消毒が有効である。フスマや糖類を散布・混和して行なう、還元型太陽熱土壌消毒はより安定した効果が期待できる。

地上部の病害に対しては、多湿条件をつくらないよう通風をよくする、余分な茎葉や花弁を摘除する、土壌水分や肥料が過不足にならないようにして草勢を適正に管理する、など発生の抑制に努める。

害虫に対しては、圃場周辺を含めて除草を徹底するとともに、早期防除に努める。防虫ネットの展張も効果があるが、ハウス内気温が高温にな

表11　病害虫防除の方法

	病害虫名	耕種的防除法	有効な薬剤
土壌病害	つる割病	耐病性台木の使用。太陽熱土壌消毒の実施	クロルピクリン
	えそ斑点病	耐病性台木の使用。太陽熱土壌消毒の実施。資材などの消毒を十分に行なう。整枝作業時の伝染に注意する	ソイリーン，ダブルストッパー
	黒点根腐病	ウリ科以外の作物と輪作する	クロルピクリン
	ホモプシス根腐病	太陽熱土壌消毒の実施。ウリ科以外の作物と輪作する	－
地上部病害	つる枯病	苗を浅植えとする。株元の葉を摘除し通風を図る。過湿にならないよう換気する	ジマンダイセン水和剤，ダコニール1000，スコア顆粒水和剤，ベルクートフロアブル
	べと病	過湿にならないよう換気する。多肥や肥切れに注意する。過繁茂にならないよう整枝を行なう	カーゼートPZ水和剤，プロポーズ顆粒水和剤，フェスティバルC水和剤，ランマンフロアブル
	斑点細菌病	過湿にならないよう換気する。排水を良好にしマルチを行なう。連作を避ける	キノンドーフロアブル，ジマンダイセン水和剤，カスミンボルドー / カッパーシン水和剤
	菌核病	過湿にならないよう換気する。交配期前の灌水をやや控える。過繁茂にならないよう整枝を行なう	カンタスドライフロアブル，スクレアフロアブル，スミレックス水和剤，ベルクートフロアブル
	うどんこ病	抵抗性品種の導入。生育後半の草勢維持に努める	モレスタン水和剤，パンチョTF顆粒水和剤，フルピカフロアブル，ベルクートフロアブル
害虫	アブラムシ類	防虫ネットなどで施設への侵入を防止。シルバーテープによる忌避効果。ハウス内外の雑草を除去する	アルバリン / スタークル粒剤（育苗期または定植時），ベリマークSC（育苗期後半～定植当日），ウララDF，モベントフロアブル
	アザミウマ類	防虫ネットなどで施設への侵入を防止。青色粘着板による発生状況把握。ハウス内外の雑草を除去する	アルバリン / スタークル粒剤（定植時），ベリマークSC（育苗期後半～定植当日），アグリメック，ディアナSC
	ハダニ類	ハウス内外の雑草を除去する	カネマイトフロアブル，コロマイト乳剤，ダニサラバフロアブル，マイトコーネフロアブル
	ネコブセンチュウ	太陽熱土壌消毒の実施。対抗植物の導入	D-D，キルパー，ネマトリンエース粒剤

表12　ネット系メロンの半促成栽培の経営指標

項目	
収量（kg/10a）	3,577
平均単価（円 /kg）	438
収入合計（円 /10a）	1,566,726
経営費（円 /10a）	922,685
種苗費	64,157
肥料費	61,066
農薬費	77,852
諸材料費	208,220
光熱動力費	9,367
減価償却費	163,568
公課諸負担	13,470
修繕費	46,928
出荷資材	61,141
出荷手数料等	216,916
農業所得（円 /10a）	644,041

注）5月上旬～6月上旬出荷での事例

月別労働時間

月	労働時間（時間 /10a）
10	2
11	22
12	58
1	21
2	35
3	91
4	33
5	45
6	33
合計	340

りすぎないよう注意が必要である。

5 経営的特徴

10ａ当たりの所要労働時間は３４０時間程度。交配～摘果時期に最も労力が集中するので、作型をずらして労力を分散させる。１回の定植面積を１人当たり５ａ程度とし、定植時期をずらして栽培すると、２人で合計50ａの作付けができる。

10ａ当たりの粗収益は、５～６月販売の平均で約１５０万円になり、所得率は40％程度である（表12）。

（執筆：金子賢一）

ネット系メロンのトンネル栽培

1 この作型の特徴と導入

(1) 作型の特徴と導入の注意点

ネット系メロンの栽培では、温度、湿度の調節や病害対策のために被覆が不可欠である。

トンネルを利用した栽培は、パイプハウスなどを用いた施設栽培に比べて導入コストが少なく、加えて栽培圃場を容易に移動できるという利点がある。半面、施設栽培より保温力が劣り、天候の影響を大きく受けるので、注意が必要である。

(2) 他の野菜・作物との組合せ方

キャベツ、ダイコン、レタスなど、秋冬作との組合せが一般的に行なわれている。とくに、ダイコンやレタスはトンネルを用いるので、収穫後に資材をそのまま利用したり、マルチを重ね張りしたりするなどしてメロンを定植する、省力栽培が行なわれている。

この場合、ダイコン、レタスの収穫後に地温を確保するため、２週間ほどトンネルを密閉する。また、元肥は施用せず、必要に応じて追肥を行なう。

2 栽培のおさえどころ

(1) どこで失敗しやすいか

メロンの栽培は、キャベツやダイコンなどの露地野菜に比べ、播種から収穫までの期間が長い。そのため、栽培の初期と終期では環境条件が大きく違い、定植直後は遅霜による霜害、収穫期にかけては高温乾燥が問題になるので、その両方をなるべく避けられる栽培時期を選ぶ必要がある。

　こうした条件で播種時期を逆算すると、播種適期は2月下旬から3月末までで、二重トンネルを用いても2月上中旬が早期栽培の限界である。逆に、4月上旬以降の播種では、収穫期が梅雨明けの高温期になるため、栽培がむずかしくなる。

　また、メロンはトンネルの開閉や整枝、摘果作業など、収穫までに行なう管理作業が多い。管理作業が遅れると、収量や品質に大きな影響が出るので、細やかに圃場を見回り、メロンの生育に合わせて適期作業を行なうことが大切である。

(2) おいしく安全につくるためのポイント

　メロンで重視される食味は、栽培環境と品種特性に影響される。栽培環境では、土壌中の窒素成分が多いと、食味は劣りやすくなるので注意が必要である。

　品種特性では、糖度が初期から高まりやすい品種と後半に高まる品種があるので、栽培の前に確認する。また、早どりすると追熟後も果肉に硬さが残ってしまうので、適期収穫を行なう。

図14　ネット系メロンのトンネル栽培の作型

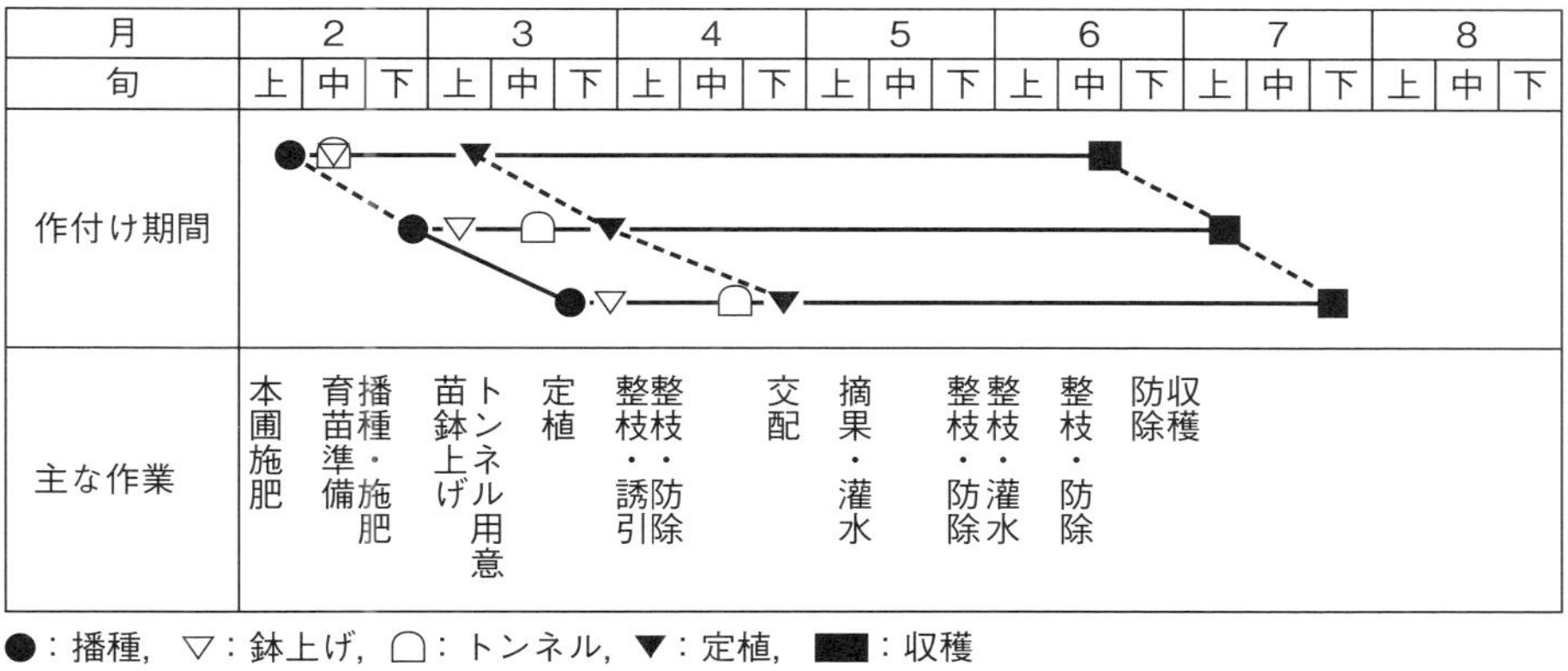

図15　収穫期のメロン

図16　ネットを均一に発生させる有望品種‘タカミ’

表13　ネット系メロンのトンネル栽培に適した主要品種の特性

品種名	販売元	特性
タカミ	園芸植物育種研究所	栽培適応性が広く，裂果も少なく，商品化率が高い。果実はやや甲高で，1.2～1.5kgとなる。果肉は緑色で，やや硬さがあるがさわやかな甘さ（Brix15程度）で食味に優れる。つる割病（フザリウム），うどんこ病に抵抗性があり，つる枯病にも比較的強い
タカミA	園芸植物育種研究所	高温期の栽培に適した‘タカミ’の改良品種で，産地では7月上中旬以降の収穫期に用いられる。‘タカミ’より果実肥大が遅いが，ネット形成がよく秀品率が高い。栽培管理は‘タカミ’に準ずるが，裂果対策として施肥量（とくに窒素量）を半分程度とする
タカミレッド	園芸植物育種研究所	赤肉の‘タカミ’。‘タカミ’と比較すると肥大性に優れ，1.4～1.6kgになる。栽培管理は‘タカミ’に準ずるが，高温期の栽培がややむずかしい
オルフェ	神田育種農場	草勢が強く，着果に優れる。果実肥大にも優れ1.5～1.8kgの正球形になる青肉品種。地這い栽培用品種としてはネットが太く，温室メロンのような高級感のある外観になる
夏のクインシー	横浜植木	草勢が強く，高温期でも後半まで草勢がよい。果実は球形で形が乱れにくい赤肉品種。糖度は15～16度で安定し，日持ちがよく過熟やうるみ果になりにくい
TLタカミ	園芸植物育種研究所	‘タカミ’の巻きひげなし品種。つるの各節には巻きひげがなく，整枝管理の省力化が可能。栽培管理は‘タカミ’に準ずるが，巻きひげ由来の枝に着生した雌花は奇形果になりやすいので除去する

病害虫の防除は、発生しやすい時期や環境があるので、あらかじめ注意をして圃場を見回り、発生初期に対処することで農薬の使用量を減らすことができる。

(3) 品種の選び方

難防除病害であるつる割病やうどんこ病は、発生しやすい品種としにくい品種があるので、強い品種を選ぶことが重要である。また、作型の大半の時期が梅雨期に肥大期・収穫期になるため、雨による土壌水分の急激な変化で裂果が発生しやすくなる。とくに排水性の悪い圃場では、割れにくい品種を選定する（表13）。

メロンは、品種によって食味や外観が大きく違うので、出荷をする前に販売先と相談し、どのようなメロンが求められているか調査するのがよい。

3 栽培の手順

(1) 育苗のやり方

① 播種と播種床の温度管理

播種床の地温は、温床線を用いて30℃前後になるようにする。播種床は厚さ4cm、条間5cm、種子間隔2cm程度が適当である。土壌が過湿だと酸欠になって発芽できず、乾きすぎていると種皮が取れず子葉の展葉が阻害されてしまうので、土壌水分は適度に保つ。土が光って見えるときは過湿の傾向にあるので、判断の目安にするとよい。

発芽までの地温は30℃前後に保ち、発芽と同時に1日当たり2℃程度下げていく。温度が高いままだと徒長してしまうので注意する。表面が乾いたら、水差しなどを用いて条間に灌水する。

2本整枝で株間80cmの場合、10a当たり約500株の苗が必要となる。揃いのよい苗を定植するために、播種量は1.1～1.3倍とする。

② 鉢上げと温度管理

播種後5～7日（子葉が展開するころ）

表14　ネット系メロンのトンネル栽培のポイント

	技術目標とポイント	技術内容
定植準備	◎圃場の選定と土つくり ・圃場の選定 ◎施肥 ◎ウネ立て・マルチング ◎トンネル被覆 （早期栽培では二重トンネルとし，地温確保のため定植の2～3週間前に被覆する）	・連作を避ける ・土壌病害が発生した圃場では作付け前に土壌消毒を行なう ・排水がよく，日当たりのいい圃場を選定する ・緑肥を栽培し，年内にすき込む ・事前に土壌診断を実施し，適切な施肥を行なう ・幅150cm，高さ15cm程度のウネを立てる ・ウネ立ては土壌水分があるときに行ない，乾燥している場合は灌水する ・外トンネルは長さ330cm，太さ12mmのトンネル用鉄パイプを用い，厚さ0.1mm，幅270cmのビニールで被覆する。3月中旬以前の栽培（早期栽培）では二重トンネルとする（内トンネルは長さ210cm，太さ9mmのグラスファイバー製ポールを用いて幅100cmのトンネルをつくり，厚さ0.05mm，幅230cmのビニールを被覆する）
育苗方法	◎播種準備 ・ビニールハウス内育苗 ◎健全な苗の育成 ・徒長の防止 ・早めの鉢上げ ・ハウス内トンネルの換気 ・鉢ずらし ・摘心	・温床を用意しておき，播種トレイ（幅45cm，長さ60cm，深さ8cm）に播種する ・あらかじめ地温を30℃に保っておき，出芽（播種後4日ころ）と同時に地温を1日当たり2～3℃ずつ下げていく ・直径10.5cmのポリポットに土を詰め，地温を26℃に保っておき，子葉が展開したら（播種後6日ころ）移植する ・曇雨天時も日中は換気を行なう ・生育に応じて鉢をずらし，間隔をあけて込み合わないようにする ・親づるは本葉4枚を残して摘心する
定植方法	◎適期定植 ・定植適期 ・地温の確認 ・定植前の準備 ◎紙キャップのかぶせ ◎トンネルの密閉管理	・根がポット内に回り，根鉢を取り出せるようになったら定植適期 ・定植場所の地温は深さ20cmで18℃以上を目安にする ・生育が揃った苗を定植する。生育にバラつきがある場合はトンネルごとに揃えると，その後の整枝作業がしやすい ・定植前に灌水し，根鉢に水を含ませる ・保温・保湿のために，定植した苗に紙キャップをかぶせる ・トンネルは約7日間を目安に密閉する
定植後の温度管理	◎紙キャップの除去 ◎トンネルの換気 ・内トンネルの換気・除去 ・外トンネルの換気	・定植後約7日ころの夕方に紙キャップを取る ・紙キャップを除去した翌日から，トンネル内の最高温度30℃を目安にトンネルの裾を換気する ・つるが伸長し，内トンネルに先端が達したらつる先側を常時開放し，外気の最低温度が14℃以上になったら内トンネルを除去する ・子づるが外トンネルのつる先側に達したら，外トンネルのつる先側を開放して換気する
交配前の管理	◎子づる2本整枝 ◎株元の整枝 ◎誘引・つる押さえ ◎着果枝の摘心	・子づる（1次側枝）が5～6本伸びてくるので，伸び具合が揃った子づるで2本仕立てとし，他の子づるは除去する ・8節より下位の孫づる（2次側枝）はすべて除去する ・つるがトンネルから出ないようにつる引き（誘引）をし，ピンや針金を用いてベッドに固定する ・子づるの12～15節から伸びた孫づるを着果枝として3～4本用いる。着果枝は1節で摘心する
交配	◎交配	・交配日以前に開花した花は，節位に関係なく孫づるごと除去し，開花日を揃える ・ミツバチを用いた交配を基本にするが，気温が低く，ミツバチが活動しない場合はホルモン処理（トマトトーン25～100倍を花梗部に塗布）を行なう
摘果・整枝	◎子づるの摘心 ◎摘果 ◎遊びづる ◎皿敷き	・子づるは25節前後で摘心する（おおむね交配のころ） ・交配後10～14日後に大きさの揃った4果を残し，他の着果枝は除去する＝摘果（2本の子づるに2果実ごとを基本とするが，揃いのよさを優先して3果と1果でもよい） ・子づる先端の孫づる3本程度を遊びづるとして残し，着果枝を除く孫づるはすべて除去する。残す孫づるの本数は樹勢によって調整する ・摘果後，果実表面にネットが発生するまでに果実マットを敷き，果実を横に寝かせる＝皿敷き

（つづく）

	技術目標とポイント	技術内容
摘果後の管理	◎換気	・摘果後はトンネルの両側を昼夜開放して換気し（雨風が強い場合は閉め切り），気温に応じて開度を調整して換気量を調整する
	◎つるの誘引	・株元側のつるがトンネルの外に出ないように誘引する
	◎遊びづるの摘果	・遊びづるに自然着果した果実は適宜，除去する
	◎遊びづるの管理	・遊びづるが繁茂する場合は途中で摘心し，トンネル内の過繁茂を防ぐ
	◎玉直し	・皿敷き時に下になっていた部分に光が当たるように果実の位置を直す＝玉直し
収穫	◎適期収穫	・交配からの経過日数や天候（積算温度）や生育の進度（着果枝の葉の黄化・枯れ上がり，果皮色の変化，ヘタ周辺の離層発現）を確認し，試し切りをしてから収穫を開始する

表15　施肥例　　（単位：kg/10a）

	肥料名	施肥量	成分量		
			窒素	リン酸	カリ
元肥	果族円満	120	9.6	12	4.8
	けい酸加里プレミア34	20			4
	苦土石灰	60			
追肥	なし				
施肥成分量			9.6	12	8.8

図17　トンネル栽培でのマルチ，トンネル，ベッドの形状

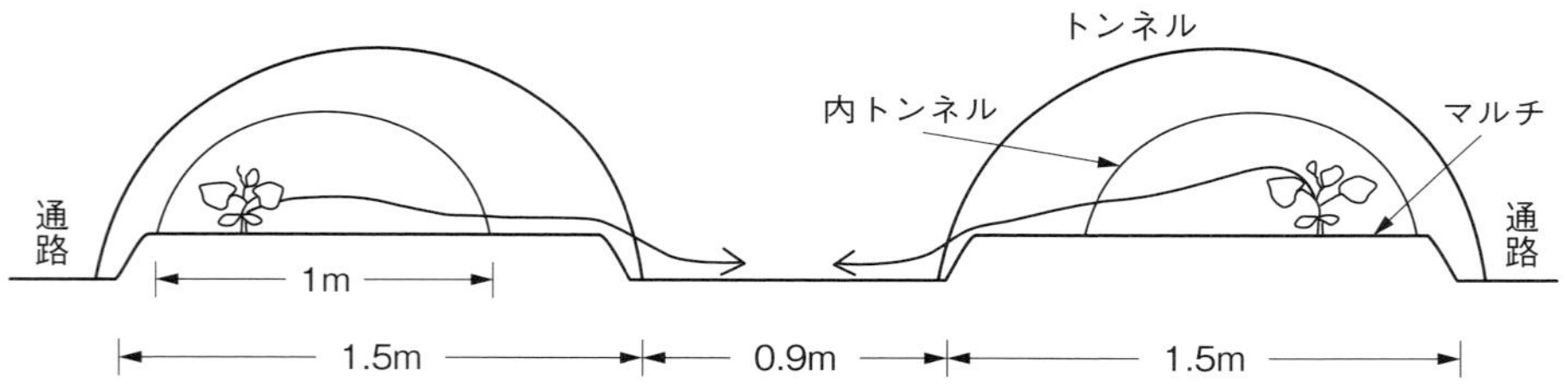

3月下旬以降の定植では内トンネルは不要
ベッドは南北方向につくり，2本を1組にし，ベッド内の西寄り，東寄りと交互に定植することで，管理用通路ができる

に、直径10・5㎝のポリポットに鉢上げする。地温は26℃とし、鉢上げ後2〜4日から2℃ずつ下げ、定植数日前に16℃とする。曇雨天でも、日中はトンネルの裾を上げて換気を行なう。

③鉢ずらしと摘心

生育に合わせて、葉が重ならないように鉢ずらしを行ない、間隔を広げる。鉢ずらしは、育苗期間中に2回ほど行なう。定植前に本葉4枚の位置で摘心する。

(2) 定植のやり方

①施肥

10a当たり窒素成分で9・6kgを目安に施用する（表15）。栽培前の土壌診断結果や、前作の生育状況によって施肥量を調整する。施肥量が多くなると、葉や茎などの栄養器官の生育はよくなるが、糖度が上がらず食味が劣る果実になりやすいので、とくに注意する。

②ウネつくりとマルチ、トンネル

ベッドは南北方向につくり、2本1組とする。西側のベッドには西側、東側のベッドには東側に定植して、通路部分とつるが這う部分に分ける（図17）。

定植予定日の2週間前にマルチとトンネルを張り、定植前日までに深さ20㎝の最低地温18℃を確保する。

③定植

定植前に苗か定植の植穴への浸透移行性薬剤（ミネクトデュオ粒剤、モベントフロアブルなど）を施用する。

ポリポットから苗を取り出しても、土が崩れない程度に根が張ったら定植の適期（図18）。

ベッドの通路側の端から約40㎝の位置に定植する。水持ちのよい圃場では、株元の過湿を防ぐため、根鉢の上面が2㎝程度出るように浅植えするとよい。2本整枝の場合、株間は80㎝程度とする（10a当たり約500株）。

図18　定植適期の苗姿（3節で摘心）

定植後の天候を考慮し、乾燥が続くようであれば薬剤散布用のタンクなどに水をため、動噴を用いて根回し水を与える。

定植後は紙キャップをかけ、トンネルを密閉し温度を確保する。

(3) 定植後の管理

①温度管理と換気

定植後、7日前後で紙キャップを外し、トンネル内の最高気温30℃を目安に裾を上げて換気する。定植当初は株元側を密閉し、つる先側を換気する。外気の最低気温が、常に14℃を上回るようになったら夜間も換気する（図19）。

交配期にはつるがマルチの端まで伸びるので、つる先側を開放換気し、株元側の裾を開閉して温度管理する。

交配期以降は株元側も開放するが、果実の生長に合わせた温度管理を行なう。メロンは縦にネットが形成された後、細かくネットが形成されるが、縦ネットが発生する前に低温にあうと太くまばらに形成されてしまう。半面、温度が高いと果実の肥大は促進されるが、ネットの発達が悪くなる。したがって、果実の生長に合わせた温度管理が重要である。

②整枝と誘引

主枝（親づる）から1次側枝（子づる）が伸びてくるので、2本残して他は除去する。伸長の程度が同程度のものを残すと、その後の生育が揃うので管理作業がしやすい。

交配までに8節以下の2次側枝（孫づる）を随時除去し、交配時には12～16節から伸びる孫づるを2節で摘心して着果枝とする。子づるは交配以降、25節程度で摘心する（図20）。

③交配

省力化のため、交配用ミツバチを利用するのが一般的だが、交配日が曇天や低温の場合はミツバチの活動が悪くなるのでホルモン処理を行なう。

交配後3日程度で果実が肥大してくる。摘果する前の着果数は4～6果が適当である。

④摘果、整枝

1株当たり4果以上着果するときは摘果を行なう。摘果では、①他の果実と肥大の程度

図19　トンネルの換気の方法

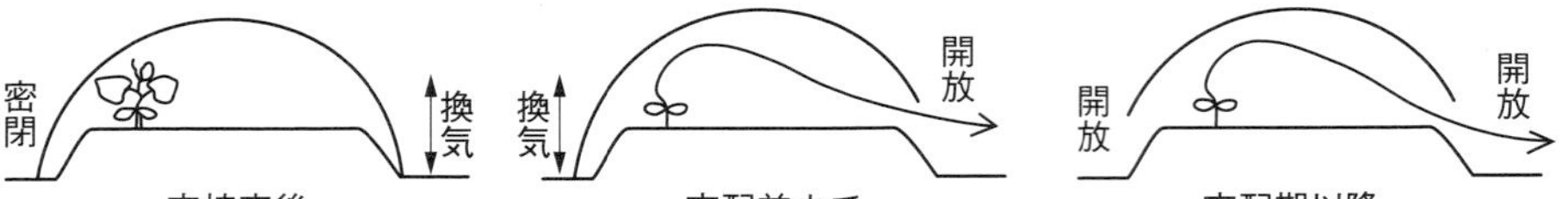

図22　プラスチックトレイを用いて皿敷きを行なった果実

図20　整枝の方法

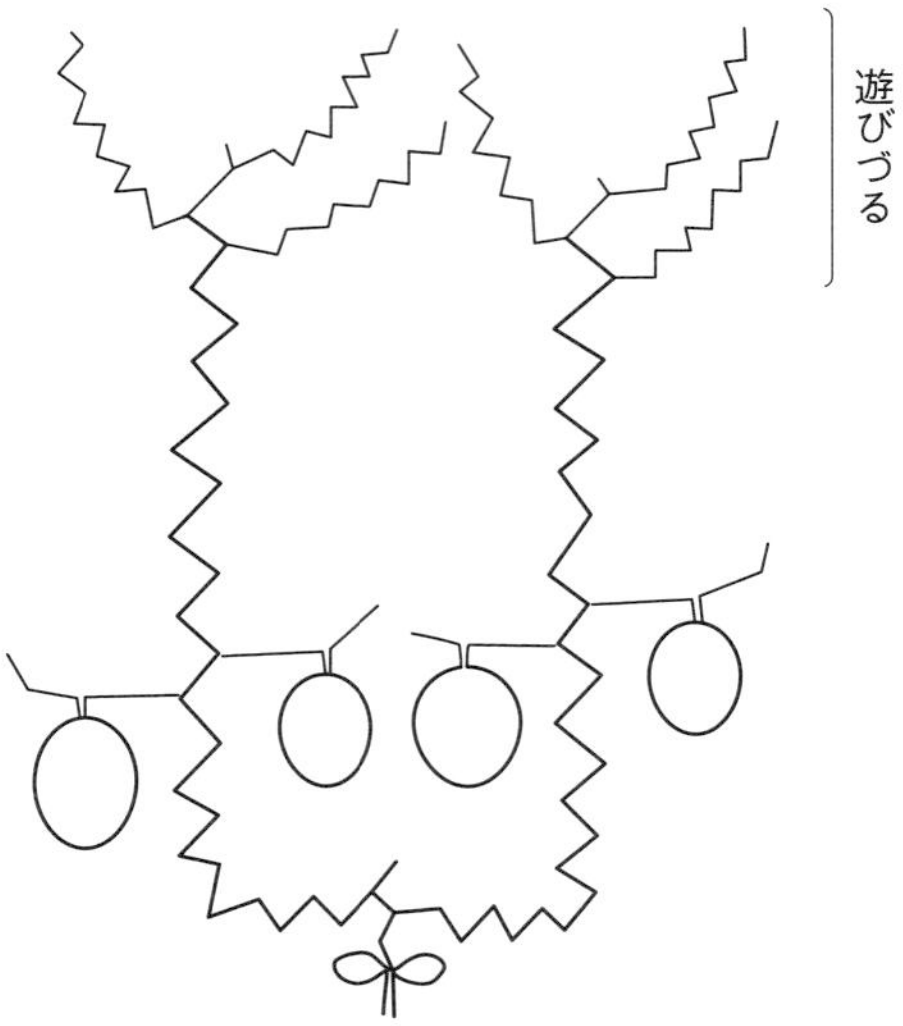

着果は2果＋2果が基本だが，1果＋3果でもよい
草勢に応じて先端の遊びづるの本数を加減する

図21　摘果の目安

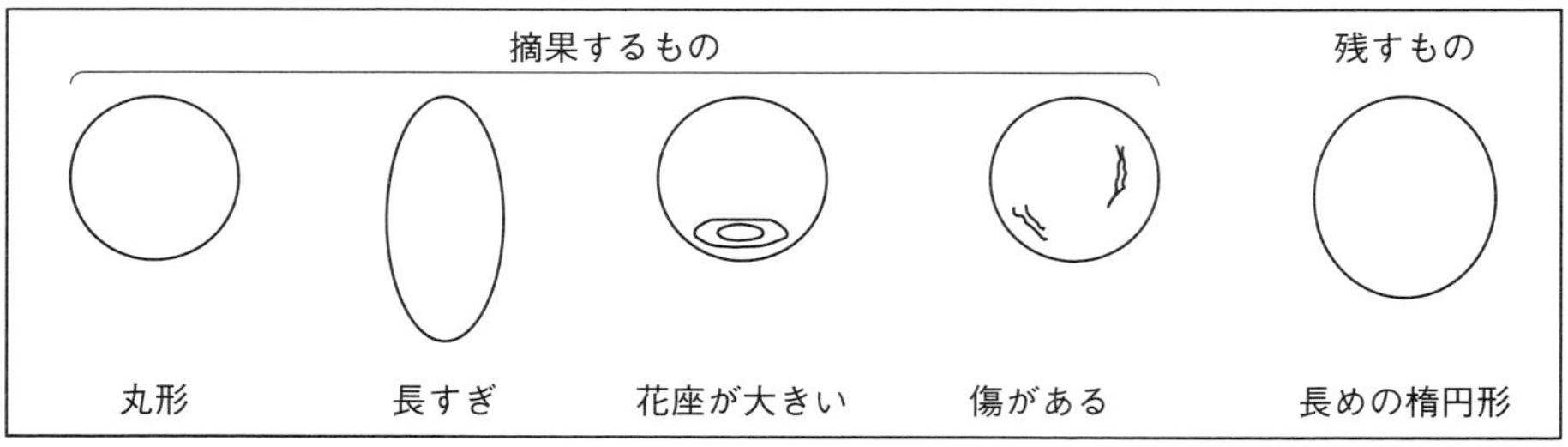

が同じ、②奇形がなくやや縦長（初期から真円に近い果実は肥大するにしたがって扁平果になる）、③花座（花落ち：花弁の痕）が小さい、④果梗が太く短い、などの果実を残す（図21）。

交配から7日目ころまでの果実は傷がつきやすいので、交配後10～14日ころに摘果する。このとき、萎れた花弁を除去しておくと、病気の発生が少なくなる。

子づるの摘心後に先端から伸びてくる孫づるを遊びづるとし、草勢に応じて3本程度残す（草勢が強い場合は本数を少なく、弱い場合は多くする）（図20参照）。

⑤皿敷きおよび玉直し

摘果後、果実表面にネットが発生するまでに皿敷きを行なう。方法は、果実マットを敷き、果実を横に寝かせる（図22）。皿敷き後2週間後程度で、下になっていた部分に光が当たるように果実を立てる。

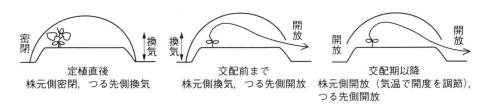

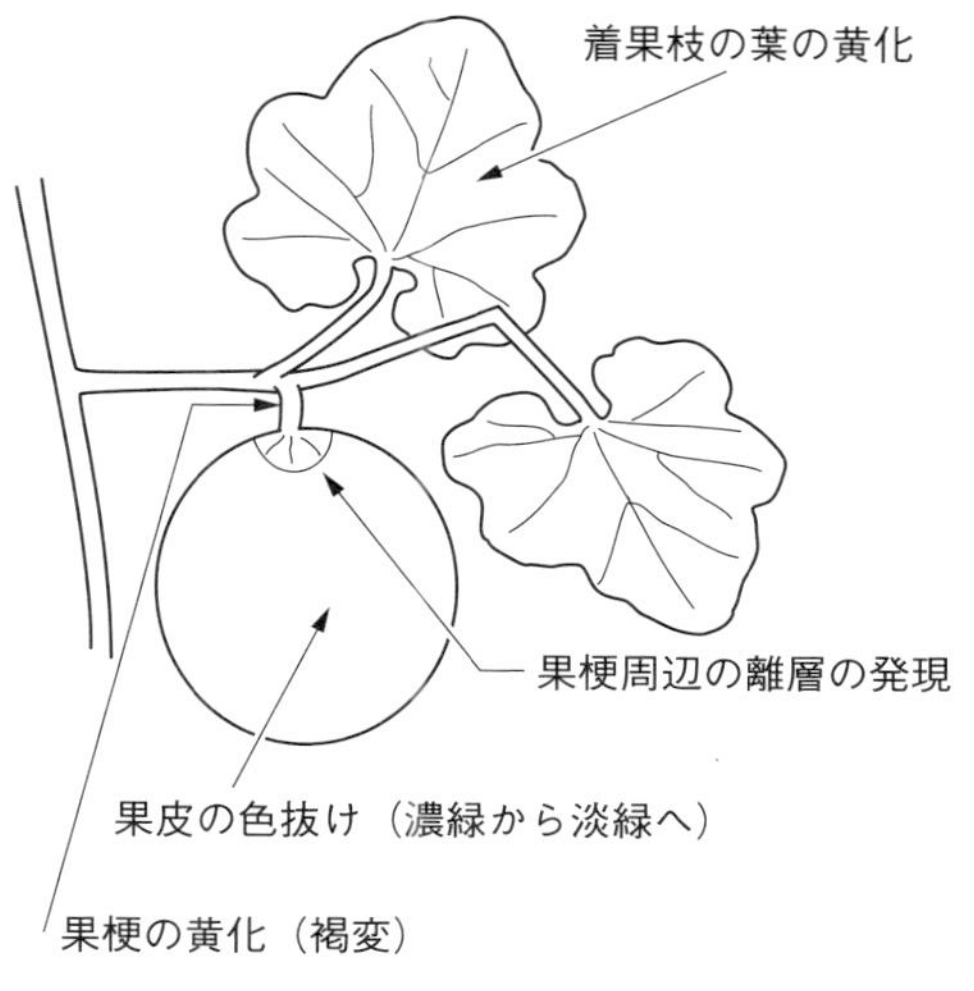

図24　収穫時期の判断

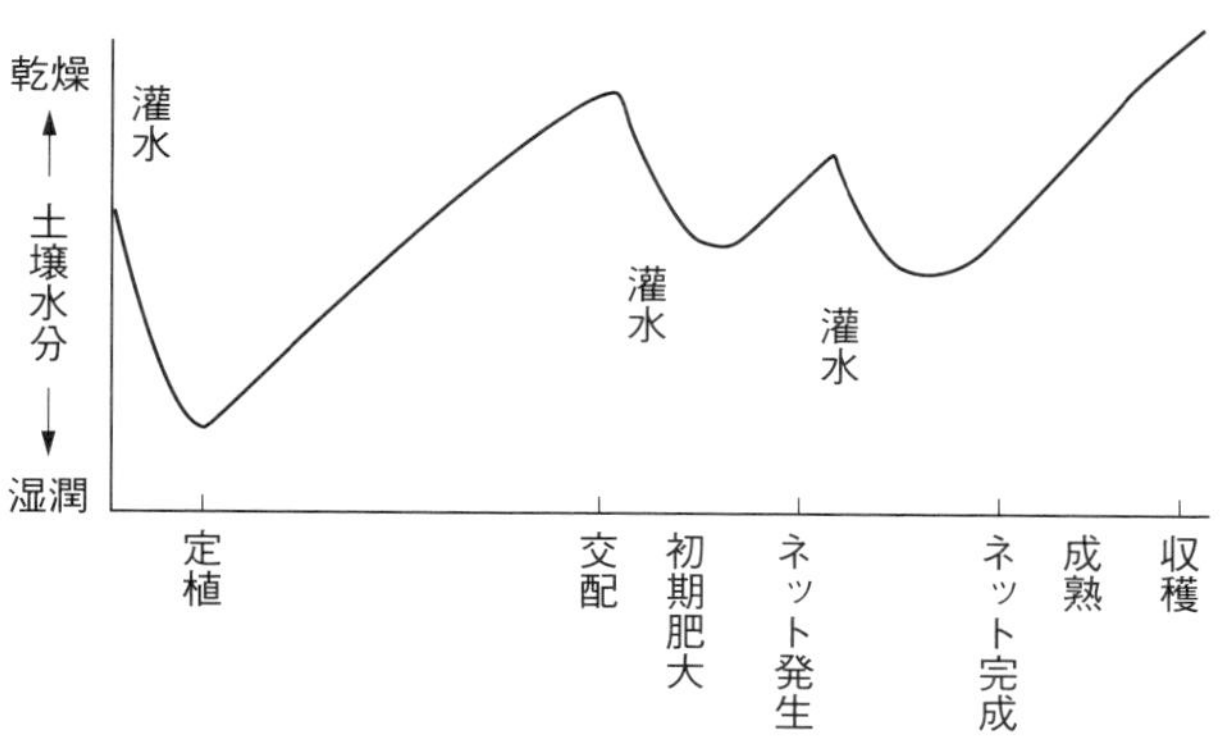

図23　土壌水分の目安

⑥灌水

交配終了後やネットの発生後に降雨が少ないときは、通路部に10a当たり10t程度を目安に灌水を行なう。なお、定植時から収穫までの土壌水分の目安を図23に示した。

(4) 収穫

品種にもよるが、交配後60日前後で収穫になる。交配後日数のほか、①着果枝付近の葉の黄化（苦土欠乏症：葉脈間の黄化や縁枯れ）、②果皮の色抜け（濃緑色から淡緑色へ変化）、③果梗（いわゆる「ヘタ」）の黄化、④果梗周辺の離層形成（リング状の亀裂や放射状にひび割れる）、などが収穫開始の目安である（図24）。収穫開始前に、数個の試し切りを行なうとなおよい。

メロンの熟度は積算温度によって進む。近年では圃場の温度を測定し、積算温度を表示する積算温度計が市販されているので、収穫期の判断に活用することができる。

図25　トンネルメロン栽培の様子

4 病害虫防除

(1) 基本になる防除方法

病害虫は、農薬散布による防除が基本になる（表16）。病気の発生は、天候や生育進度によって影響され、湿度が高いと発生する病気が多く、とくに雨風が強い日の後は発生が多くなる。

メロンのトンネル栽培は春から夏にかけてなので、栽培が進むにつれて害虫の発生が多くなるので、注意する。

近年、連作による土壌病害の発生が問題に

表16　病害虫防除の方法

	病害虫名	防除法
病気	つる割病	抵抗性品種や台木の利用，土壌消毒
	黒点根腐病	連作をしない。クロルピクリンを含む薬剤による土壌消毒
	うどんこ病	ポリオキシンAL水和剤，トリフミン水和剤などの散布
	べと病	ダコニール1000フロアブル，リドミルゴールドMZ水和剤などの散布
	斑点細菌病	銅を含む薬剤（コサイドボルドー，Zボルドー）の散布
	つる枯病	アミスター20フロアブル，ロブラール水和剤などの散布。発生部にトップジンMペーストを塗布
害虫	アブラムシ類	ハチハチ乳剤，モベントフロアブル，ウララDFなどを散布
	アザミウマ類	アファーム乳剤，スピノエース顆粒水和剤などを散布
	ハダニ類	サンマイトフロアブルなどを散布

注1）農薬の使用にあたっては最新の登録情報を確認すること
注2）定植前の浸透移行性薬剤（ミネクトデュオ粒剤，モベントフロアブルなど）の施用がアザミウマ類，アブラムシ類，コナジラミ類に有効（モベントフロアブルはハダニ類にも）

表17　ネット系メロンのトンネル栽培の経営指標

項目	
収量（kg/10a）	2,500
単価（円 /kg）	380
粗収入（円 /10a）	950,000
経営費（円 /10a）	512,500
種苗費	28,000
肥料費	51,000
薬剤費	45,000
資材費	150,000
動力光熱費	6,500
農具費	25,000
施設費	22,000
流通経費	130,000
荷造経費	55,000
所得（円 /10a）	437,500
労働時間（時間 /10a）	246

なっている。他品目や緑肥を組み合わせた輪作体系をとるのが望ましいが、代替地の用意がむずかしい場合は、薬剤を用いた土壌消毒や、栽培後にトンネルを閉め切って温度を上げて太陽熱消毒を行なう。

(2) 農薬を使わない工夫

いくつかの病気に対しては抵抗性のある品種があるので、発生状況に応じて選定する。また、トンネルを用いているので直接雨に打たれることはないが、トンネル内が多湿になり病気が発生しやすくなる。とくに、交配期以降は葉が繁茂しているので、それぞれの病徴を観察し、早めの防除を心がける。

害虫の発生を防ぐには、まず圃場周辺の除草を徹底して行なうことが必要である。また、発生初期に防除を行なうことで、増殖を抑えることも大切である。多くの害虫は葉の裏や一見しただけでは見えにくい場所にいるので、整枝などの管理作業を行なうときに注意して観察する。

病気、害虫ともに、多発すると薬剤散布回数が増えるので、発生初期に防除を行なうことが大切である。

5 経営的特徴

トンネル栽培は、施設栽培に比べて経費がかからず、容易に作付けする圃場や面積を変えることができる。また、同じトンネル資材を用いるダイコンやレタスと組み合わせると、資材費を抑えることができる。

注意点としては、トンネル栽培の野菜としては管理作業が多く労働時間も多くなるので、労力に合った面積や栽培計画を立てる必要がある。

品質が販売価格に大きく影響するので、栽培には、適期作業ができるような栽培技術を身につける必要がある。

（執筆：芹川　誉）

赤肉系メロンのハウス半促成栽培（無加温）、トンネル早熟栽培

ここでは、現在の北海道での栽培主力品種である'ルピアレッド'について紹介する。

1 この作型の特徴と導入

(1) 作型の特徴と導入の注意点

① 作型の特徴

ハウス半促成栽培（無加温）は、播種期が3月中旬〜4月上旬、定植期が4月中旬〜5月上旬、着果期が5月中旬〜6月上旬、収穫期が7月上〜下旬である。保温条件は、ハウス、トンネル（一〜二重）、マルチで、一時的に加温が必要な場合もある。ハウスのベッド数は、2ベッドが基本である。

トンネル早熟栽培は、播種期が4月中旬〜5月上旬、定植期が5月中旬〜6月上旬、着果期が6月中旬〜7月上旬、収穫期が8月上旬〜9月上旬である。保温条件は、トンネル、マルチだが、定植が5月上旬の早い作型では二重トンネルとし、不織布の活用も有効である（図26、27、28）。

② 導入の注意点

この作型は、育苗や定植時期が低温期なので、温度、湿度管理に気を配り、ベッドの地温確保に努める。地温が十分に確保できない状態での定植は、植え傷みの原因となるため絶対に行なわない。適期に作業が行なえるように、融雪促進、ハウス被覆やマルチングを計画的に行なう。

メロン栽培では、整枝、摘果、摘心作業に労力を要するため、10日間隔で定植するなど、作期の分散を図り作業遅れを回避する。

(2) 他の野菜・作物との組合せ方

北海道では、複合経営の高収益作物として導入・振興された経過があった。現在も稲作、畑作、タマネギ農家の補完作物として栽培されているが、メロン栽培を専業としている農家も増えている。しかし、メロンは比較的栽培期間が短いため、ホウレンソウ、コマ

図26　赤肉系メロンのハウス半促成栽培（無加温），トンネル早熟栽培　栽培暦例

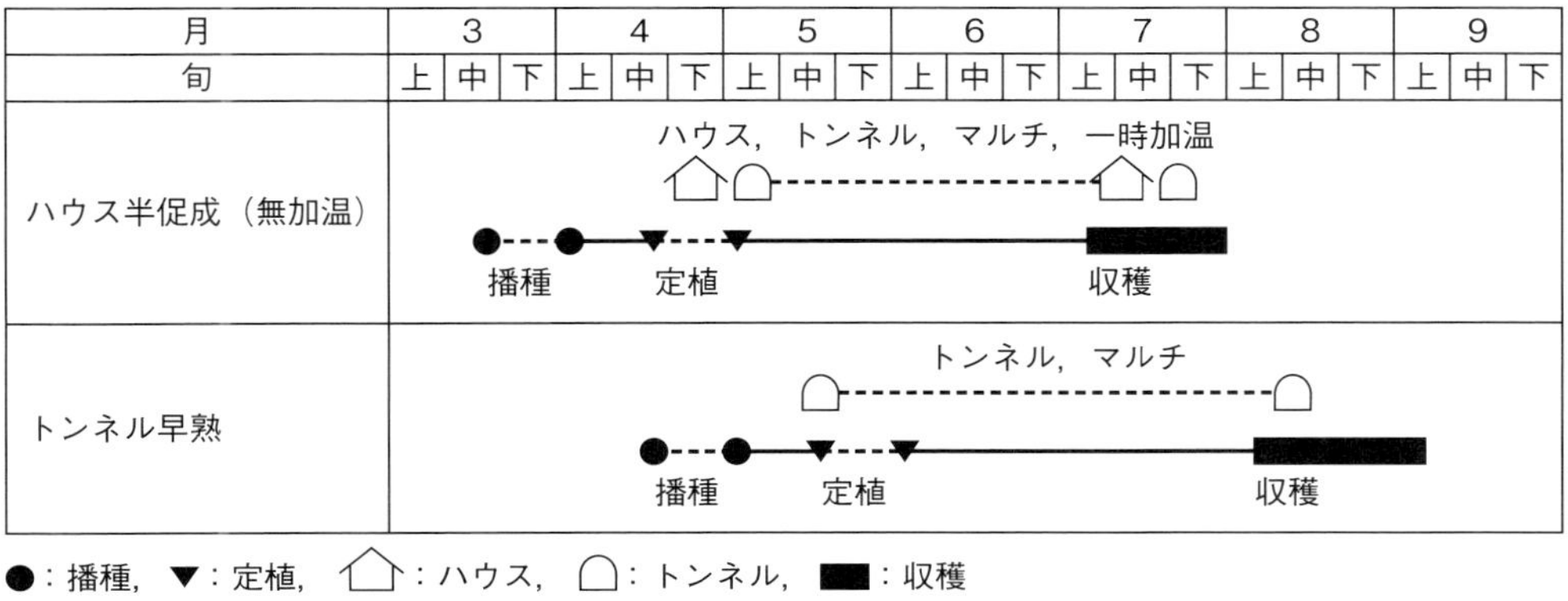

図27　ハウス半促成栽培（無加温）

図28　トンネル早熟栽培

ツナなどの葉菜類を導入し、収穫後のハウスを有効に活用する事例も見受けられる。

また、無加温のハウス半促成作型では困難であるが、加温するハウス半促成作型の後作にハウス抑制作型のメロンを導入し、6月から10月末までの長期出荷している事例もある。

2 栽培のおさえどころ

(1) どこで失敗しやすいか

①気温、地温の確保が不十分

育苗や定植時期が低温期なので、温度管理には細心の注意をはらう。とくに、融雪後のベッドつくりから定植までの期間が短いため、地温の確保対策が大切で、計画的な栽培・出荷のポイントになる。

②ネット形成期の管理ミス

6月上旬～7月中旬に縦ネットの発生期になるが、この生育ステージに無理に玉伸びを促すような管理をすると、縦ネットが太くなりすぎて、いわゆる「ヒルネット」になる。外観品質が低下し、上位等級のメロンにならないので、無理な管理は行なわないよう注意が必要である。

③成熟期の高温による品質低下

近年、夏が高温で経過する年が多くなっている。北海道も例外ではなく、暑熱対策に苦慮する場面が多い。高温によって、早期に熟成したり、大玉になって着果負担が大きくなったりすると、成熟期に樹勢が弱まり糖度が十分に上がらなくなる。こうしたことがないような栽培管理を行なう。

(2) おいしく安全につくるためのポイント

北海道は梅雨がなく、長い日照時間と昼夜の温度差が大きいので、糖度が高くおいしいメロンが生産できる利点がある。

①排水対策とベッドつくり

近年、夏の異常高温や乾燥、集中豪雨による、土壌水分の調節に苦慮する場面が増えている。透排水性の改善を計画的に図り、土壌水分の調節が容易なベッドつくりを行なう。

②適正な着果数

着果数は、基本1株4果とし、生育を揃えたつる1本に2果以内とする。お中元など贈答用には、中玉2果入りが主流であったが、

表18　北海道でのメロン主要品種の特性

品種名	種子元	果肉色	低温伸長性	果形	ネットの良否	糖度	玉肥大	日持ちの良否	成熟日数（開花後）
夕張キング	JA 夕張市	橙色	◎	やや長形	○	◎	◎	△	45
ルピアレッド	みかど協和	橙色	○	球形	◎	◎	○〜◎	◎	52
おくり姫	大学農園	橙色	○	球形	◎	◎	◎	○	53〜55
ティアラ	タキイ種苗	橙色	○	球形	◎	◎	◎	◎	53〜55
ティアラ28	タキイ種苗	橙色	◎	球形	◎	◎	◎	◎	55〜57
レノン	タキイ種苗	橙色	○	球形	◎	◎	◎	◎	55〜57
レッド113U	大学農園	橙色	○〜△	球形	◎	◎	◎	◎	55〜60
レッド113	大学農園	橙色	○〜△	球形	◎	◎	◎	◎	60
キングメルティ	大学農園	淡緑色	◎	やや長形	◎	◎	○〜◎	△〜○	45〜48
G-08	大学農園	淡緑色	◎	球形	◎	◎	◎	◎	60

注1）各特性は評価の高い順に◎＞○＞△＞×とする。日持ち◎の品種は適食期を明記して出荷する
注2）北海道野菜地図その45より

近年は大玉1果入りも増えている。目的に合わせた栽植密度、着果数の調節が望まれる。

球肥大期の温度条件が玉伸びに直接影響するため、天気情報も確認しながら、果実の肥大や内部品質の向上に努める。

③適期収穫の励行

成熟日数は積算温度で決まる。そのため、作期や気象条件で若干変動する。しかし、内部品質を低下させる恐れがある、高温管理は行なわないようにする。

品種固有の、適正な成熟日数（'ルピアレッド'は52日程度）での収穫を行ないたい。

(3) 品種の選び方

①品種選びの要点

近年、全国的に春先の高温乾燥、夏の異常高温が問題になっている。同一系統の品種であっても、早生系、中生系、晩生系が開発されており、出荷時期に合わせた品種選定が必要である。

品種選定とともに、地域に合った栽培管理の検討も同時に求められる。高品質メロンの安定生産に向けて、栽培条件と販売戦略を考慮した品種の選定が大切である。

②北海道での品種利用

北海道でのメロン栽培は、5月から11月まで7カ月間にわたる長期出荷が行なわれており、多くの作型に分化している。

用いられる品種は、赤肉の'ルピアレッド'、'夕張キング'、'レッド113'、'ティアラ'、'レノン'、'妃秋冬系'、'おくり姫'、緑肉の'G-08'、'キングメルティ'など、40品種以上におよぶ（表18）。それらを利用して、道内各地で特色ある産地が形成されている。

'ルピアレッド'は、草勢がおとなしく着果性に優れ、ネットが密で発生もよい。糖度が高く安定しており、食味に優れている。成熟日数は52日前後で、日持ち性がよい特徴を持つ。そのため道内で30年以上にわたり、広く作付けされている。

'夕張キング'は、JA夕張市の独自品種で、低温伸長性はよいが栽培管理がむずかしい。果肉がとくに柔らかく、メルティング質で芳香があり、そのおいしさで全国的なブランドが確立されている（図29）。

3 栽培の手順

(1) 育苗のやり方

①床土、育苗床の準備

播種用土、育苗箱　播種用土は、専用の購入培土を利用する。播種には、ポリ製の育苗箱（40×60×10㎝）を利用する。この育苗箱には約10ℓの床土が入る。

図29　GIブランドの「夕張メロン」

表19　赤肉系メロンのハウス半促成栽培（無加温），トンネル早熟栽培のポイント

	技術目標とポイント	技術内容
育苗方法	◎播種の準備	
	・床土の準備	・播種用土は，基本的に専用の購入培土を利用する
		・移植用土（鉢土）は，粗孔隙率30～35％，pH5.5～6.5，EC0.5～1.0mS/cmを基準に調整する
	◎播種	・播種量は，10a当たりの栽植本数を確認し2割ほど多くする。均一な発芽を促すため，温度は28～30℃とし，夜間でも25℃以上を確保する
	◎移植（鉢上げ）	・育苗ポットへの移植は，本葉が伸び出す前（播種後6～7日）に行なう。ポッ内の鉢土は，地温を十分に上げておく（播種床より2～3℃高く）
	◎育苗管理	・育苗前半はのびのびと育て，後期は徐々に温度を下げ，水分を控えていく
	・脇芽の除去，苗ずらし	・本葉1.5枚ころに苗ずらしを行ない，生育を揃え徒長を防止する
	・摘心	・摘心は本葉3枚残して早めに行ない，側枝の発生を促す
	・苗の順化	・定植の2～3日前から温度を下げて，苗の順化を図る
定植準備	◎圃場の選定と土つくり	・排水対策のため，明・暗渠の整備や心土破砕，サブソイラーの施工を行なう。前年の秋に完熟堆肥を施用し，深耕する
	◎施肥	・土壌診断にもとづいた施肥設計とし，土性，肥沃度，栽植密度を考慮する
	◎圃場の準備	
	・ベッドつくり	・土壌水分の調節が容易になるよう，高ウネのベッドとする
	・マルチング	・土壌水分があるうちに，すみやかにマルチングを完了する
	・灌水チューブの設置	・灌水チューブは各ウネ2本設置を基本にする
定植方法	◎適期定植	
	・地温の確保	・地温確保のため，マルチ・トンネルの設置・被覆を定植10日前までに行なう
		・定植日に合わせた，育苗後期の肥培・灌水管理を行ない，苗の老化を避ける
		・灌水は，定植前日か当日の朝に，根鉢全体にいきわたるよう行なう
	・定植の深さ，若苗の定植	・定植作業は，晴天の日の午前中に行ない，浅植えとする（深植えは厳禁）
	・温度管理	・地温は18℃以上を確保し，育苗鉢土の温度より2～3℃高くする
	・活着の促進	・定植直後は保温に努め，植え傷みに注意する
	◎病害虫防除	・害虫防除のため，粒剤を植穴処理する
定植後の管理	◎定植後から着果までの管理	・定植後の灌水はできるだけ控え，根張りを促す
	・整枝	・整枝作業は晴天の日中に行なう（傷口がただちに乾く条件）
		・1回目の整枝は，つる長15～20cm程度のときとする
		・親づるは3～4葉残して摘心し，生育の揃った子づるを2本伸ばし，他は摘除する
		・子づるの9節以下の孫づるは，早めに摘除する
		・強整枝にならないよう，作業遅れに注意する
	・草勢の判断と管理	・草勢が強すぎる場合は，灌水を控え，温度は高めに管理する（とくに夜温）
		・草勢が弱い場合は，地温を高めにして根張りを促し，温度は低めに管理する

（つづく）

	技術目標とポイント	技術内容
定植後の管理	・着果位置の決定	・子づる10〜14節から出る孫づるを着果づるとし，2葉を残して摘心する。着果枝の弱い品種は，3葉を残して摘心する ・株元から着果節位までの葉面積で果実の大きさが決まるので，草勢を見きわめて適正な節位に着果させる
	◎着果期の管理	・開花1週間前から保温し，日中は最低22℃以上，夜間は最低14℃以上を確保
	・花粉と成り花の充実	・水分は控え，栄養生長を抑え着果を安定させる ・開花期間は防湿に努め，花粉を充実させる
	・交配	・ミツバチは，目標着果節位の開花4〜5日前の夕方に設置する
	・着果位置の決定	・着果節位は10〜12節が標準的で，草勢が強い場合は低節位，草勢が弱い場合は高節位とする
	◎着果からネット発生前の管理	・幼果の肥大は，着果後10日ごろ最大に伸び，20日前後で果形がほぼ決定するので，高めの温度管理で肥大を促進する ・着果後2週間は，やや多めの灌水管理とする
	・摘果	・摘果の時期と着果数は，草勢で判断する ・摘果後は果実についている花弁，雄花を取り除き，すみやかにマットを敷く
	・果実の硬化	・ネット発生前（着果後15日以降）〜発生始めは，昼夜とも1〜2℃低めの管理とし，果実の硬化を促す
	・温度，水分管理	・水分は少なめで乾燥状態とし，ネットの発生に備える ・果実の硬化が強すぎると，玉伸び，ネットの発生も悪くなるので注意する ・加えて，果実内部の品質異常（発酵果など）につながるので，昼夜とも2〜3℃高めに温度管理し，草勢を弱め玉を緩める
	◎ネット発生期の管理	・縦ネット発生期は，玉伸びをやや抑えるように管理する（ヒルネット防止のため）
	・縦ネット〜横ネット	・縦ネットが揃ってからは，玉伸びを促し，横ネットの発生を促進する
	・灌水，換気	
	・温度，湿度管理	・温度，湿度を高め，ネットを密に発生させる
	◎成熟期の管理	
	・灌水を絞る	・ネット形成終了以降は，葉が萎れない程度まで灌水を控え，糖度上昇を図る
	・温度の日較差をつける	・ネットの盛り上がりと糖度を十分上げるため，昼夜間の温度差が大きくなるように管理する（外観，内部品質の充実）
	・糖度上昇	・糖度は，収穫の1週間前ころから急激に高まるので，収穫期まで健全な生育を確保する
収穫	◎適期収穫 ・品種固有の適正成熟日数（‘ルピアレッド’：52日）	・必ず試し切りを行ない，糖度や熟度を確認してから収穫する ・収穫作業は早朝の涼しいときに行ない，果実温の上昇を防ぐ ・結果枝の葉の苦土欠乏症状，果皮や果梗の変化，花落ち部，ネットの状態を見て総合的に判定する

移植用土（鉢土）　前年に準備し消毒された培養土，または促成床土を用いる。培養土は，前年の暖かい時期に，完熟堆肥50〜70%，肥沃土30〜50%を交互に積み込んでビニールで被覆し，秋までに数回切り返して混合し，土壌消毒する。

施肥量は，床土1m³当たり窒素，カリともに100〜150g，リン酸500g，苦土70gとする。鉢上げ時の粗孔隙率30〜35%，pH5.5〜6.5，EC0.5〜1mS／cmを基準に調整する。床土1m³当たりの容量は，12cm径のポット1200鉢分になる。

近年は，不良自家床土の使用による育苗トラブル回避や，省力化の観点から，購入培土を利用することが多くなっている。

育苗床　育苗床は断熱材を設置し，気密性，保温性を高める。地温が一定になるよう，電熱線や温水パイプによる加温施設を配置する。サーモスタットによる，適正な温度調節を行なう。

②播種準備と播種作業

種子は，発芽率が高く，発芽勢のよい，新しいものを選ぶ。播種量は，10a当たりの栽植本数を確認し，2割ほど多く播く。

育苗箱（40×60×10cm）に床土を6〜7cm

詰めて、板切れなどを利用して上から軽く押さえ、5㎜程度の深さの播種溝をつくる。条間5〜6㎝×株間2㎝の間隔で1粒ずつ点播する（170〜200粒／箱）。種子は播種溝に対して直角になるように播く。

覆土は、5〜8㎜程度として均一に鎮圧する。育苗箱の表面が乾かないように、濡れ新聞などでマルチ被覆して育苗床に置く。30℃の温水で灌水し、ビニールでトンネル被覆して温・湿度を保つ。

③発芽までの管理

均一な発芽を促すため、温度管理は徹底する。温度は28〜30℃とし、夜間でも25℃以上を確保する。播種後4日ほどで発芽し子葉が展開するので、高温障害を避けるようマルチを除去する。

④移植（鉢上げ）

育苗ポットへの移植は早めとし、本葉が伸び出す前（播種後6〜7日目）に行なう。

ポットの土は、適正水分にして地温を十分に上げておく（播種床より2〜3℃高くする）。深植えは徒長、発根不良の原因になるので避け、植え傷みがないよう注意する。

⑤育苗管理

育苗温度は前半高め、後半低めに管理し、健苗に育てる。これは、定植後の本圃の温度条件にならすためでもある（表20）。

本葉1.5枚ころに苗ずらしをして、葉が重ならないようにする。また、本葉3枚残して早めに摘心し、子づるの長さが揃うようにする。

定植期は播種後30日目ころで、苗質は、本葉3枚以上で根鉢がしっかりつくられていること、病害の発生がなく健全であることが求められる。

苗の老化に注意し、定植日に合わせ育苗後期の肥培・灌水管理を行なう。

(2) 定植のやり方

①定植の準備

圃場の融雪を促進し、耕起、施肥、マルチ、トンネル設置、被覆の各作業を、定植10日前までに行ない地温の確保を図る。

土壌改良　メロンは、根の酸素要求度が高く、土壌中の酸素濃度が20%のとき最も生育がよいとされている。

そのため、排水対策が不可欠で、ハウス周りの明・暗渠の整備や心土破砕、サブソイラーの施工も行なう。加えて、粗大有機物の施用により有効根圏域の拡大を図る。土壌診断を行ない、結果にもとづいた土壌改良資材を投入し、土つくりを進める。

施肥　前年の秋に完熟堆肥を施し、深耕しておく。施肥基準と施肥例は表21、22のとおりである。土性、肥沃度、栽植密度に応じ元肥量を加減する。

追肥（分施）は着果揃い後に行なう。

ベッドつくり　砕土、整地後は地温と根域が確保されるように、高ウネのベッドをつくる。高ウネほど土壌水分の調節が容易にな

表20　育苗時の温度管理の目安　（単位：℃）

区分		育苗前半	育苗後半	定植2〜3日前
日中	気温	28〜30	26〜28	22〜26
	地温	25	23	21
夜間	気温	22〜24	20〜22	16〜18
	地温	22	20	16

表21　標準的な施肥量　（単位：kg/10a）

	成分量		
	窒素	リン酸	カリ
無加温半促成	14うち分施6	20	14うち分施4
トンネル早熟	10うち分施4	20	19うち分施4

注）標準的な施肥量は，5年おきに改訂される「北海道施肥ガイド2020」の統一施肥標準

る。灌水チューブは、各ウネ2本設置を基本にする。マルチは、土壌水分があるうちに、すみやかにベッド全面に張る。

②定植作業

定植の前日か当日の朝に、苗の根鉢全体にいきわたるように灌水する。

定植は、晴天の日の午前中に行なうようにする。地温は18℃以上確保し、育苗鉢土の温度より2～3℃高くする。

定植にあたっては、苗の根鉢を崩さないようていねいに扱い、細根を切断しないよう注意する。浅植えとし、覆土は鉢土表面までか、1～2割低くなるようにする（図30）。

定植当日の夜間と翌日の地温が、活着の良否に大きく影響する。トンネルには、保温性の高い被覆資材を利用する。また、夜間の保温性、除湿性を高める不織布も活用して、霜害や病害予防に努めるとよい。

③誘引方法と栽植密度

ハウス栽培、トンネル栽培とも、這いつくり振り分け誘引か、這いつくり一方向誘引（一方整枝誘引）を行なう（図31、32）。

栽植密度（10a当たり株数）は、ハウス半促成栽培の場合、振り分け315×50cmで

表22　施肥例　（単位：kg/10a）

	肥料名	施肥量	成分量		
			窒素	リン酸	カリ
元肥	完熟堆肥 注1)	2,000～4,000			
	CDU有機入りS839	130	10.4	16.9	11.7
追肥（分施）注2)	グリーンヒット1号	12	1.8	1	1.9
施肥成分量			12.2	17.9	13.6

注1）完熟堆肥は，ハウス半促成栽培で4,000kg/10a，トンネル早熟栽培で2,000kg/10aを目安に施用する
注2）追肥（分施）は，着果揃い後と幼果横肥大期の2回に分けて施用する

図30　定植の方法

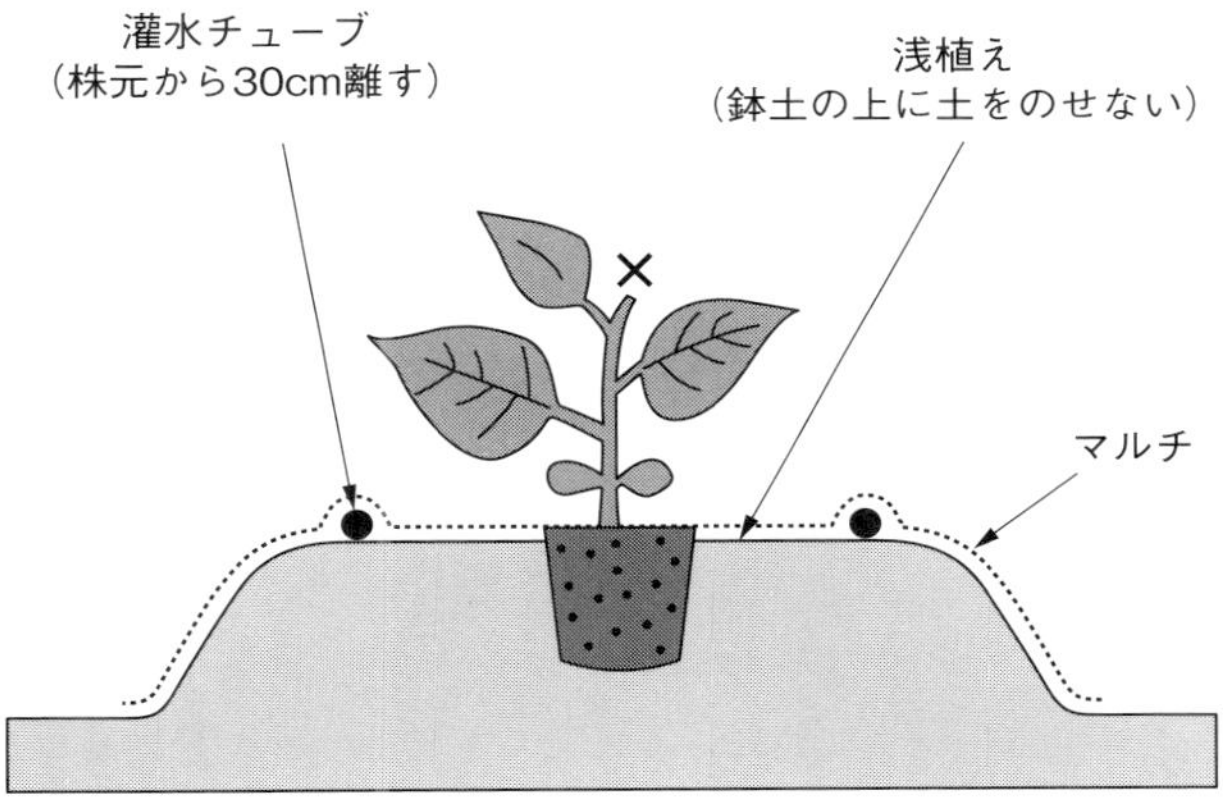

図31　ハウス半促成栽培の仕立て方と栽植様式

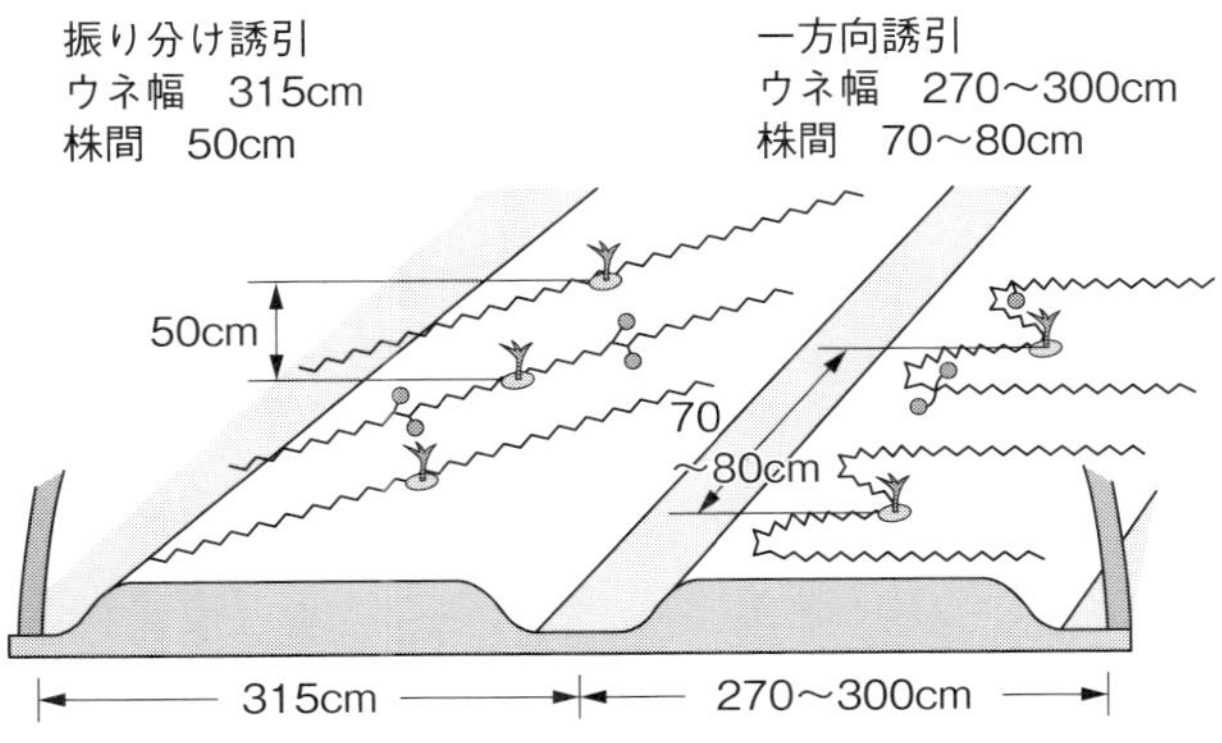

図32　這いつくり一方向誘引

630株、一方向270〜300×70〜80cmで410〜520株、トンネル早熟栽培の場合、振り分け500×45cmで440株、一方向300〜330×80cmで370〜410株とする。

(3) 定植から着果期までの管理

①温度管理と灌水

生育適温は日中25〜28℃（最高30℃）、夜間18℃（最低15℃）である。根の伸長最低温度は8℃であるが、根毛の伸長最低温度は14℃である。開花・開葯には20〜21℃が適温で、最低18℃が必要である。

灌水はできるだけ控え、根張りを促す。

図33　整枝の仕方と着果位置

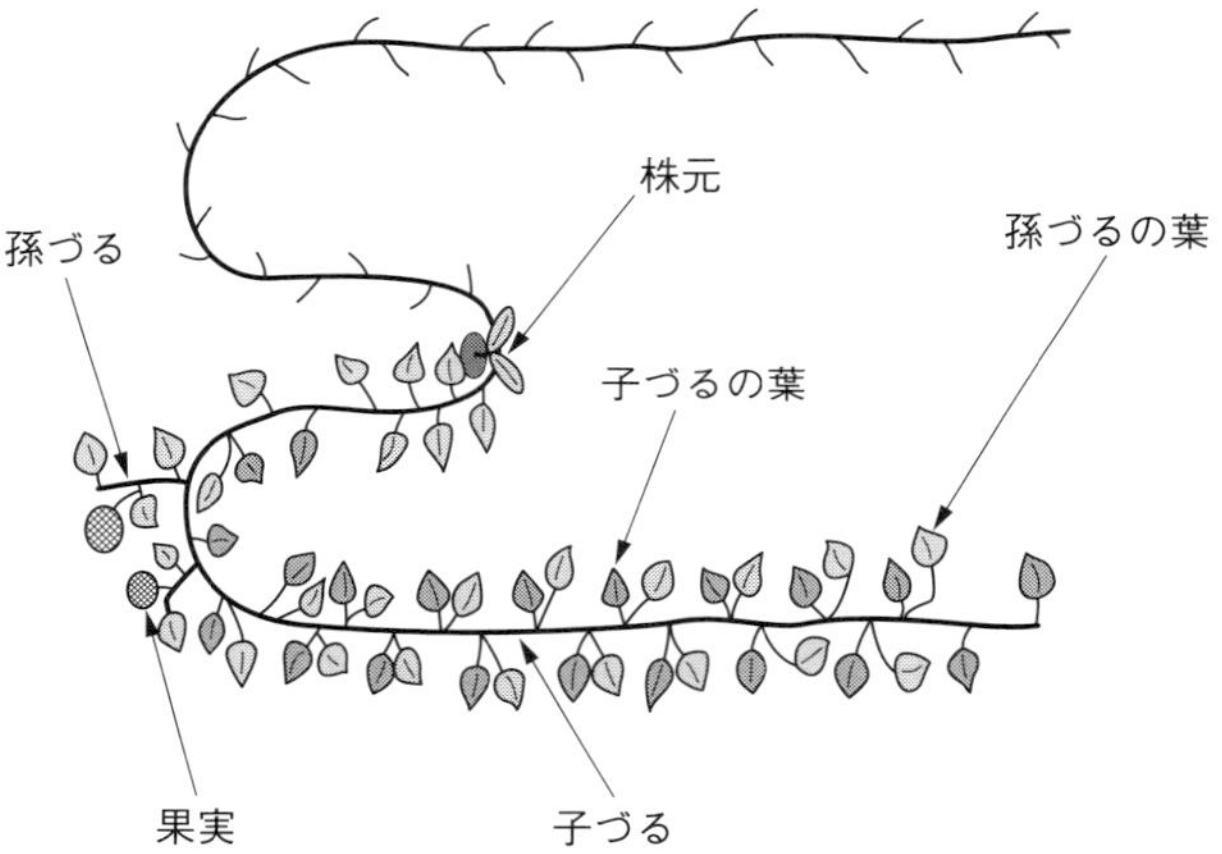

②整枝と摘心

整枝作業は晴天の日中、傷口がただちに乾く条件で行なう。整枝は計画的に早め早めに行ない、1回目はつる長15〜20cm程度のときとする。親づるは3〜4葉残して摘心し、生育の揃ったよい子づるを2本伸ばし、他は摘除する。子づるの9節以下の孫づるは、早めに摘除する。

標準的には、子づる10〜14節から出る孫づるを着果づるとし、2葉を残して摘心する。しかし、着果枝の弱い品種は3葉を残して摘心する。着果節位以外から出てくる孫づるは、1〜2葉残して摘心する。子づるは25〜27節で摘心する（図33）。

天候の悪いときの強整枝は、株や根への負担が大きく、生育が遅れるので注意する。また、作業時の極端なつるの移動や、風によるねじれも生育を遅らせる原因になるので、注意が必要である。

③草勢の判断と管理

草勢が強すぎる場合　土壌水分は必要最小限とし、灌水は控える。朝露が葉縁に若干のる程度とする。温度は高めに管理する。とくに夜温を高めにし、換気を遅らせ気味にする。

草勢が弱い場合　少量の灌水と地温を高めにし、根張りを促す。低温気味に管理し、葉からの蒸散を少なくする。

(4) 着果期の管理

①安定着果に向けての管理

着果率を高めるには、子房の大きな雌花と、花粉の充実した雄花を咲かせることが重要である。雌花の着生は、生育の良否による影響が大きいため、植え傷みや活着後の根の傷みが出ないよう、適正な管理をする。

開花1週間前から保温に努め、日中は最低22℃以上、夜間は最低14℃以上確保する。水分は控えめにして、栄養生長を抑え着果を安定させる。開花期間は防湿に努め、花粉を充実させる。

ミツバチをハウスに入れる場合は、目標着果節位の開花4～5日前の夕方とする。

②着果位置の決定

着果位置が、果実の品質に大きく影響する。下位葉は果実の大きさ、上位葉は品質を決定する。

品種特性で最終着果節位はやや異なるが、おおむね10～12節が標準的である。なお、草勢と葉面積の状況によって、着果節位を決定することも必要である。草勢が強い場合は8～10節の低節位を着果目標とし、草勢が弱い場合は12～15節の高節位を着果目標とする。

(5) 着果から収穫までの管理

①着果～ネット発生期までの管理

温度と灌水管理　幼果の肥大は、着果後10日ごろ最大に伸び、20日前後で果形がほぼ決定する。そのため、高めの温度管理で肥大の促進を図る。日中は、25～28℃の生育適温で管理し、夜間は最低14℃以上確保する。着果後2週間は、灌水量をやや多めにして肥大の促進を図る。葉先の水滴付着状況を確認し、灌水を判断する（図34）。

摘果　摘果の時期と着果数の決定は、草勢の状況により判断する（図35）。摘果後はすみやかにマットを敷き、菌核病の予防のため、果実についている花弁やいらなくなった雄花を取り除く。

②ネット発生前（着果後15日以降）～発生始めの管理

果実の硬化を促し、ネットの発生に備える。温度は昼夜とも1～2℃低めの管理にする。水分は少なめにし、乾燥状態とする。

果実の硬化が強すぎると、その後の玉伸びが悪くなり、加えてネットの発生も悪くなると、内部品質異常（発酵果など）につながる恐れがある。そんな場合は、朝の換気をやや遅らせ、昼夜とも2～3℃高めの温度管理を行なう。また、軽く萎れる程度の灌水管理を3～4日間行ない、草勢を弱め玉を緩める管理で対応する。

硬化状態の打診音による判定方法は、硬い場合「カンカン」、中間の場合「コンコン」、緩い場合「ボコボコ」となる。

③ネット発生始め～形成期の管理

着果20日目以降は、果実の肥大とよいネットを完成させる管理をする。温度はやや高めに管理し、果実の肥大を促進する。水分はやや多めに管理する。

④成熟期の管理

熟度は積算温度の影響を受け、品質（糖度など）は積算日照時間に影響される。果実の糖度は、収穫時期の1週間前ころから急激に高まり、可食期近くには1日当たり0・5度も上昇する。収穫期まで健全な生育を確保することと、内部品質を向上させるための管理が必要である。

ネット形成終了以降は、葉が萎れない程度まで灌水を控え、糖度の上昇と裂果の防止に努める。昼夜間の温度差が大きいほど、糖度は高まるのでハウスの換気に気を配る。

図34　ネットメロンの土壌水分管理

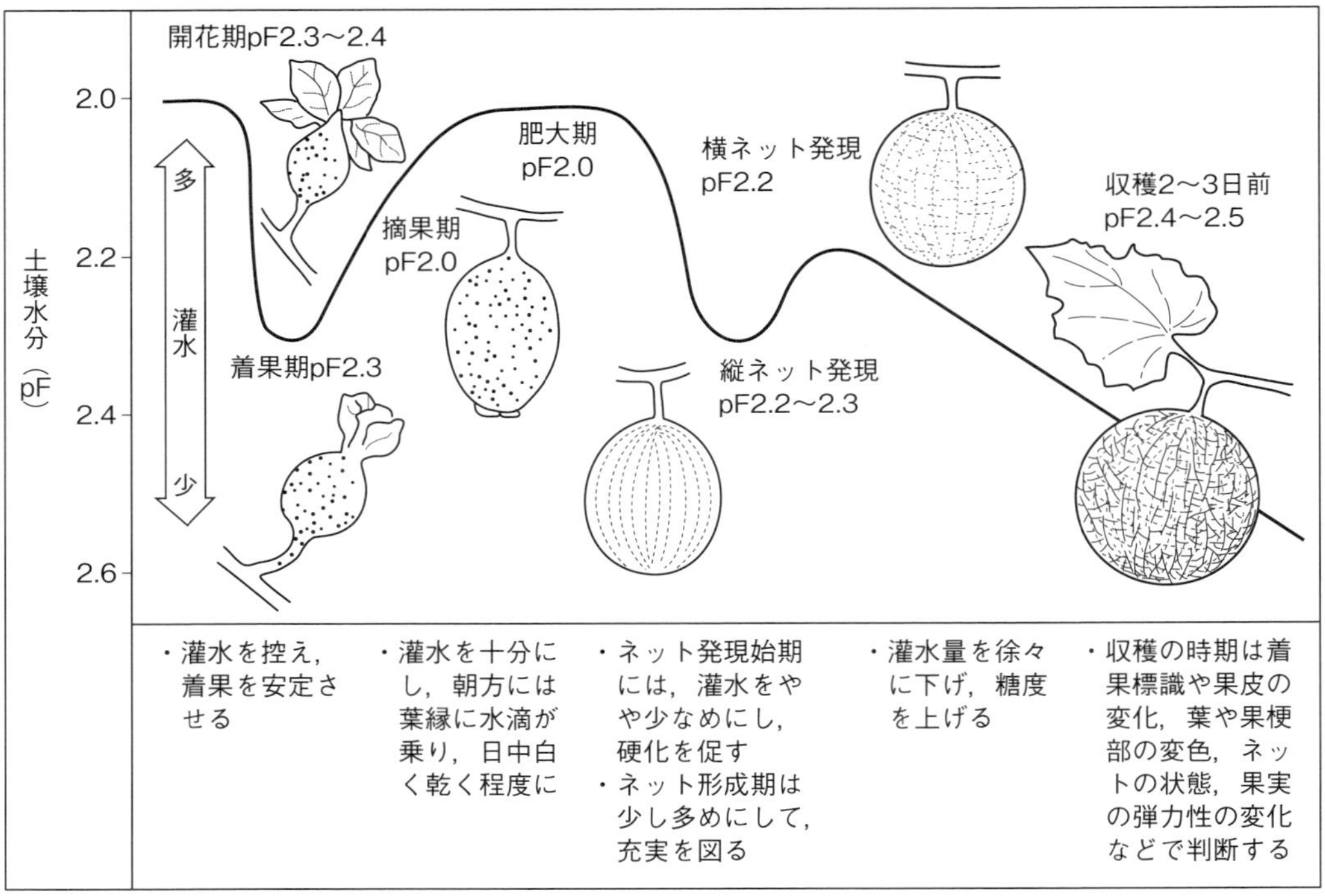

図35　草勢に応じた摘果時期と着果数

草勢が弱い場合 ― 早めの摘果3～4cm（果径） ― 着果数1つる1～1.5果 ― 肥大促進

草勢が強い場合 ― 遅めの摘果7～8cm（果径） ― 着果数1つる2果 ― 過剰肥大抑制

図36　成熟期の赤肉メロン

⑤収穫

メロンの収穫期は、着果後日数が基準になるが、作型、気象条件などに大きく左右される。そのため、栽培者自身が収穫適期の判定方法を習得することが求められる。

収穫時期の判断は、①結果枝の葉の苦土欠乏症状（葉脈間の退色、黄化）、②果皮が灰緑色に変化、③果梗が鉛色に変化、④花落ち部がやや盛り上がって凹凸化、⑤赤道部付近のネット間にごく少ない小ヒビが入ってくる、などの状態を見て総合的に判定する。加えて必ず試し切りを行ない、糖度や熟度を確認してから収穫する。

収穫作業は早朝の涼しいときに行ない、果温の上昇を防ぐよう配慮する。果実を持つときは、果梗を持たないように注意する。

日持ちのよい品種では、適食期を表示して出荷する。予冷する場合は、差圧式が適し、目標温度は10℃とする。低温条件での長期貯蔵は、甘味低下の恐れがあるので注意する。

4 病害虫防除

(1) 基本になる防除方法

防除は、スプレーヤーによる茎葉散布が主な方法になる。しかし、ハウス半促成栽培では、栽植密度を守り、多湿にならないよう適正換気の励行で、多くの病害の発生を抑えることが可能になる。

農業試験場や、普及センターからの予察情報を活用し、適期防除に心がけることが基本である。ハウス栽培では、くん煙剤の利用も効果的である。

(2) 農薬を使わない工夫

土壌病害に対しては、抵抗性品種および台木を利用する。うどんこ病は、抵抗性品種を用いることで被害を軽減できる。つる枯病

表23　主要病害の発生症状と防除のポイント

病害名	発生症状と被害状況	発生時期と発生要因	防除方法
黒星病	・主に育苗中に発病し，定植後の発病は少ない ・本葉に黄褐色の小斑点が生じ，この周りにかさを生じる ・茎には条斑を生じ，苗の生育は止まり，病斑部に灰緑色のカビを生じる	・低温・多湿で発病する ・低温条件の苗床で発病が多くなる	・苗床が低温・多湿にならないよう注意する ・病株を発見したら，早期に抜き取り処分する ・発病初期からの薬剤防除が大切である
つる枯病（キャンカー）	・茎，葉，果実に発生するが，主に茎が侵されやすい ・茎では地際部に発生し，始めは油浸状であるが，やがて灰褐色のコルク状になり，亀裂を生じ茶褐色のヤニを出す ・病斑部から上の葉は，萎凋枯死する	・発病適温は20～24℃ ・多湿，日照不足で発生が多くなる ・地下水位が高く，排水不良の圃場で発生が多い	・無病苗を定植する ・定植は，株元が高くなるよう浅植えにする ・多湿に注意する ・薬剤の株元散布や茎葉散布を行なう ・被害茎葉を除去する
べと病	・葉の葉脈に限られた多角形の病斑ができ，葉裏に薄ネズミ色のカビが発生する ・症状が進むと病斑は黄白色になり葉は枯れる ・後期には，他の菌が二次的に寄生し黒カビを生じる	・発生時期は春，秋で，降雨が多いときに発病する ・ハウスで湿度が高いときや，露地で降雨が続いたときに発病しやすい ・菌は被害植物体で越年する	・ハウス栽培の場合は過湿にならないよう換気を行なう ・発病初期からの薬剤防除が大切である ・被害茎葉を除去する
うどんこ病	・葉の表面にうどん粉のような白い粉を生じるが，のちに灰色になり，黒色の小粒を生じる ・発病がひどいときは葉が枯れる	・高温・乾燥で発生する ・草勢が劣ると発生する ・通気が悪い場所で発生する ・菌は被害植物体で越年する	・草勢を維持する ・発病初期から薬剤防除を行なう ・被害茎葉を除去する
炭疽病	・葉，茎，果実に発生する ・葉では黄～黄褐色の円形病斑になり，中央部は退色し破れやすくなる ・果実の場合は，黒い円形の凹斑となり発生すると商品にならない		

（つづく）

病害名	発生症状と被害状況	発生時期と発生要因	防除方法
灰色かび病	・花弁，幼果，葉，茎に灰色のカビを発生し，腐敗させる ・花弁のついた幼果の被害が大きく，腐敗，落果する	・低温・多湿で発生が多くなる ・菌は被害植物体で越年する	・ハウス栽培は過湿にならないよう換気を行なう ・発病初期からの薬剤防除が大切である
菌核病	・茎，果実を侵すが，被害は果実に大きく白いカビを生じ腐敗する ・被害部には，黒色のネズミ糞状の菌核を形成する	・低温・多湿で発生が多くなる ・花弁への感染による発病が多い ・菌核で土中越年する	・着果後，幼果の花弁を早期に取り除く ・ハウスの換気を行なう ・被害茎葉を除去する
斑点細菌病	・葉の周縁から小斑点の病斑を生じ，葉全面に広がる ・病斑部は薄くなって破れやすくなるが，カビは生じない ・茎では褐色の条斑が見られる ・果実に発生すると，内部に褐色の病斑を形成し腐敗する	・低温で降雨が多いときに多発する	・ハウス栽培の場合は，過湿にならないよう換気を行なう ・発病初期からの薬剤防除が大切である ・被害茎葉を除去する
えそ斑点病（メロンえそ斑点ウイルス病）	・大病斑，小病斑（小斑点），茎えそなどの病徴がある ・小斑点は根部感染によるもので，生長点近くの若葉に1～2㎜の斑点を多数生じ，ひどい場合は株が枯死 ・大病斑は汁液感染によるもので，下葉に3～5㎜のえそ斑や葉脈えそを生じ，病徴が進むと葉全体が枯れる	・土壌中のオルピディウム菌が媒介するウイルス病である	・発病株は早期に抜き取り処分する ・発病地から無病地への苗の移動は行なわない ・定植時の苗のドブ漬け処理は行なわない
モザイク病（ウイルス病）	・CMV：生長点のモザイクと黄化萎縮によって株が枯死する ・WMV：葉の葉脈間と果実の表面にモザイク症状を生じる	・生育初期に，アブラムシ類が多発すると被害が多くなる ・発生株からの接触伝染によって被害が多くなる	・アブラムシ類の防除を行なう ・発病株は早期に抜き取り処分する
半身萎凋病	・葉が下葉からしだいに萎凋し，やがて枯死する ・葉に症状が現われることはなく，全体的に萎れる ・地際部の茎を切断すると，維管束に褐変が見られる ・葉の萎凋は下から上へと進む	・バーティテシリウム菌による土壌病害である ・菌は土壌中で長期間生存する	・多くの作物を侵すので，メロンの新畑でも注意する
つる割病	・発病部位は地下部にあり，主根の先端部がアメ色に変色し，根の内部や地際部の維管束は褐変している ・病勢が進展すると株全体が著しい萎凋症状になり，やがて株全体が枯死する ・地際部の茎に亀裂ができピンク色のヤニを生じる ・黄化型つる割病は，従来型のつる割病と違い，罹病すると葉に早期から，てかり症状が生じ，その後黄化症状を呈し枯死する	・フザリウム・オキシスポラム菌による土壌病害である ・菌は土壌中で長期間生存する ・近年，新レースによる「黄化型つる割病」が発生し，問題になっている	・無病土で育苗し，苗床からの持ち込みに注意する ・抵抗性の台木に接ぎ木栽培する ・発病株は早期に抜き取り処分する

表24　主要害虫の被害状況と防除のポイント

害虫名	被害状況	発生時期と発生要因	防除方法
アブラムシ類	・葉裏に群生して，樹液を吸汁加害する ・ウイルス病を媒介する ・多発圃場では，排泄物で果実が汚染される	・高温・小雨の干ばつ状態が続く気象条件で多発する ・圃場の周囲に雑草が多いと発生要因になる ・抑制の遅い作型での発生が多い	・成虫の発生期に薬剤防除を行なう ・定植時に薬剤の植穴処理を行なう ・ハウス周りの雑草除去
ハダニ類	・葉裏に寄生して吸汁する。葉は退緑，黄変し，被害がひどくなると萎縮して枯死・落葉する	・高温・小雨の干ばつ状態が続く気象条件で多発する ・圃場の周囲に雑草が多いと発生要因になる	・雑草の刈り取りや環境清掃に努める ・発生状況に注意して薬剤防除を行なう

表25　病害虫防除事例

防除時期	病害虫名	薬剤名	希釈倍率
定植前	つる枯病	ジマンダイセン水和剤	600倍
整枝作業後	つる枯病，べと病 ハモグリバエ類	ダコニール1000 アファーム乳剤	1,000倍 2,000倍
開花前	つる枯病，菌核病 ハダニ類	ロブラール水和剤 ピラニカEW	1,000倍 2,000倍
着果後①	つる枯病	トップジンM水和剤	1,500倍
着果後②	うどんこ病 アブラムシ類	モレスタン水和剤 チェス顆粒水和剤	2,000倍 5,000倍
着果後③	うどんこ病 ハダニ類 アブラムシ類	パンチョTF顆粒水和剤 コロマイト乳剤 マブリック水和剤20	2,000倍 1,000倍 4,000倍
着果後④	うどんこ病 ハダニ類 アブラムシ類	ポリベリン水和剤 マイトコーネフロアブル チェス顆粒水和剤	1,500倍 1,000倍 5,000倍
収穫10日前	つる枯病，べと病	ダコニール1000	1,000倍

図37　メロンの品質目標（市場出荷する場合に求められる品質）

熟度，果形を揃えた糖度13度以上，1果重1.4～1.6kg（8kg詰め 標準6玉）

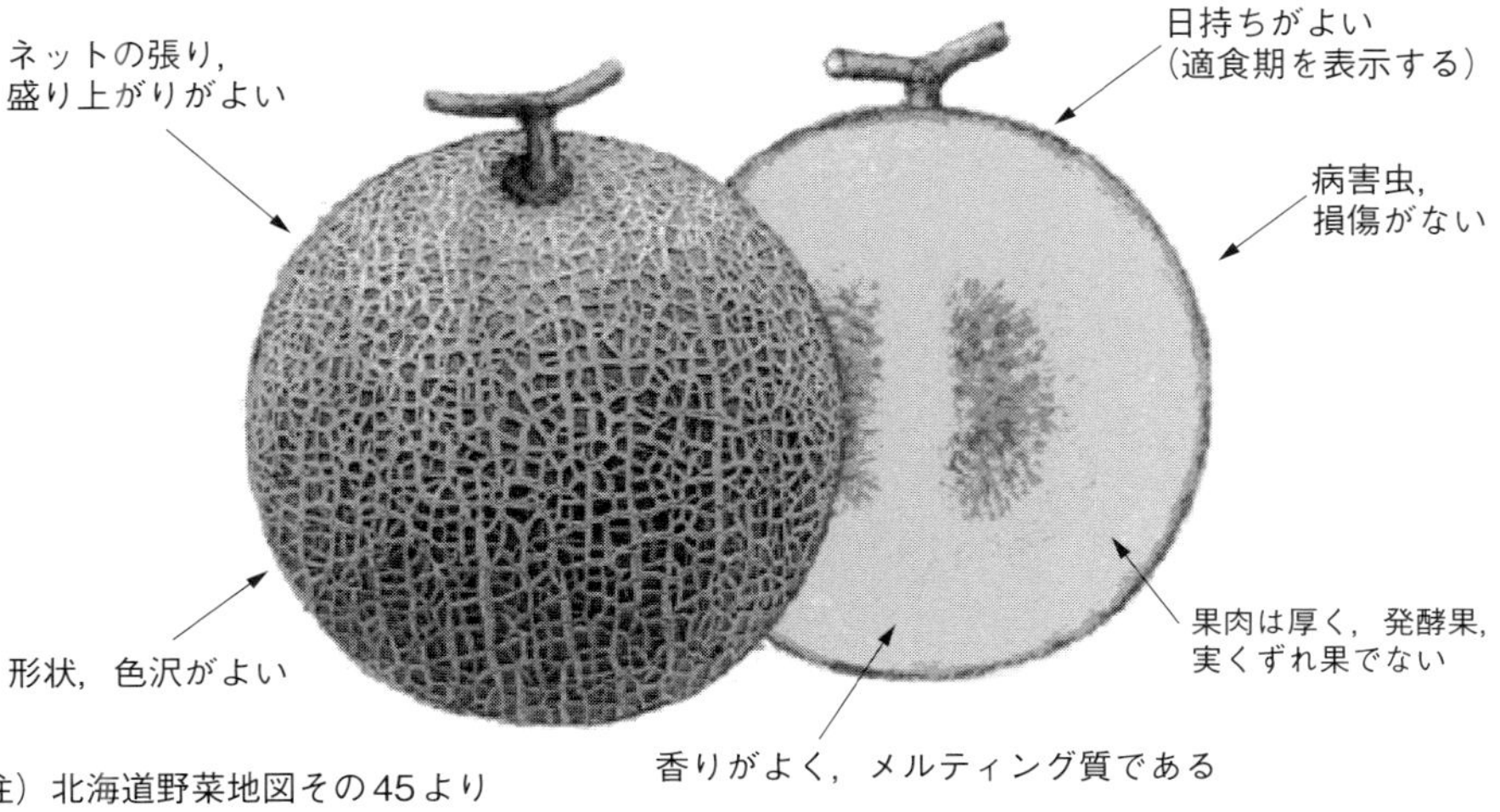

注）北海道野菜地図その45より

は、浅植えとし株元の多湿に注意して、換気・除湿管理で防ぐ。害虫は、早期発見に努めることが基本になる。

雑草の多い圃場では、グリーンマルチを活用する。ハウス栽培では、防虫ネット、近紫外線除去フィルム、光反射シートの活用や、粘着板による発生予察も検討する。

表26　赤肉系メロンのハウス半促成栽培（無加温），トンネル早熟栽培の経営指標

区分	ハウス半促成栽培	トンネル早熟栽培
生産量（kg/10a）	2,600	2,000
単価（円 /kg）	494	402
粗収益（円 /10a）	1,284,000	804,000
経営費（変動費，円 /10a）	431,165	318,945
種苗費（種子，育苗費）	43,619	34,566
肥料費	24,806	19,261
農薬費	10,658	10,586
諸材料費	284,405	209,715
動力燃料費	18,927	7,317
賃料料金	48,750	37,500
貢献利益（円 /10a）	853,000	485,000
貢献利益率（%）	66.4	60.3
労働時間（時間 /10a）	373.4	321.3

注1）減価償却費，流通経費は含まない
注2）北海道農業生産技術体系第5版より

5　経営的特徴

市場に出荷する場合に求められる品質目標を参考に、出荷調製を厳密に行なうことが求められる（図37）。メロンは、他の果菜類に比べ、10a当たりの労働時間が少ない特徴がある。その利点を最大限に生かし、作型の分散による経営への組み込みを展開してほしい（表26）。

近年、一部の産地では晩秋期に収穫したメロンを、MA包装資材による長期貯蔵で付加価値を高めて、年末年始出荷への取り組みも始まった。

北海道での夏の味覚の代表である「赤肉メロン」のおいしさを、さらにきわめることに期待したい。

（執筆：宮町良治）

スイカ

表1　スイカの作型，特徴と栽培のポイント

主な作型

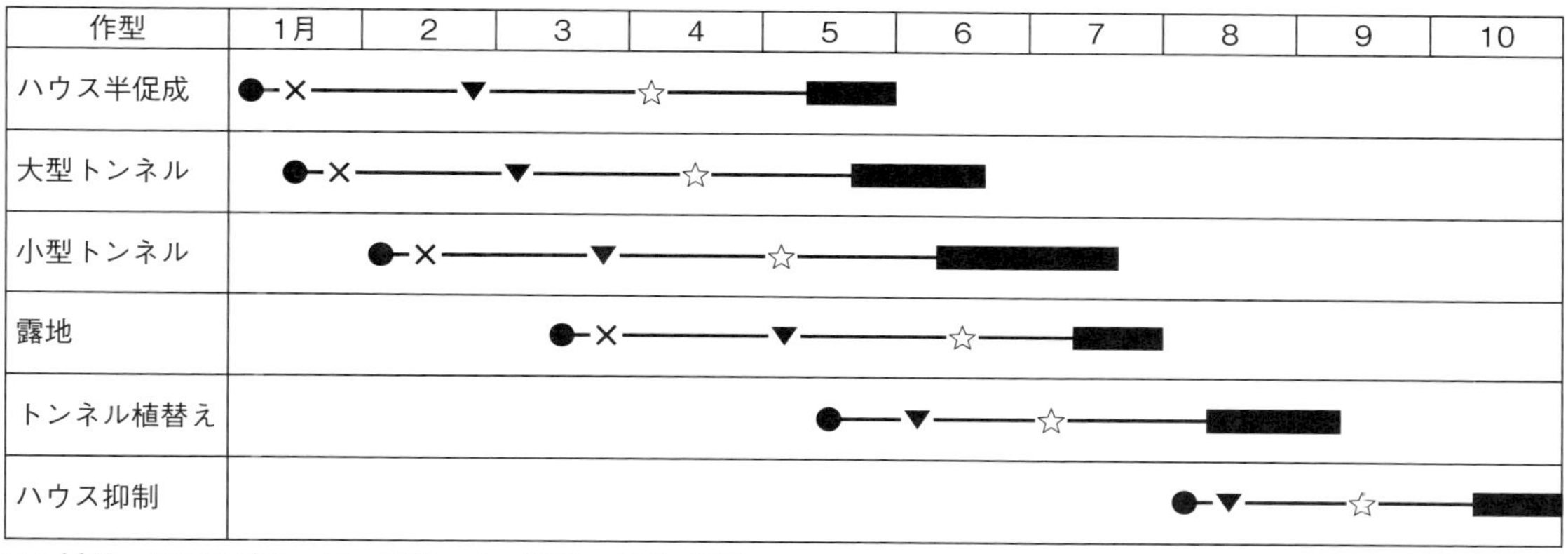

●：播種，×：接ぎ木，▼：定植，☆：受粉，■：収穫

特徴	名称	スイカ（ウリ科スイカ属）
	原産地・来歴	原産地は，アフリカ南部のカラハリ砂漠近辺と考えられている。日本への渡来は16世紀ころとされ，その後全国に広まった。明治末期に欧米の優良品種が導入され，それをもとに品種改良が進んだことにより，急速に普及した
	栄養・機能性成分	カロテン，カリウムが豊富に含まれる。また，約180mg/100g含まれるシトルリンの名は，スイカの学名がもとになっている
	機能性・薬効など	スイカ自体の水分と相まって，利尿効果が高い。シトルリンには，血管の拡張や動脈硬化の緩和など，多くの機能性があるとされる
生理・生態的特徴	温度への反応	高温を好み，霜など低温・凍結にはきわめて弱い。発芽適温25～30℃，生育適温は栄養生長期25～30℃，成熟期28～30℃，夜温18～20℃である
	日照への反応	強い光を好み，光飽和点は多くの野菜類が4万～5万 lx であるのに対し，80klx と高い。低温寡日照の影響は，開花・結実前後で着果の不良，果実肥大・成熟期で果実肥大や品質の低下，病気の多発などがある
	土壌適応性	根は土壌の乾燥に強いが，多湿に弱いため，排水性のよい黒ボク土や砂質土が適する
	開花（着果）習性	同じ株に雌花，雄花が分かれて着生する。雌雄ともに，朝に開花し午後には受精能力を失う。雌花は5節前後おきに，雄花は各節ごとに着生する
栽培のポイント	主な病害虫	病気：つる枯病，炭疽病，うどんこ病，疫病，菌核病，つる割病など 害虫：ネコブセンチュウ，ハダニ類，アブラムシ類，ハスモンヨトウ　オオタバコガ，ウリハムシなど
	接ぎ木と対象病害虫・台木	スイカつる割病対策と低温伸長性の付与を目的に，ユウガオに接ぎ木する
	他の作物との組合せ	トンネル栽培ではキャベツ，ダイコン，ブロッコリー，ニンジンなどの秋冬野菜や，ギニアグラスなどの緑肥との組合せができる。ハウス栽培では，トマトなどの抑制栽培との組合せが多い

この野菜の特徴と利用

(1) 野菜としての特徴と利用

①原産と来歴

原産地は、アフリカ大陸南部のカラハリ砂漠近辺とされ、高温乾燥で雨は夏に少量が降るだけという地域である。同様に、乾燥地域である中央アジアの一部でも、バラエティに富んだスイカが発達しており、乾燥条件に適応した野菜であることがわかる。

日本への渡来は16世紀ころとされ、その後全国に広まった。明治末期に欧米の優良品種が導入され、それをもとに品種改良が進んだことにより急速に普及した。

②バランスのとれた草勢管理が重要

スイカは果実のみが収穫対象ではあるが、果実を肥大・充実させるのは茎葉や根の発達があってこそで、これ抜きに栽培は語れない。

茎葉の発達を抑えると生殖生長へとバランスが傾いて、雄花の開花数が増え、雌花の着果もよくなる。しかし、果実が標準で6～8kgにもなるような果菜類はスイカを除いて他になく、1果でも着果の負担は強烈である。着果以降に追肥や灌水を行なって草勢を強くしようと努めても、強くなるものではない。

逆に、着果前に草勢を強くしすぎると、着果させるのが困難な「つるぼけ」といわれる状態になってしまう。

着果の負担に耐え、さらに、おいしい果実をつくるのに見合った茎葉の発達を確保したうえで、摘果できるほどの着果数が得られるような草勢の管理こそがスイカ栽培の肝である。

③多様な品種

日本でスイカといえば、円球状の大玉で、緑の地に黒い縞がある果皮で、内部は赤肉でみずみずしく、さわやかな甘さが特徴というイメージが強い。これは世界的には必ずしも標準とはいえず、黒・濃緑から黄・白の果皮色、円球状からたわら状と外観もさまざまあり、主に種子を食用とする地域もある。

近年では、日本でも果皮色（縞皮、黒皮、黄皮など）、果肉色（赤、黄、オレンジなど）、形（円球状、たわら状）、大きさ（大玉、中玉、小玉）、さらに種あり・種なしなど、多様な組合せの品種が栽培・利用されるようになり、それぞれ品質の向上が図られている。さらに、種子がごく小さくて、そのまま食べられる品種も出てきており、品種選択の幅が大きく広がっている（表2、3）。

④成分と機能性

成分的な特徴としては、カロテン、カリウムが豊富に含まれている。カリウムは体内のナトリウムの排出を促し、スイカ自体の水分もあって利尿効果が非常に高い。

また、血管の拡張や動脈硬化の緩和など、多くの機能性が注目されているシトルリンが多く含まれる。シトルリンの名称はスイカの学名が由来で、ウリ科の中でもスイカのシトルリン含量は特異的に多い。

(2) 生理的な特徴と適地

①低温と過湿を嫌う

低温と過湿を嫌う性質が強いため、季節の変化が激しいうえ雨の多い日本では、ハウスやトンネルによる被覆栽培が基本になっている。

表2　品種のタイプと品種例

大きさ	果皮	果肉	品種例
大玉	縞皮	赤肉	祭ばやしRG，祭ばやし11，味きらら，春のだんらん，羅皇，縞無双，紅太鼓，一王，紅まくら（たわら状），ほお晴れ（種なし），たべほうだい赤玉（種なし）
		黄肉	大和レモニー，ゴールデン旭都，こがねスペシャル，ゴールド神武
	黒皮	赤肉	大魔神，オセロ，黒鉄王，タヒチ，3Xブラックジャック（種なし），ひとつだねBear（小種）
		黄肉	サンダーボルト，3Xブラックムーン（種なし）
小玉	縞皮	赤肉	ひとりじめ7，姫甘泉，愛娘さくら，スイートキッズ，姫まくら（たわら状），マダーボール66（たわら状），ひとりじめナノ（小種），ピノ・ロワール（小種）
	黒皮	赤肉	姫甘泉ブラック，なつここあ，ひとりじめBonBon，コンガ
		黄肉	月娘，イエローBonBon，アジアン小町（たわら状）
	黄皮	赤肉	ミニ太陽，黄坊，愛娘ひなた，ゴールド小町（たわら状）

表3　台木の種類と品種例

種類	草勢など	品種例
ユウガオ	おとなしめ	かちどき2号，鉄壁，ごうけつ，FRボクサー，FRペースメーカー
	強め	FRヘコタレン，ダイハード，つわもの，FRダッカ，強勢，台力
トウガン	低温伸長弱い	ベスト冬瓜2号，ライオン，アトム
カボチャ	強い	かがやき，No.8，はやぶさ，強力G，新土佐

より低温期に定植される作型ほど被覆を重装備にして、多重被覆や大きい容積のハウス、トンネルが必要である。

栽培時期に合った保温方法を採用することで、資材費の無駄をなくすとともに、いくつかの保温方法を用いて作業を分散することによって、経営面積の拡大が可能になる。

②強い日射を好む

スイカは強い日射を好み、これ以上強い光になっても光合成量が増えなくなる光飽和点は、キュウリ5・5万lx、カボチャ4・5万lxに対し、スイカは8万lxである。

関東の小売店で、最も早い3月初旬に出回り始めるスイカは、群馬県藪塚産の小玉品種である。関東平野の北西端に位置するこの地域は内陸性気候で、冬の気温は他のスイカ産地に比べて決して恵まれていない。しかし、からっ風で知られていて、冬の日中に日照時間を確保しやすい条件にあり、この恵まれた日照こそが生育に重要になっている。

たとえ加温しても日照不足であれば、着果や肥大、品質向上は期待できない。葉1枚1枚にできるだけ多くの日照を与えること、これこそがスイカ栽培成功の秘訣である。

③土壌の過湿に弱い

土質はあまり選ばないが、土壌の過湿に弱いため、排水性のよい黒ボク土や砂質土の地域が産地になっていることが多い。根部もさることながら、地上部の果実やつるが水に浸かると、褐色腐敗病などが発生しやすい。

大雨時にも浸水しないようにベッドを高くしておき、通路部の水も早くはけるように排水経路の確保を心がける。

④肥料の吸収パターン

窒素吸収の経過を見ると、生育前半は徐々に多くなり、着果に続く果実肥大期にピークを迎える。果実成熟期には、根の活性の低下もあり、わずかに吸収する程度になって収穫にいたる。

窒素だけでなく、カリ、石灰もほぼ同様の

パターンで吸収される。この吸収パターンに沿うように、有機質肥料などの緩効性肥料を主体に施肥する。さらに、急な肥切れが起きないように、堆肥によって地力窒素を高めておくことも重要である。

（執筆：町田剛史）

トンネル栽培、露地栽培

1 この作型の特徴と導入

(1) 作型の特徴と導入の注意点

栽培時期の気温に応じて保温方法を使い分けることで、初期の低温と、生育期間中の降雨を乗り越え、６～８月の収穫を目標にする作型である（図１）。

たとえば、千葉県北部のスイカ産地の事例では、２月下旬定植には幅４２０cm以上と幅２７０cmの農ビによる二重の大型トンネル、３月上中旬定植には幅３００～３３０cmと幅２１０cmの農ビによる二重の中型トンネル、３月下旬以降の定植には一重の中型トンネルや幅２７０～３００cmの農ビによる小型トンネルが用いられることが多い（図２、３）。いずれも定植から10日前後は、さらに不織布の小トンネルか紙キャップで保温・遮光を図っている。

なお、これ以前の定植には、トンネルより保温性の高いパイプハウスが適する。

また、営利栽培ではあまり見られないものの、遅霜の心配がない時期の定植には、ホットキャップなどの簡易な初期保温による露地栽培も可能である。

(2) 他の野菜・作物との組合せ方

キャベツ、ハクサイ、ダイコン、ブロッコリー、ニンジン、レタスなどの秋冬どりや、ギニアグラスなどの緑肥との組合せができる。一部では、スイカに使ったトンネル、マルチをそのまま用いて、後作にスイカの植替え栽培をする例も見られる。

2 栽培のおさえどころ

(1) どこで失敗しやすいか

①圃場準備は早めに

定植は早春に行なわれるため、低温にあいやすい。定植期によってトンネルの大きさや多重被覆の方法を変える必要がある。また、定植の２～３週間前にはトンネル・マルチを被覆し、十分な地温を確保しておく。

②整枝作業はこまめに

スイカは脇芽の発達が盛んで、放任すると親づる、子づる、孫づるが入り乱れて伸び、手がつけられない状態になる。着果期が近づくころには、つるの伸長が非常に旺盛になり、好適条件では1日に15cm程度伸びることもある。

絡み合ったつるをほぐしながらの整枝作業は、きわめて非効率であり、傷ついたつるは病気に感染しやすい。整枝作業は5日に1回を目安に行ない、適期から遅れないようにする。

③着果不良でもあきらめない

スイカは低温や降雨、日照不足に弱いた

図1　スイカのトンネル栽培，露地栽培　栽培暦例

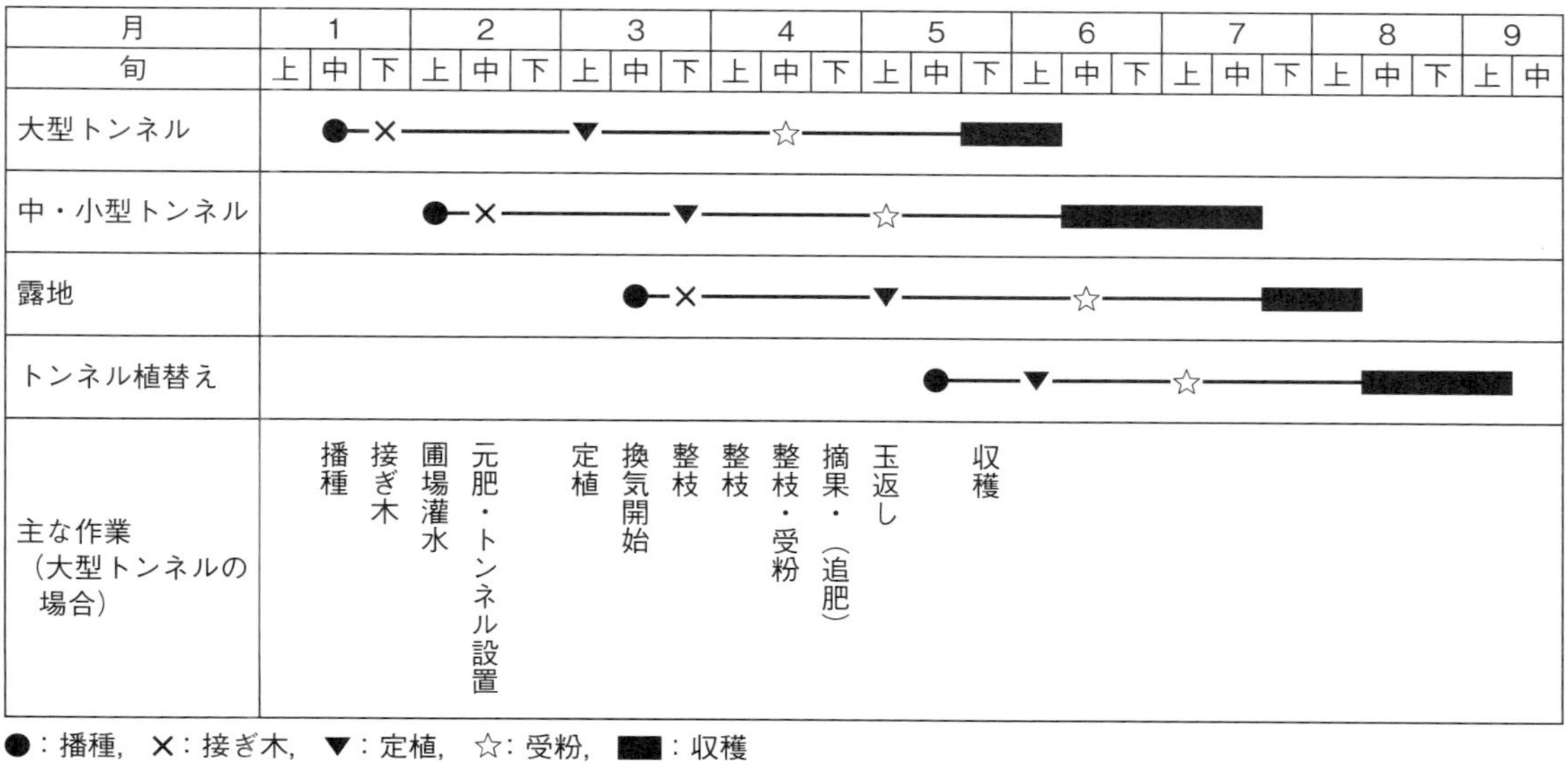

図2　千葉県のスイカ産地での気温と被覆方法

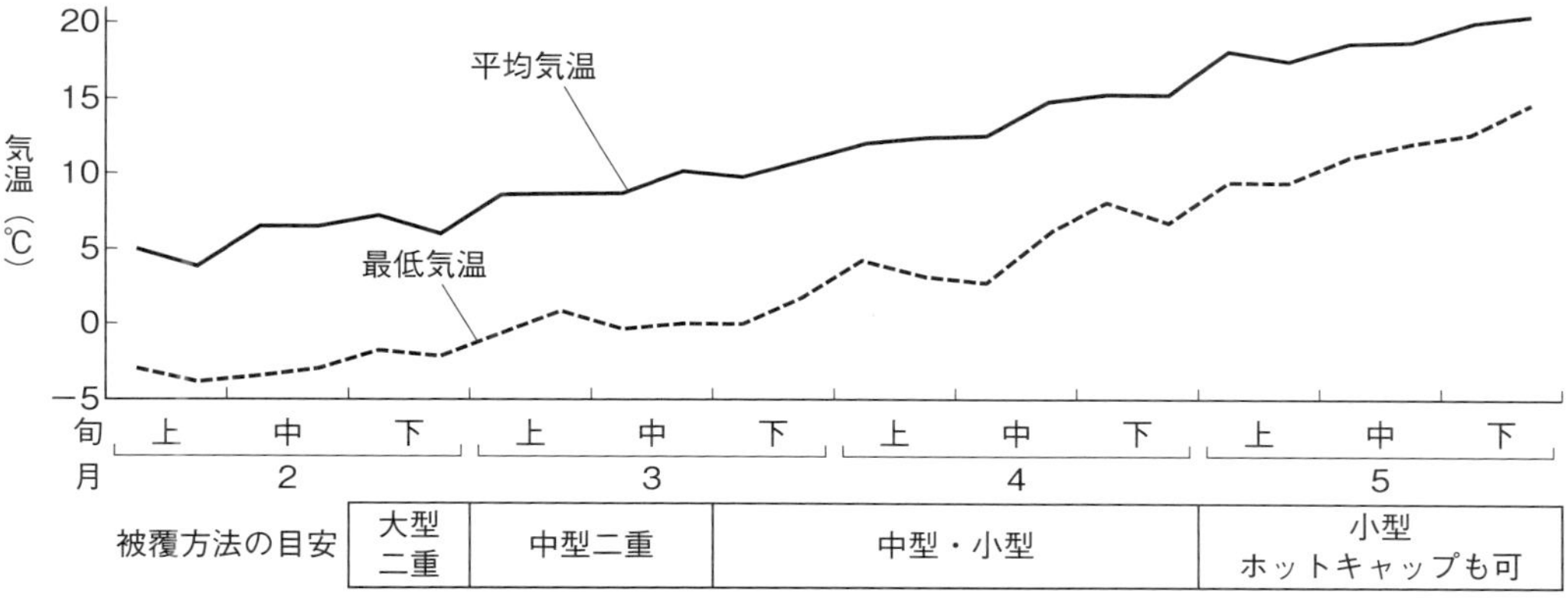

注）アメダスデータ（千葉県佐倉市の2016～2021年の平均値）

図3　多重被覆のトンネル

め、着果前後～果実肥大初期にこれらに遭遇すると、必要な着果数が得られなかったり、果実があまり肥大しなかったりする。作柄が気象条件に大きく左右されることから、「運玉」などともいわれる。

　天候に恵まれず十分な着果が得られなくても、すぐにあきらめず、着果数に見合うように余分なつるを切り落とすか、再度つるを引き戻して次の雌花に着果させる。

④ハダニ類、うどんこ病、つる枯病は予防第一

これらは生育後半になると一気に拡大して、全滅させてしまうほどの重要病害虫である。いずれも生育前半から低密度に抑えるように予防的な防除を心がける。

⑤鳥獣害は徹底対策

地域によってはカラスやハクビシンなどの鳥獣害で、収穫間近になって果実が全滅という事例も見られる。カラスにはテグスや防鳥ネット、ハクビシンには電柵の設置などの対策を徹底する。

(2) おいしく安全につくるためのポイント

トンネル栽培の生育期間は、春の長雨を乗り越え、梅雨に成熟・収穫期を迎える。スイカは「日照り草」ともいわれるぐらい、日照の影響を大きく受ける。新しい被覆材を用いるなど、早い作型ほど光を多く受けるように心がける。

おいしさの基礎になる光合成には、葉1枚1枚が健全であることが重要である。最後までつるが枯れ上がらないように管理する。堆肥の施用と、有機質肥料などの緩効性肥料を主体とした土壌管理で、急激な肥切れを防止する。また、病害虫が蔓延しないように予防し、雨よけを徹底しながら、多湿時には換気に努める。

スイカの甘さの主成分であるショ糖は、成熟期後半から急激に増加する。家庭菜園や庭先販売などでは、市場出荷では少しとり遅れと評価されるような、果皮に凹凸が生じる程度の時期に収穫するとよりいっそう甘くなる。

(3) 品種の選び方

①大玉スイカ

カット販売が前提となる近年は、果肉色が鮮やかで、空洞果が発生しにくい果肉質が緻密な品種が好まれる。果肉色が淡い品種と鮮やかな品種を並べると、鮮やかなほうが新鮮でおいしそうに見えてしまうし、空洞果はカットすると崩れてしまうため嫌われる。

また、果実糖度を店頭に表示することが多いため、中心糖度でBrix11度以上が安定して得られることが望ましい。

従来に比べ、低温下でも着果が安定しやすいように、雌花の着生がよく、花粉の出がよい品種が多く見られるようになってきた（表4）。

表4　トンネル栽培，露地栽培に適した主要品種の特性

	品種名	販売元	果皮	果肉色	主な適作型
大玉	祭ばやしRG	萩原農場	縞皮	赤肉	大型～中型トンネル
	味きらら	大和農園	縞皮	赤肉	大型～小型トンネル
	祭ばやしUT	萩原農場	縞皮	赤肉	中型トンネル～露地
	縞無双H	神田育種農場	縞皮	赤肉	中型トンネル～露地
	紅まくら（たわら状）	タキイ種苗	縞皮	赤肉	中型トンネル～露地
	3Xブラックジャック（種なし）	ナント種苗	黒皮	赤肉	中型トンネル～露地
	タヒチ	サカタのタネ	黒皮	赤肉	中型トンネル～露地
小玉	姫甘泉	丸種種苗	縞皮	赤肉	大型～中型トンネル
	ひとりじめ7	萩原農場	縞皮	赤肉	大型～小型トンネル
	姫甘泉シャリエ	丸種種苗	縞皮	赤肉	中型トンネル～露地
	マダーボール66（たわら状）	ヴィルモランみかど	縞皮	赤肉	中型トンネル～露地

②小玉スイカ

果肉質が大玉品種並みに緻密で、果皮は薄くても栽培中や輸送中の裂果が少ない品種がよい。また、うるみが発生しにくく、中心糖度でＢｒｉｘ12度以上が安定して得られることも望ましい。

従来に比べ、高温下でも果肉質が向上して食感がよくなり、裂果・裂皮の発生が少ない品種が見られるようになった（表4）。

③台木

台木にはユウガオが用いられることが多い。生育の揃いがよく、生育後半までバテにくい品種が適する。

草勢の強弱の選び方は、スイカ品種との相性が重要である。たとえば、通常の大玉スイカでは、草勢が強めの台木品種がよく使われている。また、草勢の強い種なしスイカや、着果負担の少ない小玉スイカには、草勢がおとなしめの台木品種がよい。

カボチャ、トウガン台木は、ユウガオ台木では病害が抑えきれない場合に用いる。カボチャは、果実品質への影響が少ないものを選ぶ。

3 栽培の手順

(1) 育苗のやり方

トンネル栽培では低温伸長性が求められるため、ユウガオなどを台とした接ぎ木苗を用いる。大きい産地でも購入苗利用者の割合が増えており、基本的には購入苗を使用する。

自家育苗の場合は、ハウス半促成栽培に準じて育苗する。注意点として、春の遅い時期ほど高温になりやすいため、接ぎ木後1週間程度の養生は半促成栽培よりも困難になる。

保湿しながらも高温になりすぎないように、晴天日には7～8割の遮光を行なう。育苗用のトンネル内気温が40℃を超えるようなときには、徐々に換気しながらスプレーなどで葉水を行なって萎れを防止する。

(2) 定植のやり方

①圃場の準備

生育適温よりも低温条件で栽培が開始されるトンネル栽培では、マルチとトンネルを早期に準備して、定植前に地温を十分に高めておく。2～3月定植で安定的に地温を高めておくためには、定植の2～3週間前までにマルチとトンネルを設置する。

15cm程度の深さまで、15℃以上の地温を確保しておくことにより、多少の日照不足が続いたとしても寒害を受けにくくなる。

②施肥、マルチ

施肥は、熟畑であれば有機質肥料などの緩効性肥料を主体に、10a当たり窒素10～15kg、リン酸20～25kg、カリ10～15kg程度の施用が目安になる。

下位葉の葉脈間が白化するなど、苦土欠乏の症状が発生する圃場では、苦土重焼燐などをあわせて施用する（表6）。

マルチ張りは、土壌水分が十分なタイミングで行なう。土壌が乾燥している場合は、30mm程度の灌水を行なったうえで、耕うんが可能な程度に乾いてからベッドをつくる。また、砂質土壌などの乾きやすい圃場では、灌水チューブの利用も生育促進と果実肥大に効果的である。

③ベッドとつるを伸ばす方向

ベッド幅は１５０～１８０cm（マルチ幅２１０～２３０cm）が基本になるが、早い時期の定植では、トンネルの大きさに合わせてベッド幅も大きくする（図4）。

表5　トンネル栽培，露地栽培のポイント

	技術目標とポイント	技術内容
定植方法	◎本圃の準備	・熟畑では有機質肥料などを主体に10a当たり窒素10～15kg，リン酸20～25kg，カリ10～15kgの施用が目安 ・土壌が十分に湿ってから，練らずに耕うんが可能なまで乾いた段階で，ベッドつくり，マルチ張りを行なう ・ウネ間240～270cm，うち通路幅90cm程度。早い時期ほどトンネルを大きくかつ多重被覆とし，ベッドを広くする ・定植の2～3週間前までにマルチ，トンネルを張り，地温を高める
	◎定植	・定植は，多重被覆が必要な3月までは地温が確保できる晴天日に行なう ・苗は本葉4～5枚まで育て，定植前日に親づるを5節で摘心しておく ・株間は，4本整枝で75～80cm，3本整枝で55～60cmが目安 ・定植後10日間程度，紙キャップあるいは不織布で覆う
定植後の管理	◎温度管理	・定植から果実肥大が安定する摘果ぐらいまで，乾いた寒風が株に直接当たらないように，トンネルは風下側を開閉する ・日中25～30℃，夜間12℃以上を目標に管理する。多湿を避けるため，ごく寒い日を除いて日中は密閉しない ・着果から摘果ぐらいまでの温度管理は，日中30～35℃，夜間15℃以上の気温と保湿により，幼果の肥大を促す
	◎整枝	・子づる3～4本（大玉品種），3～5本（小玉品種）を主茎とするのが一般的。子づるが30～40cmになったら，主茎とする子づるを残して，不要な子づるを基部からかく ・つる先が伸び，トンネルフィルムなどにぶつかり始めた時点で，芽かきと誘引を行ない，つる先を株元程度まで引いて揃える ・さらに5～7日経過すると，着果目標の雌花の開花が近い。3番花がベッド内に収まるように，2番花が株元くらいの位置に揃うようつるを引く。着果節までの孫づるは除去する
	◎着果	・3番花が咲く時点で草勢が弱い場合は，着果を次の雌花に先送りする。着果前の草勢の判断は，朝，つる先から15cm程度が上に曲がって持ち上がっているのが適正な状態 ・受粉は，大きな面積の栽培ではミツバチを用いる。手作業で受粉する場合は，当日咲いた雄花の花粉を，雌花の柱頭にまんべんなくつける ・受粉日は収穫適期を知るのに重要なので，着果日ごとにつるに色をつけるなどして目印とする
	◎追肥，灌水	・追肥は，草勢を確認しながら行なう。つる先に窒素成分で2～3kg/10aを目安に複合肥料を施用する ・砂質土などの乾きやすい圃場では適宜灌水する
	◎摘果・つる落とし，玉返し	・幼果が握りこぶし程度に肥大した段階で，不要な果実を摘果する ・子づる4本に1果しか着果しなかった株は，未着果のつるを1本～1本半切り落とす ・果皮にまんべんなく色をつけるため，収穫までに2回以上玉返しを行なう
	◎鳥獣害対策	・鳥獣害が問題となる地域では，対策を徹底する
収穫	◎試し切り，収穫	・外観だけで収穫適期を判断することはむずかしい ・雌花ごとに受粉日がわかるように目印をしておき，日数が来たら，試し切りをして甘さや食感を確認してから収穫を始める。大玉早熟品種のトンネル栽培では，受粉後45日ぐらいからが収穫の目安であるが，低温期ほど長い日数を必要とする

表6　施肥例　　（単位：kg/10a）

	肥料名	施肥量	成分量		
			窒素	リン酸	カリ
元肥	牛糞堆肥	3,000			
	BM苦土重焼燐	20		7	
	マイルドユーキ030	120	12	15.6	12
追肥	マイルドユーキ030	30	3	3.9	3
施肥成分量			15	26.5	15

注）元肥は全面施用。追肥は草勢に応じてつる先に施用。小玉スイカでは元肥施用量を3割減，3倍体種なしスイカでは元肥の施用を5割減とする

ウネ間は、ベッドに加えて90cm程度の通路を設け、240~270cmとする。植付けのレイアウトには、対になる2ウネのつる先を同じ通路に伸ばす方法（抱き合わせ方式）と、どのウネもつる先を同じ方向に伸ばす方法（一方向方式）がある（図5）。

抱き合わせ方式は、農薬散布やトンネル開閉などの作業の効率が優れているが、寒風側につる先が向かうウネでは、低温時には着果不良や幼果の肥大不良が発生しやすい。2~3月の定植では、つる先側から寒風が当たるのを避けて、どのウネも同じ方向（たとえば関東では南~西側）につるを伸ばす一方向方式でレイアウトする。

④定植と栽植密度

定植は、大型・中型トンネルを用いる3月までは、地温が確保できる晴天日に行なう。4月以降は、定植直後の植え傷みや遅霜を避けるため、曇天日に行なうほうが無難である。

苗は、定植前日に5~6節で摘心する。定植前に、500~1000倍程度に薄めた液肥に鉢土をドブ漬けしたのち、ある程度水を切っておく。

株間は、主茎1本当たり20cm程度とし、4本整枝では株間75~80cm、3本整枝では株間55~60cmとする。ウネ間240cmであれば、苗数は株間75cmで550株/10a程度、株間60cmで700株/10a程度である。

通路から手が届くように、通路際から40~50cmのところに、マルチに切り込みを入れて定植する。

(3) 定植後の管理

①温度管理

スイカは高温を好むが、過度に高温にして換気が不足すると、かえって草勢が弱く、軟弱徒長になる。活着後は、日中25~30℃、夜

図4　中型トンネルの多重被覆

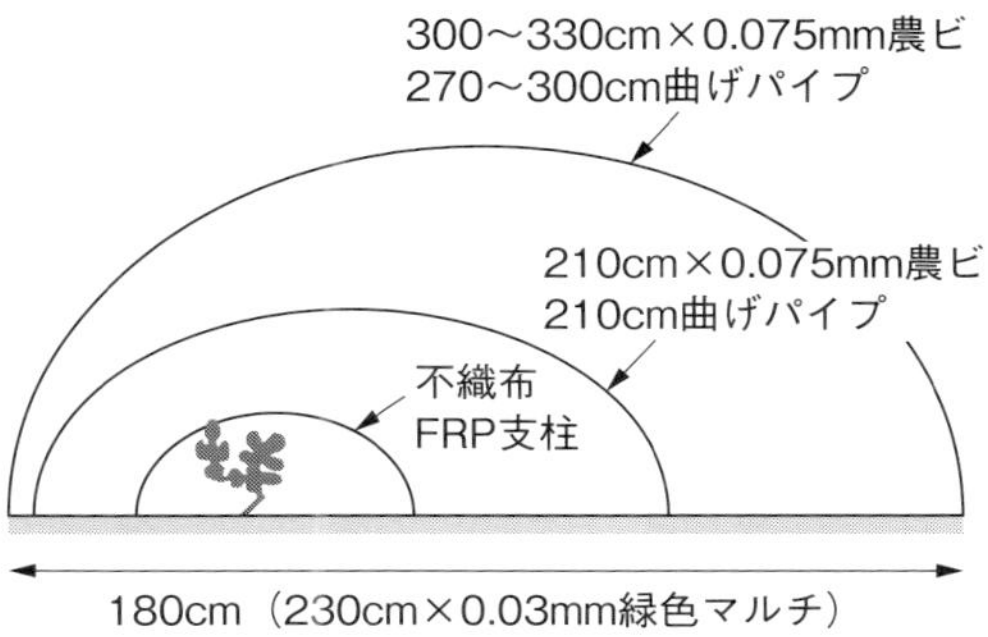

図5　トンネル栽培の圃場レイアウト

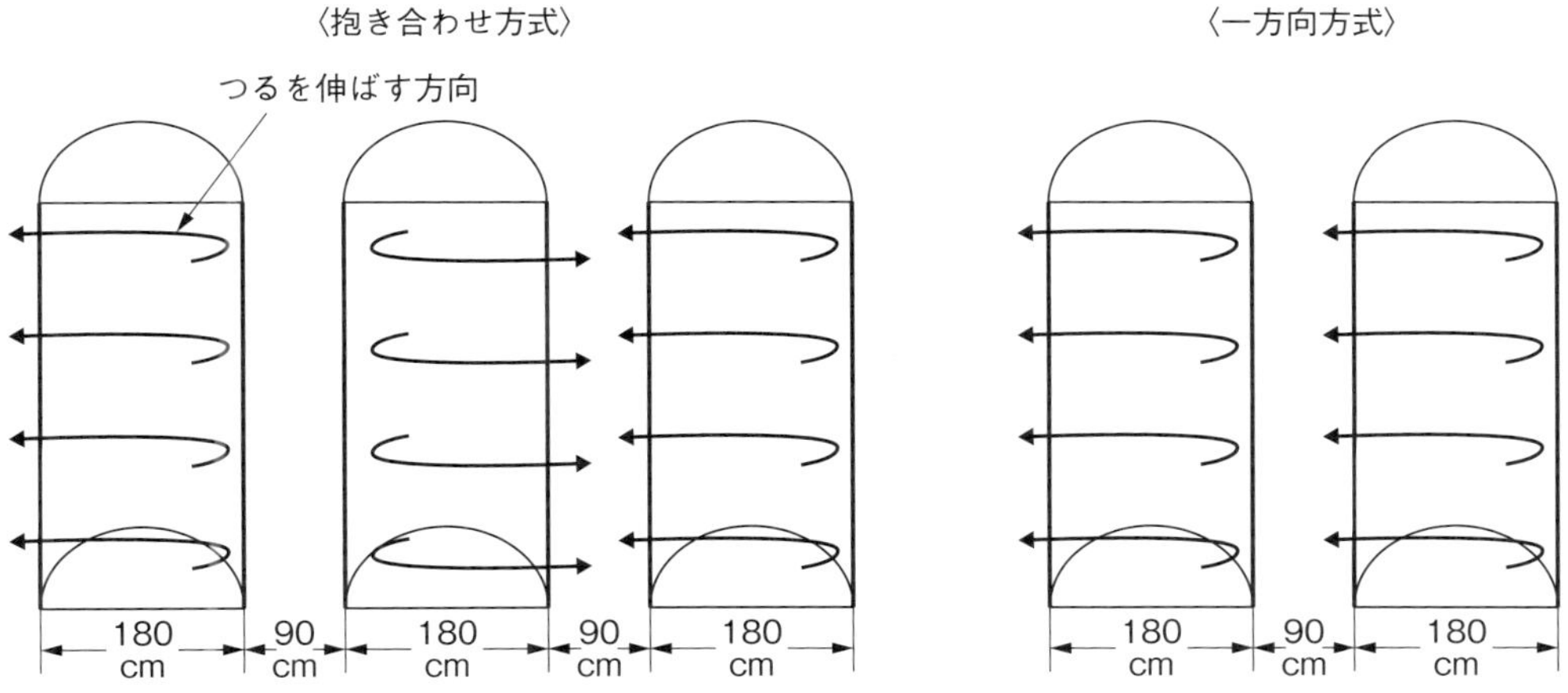

図6　生育ステージごとの温度管理目標

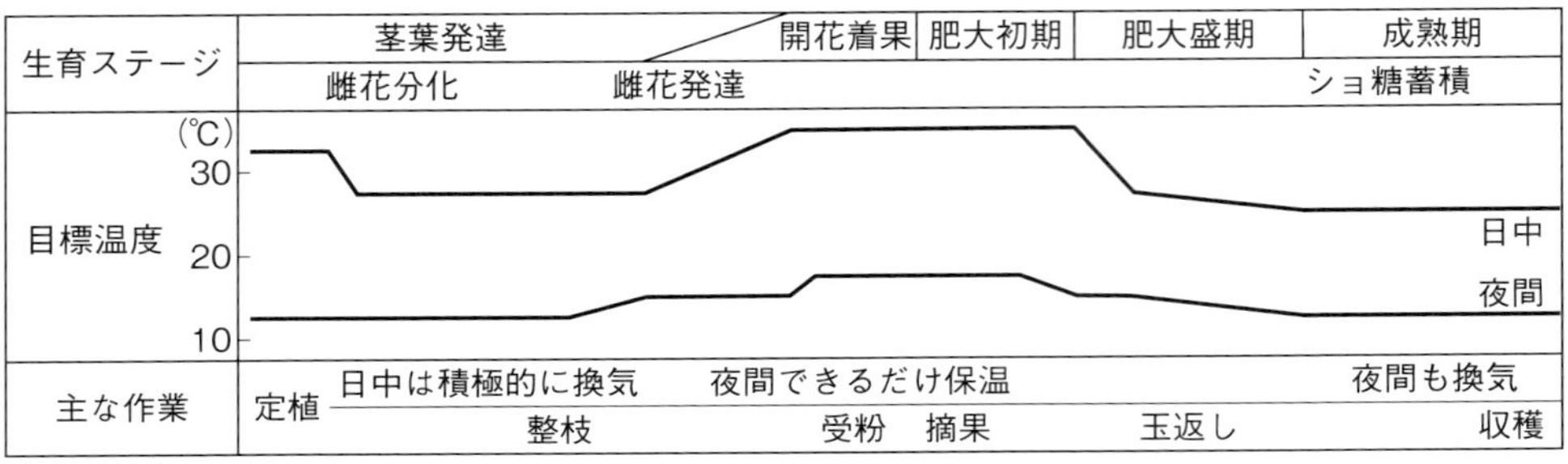

図7　スイカトンネル栽培の整枝手順

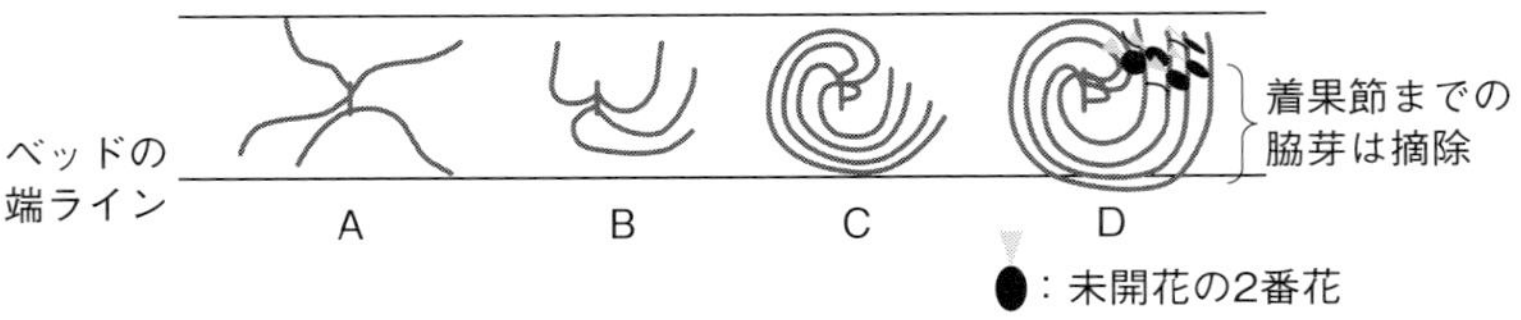

A→B　必要なつる数に制限し，軽く誘引
B→C　同じ方向に回すように誘引。孫づるの芽かきを徹底
C→D　2番花を株元のラインに揃える。2番花は除去

間12℃以上を目標に管理するが、多湿を避けるため、ごく寒い日を除いて日中は密閉しない。ただし、冬春の乾いた寒風が株に直接当たると、生育の遅れや急激な脱水による萎れにつながるため、トンネルは風下側を開閉するとよい。

その後、果実肥大への影響が大きい着果期から摘果期ぐらいまでは、日中30～35℃、夜間15℃以上の気温と保湿が望ましい。一方、甘くするには、呼吸による消耗を少なくすることが重要である。そのため、ショ糖の急激な蓄積が始まる着果後30日以降は、夜間も換気を行なって、外気温に近づけるようにする（図6）。

②整枝

整枝方法は、親づるを5～6節で摘心して、子づる3～4本（大玉品種）、3～5本（小玉品種）を主茎とするのが最も一般的である。

4本整枝であれば、主茎にする4本の子づるを残して、不要な子づるを基部からかく。この適期は、子づるが30～40cmに伸長したときであり、定植から15～20日が目安になる（図7A→B）。

つるを決めてから5～7日すると、つる先が伸び、トンネルフィルムや隣接した株にぶつかり始める。この時点で芽かきと誘引を行なう。芽かきは子づるの脇芽から発生する孫づるを小さいうちに除去する。誘引は子づるを同じ方向に回し、つる先を株元の付近に軽く揃える（図7B→C）。

さらに5～7日すると、18～20節に着生する雌花（いわゆる3番花）の開花が近づく。着果させる目標である3番花は、2番花の5～7節先、つまり50～70cm先に着生する。この3番花がベッド内に収まるように、つる先側のベッドの縁から70cm以上離した位置で2番花を揃えるようにつるを引く。また、着果節までの脇芽は小さいものも含め摘除する（図7C→D）。

③着果

通常、着果に適するのは18～20節に着生する雌花（3番花）であり、それまでに着果した幼果は早めに除去する。3番花が咲く時点で草勢が弱い場合は、5節ほど先につく次の雌花に先送りする。

着果前の草勢は、朝、先端から15cm程度が上に曲がっているのが適正な状態であり、すぐに受粉を開始してさしつかえない。つる先までマルチに密着しているようだと弱すぎるので、追肥や灌水を行ない、次の雌花まで受粉を遅らせる（図８）。

着果のための受粉作業は、大きい面積の栽培ではミツバチを用いることが多い。導入直後にはミツバチの訪花活動が安定しないため、受粉予定の３日前を目安に巣箱を持ち込む。手作業で受粉する場合は、当日咲いた雄花の花粉を雌花の柱頭にまんべんなくつける。

図８　着果に適した草勢

受粉日は収穫適期を知るのに重要なので、開花日ごとにつるにクーピーペンシルなどで色をつけるなどして目印にする。

④摘果、つる落とし、玉返し

幼果が握りこぶし程度に肥大した段階で、株ごとに着果数を確認しながら摘果する。大玉品種は４本２果どりまたは３本１果どり、小玉品種は４～５本３果どりまたは３本２果どりとする。

１株に２果以上着果させる場合は、大きい果実を残すよりも、できるだけ大きさの揃ったものを残すと、果実同士の勝ち負けが生じにくい。逆に十分な着果が得られず、子づる４本に対して１果だけになってしまった場合は、１本か１本半の子づるを切り落とす。株ごとに摘果とつる落としを行なって、空洞のない大果に仕上げる。

果皮にまんべんなく色をつけるために、果実を軽く回転させて、地面に接していた部分に日光が当たるように玉返しを行なう。玉返しには果実の形を整える効果もあるため、収穫までに2回以上（受粉後30日ころと収穫7～10日前に）は行ないたい。

⑤追肥

追肥は、草勢を確認しながら行なう。着果前や摘果前後に葉色が淡くなり始めていれば施用する。つる先に、窒素成分で２～３kg／10ａを目安に、複合肥料を施用する（表６参照）。

地力の高い熟畑に、緩効性肥料で元肥施用していれば、通常、追肥は必要ない。

⑥鳥獣害対策

スイカが甘くなってくると、地域によってはカラス、ハクビシン、アナグマ、アライグマなどの鳥獣の被害を受けやすい。少ない面積の場合、一晩で全滅ということもあり得る。

鳥獣の種類によって有効な対策は違い、カラスにはテグスや防鳥ネット、ハクビシンには電柵の設置などの対策が必要である。

(4) 収穫

外観だけで収穫適期を判断することはむずかしい。受粉日からの積算温度は成熟との関連が強く、一般的な早熟品種では大玉９００～１０００℃、小玉７００～７５０℃で収穫適期になる。

つまり、大玉は日平均気温が25℃であれば40日弱で収穫でき、20℃であれば50日弱かかる。したがって、受粉日の目印を見て、日数が来たら試し切りをして、甘さや食感を確認してから収穫を始める。

4 病害虫防除

(1) 基本になる防除方法

育苗床は周辺も含めて清潔にし、適用の範囲が広い農薬を選択して、病害虫の発生を抑制しておく。培養土は、病原菌や雑草種子が混入していない市販品を用いる。

定植後、トンネルを開けるようになると、アブラムシ類やハダニ類などが寄生し始める。整枝作業などのときに葉裏までよく観察し、初発を確認してから対象害虫に適した農薬を使用する。

一方、病気は低密度でも発生していると、天候しだいでは被害が拡大することもある。うどんこ病、つる枯病を中心に殺菌剤を予防的に散布する。

ミツバチの訪花や果実外観に影響する、着果期から幼果の肥大期は農薬散布ができないため、病害虫発生の危険な時期に当たる。この時期に低密度でも発生していると、摘果が終わったころには、うどんこ病やハダニ類だらけになってしまうこともある。この時期を迎える直前に、アブラムシ類、ハダニ類、うどんこ病といった、問題になる病害虫を防除しておく。

果実肥大期から収穫期には、つる枯病、炭疽病、ハダニ類、オオタバコガなどの発生が問題になるが、果実への影響を考慮した防除が重要である。摘果、玉返し作業などの機会に葉裏を観察し、発生している病害虫に応じて、使用する農薬を決める。出荷が近いので、農薬の収穫前使用可能日数にも留意する。

(2) 農薬を使わない工夫

連作を重ねるとネコブセンチュウやつる割病、ホモプシス根腐病といった土壌病害虫が蔓延し、土壌消毒が必要になる。連作を避けるとともに、ネコブセンチュウ対策には、ギニアグラスなど対抗植物を緑肥として作付けるのもよい。

つる枯病、炭疽病は、茎葉や果実への泥跳ねが感染源になる。できる限りトンネルの雨よけ下で生育させ、敷ワラなどで泥跳ねを防ぐ。

表7　病害虫防除の方法

時期	病害虫名	有効な農薬
圃場準備	ホモプシス根腐病 ネコブセンチュウ	クロルピクリンくん蒸剤のうち登録のある薬剤で土壌消毒 D-D で土壌消毒
定植時	ワタアブラムシ	スタークル／アルバリン粒剤
生育期以降	つる枯病	アフェットフロアブル，シグナム WDG，スミレックス水和剤，ロブラール水和剤など
	うどんこ病	アフェットフロアブル，シグナム WDG，ポリベリン水和剤，イオウフロアブルなど
	炭疽病	アミスター20フロアブル，キノンドーフロアブル，トップジン M 水和剤など
	ハダニ類	サンマイトフロアブル，アグリメック，バロックフロアブル，マイトコーネフロアブルなど
	アブラムシ類，ウリハムシ類，アザミウマ類などにも注意	
着果期以降	褐色腐敗病	リドミルゴールド MZ，ピシロックフロアブル，プロポーズ顆粒水和剤など
果実成熟期	オオタバコガ	フェニックス顆粒水和剤，プレバソンフロアブル5など

注1）農薬は同一系統の連用を避け，ローテーション散布とする
注2）農薬は，ラベルの記載内容を必ず確認して，登録どおりに使用する

ハダニ類は、周辺の雑草や茶樹などが初期の発生源になりやすい。圃場周辺は清潔に保ち、とくに育苗床から持ち込まないように注意する。

5 経営的特徴

着果期以降の気象条件が作柄に大きく影響するため、品質・収量が変動しやすい。また、嗜好性の高い品目であるため、品質や販売方法、他の果実類の動向によっても販売単価が変動する。

平均的な作柄で、収量は10a当たり4～5t、市場出荷でkg当たり単価150～200円、粗収入は80万円程度が見込まれる。労働時間は換気、整枝作業などを中心に10a当たり190時間を要するが、受粉作業が天候不順に重なると、一時的に人手が多く必要になり、栽培面積の限定要因にもなる。10a当たりの経費は、生産部門では被覆資材などの物材費がかさんで合計47万円程度、出荷部門では25万円程度になる（表8）。

他の露地圃場での春作品目に比べて、粗収入が高いものの、物材費、労働費も高いのが特徴であり、品質と高単価等級割合の向上が経営的に重要である。

（執筆：町田剛史）

表8　トンネル栽培の経営指標

項目		
収量（kg/10a）		4,500
価格（円/kg）		178
粗収入（万円/10a）		80
経営費（万円/10a）		72
生産部分	種苗費	9
	肥料農薬費	8
	資材費	26
	その他	4
出荷部分	資材費	15
	運賃・手数料	9
	その他	1
労働時間（時間/10a）		190
所得（万円/10a）		8
1時間当たり所得（円）		421

ハウス半促成栽培

1 この作型の特徴と導入

(1) 作型の特徴と導入の注意点

地域によって違うが、関東では4月下旬から収穫できる「春のスイカ」の作型である。育苗期には加温が必要であるが、本圃では基本的に暖房機は不要で、無加温ハウスで栽培する。

① 生育初期の低温対策

スイカの発芽適温は25～30℃、根の生育適温は20～25℃である。また、生育適温は栄養生長期で25～30℃、成熟期で28～30℃、夜温の適温は18℃～20℃である。それに対して、この作型では播種が12月下旬から1月上旬、定植は2月中下旬と気温が低い。

活着をよくし、初期生育をスムーズに進めるためには、充実した苗の育成と定植時の地温の確保がとくに重要になる。そのため、ハウス内にトンネルを設置し、活着直後に不織布などで被覆するなど、多重被覆による保温対策が必要である。また、低温でも安定した根の生長を確保するため、低温伸長性の高い台木品種を用いる。

② できるだけ多くの光を取り込む

スイカは光を非常に好む作物である。光飽和点が8万lx、光補償点が4000lxといわ

図9　スイカのハウス半促成栽培　栽培暦例

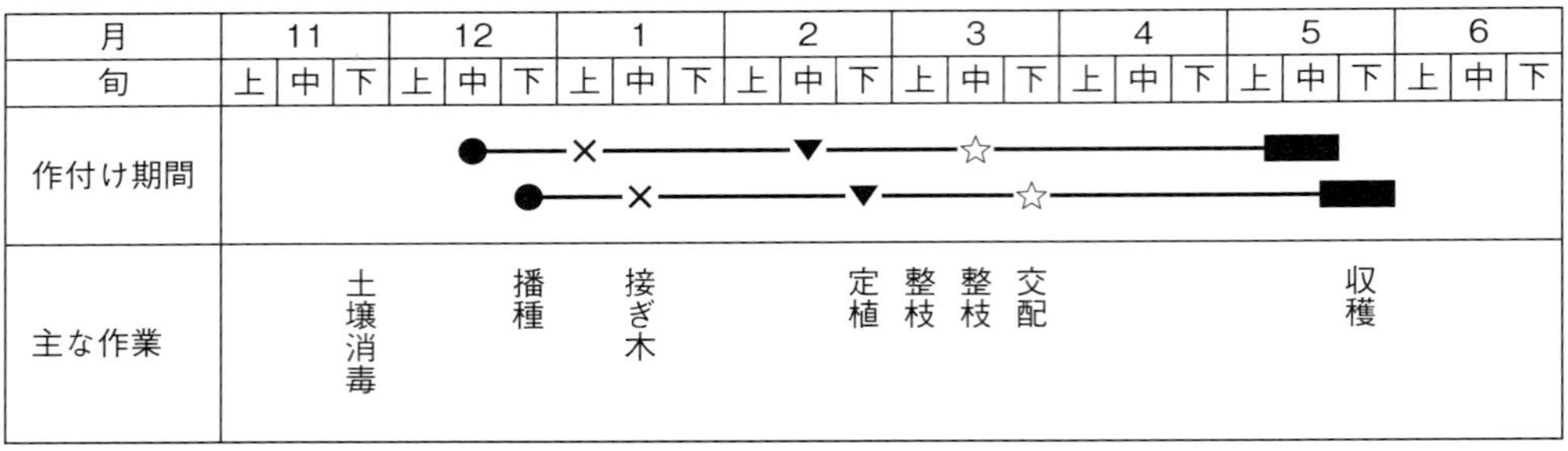

●：播種，×：接ぎ木，▼：定植，☆：交配，■：収穫

れており、多くの野菜の中でも、とくに光を好む。できるだけ多くの光を、スイカの葉の1枚1枚にしっかり当てることが、大きく、おいしいスイカをつくるためにとても大切である。

保温のために多重に被覆をする一方で、できるだけ多くの光を取り込む必要がある。そのため、ハウスの外張りやトンネル資材はスイカの作付け前に新品に交換するなど、できる限り光の透過性をよくする。

(2) 他の野菜・作物との組合せ方

後作として、抑制のトマト、スイカ、メロンや、ダイコンなどと組み合わせる。以下に抑制トマトと抑制スイカの例を示す。

① 抑制トマト

6月上中旬でスイカを終了し、その後6月下旬ころにトマトを定植する。トマトは第6～7果房まで、ほぼ11月下旬～12月上中旬まで収穫を行なう。なお、栽培終期は、気温の低下により果実の着色に時間がかかる。

トマトは元肥窒素が多いと草勢が強くなりすぎて着果が安定しないため、スイカの残肥がどのくらいかを知り、その分を減らして元肥の量を決めるのがポイントである。場合によっては窒素をほとんど施用しないこともある。

病害虫では線虫対策が必要で、トマトの定植前の土壌処理剤や抵抗性台木を利用する。

② 抑制スイカ

半促成スイカ栽培で使用したベッドやマルチを再利用し、抑制スイカを栽培する。7月下旬に定植し、10月上旬～11月上旬に収穫する「秋のスイカ」である。

この作型では十分な温度があるため、自根苗を用いることが多い。マルチなどの資材が再利用できるため資材費を減らし、耕うんなどを省力できるメリットがある。

スイカ栽培を繰り返すため、前作の病害虫を継続してしまうことがあるので注意する。とくに線虫対策は必須である。

2 栽培のおさえどころ

(1) どこで失敗しやすいか

① 大事にしすぎて徒長苗に

この作型は寒い時期の定植のため、スムーズな活着がとくに重要である。そのために

表9　ハウス半促成栽培に適した主要品種の特性

品種名	販売元	特性
縞無双	神田育種農場	草勢は中位～やや強めで低温期の花粉の出がよく，低温着果性に優れている。空洞果や変形果の発生が少なく，果実の形状に優れる
紅神楽		低温期でも雌花は定節位に安定して着生し，十分な花粉の出る雄花を得ることができる。5月収穫では交配後48～54日（成熟日数）が収穫の目安
紅大	ナント種苗	耐病性が強く，低温伸長性に優れ，着果が安定する
春のだんらん 春のだんらんRV	萩原農場	雌花の着生がよく，低温寡日照でも花粉の出がよく，着果が安定する。4～5月収穫では交配48～52日が収穫の目安
祭ばやしRG		草勢はやや強めであるが雌花の充実はよく，着果は安定している。4～5月収穫では交配後50～55日が収穫の目安
味きらら	大和農園	初期の草勢はやや弱いが，生育後半に向かって草勢が強くなる。低温着果性に優れる。高糖度が期待できる

は、まずは充実したがっちり苗に育てる必要がある。しかし、接ぎ木の養生中は萎れ防止や寒さ対策のために、過剰な保湿、保温になりがちなこと、さらに弱光条件が加わって徒長苗になりやすい。

接ぎ木の接合部分の活着が完了したら、できるだけ光に当て、外気に積極的にならすというように、育苗ステージに応じた切り替えを意識したい。

②定植時の活着不良

定植前に十分に灌水してマルチやトンネルを早めに設置し、事前に地温をしっかり上げておく。地表面は天気によって温度変化が大きいため、比較的温度が安定する深さ15cmの地温が、15℃以上を確保できていることを確認してから定植を行なう。

活着不良になると、花の質が悪くなる。また、根量不足により、収穫期の萎凋症につながることもあるなど、その後の栽培に大きく影響する。

③交配期の低温などによる着果不良

交配期は冬から春に季節が変わる時期なので、急に暖かくなったり、逆に冷え込んだりと天気の変化が大きい。低温や日照不足で着果不良になることも多いので、低温着果性に優れた品種を選ぶとともに、交配前後にはトンネルを夕方早めに閉めて保温するなど、きめ細かい温度管理が必要である。

(2) おいしく安全につくるためのポイント

本作型では、生育適温よりも低温になりやすい環境で育ち、気温が上がり始めるころに着果し、その後、大きな着果負担が急激に株にかかる。

そのため、定植から着果までの生育初期に、根をしっかり張らせる管理がポイントになる。充実した苗を育て、根が張りやすい養水分や地温、地上部管理を積み上げて、収穫時に大きな果実を十分に実らせることができる、バテない根をつくり上げる。

(3) 品種の選び方

品種の選定には、食味（糖度）、食感のよさはもちろんであるが、本作型では穂木、台木ともに低温適応性の高いものが求められる。

穂木は、雌花の着生がよく、雄花の開葯性に優れるなど、低温環境でも安定した着果が得られる品種。台木は、低温条件でも根がしっかり生長する品種を使うことが必須である。

産地で用いられる品種には、'春のだんらん'、'紅大'、'味きらら'、'祭ばやしRG'、'春のだんらんRV'などがある。その特性を表9にまとめた。台木の種類にはユウガオ、カボチャ、トウガンがあるが、低温伸長性に優れるユウガオの利用が多い。ユウガオの'かちどき2号'などが使われている。

3 栽培の手順

(1) 育苗のやり方

①育苗の準備

まず床土を準備する。床土は、病原菌がいない消毒済みの培土を準備する。

温床は、底に発泡スチロールなどの断熱材を敷いて土をのせ、土で挟むように温床線を設置する。温床線の熱は土が乾燥していると伝わりにくいため、適度に湿らせ土全体を温める。温床にトンネルを設置し、ビニールやシルバーポリ、コモなどの保温資材で被覆する。

播種の前日に播種箱に培土を充填し、たっぷり灌水しておく。一昼夜置いておくことで播種箱内の土壌水分が均一になり、出芽が揃う。

②播種

必要な種子の量は、必要な株数に接ぎ木の失敗などによるロス分を加えて決定する。10a当たりの必要株数は、整枝方法によって違う。たとえば、主要な整枝方法である4本整枝2果どり（子づるを4本伸ばし、そのうち2本に各1果、計2果／株を着果させる整枝方法）だと、株間は約75cmで、10a当たり約500本の苗が必要になる。

播種の時期は、接ぎ木の15日前ころに台木を、その5～7日後に穂木を播く。播種は条播とし、台木は条間10cm、種子間2cm、穂木は条間7cm、種子間1cm程度とする。台木の胚軸が太いほうが接ぎやすいので、台木を穂木よりも早く播種し、種子間も広めにする。覆土の厚さは台木5～10mm、穂木5mm程度とし、軽く鎮圧した後、灌水はせずに新聞紙で覆う。

床土の温度は、日中25～30℃、夜間23℃～25℃を目標にする。播種時期は厳寒期であるが、晴天日の日中はトンネル内が高温になる場合もあるので、温度計を設置し、トンネル内が30℃を超えるときは換気をする。

③播種後から接ぎ木までの管理

播種後2～4日に覆土にひび割れが入り、土が盛り上がってくるのが確認できたら、かけてあった新聞紙を取り除く。取り除くのが遅れると徒長してしまうので、新聞紙をめくって覆土の状態を確認しながら、遅れないように注意する。

完全に出芽したら、床土の温度を少しずつ下げ、日中を25～28℃、夜間を15℃程度とする。日中は光によく当て、気温が15℃以上あるようならトンネルを少しずつ換気し、外気にならす。灌水は晴天日の午前中を原則にし、午後や夕方には行なわない。

④接ぎ木

スイカでは主に「挿し接ぎ」が行なわれている。挿し接ぎは台木の生長点部分を取り除き、穂木の芽生えを挿す接ぎ木法である。挿し接ぎには、台木に根をつけた状態で接ぐ方法と、台木の胚軸で根を切り落として継ぐ「断根挿し接ぎ」がある（図10）。

根がついていると接ぎ木後の萎れが少なく、活着も早いので管理がしやすいが、移植作業に時間がかかる。一方、断根挿し接ぎは

表10　ハウス半促成栽培のポイント

	技術目標とポイント	技術内容
本圃の準備	◎土壌消毒の徹底	・クロルピクリンやD-Dなどの土壌くん蒸剤で土壌消毒を行なう。薬剤を土壌に灌注後，ビニールなどで被覆し，ハウスを密閉した状態で15日間以上おく
育苗方法	◎床土の準備	・床土は消毒済みの培土を用いる ・床土の厚さは5cm程度 ・電熱線を配置し，培地温28℃前後に温めておく
	◎播種	・前日に床土に灌水を行ない，水分を均一になじませる ・播種は条播または散播で行なう。条播の場合は，穂木は条間7cm，種子間1cm，台木は条間10cm，種子間2cmとする。散播の場合は，育苗箱1箱当たり150～200粒程度とする ・覆土は5～10mmとする
	◎播種後の管理	・出芽後，土の表面が少し白くなったら灌水を行なう。灌水は基本的に午前中に行ない，夕方～夜にかけて多湿状態にならないように注意する ・地温は発芽まで25～30℃，発芽後は日中25～28℃とし，徐々に夜の地温を下げ，最低地温15℃程度とする
	◎接ぎ木	・接ぎ木の適期は，台木が本葉0.7～1枚ころ，穂木は子葉が完全に展開したころに断根挿し継ぎを行なう ・接ぎ木は前日が晴天日で，植物体に同化産物が蓄積した状態で行なうのが望ましい ・接ぎ木後，事前に温めておいた床土に深さ3～4cmで移植（台木を挿す）する
	◎接ぎ木後の養生	・接ぎ木後3日間程度は密閉して湿度を保ちつつ，遮光して直射日光を避ける ・その後徐々に日光に当てながら，少しずつ換気を行なう ・温度管理は，気温は日中25～30℃，夜間18～20℃以上，地温は日中23～30℃，夜間22～25℃とし，活着以降は徐々に温度を下げ，夜間地温15℃程度とする
	◎鉢上げ，摘心	・接ぎ木後14日ころに10.5cmポリポットに鉢上げする ・葉が触れ合うようになる前に，ポットの間隔を広くして，日光をよく当て，徒長を防止する ・本葉5枚目が展開したら，先端を摘心する。なお，本圃の準備が遅れた場合などは，摘心のタイミングを遅らせる
定植方法	◎本圃の準備	・施肥，耕うん後，十分に灌水する ・定植2～3週間前までに，ベッド（床幅2m，グリーンまたは透明ポリマルチ），トンネル（ビニールフィルム厚さ0.075mm）を設置し，事前に地温を高めておく ・灌水用のチューブをマルチの下に敷いておく
	◎定植	・活着をよくするため，深さ15cmの地温が15℃以上になっていることを確認し，できるだけ晴天の暖かい日に定植する ・苗は5葉苗とし，株間に応じて10a当たり500～800株程度用意する。（例：4本整枝2果どりの場合，株間75cmとして500株/10a必要となる） ・定植後は紙キャップあるいは不織布で覆う
定植後の管理	◎温度管理	・日中は最高気温が35℃以下になるように換気をし，最低気温が10℃以上となるようにトンネルなどを開閉する。35℃以上になると葉焼けなどが発生するため，気温の高い晴天日は注意する ・定植後7～10日前後で紙キャップあるいは不織布を除去する
	◎整枝	・子づるが20～30cmになったら，不要な子づるを除去して子づるを3～4本にし，つるの先端を揃えてベッド上に配置する（整枝1回目） ・つるが伸びて先端部がベッド端に達するころ，果実をつける節（交配節：おおよそ18～20節）がトンネル中央に配置されるようにつるを引く ・整枝時に交配節より下の孫づるを除去する
	◎交配	・18～20節程度の3番花に交配し，着果させる ・ミツバチで交配させる場合は，交配の5日程度前にハウスに入れ環境にならしておく ・手で交配を行なう場合は，当日開花した雄花の花粉を用いて，朝に交配する ・交配日の日付を把握するための目印をつける（交配棒，クレヨン，テープなど）
	◎摘果，玉直し	・果実が鶏卵大になったら，肥大がよく，やや長めで花落ち部分の小さいものを，1株当たり1ないし2果残し摘果する ・収穫までに2～3回程度玉直しを行なうか皿を敷いて，着色ムラをなくす
収穫	◎収穫	・交配後45～50日に試し切りをして糖度，食味を確認してから収穫する ・収穫が遅れると過熟果になり，果肉の変色や食感が悪くなる

根がないので、接ぎ木後の萎れに注意が必要であるが、移植は挿すだけなので作業性がよい。

接ぎ木の適期は、台木は本葉が展開する直前、穂木は子葉が完全に展開したときである。継いだ苗はポットや挿し床に移植する（図11）。

接ぎ木から3日程度は養生の期間で、トンネルを密閉して湿度を保つ。その後、弱い光に当て始め、極端な低温でなければ少しずつ換気をして温度と湿度を下げ、外気にならし始める（順化）。

挿し床に挿した場合は、接ぎ木後14日程度でポットに鉢上げする。

図10　断根挿し接ぎ（スイカ）の手順

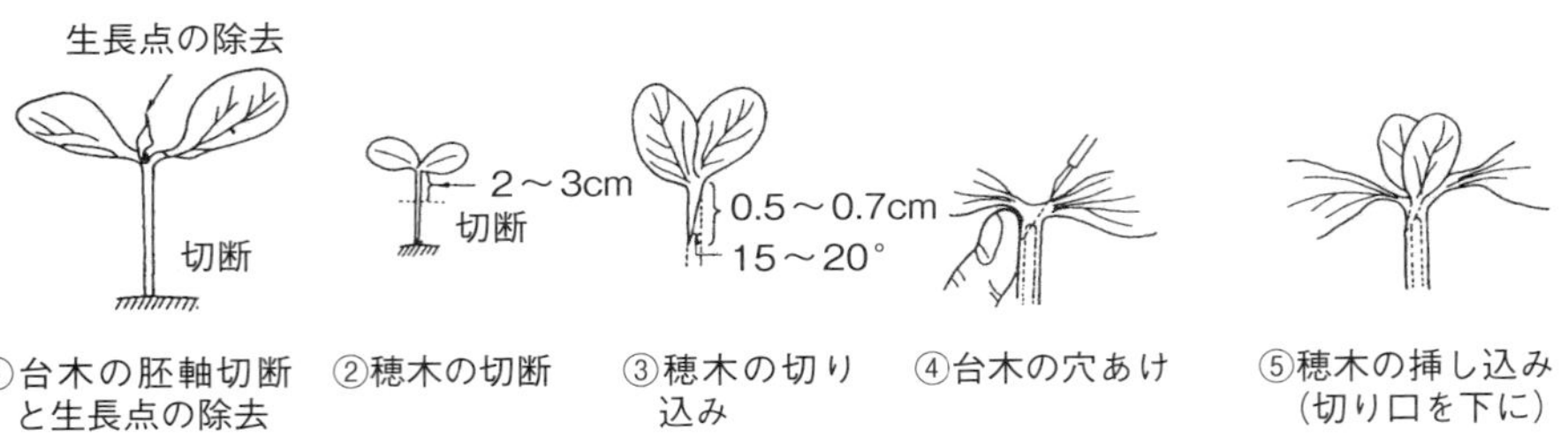

注）出典：『野菜ハンドブック』（千葉県）

図11　断根挿し接ぎ木苗の挿し床の様子

⑤活着後の管理

気温は、活着後は日中25～30℃、夜間18～20℃とし、徐々に夜間の温度を下げていく。定植3～4日前には夜間を13～15℃程度まで下げる。

本葉が2～3枚になるころから、葉に十分な光が当たるようにポットの間隔を広げる（ずらし）。ずらしをしないと光を求めて上へ上へと伸び、徒長苗になってしまう。広げるスペースを確保した育苗計画が大切である。

育苗期後半はスムーズな活着を促すため、本圃の環境に近づける順化を意識する。

(2) 定植のやり方

①本圃の準備

線虫や土壌病害対策として、クロルピクリンやD－Dなどの土壌くん蒸剤で土壌消毒を行なう。薬剤を土壌に灌注後、ビニールなどで被覆する。低温期ではガス化がゆっくり進むため、消毒期間を長くする。地温15℃では15日以上おき、その後しっかりガス抜きする。

②施肥

適正土壌pHは6～6.5である。土壌診断を実施し、前作の残った肥料分や塩基バラン

図12　ハウスとトンネルの設置

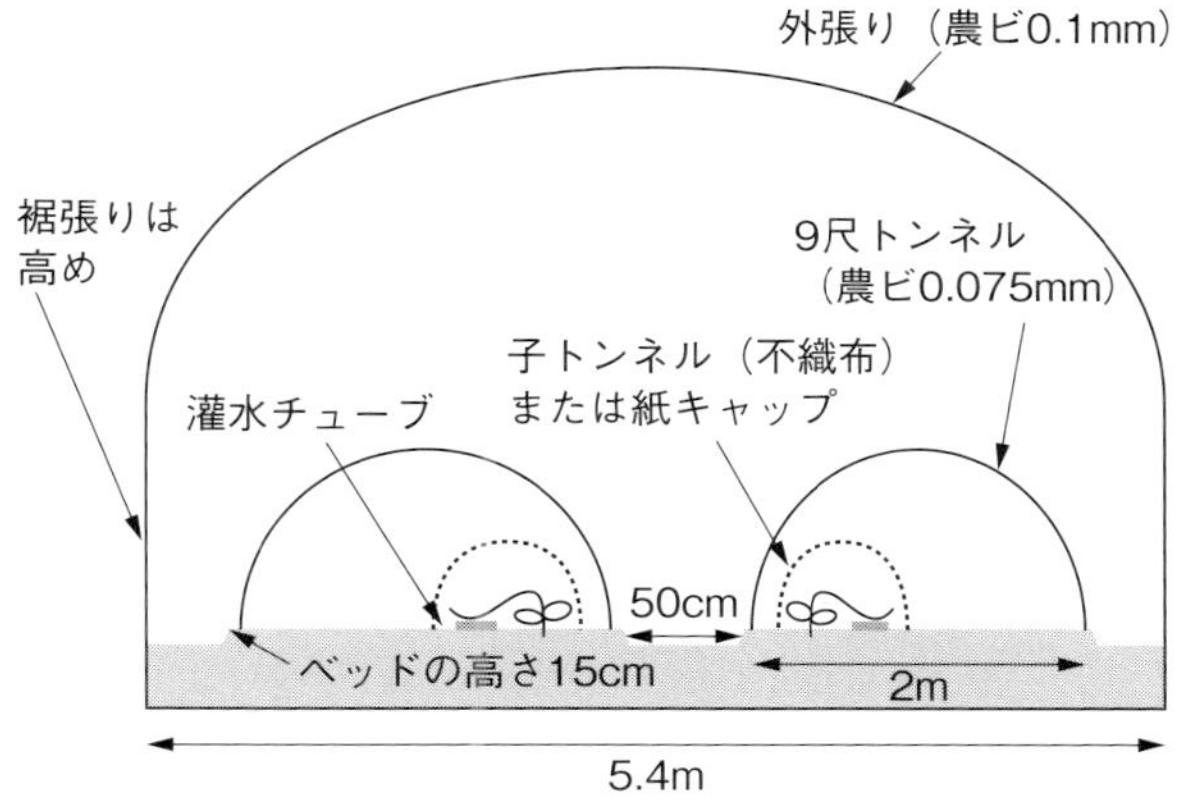

保温性を重視し，裾張りが高めになっている。後作の抑制スイカの栽培時には裾張りを下ろして，サイドの開口部を広くし，暑さ対策を行なう

表11　施肥例　（単位：kg/10a）

	肥料名	施肥量	成分量		
			窒素	リン酸	カリ
元肥	完熟堆肥	1,500			
	有機配合403	240	9.6	24.0	7.2
	有機配合684	80	4.8	6.4	3.2
	苦土重焼燐	40		14.0	
	苦土石灰	60			
施肥成分量			14.4	44.4	10.4

図13　定植直後の様子

苗はトンネル（9尺トンネル）内で紙キャップされている

スを考慮して施肥設計を行なう。施肥の一例を表11に示した。全量元肥を基本とし、施肥量は、10a当たり成分量で窒素12～14kg、リン酸40kg、カリ9～14kg程度を目安とする。

また、果実肥大が始まると、葉脈間が黄化する苦土欠乏症状が発生しやすくなる。苦土重焼燐や苦土石灰などを元肥に施用し、積極的に苦土を補給する。

③定植の準備

図12のように、ハウス内に床幅2mのベッドをつくり、マルチを設置する前に灌水を行ない、土壌を十分に湿らせる。マルチはグリーンか透明のフィルムを用いる。グリーンマルチは透明マルチより地温が1～2℃程度低くなるが、光をさえぎり、雑草を抑える効果に優れているので、グリーンマルチを使う生産者が多い。

トンネルは定植の2～3週間前には設置し、定植までにできるだけ深いところまで地温を高める。

苗は、定植の3日前までに本葉5葉で摘心しておく。

④定植

定植は、できるだけ晴天日に行なう。深さ15cmの地温が15℃以上になっていることが、定植OKのサインである。苗に十分吸水させ、根鉢がマルチ上面から少し出るくらい浅めに定植する（株間は表10参照）。

定植後は、図13のように、トンネル内に紙キャップか不織布の子トンネルを設置し、さらにトンネルを閉めて保温する。

(3) 定植後の管理

①定植後から交配までの管理

以前は、定植後1週間程度トンネルを密閉して湿度を高め、活着を促進し、子づるの発生促進やその後の雌花の着生を揃える、蒸し込みを行なっていた。しかし近年は、春先に夏日のような気温が高い日があるので、最高気温が35℃を超えないように、換気を行なっている。キャップなどで遮光していても、葉焼けなどが発生することもあるため、気温の高い晴天日はとくに注意する。

定植後7～10日で紙キャップや不織布を除去する。最低気温が10℃以上になるように、トンネルなどを開閉し、冷え込みが予想される場合は午後早めにトンネルを閉める。

子づるが20～30㎝になったら、不要な子づるを除去して3～4本にし、つるの先端を揃えてベッド上に配置する（整枝1回目）（図14）。つるが伸びて先端部がベッド端に達するころ、果実をつける節（交配節：おおよそ18～20節）がトンネル中央に配置されるようにつるを引く（図15）。整枝時に、交配節より下の孫づるを除去する（整枝2または3回目）。

スイカは生長が軌道にのると、1日に10㎝程度つるが伸びることもある。整枝のタイミングが遅れると作業がやりにくいばかりか、つるに無理な動きをさせてしまい、株にストレスを与えることになる。計画的に作業を進めたい。

図14　整枝1回目の方法

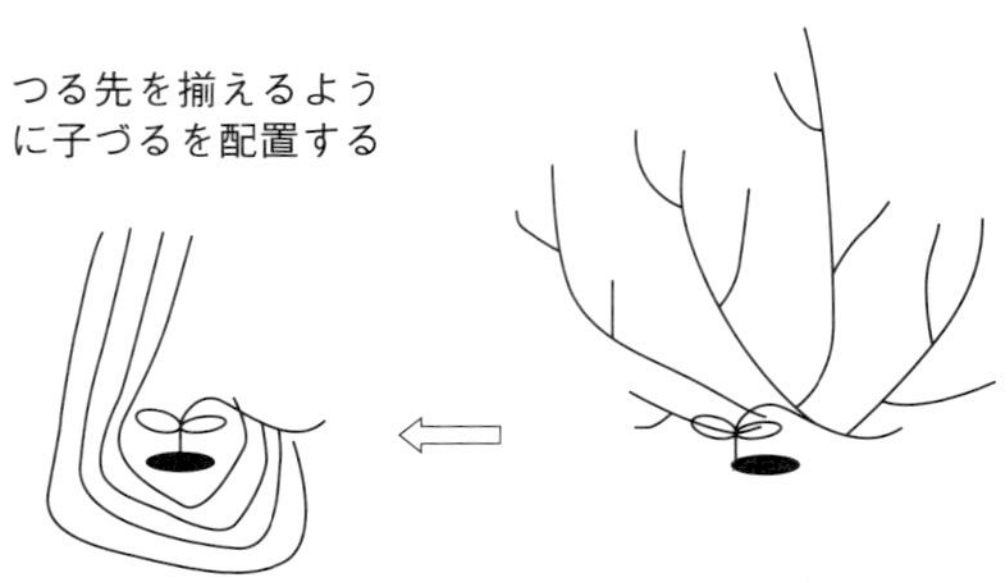

図15　交配前の整枝の様子

左：整枝後，右：整枝前。交配節がトンネル中央に配置されるようにつるを引く

②交配期の管理

交配は、18～20節程度の3番花に着果させる。

ミツバチで交配させる場合は、交配の5日程度前にミツバチをハウスに入れ、環境にならしておく。ミツバチは気温が18～30℃くらいで、太陽の光がある時間帯に活発に活動して訪花するため、交配期にはハチが活動しやすい環境をつくる。

とくに、殺虫剤はハチへの影響が大きいため、交配期の前に薬剤散布を済ませ、交配期に近づいたら極力薬剤散布は行なわない。どうしても薬剤散布が必要な場合は、ハチへの影響が小さい剤を選ぶ。

手で交配する場合は、当日開花した雄花の花粉を用いて、朝に交配する。花粉の形成は13℃以上、花粉の発芽は15～35℃、最適温度は17℃前後である。

交配日の日付を把握するための目印をつける（色の異なる交配棒、クレヨン、テープなど）。交配日を把握することは、収穫適期を知るために重要になる。

③着果期から果実肥大期の管理

果実肥大の初期から中期にかけては、果実肥大を促進する管理をする。交配後20日で収

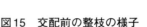

表12　病害虫防除の方法

	病害虫名	特徴	防除法
病気	菌核病	伝染源：土中の菌核，被害残渣 発生部位：花，つる，葉，葉柄，果実，巻きひげ 特徴：白い綿毛状のカビが発生し，その後黒色球形のネズミの糞に似た菌核を形成する。幼果では腐敗，テニスボール大以上に肥大した未熟果では花落ち部での発病が多い	発生部位や被害残渣は圃場から持ち出す 薬剤散布：ベルクートフロアブル，スミレックス水和剤，アフェットフロアブルなど
	つる枯病	伝染源：土中の被害残渣，種子など 発生部位：つる，葉，果実 特徴：葉に円形または楕円形の黒ずんだ茶色の病斑を生じる。つるなどには油がしみ出たようなヤニが出て，その後灰白～灰褐色となり，裂け目ができる	育苗期からの予防に努める。ハウス内が高温・多湿にならないように管理する。 薬剤散布：アミスター20フロアブル，ストロビーフロアブルなど
	うどんこ病	伝染源：発病した植物 発生部位：葉，葉柄 特徴：葉の表面や裏面に白色円形で粉状のカビが生える。気温25℃前後になる生育後半に，株元などの老化した葉や繁茂している部分から発生することが多い	薬剤散布：パンチョTF顆粒水和剤, ベルクートフロアブルなど
害虫	ネコブセンチュウ	発生時期：4～6月 特徴：根にコブが多数でき，日中の高温か乾燥で萎れ，葉が黄変して枯れ上がる	汚染土壌を持ち込まない。定植前の土壌消毒（D-Dなど）や薬剤散布（ネマキック粒剤，ネマトリンエース粒剤など）を行なう。栽培終了後は被害残渣をできるだけ持ち出し，太陽熱消毒を行なう
	ハダニ類	発生時期：4～6月 特徴：白いカスリ状の白斑。下位葉から上位葉に移っていくことが多い	増殖が早いため早期発見に努め，すみやかに薬剤散布（ダニサラバフロアブル，バロックフロアブル，マイトコーネフロアブルなど）を行なう。葉裏を好むため，葉裏まで十分薬剤がかかるように散布する
	アブラムシ類	発生時期：4～6月 特徴：つる先の新しい葉に寄生する。寄生された葉は巻いたり波打ったりするようになる。またアブラムシ類の排泄物で葉や果実がべたつき，すす病によって黒くなることがある	定植時に土壌処理剤（スタークル粒剤（対象はワタアブラムシ），アドマイヤー1粒剤など）を使用する。本圃では土壌処理剤と異なるグループの薬剤（チェス顆粒水和剤，ウララDFなど）を散布する

穫時の約6割の体積にまで急激に肥大が進むため、やや高めの温度管理（日中30～35℃前後、最低15℃以上を確保）とする。灌水は、草勢を見ながら交配後7～10日の間に行なう。

果実が鶏卵大になったら、肥大がよく、やや長めで花落ち部分の小さいものを1株当たり1ないし2果残し、摘果する。果実は、葉でつくられた養分を取り込もうとする力が強いので、残す果実を見きわめたら、不要な果実は早めに摘果する。

果実肥大の後期は、それ以前より温度を下げて管理（日中28～30℃）し、換気を積極的に行なう。

収穫までに、2～3回程度玉直しを行なうか皿を敷いて、着色ムラをなくす。

(4) 果実成熟期から収穫期の管理

交配後45～50日で試し切りをして、糖度、食味を確認してから収穫する。あわせて、積算気温をもとにした収穫適期の判断も行なう。収穫が遅れると過熟果になり、果肉の変色や食感が悪くなる。

4 病害虫防除

(1) 基本になる防除方法

生育期間の主要な病気には、菌核病、つる枯病、うどんこ病があり、害虫ではネコブセンチュウ、ハダニ類、アブラムシ類がある(表12)。

スイカ産地で以前に大きな問題になった急性萎凋症は、ホモプシス根腐病、黒点根腐病、着果バランスの乱れによる生理障害などが要因と考えられている。

(2) 農薬を使わない工夫

農薬を減らすには連作を避けることが重要であるが、ハウス栽培ではむずかしい。その対策には、土壌病害の種類によっては熱による防除効果が期待できるため、栽培後にトンネルやハウスを密閉状態にして蒸し込む、太陽熱消毒を行なうとよい。

5 経営的特徴

収量は10a当たり4・5～5tが見込まれる。労働時間は、日々のハウスやトンネルの開閉、整枝作業に時間を要する(表13)。整枝作業は中腰で身体的負担も大きいため、姿勢を保持する器具などを活用した軽労化が進められている。

経費では、ビニールハウスの外張りやトンネル支柱、被覆資材が必要になる。被覆資材は、より光を取り込めるよう、1～2年程度で新品に交換する必要がありコストがかかる。

表13　ハウス半促成栽培の経営指標

項目	
収量（kg /10a）	4,500
単価（円 /kg）	253
粗収入（円 /10a）	1,138,500
経営費（円 /10a）	849,803
種苗費	45,963
肥料費	24,834
農薬費	61,247
諸材料費	180,896
光熱費	27,058
農具費	1,308
賃料料金	0
建物等修繕費	0
雇用労賃	0
減価償却費	259,755
土地改良費	0
支払地代	0
支払利息	0
出荷資材費	37,890
販売諸費	210,852
農業所得（円 /10a）	288,697
労働時間（時間 /10a）	365

この作型はマルチやトンネル、ハウスなど被覆資材による保温効果を活用しながら、低温適応性を持つ品種の力に支えられている。それらの力を最大限に引き出すには、スイカの特性を理解し、きめ細やかな温度管理や整枝などの地上部管理が重要である。

本作型のスイカは気温の日較差が大きく、水分コントロールができているため、糖度が高く食味がよく、販売単価も高い。

（執筆：木村美紀）

ハウス抑制栽培

1 この作型の特徴と導入

(1) 作型の特徴と導入の注意点

本作型は、生育後半の低温を保温資材の被覆によって防ぎ、9～10月の収穫を目標とする（図16）。収穫期に近づくほど日が短くなり、気温が低下するので、播種、定植、着果の晩限期は厳密である。遅くなると果実が十分に肥大せず、成熟しないまま低温によって枯死する。

たとえば、南関東では9月中旬には着果していないと、初期肥大の確保が十分できず小さい玉になり、年によっては成熟しないまま降霜期にいたる。

また、抑制栽培の生育期間は、定植から収穫まで台風の襲来期に重なる。安定的に栽培するには、ハウスを用いる必要がある。やむを得ずトンネルを用いる場合は、強風が当たりにくい圃場を選ぶなどして、少しでも被害を回避する。

図16　スイカのハウス抑制栽培　栽培暦例

月	7			8			9			10		
旬	上	中	下	上	中	下	上	中	下	上	中	下
作付け期間	●	▼			☆			■	■			
				●	▼			☆			■	■
主な作業	播種・圃場灌水	元肥・マルチ・定植	摘心	整枝	整枝・受粉	摘果・(追肥)	玉返し	収穫				

●：播種，▼：定植，☆：受粉，■：収穫

(2) 他の野菜・作物との組合せ方

トマト、キュウリ、スイカ、メロンの半促成栽培などとの組合せができる。トマト抑制栽培のように連続的に収穫する品目と違い、スイカ抑制栽培は1回の収穫で栽培終了になるので、土壌消毒の期間を確保しやすい。

スイカ、メロンのトンネル栽培に用いた被覆資材をそのまま用いて、植替え栽培として抑制栽培を導入する事例も見られる。

2 栽培のおさえどころ

(1) どこで失敗しやすいか

①栽培の遅れ

収穫期に向かうほど低温になるため、栽培スケジュールのわずかな遅れが、収穫の可否にまで影響する。播種日、定植日、親づる摘心のタイミング、受粉日のそれぞれの晩限を見きわめる必要がある。

②植え傷み対策

播種と育苗は7月上旬～8月中旬であり、1年で最も暑い時期に当たる。高温による障害を防ぎ、植え傷みをさせない工夫が本作型には不可欠である。

後述するように、幼苗定植にすることで植え傷みを防止できる。

表14　ハウス抑制栽培に適した主要品種の特性

タイプ	品種名	販売元	果形	果皮	果肉色
小玉	夏のひとりじめ	萩原農場	円球形	縞皮	赤肉
	姫甘泉シャリエ	丸種	円球形	縞皮	赤肉
	愛娘なつこDX	ナント種苗	円球形	縞皮	赤肉
	ひとりじめスマート	萩原農場	たわら形	縞皮	赤肉
	姫まくら	丸種	たわら形	縞皮	赤肉
	姫まくらゴールド	丸種	たわら形	縞皮	黄肉
	なつここあ	ナント種苗	円球形	黒皮	赤肉
	ひとりじめBonBon	萩原農場	円球形	黒皮	赤肉
大玉	紅太鼓	東洋農事	円球形	縞皮	赤肉
	祭ばやし11	萩原農場	円球形	縞皮	赤肉

③つるの伸長が速い

整枝作業は8～9月の高温期であり、つるの伸長はきわめて速い。こまめな整枝作業を怠ると、取り返しがつかないほどつる同士が絡み合ってしまう。

④台風対策

台風の襲来シーズンに重なるため、ハウスでの栽培が前提になる。ハウス栽培であっても、大雨による浸水、強風によるドアや開口部の破損などに留意する。

(2) おいしく安全につくるためのポイント

糖含量が多く、果肉質もよく、食味が非常に優れるのがこの作型の特徴である。

抑制栽培では果実成熟期に昼夜の気温差が大きく、糖の蓄積に適した条件になる。収穫期が近づくと低温条件になり、成熟日数を少し長めにして糖蓄積を図っても、品質の低下はほとんど見られない。

生育初期から十分に温度があるため、低温伸長性付与を目的とした、接ぎ木の必要はない。自根で栽培されるスイカは果肉質が優れ、スイカ本来のシャリ感が楽しめる。

(3) 品種の選び方

やや低温期の収穫になることから、大玉品種にかぶりつくというよりも、小玉品種を切り分けてスプーンですくって食べるような需要が中心になる。肉質がしっかりしていて、果皮が薄いながらも裂皮・裂果が少ない小玉品種がより適する。

本作型では果肉色が薄くなりやすいため、果肉色が鮮やかな品種を選ぶとよい。また、生育期はごく高温のため、高温下でも草勢が維持しやすい品種が評価される。

3 栽培の手順

(1) 育苗のやり方

①播種

播種の晩限期は地域によって違うが、南関東であれば8月前半までである。初期生育のわずかな遅れであっても影響が大きいので、これより遅い播種では収穫までいたらない年もある。128穴セルトレイに市販の育苗培養土を詰めて、1粒播種する。

播種、定植が7～8月の猛暑期になるため、育苗から定植直後の高温障害の対策が課題になる。幼苗で定植することで、初期からの生育が安定して、株ごとのバラつきも小さくなる。

なお、補植用として5～10％程度多めにセルトレイに播種しておくと、発芽不良や害虫による欠株発生に備えることができる。

表15　ハウス抑制栽培のポイント

	技術目標とポイント	技術内容
育苗方法	◎播種	・播種の晩限期は地域によって違う。南関東であれば8月前半までが目安になる ・128穴セルトレイに育苗培養土を詰めて，1粒播種する。本圃に直播することもできる
	◎播種後の管理	・播種から出芽までは乾かさないように，出芽後は萎れないように灌水を続ける ・出芽時に子葉に残った種皮は，軽く灌水してから除去する
定植方法	◎本圃の準備	・間口4.5～6mのパイプハウスに2ベッドが標準となる ・有機質肥料などを主体に10a当たり窒素5～10kg，リン酸15kg，カリ5～10kg程度の施用が目安。多施肥はしない ・土壌が十分に湿ってから，練らずに耕うんが可能なまで乾いた段階で，ベッドつくり，マルチ張りを行なう。ウネ間225～300cm，うち通路幅80cm程度 ・マルチは白黒が最も適する。緑色マルチを使う場合は，株元付近に消石灰を散布して高温を防止する ・株元近くまで灌水できるように，植穴から10cm程度のところに灌水チューブを設置する ・幼苗定植ではマルチはベッド面に密着していることが重要である。平床を凹凸がないように鎮圧してマルチを張る
	◎定植	・定植は播種の7～10日後，本葉1枚目が少し見え始めた段階に行なう。ピンセットなどでていねいに苗を取り出す ・セル苗の培養土表面が隠れる程度の深さで定植する ・定植後の数日は萎れないか確認して，萎れている株はジョウロなどで頭上灌水する ・株間は，4本整枝で株間70～75cmが目安
	◎温度管理	・着果まではできるだけ換気を心がけ，日中28～30℃を目標に35℃以上にならないように管理する ・着果から摘果適期までは，日中30～35℃，夜間15℃以上の気温と保湿によって幼果の肥大を促す
定植後の管理	◎整枝	・小玉品種で4本を主茎とするのが標準。その場合，親づるの4節の本葉が展開した時期に5節で摘心する ・子づるが30～40cmになったら，主茎とする子づるを残して，不要な子づるを基部からかく ・つる先が伸び，隣の株とぶつかり始めた時点で芽かきと誘引を行ない，つる先を株元程度まで引いて揃える。3～4日後に再度，同様につる引きと芽かきを行なう ・さらに3～4日すると，着果目標の雌花の開花が近い。株元程度に着果目標の1つ前の雌花を揃えるようにつるを引く。着果節までの孫づるは除去する
	◎着果	・4本3果どりでは23～25節に着生する4番花，3本2果どりでは3～4番花が着果に適する。受粉は開始から2～3日で終えるようにする ・受粉は，大きい面積の栽培ではミツバチを用いる。手作業で受粉する場合は，当日咲いた雄花の花粉を雌花の柱頭にまんべんなくつける ・受粉日は収穫適期を知るのに重要なので，着果日ごとにつるに色をつけるなどして目印にする
	◎摘果，玉返し	・幼果が鶏卵大に肥大した段階で摘果を行なう ・果皮にまんべんなく色をつけるために，収穫までに2回以上玉返しを行なう
	◎追肥，灌水	・追肥は，草勢を確認しながら行なう ・つる先に窒素成分で1～2kg/10aを目安に施用する ・砂質土などの乾きやすい圃場では，随時灌水する
収穫	◎試し切り，収穫	・外観だけで収穫適期を判断することはむずかしい ・雌花ごとに受粉日がわかるように目印をしておき，日数がきたら試し切りをして，甘さや食感を確認してから収穫を始める。9月中下旬受粉の小玉品種の場合，成熟日数は開花から35～40日が目安になる

図17　固化培地を充填したセルトレイで育苗した定植適期の苗

②育苗管理

播種から出芽までは乾かさないように、出芽後は萎れないように灌水を続ける。出芽時に子葉に残った種皮は、軽く灌水してから除去する。

播種から約10日後、本葉1枚目が少し見え始めた段階で定植する。ただし、まだ根鉢が十分に形成されていないため、ピンセットなどでていねいに苗を取り出す。

なお、ココヤシ繊維などを固化した、培地充填済みのセルトレイ（商品名「プラントプラグ」）を使えば、根鉢の形成を気にすることなく、播種から約7日後の子葉展開段階で定植することができる（図17）。

(2)定植のやり方

①圃場の準備

間口4・5～6mのパイプハウスに2ベッドとする（図18）。株間は子づる1本当たり17cm以上を確保する。子づる4本整枝なら、株間は70～75cmが適し、栽植株数は10a当たり450～600株とする。

株元が乾燥しやすいため、マルチの穴は直径4cm程度が望ましい。高温になったマルチに胚軸が接すると、そこから障害を起こしやすいので、植穴部分のあまったマルチ片は切り取るようにする。

図18　ハウス抑制栽培の栽植様式

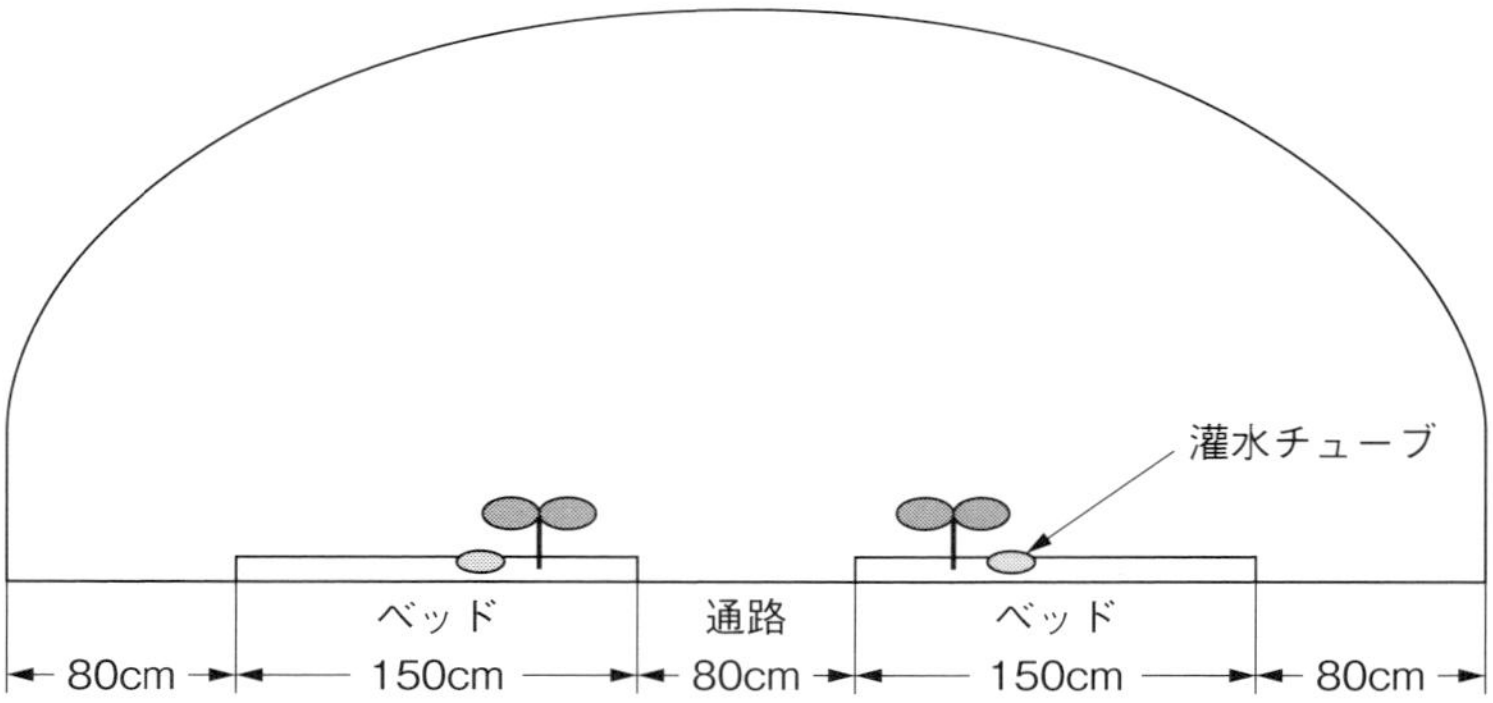

パイプハウス（間口540cm）

②施肥、マルチ

施肥は、有機質肥料などの緩効性肥料を主体に10a当たり窒素5～10kg、リン酸15kg、カリ5～10kg程度の施用が目安となる。土壌からの養分溶出が多い時期なので、多施肥は避ける（表16）。

マルチ張りは、土壌水分が十分にあるタイミングで行なう。30mm程度の灌水を行なったうえで、耕うんが可能な程度に乾いてからベッドをつくる。

高くベッドを上げる必要はない一方で、胚軸の短い幼苗を植えるため、マルチはベッド

表16　施肥例　（単位：kg/10a）

	肥料名	施用量	成分量		
			窒素	リン酸	カリ
元肥	BM苦土重焼燐	20		7	
	マイルドユーキ030	60	6	7.8	6
追肥	マイルドユーキ030	10	1	1.3	1
施肥成分量			7	16.1	7

注）元肥は全面施用，追肥は草勢に応じてつる先に施用

図19　マルチの色の違いによる抑制栽培スイカの初期生育（同一縮尺）

白黒マルチ　　緑色マルチ＋消石灰　　緑色マルチ

注）2011年8月4日播種，8月12日定植，8月26日撮影。緑色マルチの生育は悪いが，マルチの上から消石灰を散布すると白黒マルチと同等に生育する

面に密着していることが重要である。150cm幅の平床を凹凸がないように鎮圧してから、210cm幅のマルチを手作業で張るとよい。

高温期にあたる生育前半も、土壌の乾燥を防ぐためにマルチが不可欠であるが、地温を上げすぎないことも重要である。このため、マルチの色は白黒が最も適する。緑色マルチをそのまま用いると、高温障害により生育はきわめて悪い。しかし、株元付近に消石灰を散布すれば、白黒マルチと同程度の高温防止効果がある（図19）。

定植直後から株元近くまで灌水できるように、植穴から10cm程度のところに灌水チューブを設置する。

③定植

定植は播種の7～10日後に、曇雨天日や夕方に行ない、植え傷みを防ぐ。マルチに穴をあけて殺虫粒剤を施用し、植穴が乾かないうちに、セル苗の培養土表面がギリギリ隠れる程度の深さで定植する。定植後の数日は萎れないか確認して、萎れている株はジョウロなどで頭上灌水する。

セル苗を用いず、マルチを張ったベッドに直播することもできる。この場合、3cm程度の深さに1粒播種とするが、深さを一定にして発芽を揃える。

(3) 定植後の管理

①温度管理

スイカの生育適温は28～30℃で、35℃以上になると生育に悪影響が生じる。着果まではできるだけ換気に心がけ、日中28～30℃を目標に、35℃以上にならないように管理する。強風時には、つるがあおられないよう、風上側の換気口を閉め気味とする。

着果から摘果ぐらいまでの温度管理は、日中30～35℃、夜間15℃以上の気温と保湿に

図20　抑制栽培での摘心適期

よって幼果の肥大を促す。その後は日中28～30℃、夜間は少し換気して多湿を防ぐように管理する。

②摘心、整枝

幼苗定植や直播では、摘心を本圃で行なう。必要とする子づる数に1を加えた節数で親づるを摘心する。作業の適期は、摘心する節の1節下の本葉が展開した時期である（図20）。

つまり、4本の子づるを確保するには、親づるの4節の本葉が展開した時期に5節で摘心する。摘心作業が遅れると上位節の子づる発生が遅れてしまい、着果までの日数が長くなるとともに、子づるの生育が揃わなくなる。

株当たりの着果数は、小玉品種では4本3果どり、もしくは3本2果どりとする。4本3果どりでは、22節前後に着生する雌花（4番花）に着果させると、果実肥大が優れる。大玉品種を用いる場合は、4本2果どり、または3本1果どりとする。

整枝の手順は、半促成栽培やトンネル栽培と同様である。ただし、つるの伸長が半促成栽培、トンネル栽培に比べてきわめて速いので、抑制栽培では3日に一度は整枝作業を行ない、作業回数を増やすとよい。

③着果

18～25節程度の雌花に着果させる。つるの伸長が非常に速く、次の雌花も3日ほどで開花する。受粉は開始から2～3日で終えるようにする。

着果のための受粉作業は、大きい面積の栽培ではミツバチを用いる。手作業で受粉する場合は、当日咲いた雄花の花粉を雌花の柱頭にまんべんなくつける。また、受粉日は収穫適期を知るのに重要なので、着果日ごとにつるに色をつけるなどして目印とする。

④摘果、玉返し

幼果が鶏卵大に肥大した段階で、1株当たりの着果数を確認しながら摘果する。1株に2果以上着果させる場合は、大きい果実よりも、できるだけ大きさの揃ったものを残すと、果実同士の勝ち負けが生じにくい。とくに小玉品種の抑制栽培では、着果から2週間ほどすると再度充実した雌花が開花して、だらだらと着果することが多い。後から着果した果実が残っていると、草勢の低下や成熟不足の果実が混在することになるので、見つけしだい摘果する。

果皮にまんべんなく色をつけるため、果実を軽く回転させて、地面に接していた部分に日光が当たるように玉返しを行なう。玉返しには果実の形を整える効果もあるため、収穫までに2回以上は行ないたい。

⑤追肥

追肥は、草勢を確認しながら行なう。着果前や摘果前後に葉色が淡くなり始めていれば施用する。つる先に窒素成分で10a当たり1～2kgを目安に複合肥料を施用する。

地力の高い熟畑に緩効性肥料で元肥施用していれば、通常、追肥は必要ない。

(4) 収穫

外観だけで収穫適期を判断することがむずかしい。9月中下旬受粉の小玉品種の場合、成熟日数は開花から35～40日が目安である。35日未満では白色の種子が目立つうえに、食味に青臭さが残り、果実重もやや軽い。

一方、45日を超えると、果皮近くまでの糖度上昇と果実重の増大は継続するが、空洞や裂皮といった障害果が急激に増えてしまう。

雌花ごとに受粉日がわかるように目印をしておき、日数がきたら試し切りをして、甘さや食感を確認してから収穫を始める。

4 病害虫防除

(1) 基本になる防除方法

自根での栽培になるため、連作が重なるとつる割病の発生が懸念される。つる割病に加え、ネコブセンチュウや黒点根腐病の汚染圃場では土壌消毒が必須である。

また、ハダニ類、うどんこ病、オオタバコガなどの大型チョウ目害虫に注意が必要である。ハダニ類、うどんこ病は生育前半から予防に努め、低密度に抑える。オオタバコガは、果皮を食害して商品性を著しく低下させるので、摘果後からの防除に努める。

アブラムシ類が媒介するWMV2（スイカモザイクウイルス2）などのウイルス病がまれに発生するので、定植時に殺虫粒剤を植穴処理してアブラムシ類の蔓延を防ぐ。

(2) 農薬を使わない工夫

土壌消毒は、化学合成農薬にたよらず、太陽熱消毒で対応することができる。ただし、黒点根腐病の汚染圃場では効果が期待できない。

ハダニ類は、周辺の雑草や茶樹などが初期の発生源になりやすい。ハウス内外を清潔に保ち、気門封鎖型の殺虫剤を主軸にすることで、化学合成農薬の使用回数を削減することができる。

また、ハウス開口部に防虫ネットを張ることで、オオタバコガなどの飛び込みを防ぐことができる。

表17　病害虫防除の方法

時期	病害虫名	防除方法
圃場準備	つる割病	クロルピクリンくん蒸剤のうち登録のある薬剤で土壌消毒
	ネコブセンチュウ	D-D で土壌消毒
定植時	ワタアブラムシ	スタークル／アルバリン粒剤を植穴処理
生育期以降	うどんこ病	アフェットフロアブル，シグナムWDG，ポリベリン水和剤，イオウフロアブルなどを散布
	ハダニ類	サンマイトフロアブル，アグリメック，バロックフロアブル，マイトコーネフロアブルなどを散布
果実成熟期	オオタバコガ	フェニックス顆粒水和剤，プレバソンフロアブル5などを散布

注）農薬は，ラベルの記載内容を必ず確認して，登録どおりに使用する

5 経営的特徴

小玉品種で10ａ当たり収量は2～2.5ｔ、販売単価はkg当たり250～350円で、粗収益は50～75万円と見込まれる。物材費、施設費などの生産部分と、出荷手数料を含む出荷部分の経営費の合計を43万円とすると、試算される10ａ当たり所得は26万円である（表18）。

労働時間は160時間と果菜類としてはきわめて短いので、1時間当たり所得は1600円以上と想定される。

収益の向上には、高品質であることを前面に出した高単価販売、直売などによる販売手数料や輸送コストの削減が重要になる。

（執筆：町田剛史）

表18　ハウス抑制栽培の経営指標

項目		
収量（kg/10a）		2,300
価格（円 /kg）		300
粗収入（万円 /10a）		69
経営費（万円 /10a）		43
生産部分	種苗費	2
	肥料農薬費	7
	資材費	2
	施設費	15
	その他	4
出荷部分	資材費	5
	運賃・手数料	7
	その他	1
労働時間（時間 /10a）		160
所得（万円 /10a）		26
1時間当たり所得（円）		1,625

小玉スイカのハウス半促成栽培（無加温）

1 この作型の特徴と導入

(1) 作型の特徴と導入の注意点

この作型は、育苗温床やビニールハウスを含めた多重被覆が必要なので、最も重装備な栽培になる。しかし管理しだいでは、作型を分散させて、単価のよいビニールハウスによる早期出荷の栽培から露地トンネル栽培まで、継続した出荷が可能である。

また、この作型は育苗を厳寒期に開始し、収穫期に向かって高温条件になっていくので、とりわけ育苗や定植直後の生育初期の温度確保が重要である。さらに、生育期は春の長雨による多湿、収穫期には高温というように、気象条件の変化が大きい時期の栽培になるので、温度や湿度管理には細心の注意が必要である。

(2) 他の野菜・作物との組合せ方

無加温ビニールハウスを利用するため、果菜類の抑制栽培や秋冬の雨よけ葉菜類など、さまざまな野菜と組み合わせることができる。

2 栽培のおさえどころ

(1) どこで失敗しやすいか

定植直後の活着不良　定植時に地温が確保されていないと、苗の発根がスムーズにいかず活着不良になり、その後の生育が遅れ、初期生育が不良になり雌花の質にも影響する。

着果不良　安定した着果をさせるためには、適度な草勢を維持すること、最低夜温10℃（交配前12℃）を確保すること、ハウス内の除湿（換気）をしっかり行なうことが重要になる。

(2) おいしく安全につくるためのポイント

①適正施肥　成熟期に窒素が効きすぎると糖度の低下や黄帯の発生、さらには変形果が増加するなど果実品質に影響する。土壌診断にもとづいた

図21　小玉スイカのハウス半促成栽培（無加温）　栽培暦例

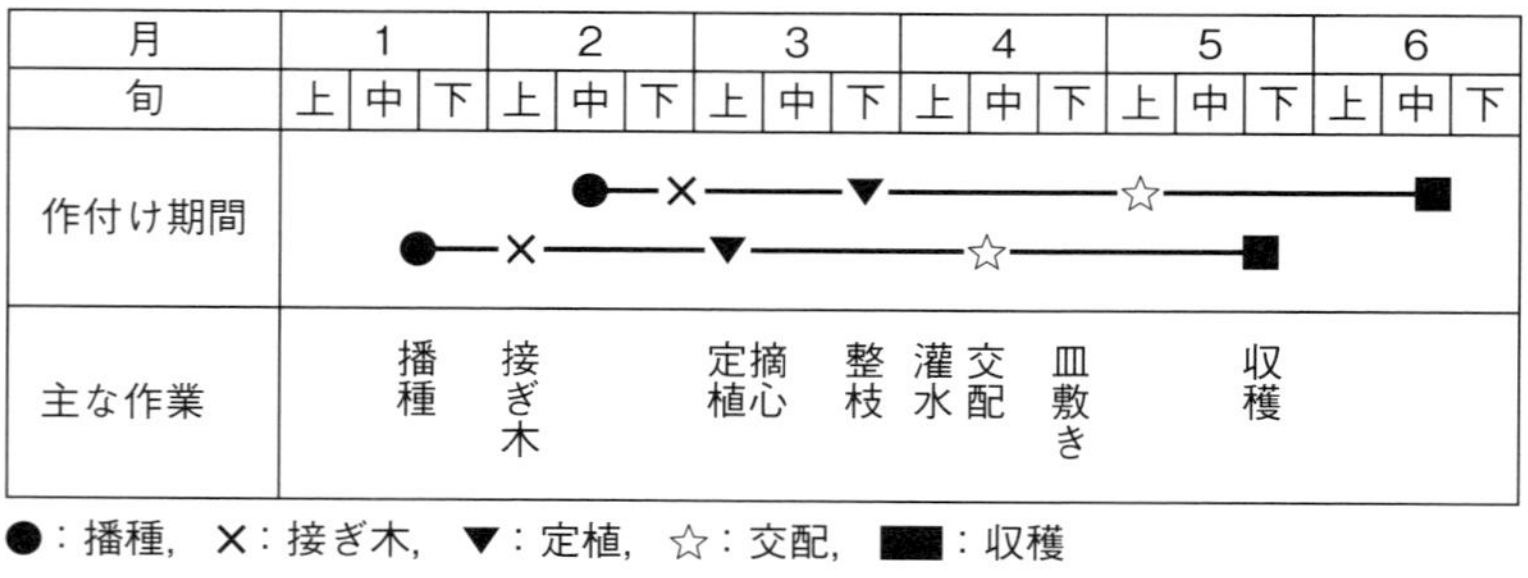

●：播種，×：接ぎ木，▼：定植，☆：交配，■：収穫

適正施肥を行なう。

②温湿度管理

果実が熟す収穫前10日間くらいに、過度の高温（日中35℃以上）が続くと、果肉の軟化やうるみが発生し、歯ざわりが悪くなりやすい。

また、着果後にハウス内の湿度や夜間の温度が高い場合、さらに果実が熟す期間に多量の水分を与えた場合も、果肉にうるみが発生したり糖度が低くなりやすい。

表19　ハウス半促成栽培（無加温）に適した主要品種の特性

品種名	販売元	特性
愛娘さくら	ナント種苗	草勢中程度，着果性よい，成熟日数33日
愛娘あすか	ナント種苗	草勢中強程度，草勢復活早く２番果の着果がよい，成熟日数35日
ひとりじめ7	萩原農場	草勢中からやや強，着果性よい，成熟日数31～39日（5～6月収穫）
紅こだま	ナント種苗	昔からある小玉スイカの定番品種，草勢強，成熟日数35～38日

注）‘愛娘’‘ひとりじめ’シリーズは他にも品種あり。特徴，用途に応じて使い分ける

日中の換気をしっかり行なうなど温湿度管理に注意し、夜間の高温多湿や果実の熟す期間の灌水を避けることが、歯ざわりがよく糖度の高いスイカをつくるポイントである。

③耕種的防除

ハウス内の湿度を抑えて病害が発生しにくい状態を維持すること、ハウスの換気部や出入り口に防虫ネットを設置して害虫の侵入を防ぐことなどで農薬の散布回数を減らすことができる。

(3) 品種の選び方

穂木（スイカ）の主要品種の特徴を表19に示したので、参考に品種選定を行なう。

台木は、つる割れ病対策や、低温伸長性を強化して生育促進効果を目的に利用する。

台木の種類にはトウガン、ユウガオ、カボチャがあるが、低温期に定植する半促成栽培では、低温伸長性のあるユウガオを用いるのが一般的である。

主な品種には、‘台丈夫’（みかど協和）‘トップガン’‘FRヘコタレン’（以上ナント種苗）‘かちどき2号’（萩原農場）などがある。品種ごとに草勢の強弱や耐病性に違いがある。

3 栽培の手順

(1) 育苗のやり方

苗は自家育苗するか、接ぎ木苗を購入する。電熱線などの育苗施設や接ぎ木技術が不十分な場合は、接ぎ木苗の購入をおすすめする。自家育苗の方法は次のとおりである。

①播種方法

育苗日数が45日程度かかるので、定植予定日からその日数をさかのぼって播種する。また、接ぎ木方法によって穂木と台木の播種日が違い、呼び接ぎでは穂木、台木ともに同日播種、挿し接ぎでは台木播種の7日後に穂木を播種する。

播種の数日前に平箱へ粒状培土を入れ、地温を高めてから播種する。穂木、台木とも条播きする。播種後は、乾燥防止のため、発芽始めまで新聞紙をかけておく。

②温度管理

播種後から発芽までは、気温25℃程度、地温は昼間30℃、夜間20℃の変温管理にすると発芽が揃う。発芽し始めたら、やや温度を下げ徒長を防ぐ。

表20　小玉スイカのハウス半促成栽培（無加温）のポイント

	技術目標とポイント	技術内容
育苗方法	◎育苗施設の準備 ・育苗床（温床） ・播種床	・施設内外の除草 ・温床線を設置し，農ビ（厚さ0.05mm）で１～２枚の被覆を行なう ・播種床には平箱を使用し，鉢取り用にはポリポット（9～12cm）を使用する。それぞれ使う数日前に灌水して温めておく
	◎育苗方法 ・播種 ・接ぎ木	・種子は平箱に条播きする。種子間隔２～3cm，条間は穂木，台木とも7cmにする ・挿し接ぎを行なう場合は，台木播種の７日後に穂木を播種する。呼び接ぎの場合は同日に播種する。育苗日数は40～45日程度 ・自根栽培では直接ポットに播種してもよい ・接ぎ木前にやや水分を控え，苗を硬くしておく ・挿し接ぎでは，台木の本葉を展開前に除去しておき，穂木の本葉が展開し始めたころに接ぎ木するとよい ・接ぎ木後数日間は遮光・密閉し，やや高温管理にして活着を促す。呼び接ぎ苗では活着後に穂木の根を切断する
定植準備	◎圃場の選定と土つくり ・連作対策 ・土つくり	・連作圃場では，土壌消毒を行ない，接ぎ木苗を使用する ・土壌診断を実施，診断にもとづいた適正施肥を行なう ・元肥は全面施用とする。全量の1/3程度を緩効性肥料とする ・十分灌水した後，灌水チューブを着果予定位置より外側へ設置する
	・マルチ張り，トンネル設置，密閉，地温確保	・定植２週間前までにマルチ展張，トンネル設置をし，トンネルを閉め切り，地温を上げておく（地温の確保が重要） ・３月定植では幅270cmと360cm程度の二重トンネルを使用する
定植方法	◎定植 ◎活着促進	・４本整枝では株間70～80cm，枝（つる）間20cm程度とする ・定植後１週間くらいは昼間30℃，夜間15℃を確保，その後は夜間12℃程度に下げて活着を促進する
	◎摘心	・活着後，本葉を６枚残して摘心
定植後の管理	◎適正な整枝 ・整枝・誘引	・摘心後，子づるが30cmくらいに伸びたら，生育の揃ったつるを４本残して，ほかを摘み取る ・子づるが長さ1m程度になったら誘引して，つる先を揃える
	・脇芽摘み	・交配前に，子づるから伸び出してくる脇芽を取り除く
	◎交配前の管理 ・換気	・交配までは日中最高35℃，夜間最低10℃を目安に換気，保温する ・交配前から着果まで，夕方早めに換気をやめて最低12℃以上の夜温を保つ。着果確認後は夜間最低8℃とする
	・灌水	・草勢が弱い場合は，交配前に10分間程度の軽い灌水を行なう
	◎交配 ・着果位置	・３番雌花が咲く18節前後から４番雌花が咲く24節前後を目安に着果させる
	・交配作業	・交配は必ず午前中に行ない，その日に開花した雄花を摘み取り雌花に花粉をつける
	・ホルモン処理	・早い作型では市販のホルモン剤（ベアニンなど）を使い，確実に着果させる
	・交配日のマーキング	・いつ交配したかわかるように，花の近くに日付などを記入した札をつける
	◎交配後の管理 ・摘果	・交配後，果実がテニスボール大になったら，つる１本に１個，１株当たり２～３個になるように摘果し，果実を肥大させる
	・玉直し	・果実がソフトボール大になったら，縦に直して色つきを揃える
収穫	◎収穫摘期の判断	・外観や打音での判断には，相当な経験が必要で，判断ミスをしやすい。したがって，交配日ラベルを確認して，品種ごとの成熟日数を基準に試し切りを行ない，熟度を確認してから収穫する。試し切りしたスイカの前後３日分を１回の収穫分とする

表21　小玉スイカの発芽始めから定植前までの温度管理

（単位：℃）

生育ステージ		発芽始めから接ぎ木まで	接ぎ木後	活着期	定植前
気温	昼間	24～26	24～26	24～30	24～30
	夜間	12～15	15	12～15	8～10
地温		20	25	20	16

発芽後は、接ぎ木後の活着までやや地温を高く管理し、活着後からは定植前にかけて徐々に温度を下げていく（表21）。

③水分管理

しっかりした苗をつくるためには、ある程度水分を控えた管理を行なう。床土の表面が乾燥しても、鉢の中は水を含んでいる場合があるので注意する。

図22　小玉スイカの育苗施設（一部開放二重被覆）

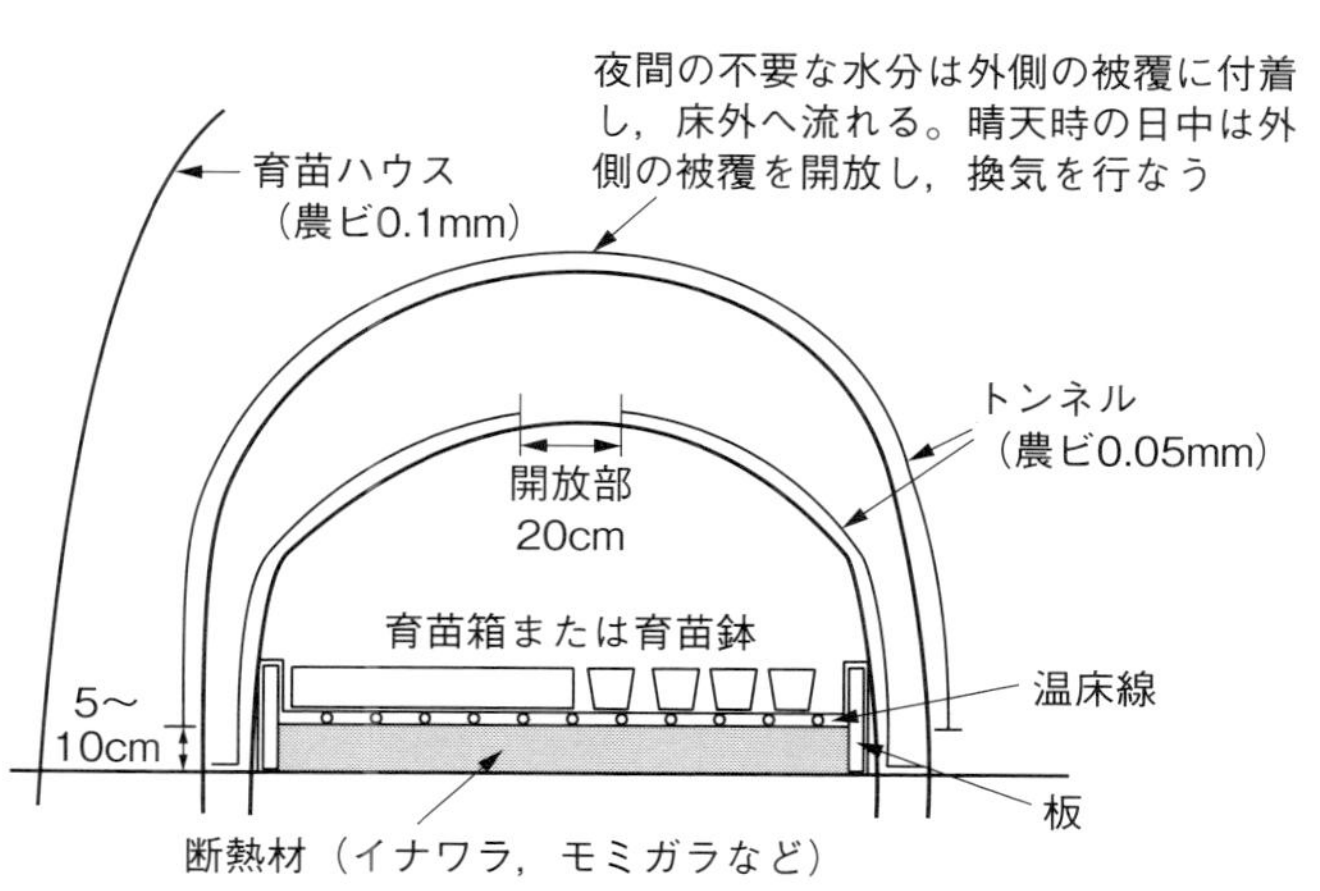

また、接ぎ木前の5日間は水分を控えて苗を硬くし、接ぎ木後も5日間程度は灌水せず、日中萎れる場合だけ軽い葉水を与える。

④被覆管理

被覆資材にはビニール（厚さ0・05㎜前後）を使用する。密閉被覆にして日中換気を行なってもよいが、夜間の過湿で生育障害が出ることがあるので、一部開放二重被覆を行なうほうがよい（図22）。

ただし、接ぎ木後3日程度は密閉して軽い遮光を行ない、活着を促進させる。こうしてスイカを萎れさせないようにした後、徐々に換気を再開する。

表22　施肥例　（単位：kg/10a）

	肥料名	施肥量	成分量			
			窒素	リン酸	カリ	石灰
元肥	スイカ専用（5-10-8）	60	3	6	4.8	−
	セルカ48	100	−	−	−	48
	苦土重燐酸	60	−	21	−	−
追肥	燐硝安加里 S604	60	9.6	6	8.4	−
施肥成分量			12.6	33	13.2	48

(2) 圃場の準備

①堆肥と元肥の施用

定植の1カ月前までに堆肥を施して耕し、乾燥している場合は十分に灌水する。

元肥の施用とマルチ張りを、定植の2週間前ころに行なう（表22）。十分灌水して水分を調整してから、元肥を全面に施して耕す。元肥は、株元から離れたところへやや多めに散布する。

スイカは生育初期に過剰生育すると、つるが太く伸長し、雌花着生が悪くなるなど「つるぼけ」症状が発生しやすい。そのため、土壌診断にもとづいた適正施肥を行ない、初期生育を抑えて、雌花開花期から果実肥大期に肥効がよくなるようにする。

②マルチ、トンネル、灌水チューブの設置

次に定植予定位置から1mくらい外側に灌水チューブを設置し、マルチを全面被覆する。その後トンネルを設置するが、灌水チューブがトンネル内に入るようにする（図23）。遅い作型では、トンネルは一重でよい。

定植の2週間前を目標にマルチとトンネルを設置し、トンネルを密閉して地温を上げ、定植時の地温を18℃以上にすることで、苗がスムーズに活着する。

なお、排水の悪い圃場では10cmくらいの高ウネにする。

(3) 定植のやり方

株間を80cmにする場合、苗の本数はハウス10m当たり1条植えで12株、2条植えで24株ほど必要になる。

定植は晴れた日の日中に行ない、早朝や夕方は避ける。スイカ苗は低温に弱く、短時間でも低温に当たると、心止まりなどの障害を起こす危険性があるので、苗の運搬などで低温にあわないよう注意する。

定植当日にマルチを切って植穴をつくる。深植えにならないように注意し、おおむね鉢の表面と土が同じかやや肩が出る程度とする。穂木が土に触れると発根し、土壌病害が発生する可能性があるので注意する（図24）。

定植位置はトンネルの端から3分の1くらいのところとし、つるを誘引するほうを広くとる（図23）。

図23　小玉スイカの定植準備

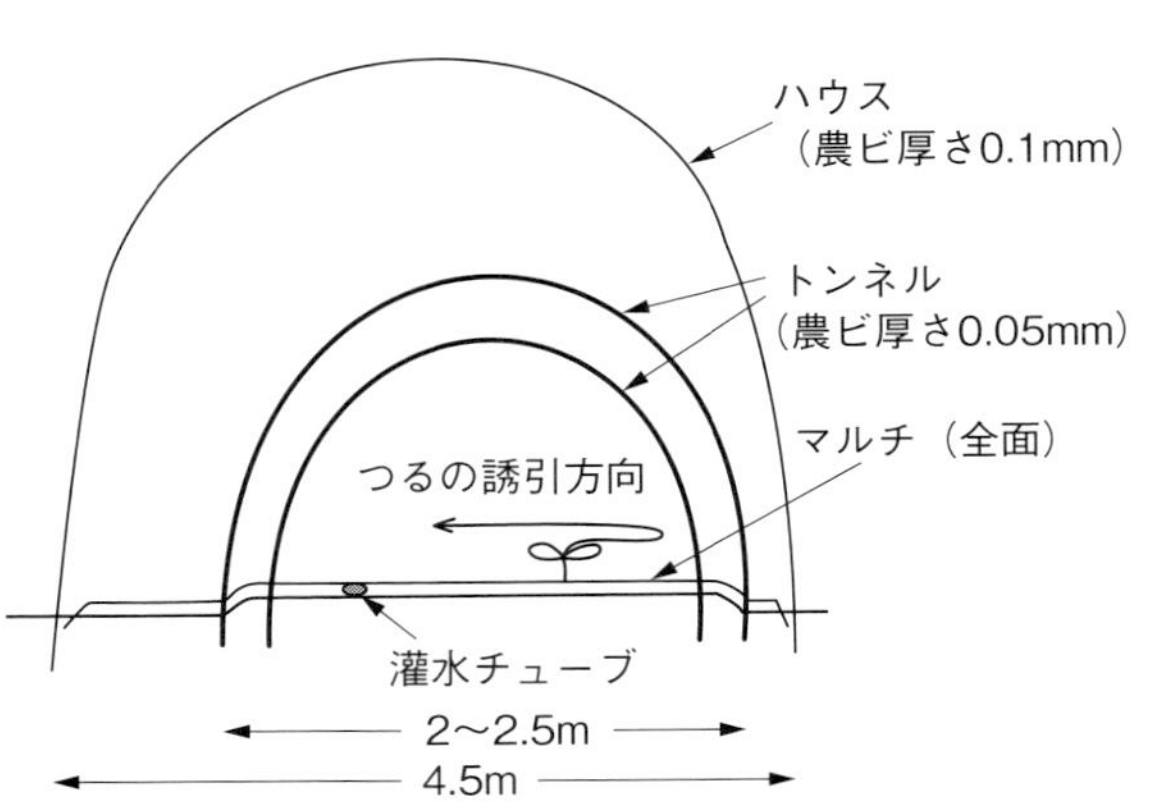

遅い作型では，トンネルは一重でよい。排水の悪い圃場では10cmくらいの高ウネにする

図24　定植直後の小玉スイカ

(4) 定植後の管理

① 活着前後の管理

定植後1週間くらいは、昼間30℃、夜間15℃を確保し、初期生育を促す。その後、夜間は12℃程度に下げる。

定植の数日後に、本葉6枚程度残して摘心する。定植前に苗が大きく育った場合は、あらかじめ摘心しておいてもよい。

摘心後、伸び出してきた子づるが、長さ10cm、開いた本葉が2～3枚になったころから、花芽ができ始める。雌花は高温に弱いので、昼間35℃以上にならないように注意して換気を行ない、夜間は12℃程度を目標に保温する。

② 換気方法

低温時期の換気はハウス内のトンネルを開閉する程度でよいが、晴天時やハウス内が高温になる時期には、ハウスのサイドも開閉する。

このときトンネルは、1条植えの場合は株

元側で開閉を行ない、ハウスはトンネルと反対側を開閉して、「花芽のできる枝先側に」直接外気が当たらないようにする。2条植えの場合は、トンネルの中央通路側を開閉して換気する（図25）。

③整枝・誘引

整枝は、スイカ栽培で最も時間を要する作業である。子づるが30㎝くらいに伸びたら、長さの揃ったものを4本残して、ほかは摘み取る。残した子づるは、つる先を揃えて並べる（図26）。

1回目の誘引は、残した子づるが1ｍくらいに伸びたときに行ない、半円を描くように引き戻し、つる先を揃える。2回目は、18節以上のところにアズキ大の花芽が見えるころに行なう。軽く引き戻してつる先を揃え、上から見て「の」の字のような形に誘引する（図27）。

受粉期までは、トンネル内につる先を収めて保温し、つるが均等な間隔になるように誘引することが重要である。

スイカは脇芽の発達が盛んで、放任すると親づる、子づる、孫づるが入り乱れて伸び、商品性の高い果実を収穫することができない。それを防ぐため、誘引作業時に、交配予定の花芽がある節までの孫づるは摘み取り、その先の孫づるは放任する。

なお、2回目の誘引で親づるの葉を摘み取っておく。

④交配期の温度管理

交配予定の花芽が肥大し始めたら、交配終了まで、夜間の最低気温15℃を目標に保温する。このように、やや高めに温度管理をして、花芽を冷やさないようにする。

⑤灌水、追肥

全面マルチ栽培では、水持ちがよいため灌水の心配はほとんどない。しかし、草勢が弱く灌水が必要なときは、着果後に灌水すると裂果や食味低下の原因になるので、交配の数日前に10分間程度、1～2回の灌水をしておく。もちろん、草勢が強い場合は灌水の必要はない。

追肥も草勢が弱い場合に行なう。灌水を兼ねて薄めの液肥を与えてもよい。

なお、灌水や追肥を行なうかどうかの目安になる草勢は、図28のように判断する。

⑥交配

交配は、作業当日に咲いた雄花を摘み取り、その花粉を雌花にまんべんなくつける。花粉は、雌花の柱頭につくと発芽して花粉管

図25　換気のやり方

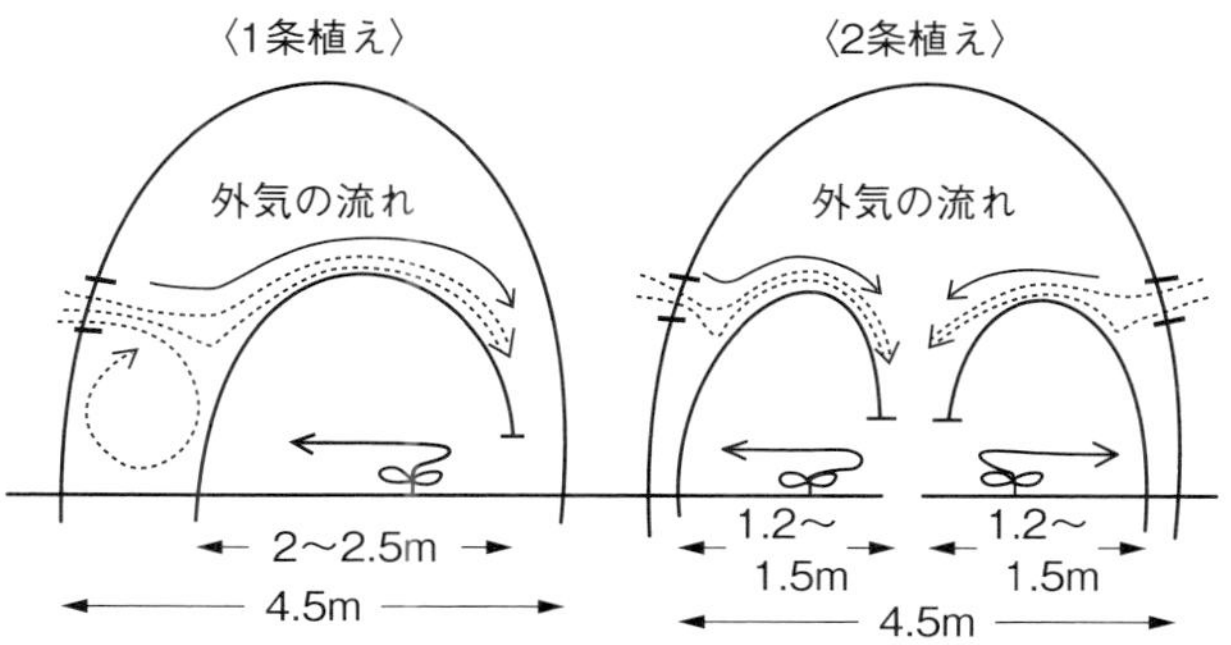

外気が直接トンネル内に吹き込まないように
被覆を開閉する

図26　つるを4本に決めた状態の小玉スイカ

図27　整枝・誘引のやり方

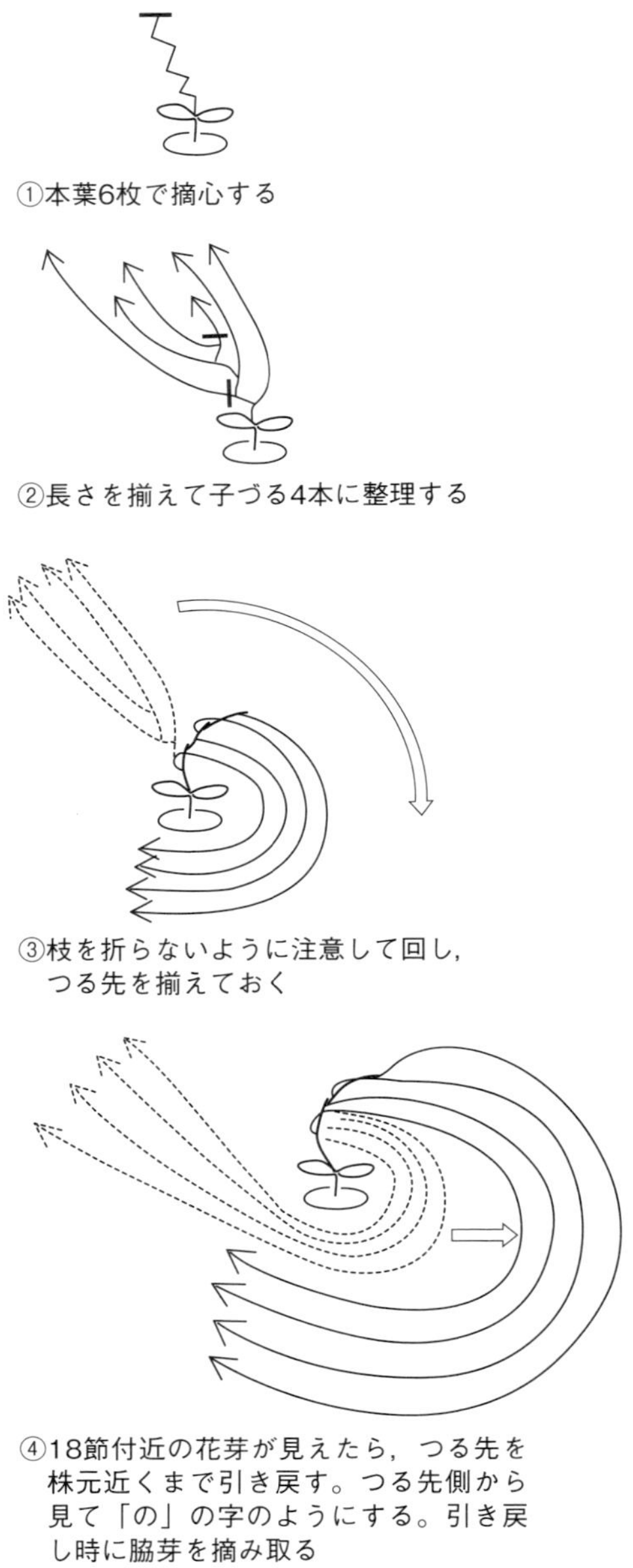
①本葉6枚で摘心する
②長さを揃えて子づる4本に整理する
③枝を折らないように注意して回し，
つる先を揃えておく
④18節付近の花芽が見えたら，つる先を
株元近くまで引き戻す。つる先側から
見て「の」の字のようにする。引き戻
し時に脇芽を摘み取る

図28　草勢を判断する方法

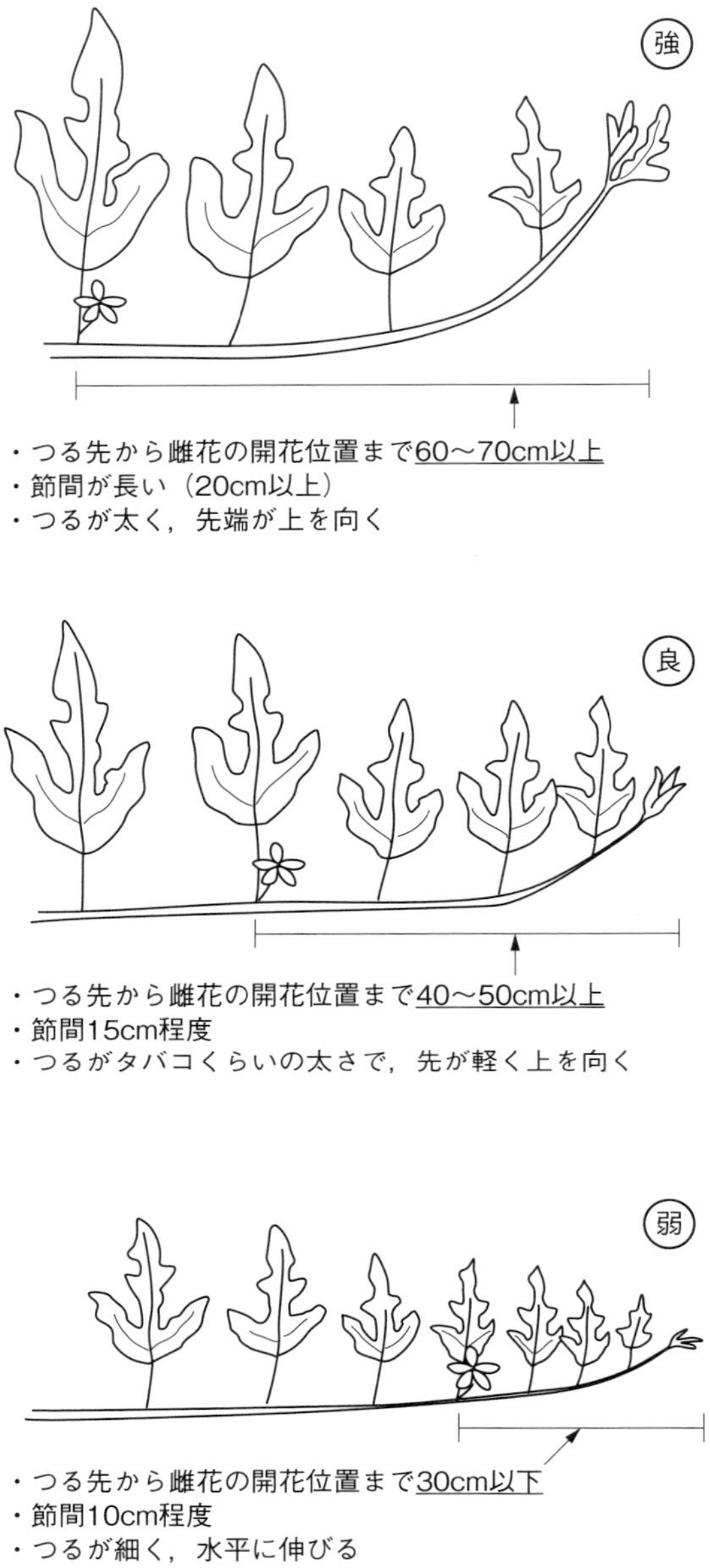
強
・つる先から雌花の開花位置まで60～70cm以上
・節間が長い（20cm以上）
・つるが太く，先端が上を向く
良
・つる先から雌花の開花位置まで40～50cm以上
・節間15cm程度
・つるがタバコくらいの太さで，先が軽く上を向く
弱
・つる先から雌花の開花位置まで30cm以下
・節間10cm程度
・つるが細く，水平に伸びる

を伸ばす。その適温は25℃程度なので、受粉後すぐトンネルを閉めるなど、温度管理には十分な配慮が必要である。

　交配のタイミングは、3番雌花が咲く18節前後から4番雌花が咲く24節前後に着果させるのが目安である。しかし、草勢が強いときは低節位へ、弱いときは高節位へ着果させる。

　スイカの花粉は寿命が短いので、交配作業は午前中に行なうことを原則とする。しかし、花粉が活動するには最低15℃は必要なので、寒い日や雨の日には少し時間を遅くして、花粉があることを確認してから作業する。作業時間は、晴天日で朝8時から10時、曇雨天で9時から12時くらいの間になる。

　また、この時期の交配は着果が不安定になりやすいので、ベアニンなどのホルモン剤を使って確実に着果させる。

　交配した花芽の近くのつるに必

ず目印をつける。外観や打音で収穫期を判断することが非常に困難なので、この目印によって判断する。目印には、交配した日付を記入したラベルや、3日ごとに色を変えた毛糸などを使用して、確実にわかるようにする。

⑦摘果

早い作型で良品をつくるためには、4本整枝で2～3果程度が適正な着果量になる。着果量は草勢で判断し、草勢が強い場合や定植が遅い作型は4本整枝で3果を目安とする。

果実がテニスボール大になったころ、形のよいやや縦長の果実を残すように摘果する。摘果で果実を摘み取ったつるも、草勢を維持して、果実を大きくする働きがあるので、遊びづるとして残しておく。

着果から摘果時期にかけての果実は、皮が柔らかく、軽くこすれただけでも傷がつくので、注意しながらていねいに摘果作業を行なう。

⑧皿敷き、玉直し

皿敷きは、摘果作業が終わってから、着果した果実の下に皿を敷く作業である。

玉直しは、皿敷き後1週間くらいして、果実がソフトボール大になったころ、果実を縦に正座させて、表面の色つきを揃えるために行なう。

⑨交配後の温度管理

スイカは高温性の作物なので、45℃以上の高温でも枯れることはないが、果実が熟す時期に温度が高くなりすぎると、果実の品質が極端に低下することがある。

交配後20日間はしっかり保温して果実の肥大を促し、以後、とくにハウス内の気温が上がりやすくなる収穫期前は、日中の換気に注意して35℃以上の高温にならないようにする。

(5) 収穫

熟期は、品種や気象条件などによってかなり左右される。また、外観や打音で熟期を判断すると間違いやすいので、収穫前に必ず試し割りをして判断する。

栽培した品種の成熟日数を基準に、1～2個を試し割りする。なお、成熟日数は、主に受粉日からの積算温度で決まるので、暖かくなるにしたがい短くなるので注意する。

収穫期の判断は、果肉と果皮の白い部分の差がはっきりしていることと、食味が基準になる。試し割りした果実の前後3日分を1回に収穫し、以後3日分ずつ収穫を行なう。

低温時や曇雨天日に交配を行なった果実は、熟期になっても種子が白いままのことがあるが、果肉の状態がよければ収穫してよい。

(6) 2番果の収穫

①2番果収穫後の整枝・誘引

1番果収穫後、草勢が回復してくると2番果がつきやすくなる。

品質のよい2番果を収穫するためには、1番果を収穫した後にもう一度整枝・誘引を行なう。整枝・誘引の方法には大きく分けて、①つるを株元に引き戻す方法（引戻し整枝）と、②株元付近で切断して新しいつるを出させる方法（切戻し整枝）がある。それぞれ図29のように整枝・誘引を行なう。

引戻し整枝では、1番果の収穫時に草勢が低下した場合は、整枝・誘引時に追肥を行なう。逆に、草勢が強く葉が繁茂している場合は、1株おきに株を抜き、空間を広く確保する。

切戻し整枝は、引戻し整枝に比べ交配開始まで2～3週間ほど長くなるが、より品質のよい果実が収穫できる。

②株元の処理

どちらの整枝法でも、株元付近を中心に、ハダニ類やうどんこ病などの防除を徹底する必要がある。また、引戻し整枝を行なう場合は、株元付近に葉が密集するので、引戻し時に株元から10枚ほどの葉を摘み取る。

③収穫日数の目安

1番果のときより高温になるため、収穫までの日数がやや短くなる。試し割りを行ない、収穫日の目安にする。

図29　1番果収穫後の整枝・誘引のやり方

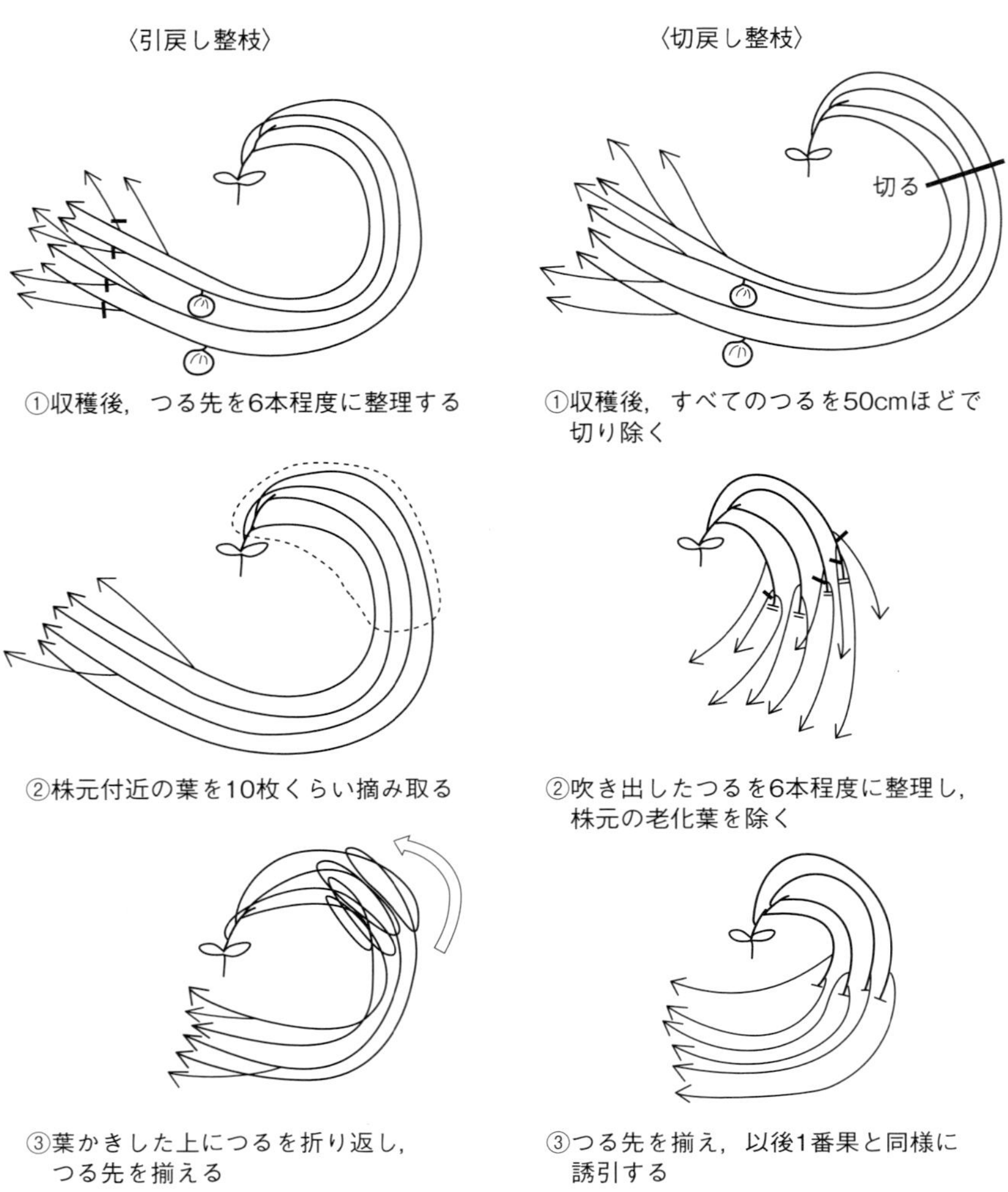

〈引戻し整枝〉
〈切戻し整枝〉
切る
①収穫後，つる先を6本程度に整理する
①収穫後，すべてのつるを50cmほどで切り除く
②株元付近の葉を10枚くらい摘み取る
②吹き出したつるを6本程度に整理し，株元の老化葉を除く
③葉かきした上につるを折り返し，つる先を揃える
③つる先を揃え，以後1番果と同様に誘引する

4　病害虫防除

(1) 基本になる防除方法

病害虫は、発生が多くなってからでは防除の効果が上がりにくい。

栽培開始前には圃場内外の除草を徹底する、育苗床でも防除を徹底し本圃に病害虫を持ち込まない、定植時には粒剤などを利用するなど、予防を中心にした防除を組み立てることで減農薬栽培が可能になる。

定植後に換気や整枝を始めると、アブラムシ類やハダニ類などの害虫が寄生し始める。作業のときには葉裏までよく観察し、寄生を確認したら早期に防除を行なう。

病気については、低密度の発生が天候しだいで急速に拡大し、大きな被害になることもあるので、予防を中心とした防除を行なう（表23）。

(2) 農薬を使わない工夫

実際に被害が発生してからでは、薬剤防除にたよらなくてはならない場合がほとんどだが、栽培管理の工夫によって、病害虫の発生をある程度抑えることができる。

ハウス内の除湿の徹底　この作型では、保温用の被覆の内側に水分がたまりやすく、菌核病などの発生を助長する。日中の換気をしっかり行ない、マルチ上に水滴がたまったら穴をあけて抜くなど、よけいな水分をなくし、病気が発生しにくい状態を維持する。

防虫ネットの使用　アブラムシ類などの害虫が、ハウスの換気口や出入り口から侵入するので、防虫ネットを張って侵入を防ぐ。この方法は、とくに育苗ハウスでのモザイク病予防に効果が高い。

株元の葉摘み　老化した親づるの葉は、うどんこ病やハダニ類の発生源になりやすいため、2回目の誘引作業時に摘み取っておく。これによって通気もよくなるので、薬剤散布の効果が高くなる。

表23　病害虫防除の方法

	病害虫名	特徴と防除法
病気	菌核病	・ハウス栽培でとくに大きな問題になり，3月下旬から5月ころまでの比較的寒い時期に湿度が高いと発生しやすい ・葉や茎に水浸状の病斑が現われ，のちに白い綿状のカビが発生し，被害を受けた部分から先は枯れてしまう ・登録薬剤：セイビアーフロアブル20，パレード20フロアブル，ベンレート水和剤，シグナムWDGなど
	モザイク病（ウイルス病）	・生育期間の後半になると発生が目立つ ・つるの先端付近の葉が不自然に縮れたり，葉が不規則に変色したりする ・発病した株の果実の品質が極端に低下することがあるので，発病株を抜き取って処分する ・アブラムシ類によって伝染するため，アブラムシ類防除を徹底することが重要
	うどんこ病	・葉や茎に白い粉をまぶしたようなカビが点々と発生し，被害が進むと全体が白く覆われ，葉が枯れてしまう ・病徴が進んでからでは防除が困難になるので，予防散布を徹底する。ハダニ類との同時発生で被害が大きくなりやすい ・登録薬剤：ショウチノスケフロアブル，パンチョTF顆粒水和剤，ベルクートフロアブル，トリフミン水和剤など
害虫	アブラムシ類	・年間を通じて発生するが，とくに育苗期から定植後に発生するとモザイク病を媒介し，大きな害をおよぼす危険がある ・登録薬剤（定植時）：アドマイヤー1粒剤，スタークル粒剤など ・登録薬剤（生育中）：ウララDF，チェス顆粒水和剤，コルト顆粒水和剤，モスピラン顆粒水和剤など
	ハダニ類	・年間を通じて発生し，とくに乾燥状態で多発する。多発してからでは防除が困難なので，発生の初期に防除する ・葉の裏に密生して吸汁し，被害を受けた葉がカスリ状に黄化し，激発するとクモの巣状の糸が張られ，最後には落葉する ・薬剤抵抗性がつきやすいので，系統の異なる薬剤でローテーション散布を行なう ・ハダニ類は雑草や他の作物から侵入することが多いので，圃場準備では周辺環境の雑草防除も行なっておく ・登録薬剤：ダニサラバフロアブル，スターマイトフロアブル，ダブルフェースフロアブル，マイトコーネフロアブルなど
	ネコブセンチュウ	・被害を受けると生育期全般にわたって生育が悪く，果実の肥大期に急激に萎れる。根を掘るとコブ状のふくらみが見られる ・作付け後の防除対策はないため，すでに前作で発生が確認されていたり，発生の恐れがあったりする場合には，殺線虫剤で土壌消毒を行なう

5　経営的特徴

小玉スイカの半促成栽培経営指標は表24のとおりである。朝市や直売所で販売すると、一度に大量の販売はむずかしいが、早出しするほど高い単価が期待できる。

（執筆：蓼沼　優、改訂：畠山雅直）

表24　小玉スイカの半促成栽培（無加温）の経営指標

項目	
収量（kg/10a）	5,500
単価（円 /kg）	348
粗収入（千円 /10a）	1,914
経営費（千円 /10a）	1,146
所得（千円 /10a）	768
所得率（%）	40.2
1時間当たり所得（円）	1,908
労働時間（時間 /10a）	419

注）令和2(2020)年 群馬県農業経営指標を参考に作成

小玉スイカの露地・トンネル栽培

1 この作型の特徴と導入

(1) 作型の特徴と導入の注意点

この作型は、低温期の育苗になるため、加温設備が必要である。

定植は、春先の温度上昇期である、4月から始まり5月まで続く。4月はまだ気温が低く、マルチやトンネル被覆して地温（18℃程度）と気温（30℃程度）を確保する。なお、5月以降の定植でも同様な方法で栽培できる。

トンネルや露地での栽培になるため、梅雨や台風など天候による影響を受けやすい。

(2) 他の野菜・作物との組合せ方

栽培終了後の8月から作付けができ、圃場準備が始まる3月までに収穫可能な野菜や作物が栽培できる。

秋冬の露地野菜では、キャベツ、ブロッコリー、レタス、ホウレンソウ、コマツナなどの葉茎菜類、ダイコンやコカブなどの根菜類と組み合わせるのが一般的である。

2 栽培のおさえどころ

(1) どこで失敗しやすいか

① 接ぎ木や育苗時の管理

接ぎ木前後の管理が不十分だと苗数が確保できない。とくに、接ぎ木後の保湿（湿度100％）や温度管理（気温28～30℃程度）、順化時の苗の状態に注意する。また、発芽を揃え、接ぎ木を短期間に終了させないと、その後の管理が煩雑になる。

肥切れや病害虫の被害も生育遅延の原因になる。

② 本圃の温度管理

定植時期によって、晩霜による低温障害や、高温による葉焼けなどの被害を受けることがある。

マルチやトンネル被覆での温度確保、穴あきトンネルの利用や裾換気で温度を下げるなど、栽培環境に合わせて温度管理を徹底する。

図30　小玉スイカの露地・トンネル栽培　栽培暦例

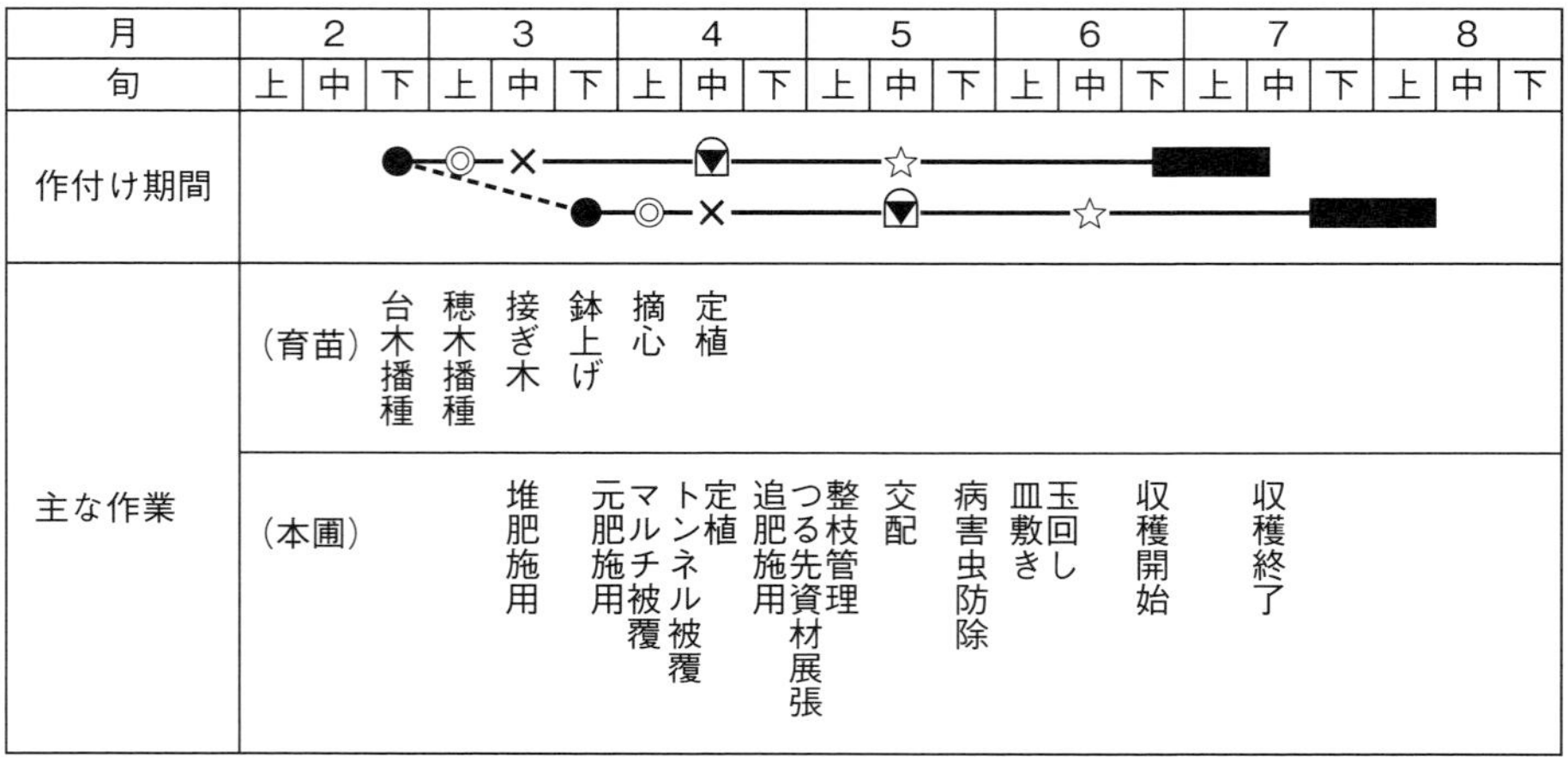

●：台木播種，◎：穂木播種，×：接ぎ木，▼：定植，☆：交配，■：収穫，⌒：トンネル

表25　小玉スイカの露地・トンネル栽培に適した主要品種の特性

品種名	販売元	草勢	果重(kg)	果形	果皮色	果肉色	種子の大きさ
姫甘泉5号	丸種	やや強	2〜2.5	腰高	緑	鮮紅	普通
マダーボール	ヴィルモランみかど	強	2〜2.5	楕円	緑	桃紅	普通
スウィートキッズ	萩原農場	やや強	2〜2.5	球〜腰高	緑	鮮紅	普通
ピノ・ガール	ナント種苗	強	1.6〜2.2	球〜腰高	緑	桃紅	マイクロ
ひとりじめ BonBon	萩原農場	中	2〜2.5	球	黒	鮮紅	普通
なつここあ	ナント種苗	中	2〜2.5	腰高	黒	桃紅	普通
おおとり2号	トーホク	中	2〜2.5	球〜腰高	緑	濃黄	普通

注）販売元のホームページなどから一部改変して引用

図31　小玉スイカに発生する裂皮（上）と裂果（下）

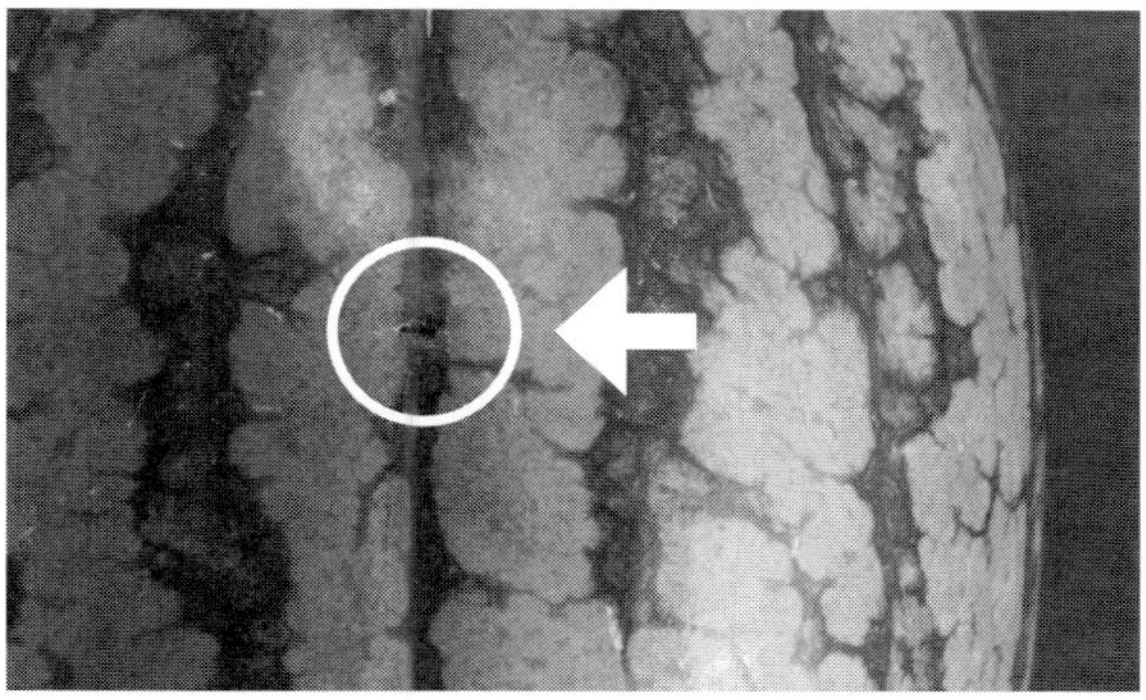

③着果から収穫までの管理

強日射による日焼けや急激な水分吸収は、果実の割れ、腐敗につながる。

収穫時期が遅れると果実品質が低下するので、開花日が明確にわかるように目印をして、開花後日数を目安に適期収穫に努める。

④気象の影響

梅雨の時期に開花すると、着果が不安定になる。また、台風による茎葉へのダメージは甚大であり、その影響で病害が蔓延し、収量が大幅に減少する。

(2) おいしく安全につくるためのポイント

各都道府県の施肥基準などを参考に、適正な施肥量を守り、生育に合わせた整枝や誘引を行ない、丈夫で勢いのある草姿になるよう管理する。

また、病害虫の早期防除に努め、収穫期まで茎葉が繁茂している状態を維持する。茎葉が枯れると光合成が不十分になり、果実の糖度が上がらず品質が低下するので注意する。

(3) 品種の選び方

小玉スイカは、近年、品種改良が進み、特性は多種多様である。果実の形状（球、腰高、楕円）、果皮色（緑色、黒色、黄色など）、果肉色（赤色、黄色、橙色など）、種子の大きさ（普通、マイクロ、シードレス）などに違いがあるので、経営や販売に合わせて適する品種を選定する（表25）。

小玉スイカは皮が薄いため、裂皮や裂果しやすいが（図31）、黒皮品種は果皮がやや厚く、裂皮や裂果が発生しにくい。

3 栽培の手順

(1) 育苗のやり方

①苗箱の準備と播種

消毒した育苗箱に培土を充填し、事前に加温しておく。発芽を揃えるため、水を含んだ布などに種子を包んで水分をしっかり吸収させて、30℃程度で一晩芽出し処理を行なってから播種する。

播種は育苗箱に条播きし、芽が出てくるまで新聞紙をかぶせて乾燥を防ぐ。過剰な灌水は控える。

接ぎ木する場合、接ぎ木方法に合わせて、台木と穂木が適切な大きさになるよう播種日を調整する。

最近は、育苗の省力化のため、購入苗の利用も増えている。

②接ぎ木、順化

接ぎ木に適する大きさの穂木と台木を選び、接ぎ木面を確実に接着させる。接ぎ木後は培土を充填した挿し木床に挿し、ビニールなどで被覆して湿度を100%に保ち、数日間養生する。養生中は遮光するなど、35℃以上にならないよう、とくに日中の温度上昇に注意する。

活着して穂木の本葉が展開してきたら、順化を始める。順化はビニールの裾を10cm程度開け、萎れ始めたら閉める。この操作を繰り返し、徐々に開ける時間を長くする。萎れなくなったら終了。

③鉢上げ、摘心

順化終了後、生育良好な苗を選定し、ポットへ鉢上げを行なう。ポットの用土は市販の培養土を用いる。培養土の水分状態を確認し、水分が不足している場合は加水して調整する。

主茎が伸長してきたら、仕立て方に合わせて本葉を6枚ほど残して摘心し、脇芽の伸長を促す。生育状態を確認し、必要に応じて固形肥料や液肥を用いて適宜追肥を行ない、肥料切れを起こさないよう注意する。

(2) 定植のやり方

①圃場の準備

定植の1カ月前に、堆肥などの土壌改良資材を施用する。

元肥施用（表27）、耕うん、ウネ立て、マルチ、トンネル被覆は1週間前までに、比較的土壌水分が多いときに行なう。ウネ間270cm程度、ベッド幅100cm程度、つる先（つるがベッドから出て伸びる部分）170cm程度とし、マルチは地温が上昇しやすい透明のものなどを用いる（図32、33）。

定植前にマルチとトンネルを被覆することで、地温や気温を確保する。

②定植

健全な苗を選び、株間70cm程度で、根鉢が崩れないように注意して浅植えにする。粒剤タイプの殺虫剤植穴処理も定植時に行なう。

定植後は、必ず灌水を行なって活着を促す。

(3) 定植後の管理

①追肥、ネットの展張

つる先がベッドから出る前に、つる先部分へ追肥を行なう。追肥施用後に、ベッドとベッドの間に、つるが巻きつくためのネットを展張する。

なお、ネットの下に小さな穴のあいた黒マルチを展張すると、水がたまらず、雑草防除効果も期待できる。

②活着期の管理、摘心、整枝・誘引

活着後は、日中のトンネル内温度が35℃を

表26　小玉スイカの露地・トンネル栽培のポイント

	技術目標とポイント	技術内容
育苗方法	◎育苗施設の準備	
	・播種床（温床）	・育苗台に電熱線などを設置し，育苗に必要な温度を確保する
	◎育苗方法	・育苗箱を用いて播種前に培養土を充填し，事前に加温する
	・播種	・事前に十分な水を含ませ，芽出し処理を行なってから播種する ・芽出し時に水を切らすと発芽不良になるため注意する ・播種後は発芽するまで新聞紙を被覆する。新聞紙の除去が遅くなると苗が徒長する
	・接ぎ木	・接ぎ木する場合，接ぎ木方法によって台木と穂木の播種日を調整する ・接ぎ木後は挿し木床に挿し，ビニール被覆などで湿度を100%に保ち，遮光するなど日中の温度上昇に注意して数日間養生する ・活着して穂木の本葉が展開してきたら，順化を始める ・順化はビニールの裾を10cm程度開け，萎れ始めたら閉める。それを繰り返し，徐々に開ける時間を長くする
	・鉢上げ	・萎れなくなったら順化終了。苗の状態を確認し，ポットへ鉢上げする ・水分過多は病害が発生しやすいため，灌水は少なめに管理する
	・摘心	・主茎が伸長し，本葉が展開するので，仕立て方に合わせて本葉を6枚程度残して摘心し，脇芽の伸長を促す ・葉が重なり合わないように鉢ずらしを行なう
	・管理	・肥切れを起こさないよう置き肥や液肥を施用する ・育苗時の病害虫管理を徹底する
定植準備	◎圃場の選定と土つくり	
	・圃場の選定	・水はけがよく，土壌病害が発生していない圃場を選ぶ
	・土つくり	・排水不良の場合，深耕による心土破壊を行なう ・堆肥や有機物などの土壌改良資材を施用する ・土壌分析を行ない，バランスのよい土壌をつくる
	◎施肥，ウネ立て	・前作の施肥量や残渣のすき込みを考慮し，施肥基準にしたがって適正量の施肥に努める ・降雨後など土壌水分がやや高いときにウネ立てを行なう
	◎マルチ・トンネル被覆	・マルチは透明など，地温が上昇しやすいものを使用する ・定植前にマルチやトンネル被覆して温度を確保する
定植方法	◎苗の選び方	・本葉の展開や脇芽の伸長が健全な苗を選ぶ ・根鉢がしっかりと形成されていれば定植できる
	◎定植	・植穴に粒剤の殺虫剤を処理し，根鉢が崩れないように注意して浅植えする ・定植後に灌水を行なって活着を促す ・低温期にはホットキャップなどを用いて保温する
定植後の管理	◎つる先の準備	
	・追肥	・つるの先端がベッドから出る前に，つる先に追肥を施用する
	・つる先ネット	・追肥施用後につるが巻きつくためのネットを展張する ・ネットの下に，小さな穴のあいた黒マルチなどを展張すると雑草防除効果がある
	◎トンネル管理	・日中に35℃以上にならないように換気する ・ある程度生育が進んだのち，トンネルをつる先に移動させると，梅雨期に開花時の雨よけとしても利用できる
	◎整枝，誘引	・仕立て方に合わせて勢いのある脇芽を数本選ぶ ・つるの誘引などを行ないながら，隣の株と重ならないように子づるを配置し，つる先を揃えて生育させる。つる先はピンなどで固定すると風であおられない ・ベッドからつる先が出るまでに，必要ない脇芽や着果した果実を除去すると生育が旺盛になる
	◎交配・着果	・交配は午前中の早い時間に行ない，必ず人工交配する ・交配に使う雄花は花粉がしっかり出ていることを確認する ・晴天時は花粉がよく出るが，降雨後や曇天が続くと花粉が出にくい ・色の異なる着果棒などを設置し，交配した日付がわかるようにする ・圃場周辺にミツバチの巣箱を設置すると虫媒による交配が期待できる
	◎収穫までの管理	・果実皿を敷いたり，玉回しをしたりして果実全体の色づきを促す ・日焼け対策として，果実表面に石灰塗布などを行なう ・急激な水分吸収が行なわれると果実が割れることがあるので注意する
	◎病害虫防除	・着果後に草勢が落ちると病害虫が発生しやすくなるので，しっかり観察し，早期防除に努める ・鳥獣被害には，侵入防止柵や防鳥網の設置など地域の実情に合わせた対策を講じる
収穫	◎収穫適期	・開花後30～35日で収穫適期になる ・収穫前に必ず試し切りをして熟度と糖度を確認する ・過熟になると品質が落ちるので注意する

表27　施肥例　（単位：kg/10a）

		肥料名	施肥量	成分量		
				窒素	リン酸	カリ
元肥	全面	堆肥	1,000			
		苦土石灰	100			
	ベッド	スイカ配合元肥用（4.5-15-5）	155	7	23	8
		ハイマグB重焼燐（0-35-0）	5		2	
		硫酸カリ（0-0-50）	12			6
追肥	つる先	スイカ配合玉肥用（4.5-9-5）	130	6	12	6.5
施肥成分量				13	37	20.5

図32　小玉スイカの露地・トンネル栽培の定植準備

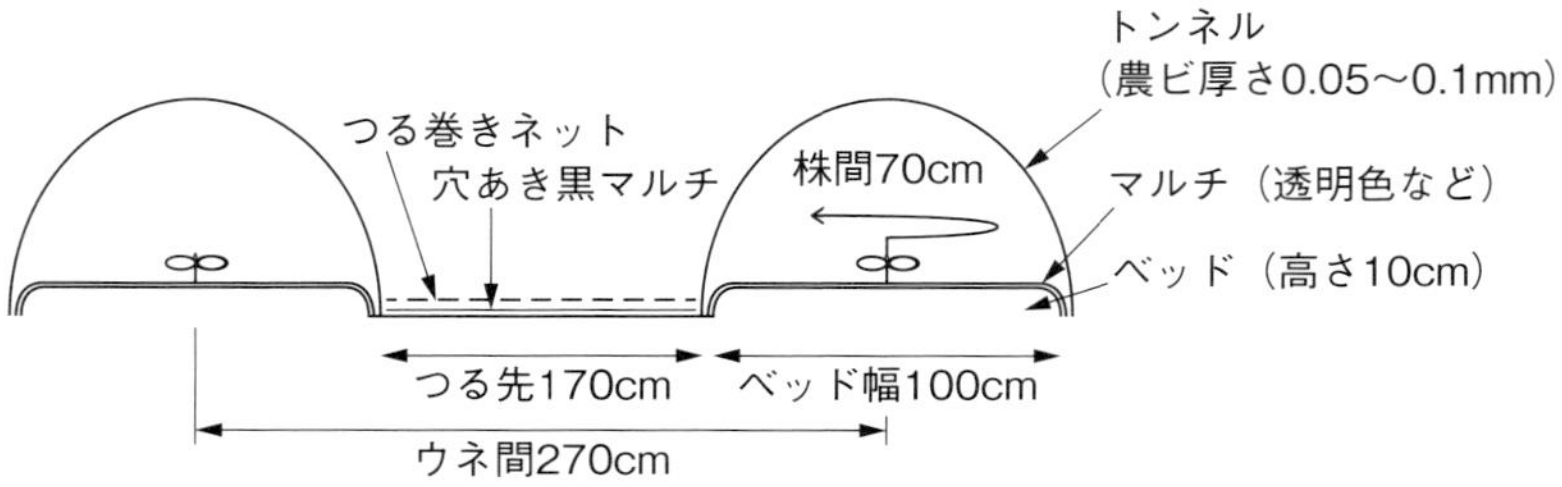

図33　小玉スイカの露地・トンネル栽培の様子

超えないよう換気する。

仕立て方に合わせて、勢いのある脇芽を選び伸長させる。3～5本の子づるを伸長させる仕立て方もあるが、仕立ての基本は4本整枝で、3果着果を目標とする。

隣の株と重ならないように、つるの誘引などを行ない、先端を揃えて管理する。伸長させる子づる以外の脇芽を摘心すると、生育が旺盛になる。

③交配、着果後の管理

交配は午前中に行ない、必ず人工交配する。交配時に雄花の花粉が出ていることを確認し、雌花の柱頭にしっかりと付着させる。圃場周りにミツバチの巣箱を設置しておくと虫媒による交配も期待できる。スイカの着果率はあまり高くないが、株元に着果したものや形状が不良なものは摘果する。

交配後は着果棒やラベルなどを設置し、交配した日付がわかるようにする。

着果後は果実皿を敷いたり、玉回しをしたりして果実全体の着色を促す。日焼け対策として、茎葉での遮光や石灰塗布を行なう。

草勢が弱くなると病害虫が発生しやすくなるので、追肥は十分量を施用し、適宜薬剤予防を行なうなど管理には注意する。

収穫が近づくと、タヌキなどの哺乳類やカラスなどの鳥類による鳥獣被害を受ける可能性がある。侵入防止柵や防鳥網の設置など地域の実情に合わせた対策を講じる。

(4) 収穫

開花後30～35日で収穫適期になる。必ず収

表28　病害虫防除の方法

注	病害虫名	主な発生時期	被害症状	防除法	防除薬剤
病気	うどんこ病	生育期～収穫期	茎葉に白色粉の病斑を生じ，葉枯れ症状を示す。乾燥条件や草勢が衰えると発生しやすい	薬剤による予防や通常防除	ショウチノスケフロアブル，アミスター20フロアブル
	炭疽病	生育期～収穫期	降雨や強風後に蔓延しやすい。茎葉や果実に黒褐色の病斑を生じ，茎葉が枯れ上がる。果実品質の低下につながる	薬剤による予防や通常防除	ジマンダイセン水和剤，ポリベリン水和剤
	つる枯病	育苗期～収穫期	茎葉や株元に褐色の病斑を生じ，枯れ上がる	薬剤による予防や通常防除	ダコニール1000，ポリベリン水和剤
	褐色腐敗病	生育期～収穫期	苗や茎葉，果実が罹病し，軟化腐敗する。排水不良や窒素過多で発生しやすい	薬剤による予防や通常防除	プロポーズ顆粒水和剤，ホライズンドライフロアブル
	ウイルス病	育苗期～収穫期	アブラムシ類やアザミウマ類の媒介により，斑点や黄化，奇形，モザイク症状を示す	罹病株の除去，媒介害虫の防除，残渣の適正な処理	アブラムシ類やアザミウマ類の防除薬剤
害虫	アブラムシ類	育苗期～収穫期	茎葉に寄生してウイルス病などを媒介する。生育が遅延する	定植時の粒剤処理，薬剤による通常防除，雑草除去	アクタラ粒剤5，ウララDF
	ハダニ類	育苗期～収穫期	茎葉裏に寄生して，吸汁による白点状の食害痕を生じる	薬剤による通常防除，雑草除去	モベントフロアブル，ダニサラバフロアブル
	アザミウマ類	生育期～収穫期	茎葉や花，果実に寄生し，食害によるかすり状の白斑を生じる。ウイルス病を媒介することもある	薬剤による通常防除，雑草除去	モスピラン顆粒水溶剤，スピノエース顆粒水和剤
	チョウ目幼虫（オオタバコガ，ヨトウムシ類など）	生育期～収穫期	茎葉や果実を食害する。果実に被害を受けると商品価値を失う	薬剤による通常防除	フェニックス顆粒水和剤，アニキ乳剤
	ネコブセンチュウ	定植後～収穫期	根部に寄生してコブが発生。生育が抑制され，萎凋や枯死を生じる	殺線虫剤による土壌消毒	D-D剤，ネマキック粒剤

注）2022年3月現在の登録情報にもとづき記載，希釈倍率などの使用法は販売元や農薬登録情報提供システムなどのホームページを参照のこと

穫前に試し切りをして，熟度と糖度を確認する。なお，研磨機で磨くと果皮の光沢がよくなって見栄えがよい。

4 病害虫防除

(1) 基本になる防除方法

本栽培で発生する，主な病害虫と対象薬剤は表28のとおりである。圃場衛生や圃場管理での観察を欠かさず行ない，早期発見・早期防除に努める。

とくに，土壌伝染性病害である炭疽病は，強風や降雨後，圃場全体に急速に蔓延することがあるので注意する。

(2) 農薬を使わない工夫

病害虫が発生すると，薬剤を使用せずに防除することは困難である。適正な施肥量を守って過繁茂を防ぎ，ストレスなく生育させて，植物自体が持つ自己防衛機能を発揮させることが，農薬を使わないことにつながる。

5 経営的特徴

本栽培の経営指標は表29のとおりである。この栽培は天候の影響を受けやすく、収量や品質が安定しない場合がある。

小玉スイカは、近年の消費形態の変化に適合した品目の一つである。共販出荷だけでなく、直売所や契約出荷など多様な販売経路を確保するとともに、ブランド化など高単価で販売する取り組みを進めることで経営の安定化が図れる。

（執筆：太田和宏）

表29　小玉スイカの露地・トンネル栽培の経営指標

項目	
収量（kg/10a）	4,000
単価（円 /kg）	200
粗収入（円 /10a）	800,000
経営費（円 /10a）	478,000
農業所得（円 /10a）	322,000
労働時間（時間 /10a）	260

注）「神奈川県作物・作型別経済性標準指標（2017）」より一部改変

カボチャ

表1　カボチャの作型，特徴と栽培のポイント

主な作型と適地

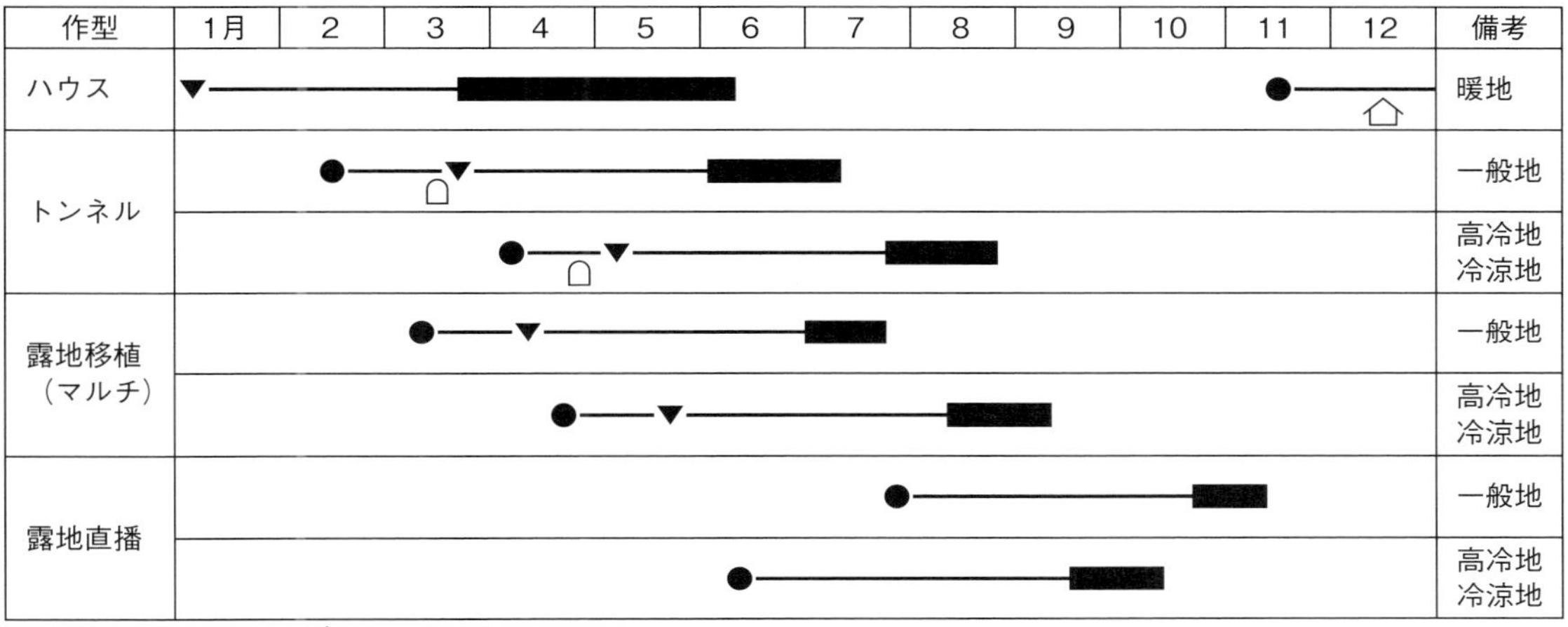

●：播種，▼：定植，⌂：ハウス，∩：トンネル・ホットキャップ，▬：収穫

特徴	名称	カボチャ（南瓜）（ウリ科カボチャ属）
	原産地・来歴	アメリカ，熱帯アジア原産。日本へは，16世紀にポルトガルから九州に移入されたとされ，その後栽培が広まった
	栄養・機能性成分	健康食品イメージが強い典型的な緑黄色野菜。とくにカロテンを多く含む。ビタミンC，カリウム，カルシウム，鉄分も多く含む
	機能性・薬効など	カロテンは体内でビタミンAに変換される。ビタミンAは細胞粘膜を丈夫にし，風邪への抵抗性をつけるとされる。また，消化吸収がよく，胃腸が弱い人によいとされる。冬至カボチャは緑黄色野菜が少ない冬場に重宝される
生理・生態的特徴	発芽条件	発芽適温は25～30℃。10℃以下，40℃以上では発芽しにくい
	温度への反応	生育適温は17～20℃。ウリ科作物の中では比較的低温でもつくりやすい
	日照への反応	カボチャの光飽和点は45,000lxで，光線不足では茎葉の徒長，着果不良，品質の低下を起こす
	土壌適応性	土壌適応性は広く，土質（乾湿性）は比較的選ばないが，排水のよい圃場を好む
	開花（着果）習性	カボチャは雌雄異花。雌花は9節前後に着生，開花する。その後，おおむね4～5節おきに雌花が着生する。第1花は育苗期の低温短日で着生節位が低くなり，高温長日で高くなる
栽培のポイント	主な病害虫	うどんこ病，つる枯病
	他の作物との組合せ	ホウレンソウなど秋冬野菜

この野菜の特徴と利用

(1) 野菜としての特徴と利用

①伝来、栄養、産地

カボチャの原産地はアメリカ、熱帯アジアである。日本では、16世紀にポルトガルから九州に移入されたとされ、その後栽培が広まった。

健康食品のイメージが強い典型的な緑黄色野菜で、とくにカロテンを多く含み、体内でビタミンAに変換される。そのほか、ビタミンC、カリウム、カルシウム、鉄分も多く含んでいる。ビタミンAは細胞粘膜を丈夫にし、風邪への抵抗性をつけるとされている。消化吸収がよく、胃腸の弱い人によいとされている。冬至カボチャは、緑黄色野菜の少ない冬場に重宝される。

カボチャの主力産地は、北海道、鹿児島県、茨城県で、主に5～11月にかけて出荷される。それ以外の時期は、ニュージーランド、メキシコなどの輸入品が占め、国内産とリレー出荷されている。

②カボチャの種類

カボチャは大きく3種類に分類される。①日本カボチャ、②西洋カボチャ、③ペポカボチャ（おもちゃカボチャ）である。日本で主に栽培され、食べられているカボチャは、西洋カボチャに属する。

日本系のカボチャには‘菊座’‘小菊’‘白菊座’などがある。果実がやや小さく、表面に深い縦じわがある。粘質でねっとりしており、醤油との相性がよく、日本料理に向く。

西洋系のカボチャには、‘えびす’‘みやこ’などがある。日本系より大きく、滑らかな皮の果実をつける。甘味が強く、粉質でほくほくした味わいがある。現在の栽培の主流はこの西洋カボチャになっている。

ペポ系のカボチャには、果実や種子を食べるもの、飼料用、観賞用がある。‘錦糸瓜’‘ズッキーニ’‘スカロープ’‘テーブルクイーン’などの品種がある。非常に変異に富み、つる性と叢性があり、果実の形状、大きさ、果実色もいろいろある。一般に「おもちゃカボチャ」ともいわれる。

(2) 生理的な特徴と適地

発芽の適温は25～30℃で、10℃以下、40℃以上では発芽しにくい。生育適温は17～20℃で、ウリ科作物の中では比較的低温でもつくりやすい。光線不足になると、茎葉の徒長、着果不良、品質低下を起こす。

土壌適応性が広く、土質（乾湿性）はあまり選ばないが、排水性のよい圃場を好む。

カボチャは雌雄異花性の野菜である。雌花は9節前後に着生、開花する。その後、おおむね4～5節おきに雌花が着生する。第1花は育苗期の低温短日で着生節位が低くなり、高温長日で高くなる。

4～5月に播種、移植できる露地作型が一般的である。

（執筆：若宮貞人）

露地マルチ移植栽培

1 この作型の特徴と導入

(1) 作型の特徴と導入の注意点

露地栽培は、むずかしい管理作業を必要としないが、育苗のための培土、25日程度の育苗期間、その他の準備が必要になる。

(2) 他の野菜・作物との組合せ方

北海道のような寒さが早くくる地方では、カボチャ1作の場合が多い。その他の地域では気象条件に応じて、ホウレンソウ、コマツナ、ダイコンなど秋冬野菜を組み合わせる。

2 栽培のおさえどころ

(1) どこで失敗しやすいか

播種後3～4日で出芽し、約60日後に開花して、開花後40～50日で収穫期に達する。つまり、播種から約１００～１２０日で収穫できることになる。

なお、栽培の注意点は以下のとおりである。移植栽培では、育苗にきめ細かい管理を要するが、他の果菜類の育苗に比較すると比較的容易である。圃場の地力をよく知り、肥料が多くならないようにする。定植以降はと

図1　カボチャの露地マルチ移植栽培　栽培暦例

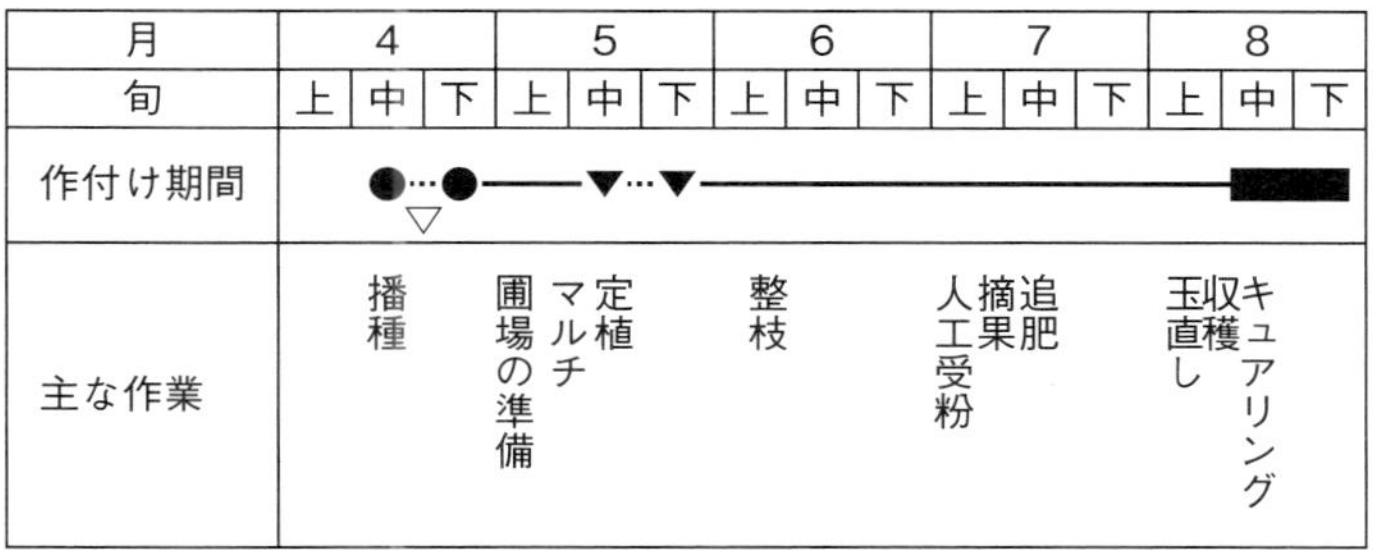

●：播種，▽：鉢上げ，▼：定植，■：収穫

表2　カボチャの品種特性

品種名	早晩性	果形	1果重(kg)	果皮色	肉質	備考
味早太	極早生	扁円	2.0	濃緑	粉	
みやこ	早生	扁円	1.4	濃緑	粉	側枝少，密植向き
くり将軍	早生	扁円	2.0	濃緑	粉	
味平	早生	扁円	1.7	濃緑	粉	
ケント	やや早生	栗形	2.5	濃緑	粉	
栗五郎	やや早生	扁円	2.0	濃緑	粉	密植向き
えびす	やや早生	扁円	1.8	濃緑	粉	
ほっこりうらら	やや早生	扁円	1.8	濃緑	粉	
くりゆたか	やや早～中	扁円	2.0	濃緑	粉	
雪化粧	中生	扁円	2.3	灰色	粉	
蔵の匠	晩生	扁円	1.9	黒緑	粉	
ほっとけ栗たん	早～やや早生	栗形	1.8	濃黒緑	粉	短節間性
ジェジェJ	やや早生	扁円	2.0	濃緑	粉	短節間性
プッチィーニ	早生	台形	0.3	濃黄	粉	ミニカボチャ
坊ちゃん	早生	扁円	0.5	黒緑	粉	ミニカボチャ

注）『北海道野菜地図（その46）』平成5年2月発行より

くに注意を要する管理は少ないが、つる整理を早めに行ない、株元が込まないようにする。

(2) おいしく安全につくるためのポイント

生育が旺盛になりやすい作物のため、肥料が多くならないように注意する。多肥になると、葉が大きく、つるも太くなるなど栄養生長型の生育になり、着果しにくくなる。また、病害も発生しやすくなる。

収穫が早いと食味が劣るので、着果日を確認するなど適期に収穫することが、おいしいカボチャつくりには欠かせない。

(3) 品種の選び方

「この野菜の特徴と利用」の項で述べたとおり、カボチャにはさまざまな系統や品種がある。露地栽培では、気象や土壌条件、つくりやすさや食味のよさなどを考慮して品種選定され、栽培されている。露地栽培での主な品種と特性を表2に示した。

3 栽培の手順

(1) 育苗のやり方

①播種

播種箱を利用し、条間7cm、種子間隔2cmに条播きする。覆土後、新聞紙をかけ温湯を灌水する。

適温の25℃前後であれば、3～4日で出芽する。出芽が始まったら新聞紙を取り除き、光線を当てる。新聞紙を取り除くのが遅れると、胚軸（茎）が細く伸びすぎるので注意する。

ポリ鉢に直接播種するときは、1ポットに3粒播く。温度管理は播種箱を利用する場合と同じようにする。子葉展開後、生育のよいものを1本残す。

②鉢上げ

出芽後2～3日したら、播種箱の子葉（双葉）苗をポリ鉢に移植する。遅れると活着が悪くなる。

10～12cmのポリ鉢に8～9分目ほど床土を詰め（鉢当たり0・5～0・8ℓ）、十分に灌水して温めておく。鉢上げの準備が終わったら、暖かい日を選んで移植する。植付けの深さは3cm程度とする。

③温度管理

育苗前半は、やや高めの温度管理を行ない、日中は20～28℃にする。夜間は活着までは18～20℃、活着したら15～18℃にする（表4）。夜間の温度が15℃以下にならないように保温する。

育苗後期（本葉2葉期）からは、やや低温育苗に移り、花芽分化を促す。日中20～25℃とし、夜間は10～15℃まで下げる。そして、定植の5～7日前になったら夜温を10℃くらいにまで下げ、日中は外気にならすようにする。

④育苗管理

ハウスで育苗すると、春先でも晴天の日には30℃以上になることが多く、十分な換気が必要になる。逆に寒い日や曇雨天の日には保温する必要がある。しかし、ハウスをあまり密閉すると、湿度が高くなりすぎるので、軽い換気は行なうようにする。

灌水は晴天の午前中に行なう。夕方、床土の表面が軽く乾く程度の量とする。

定植の5～7日前になったらずらしを行ない、ポットの間隔を20cmに広げる（図2）。

表3　露地マルチ移植栽培のポイント

	技術目標とポイント	技術内容
育苗方法	◎播種準備	
	・ビニールハウス内育苗	・保温管理をよくし，発芽適温を確保する。発芽適温は25℃
	・均一な発芽	
	◎健苗育成	
	・鉢上げ	・鉢上げは子葉時に行なう。このとき，子葉を傷めないように注意する
	・しっかりとした温度・灌水管理	・きめ細かい温度・灌水管理を行なう
	・順化	・定植数日前から外気にならす
定植準備	◎圃場の準備	
	・圃場の選定	・土壌適応性は広いが，排水性のよい圃場が好ましい
	・施肥	・圃場の地力をよく知り，草勢が強くならないように適正量の元肥を施す
	・ウネ立て	・ベッド幅1m，高さ20cmの高ウネとする
	・マルチがけ	・定植5日前までに，ウネをつくり，マルチをしておく
定植方法	◎適期定植	・地温15℃以上になったら定植する
	・順調な苗の活着	・播種後30～35日，本葉4枚程度の適期の苗を定植する
		・トンネル，ベタがけ，ホットキャップなどを利用して，定植直後の保温と初期生育の促進を図る
	・栽植密度	・栽植密度の目安 主枝仕立て：ウネ幅3m，株間40cm，833株/10a ウネ幅3m，株間50cm，666株/10a 側枝仕立て：ウネ幅3m，株間70cm，476株/10a ウネ幅3m，株間1m，333株/10a
定植後の管理	◎整枝	・つるの整理を早めに行ない，株元が込まないように注意する
	◎着果管理	・人工受粉を励行する（早朝）
	◎摘果	・低節位（7節まで）の果実を摘果する
	◎追肥	・つるの大きさや，茎の太さなど草勢を見ながら行なう。つる先に施す
	◎玉直し	・果皮の黄帯部（地面に接している部分）をなくす
	◎病害虫防除	・早期に予防的防除を行なう
収穫	◎適期収穫	・収穫の目安は着果後45日，果梗にヒビが入ってきたころ。着果棒を利用して収穫時期を判断する
	◎キュアリング	・風通しのよい納屋などで10日程度キュアリング（風乾処理）を行なう

表4　カボチャの育苗時の温度管理（単位：℃）

		播種床（7日間）		移植床（23～25日間）	
		発芽前	発芽後	前期	後期
気温	昼	―	20～25	20～28	20～25
	夜	―	15～20	15～20	10～15
地温	昼	25～30	20～25	20～25	18～23
	夜	18～20	15～20	15～20	10～15

表5　施肥例　（単位：kg/10g）

	肥料名	施肥量	成分量		
			窒素	リン酸	カリ
元肥	堆肥 NS　262	2,000 40	(2) 4.8	 6.4	(5) 6
追肥	NS　248	20	4	0.8	1.6
施肥成分量			8.8	7.2	7.6

注1）有機物中に含まれる化学肥料相当分を元肥量から減らす
注2）元肥はマルチ幅全面に施す
注3）追肥する場合は1番果の着果後につる先に行なう

ずらしによって、葉が込み合わないようにのびのびと育てる。

定植前日は鉢に十分灌水して、根鉢が崩れるのを防ぐ。

育苗日数は30日とする。これ以上おくと根が老化（根がポリ鉢に回りすぎる）し、定植後の生育がよくないので注意する。

(2) 定植のやり方

①圃場の準備と施肥

定植の5日前までに施肥、ウネ立て、マル

図2　鉢ずらしと摘心のやり方

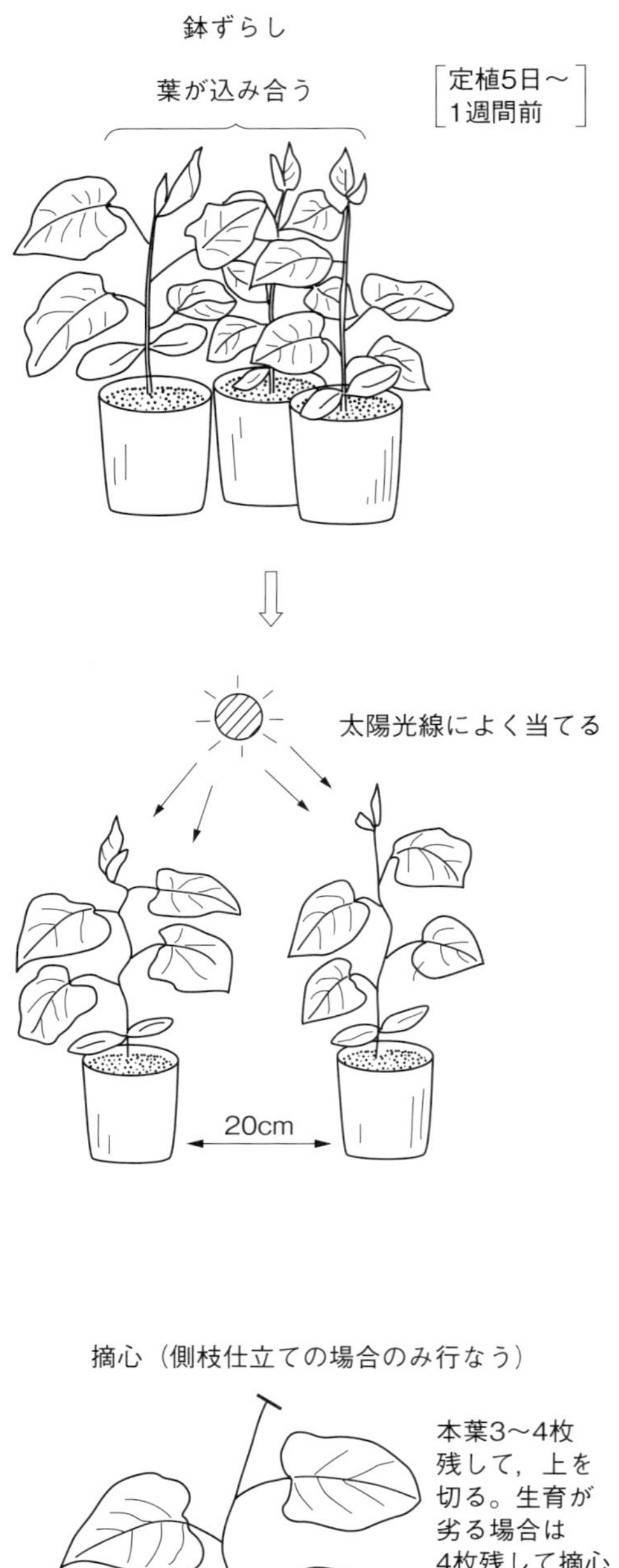

図3　ウネのつくり方

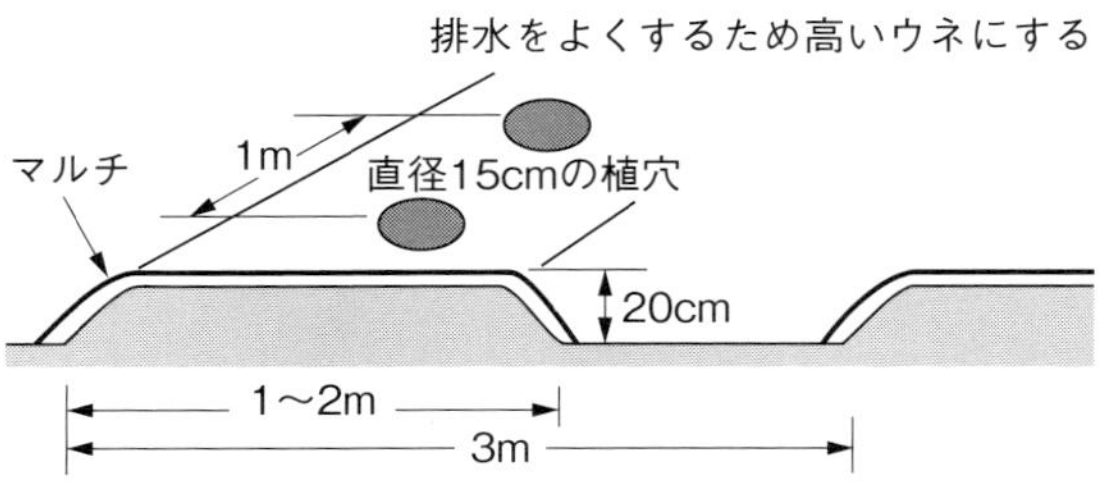

チを行ない、地温を高めておく。

畑のpHは5・6〜6・8が望ましい。pHを必ず測定し、望ましい範囲内にないときは矯正する。

元肥は表5を参考に施す。施肥量が多いと草勢が強くなりすぎるので注意する。

ウネ幅は3mとり、ベッド幅1〜2m、高さ20cmの高ウネをつくる。なお、株間は表3に示したとおりであるが、側枝仕立てでは株間1mとするのが一般的である（図3）。

②定植の方法

定植は地温が15℃以上になる時期に行ない、気温が下がる3時ころまでに終わるようにしたい。

マルチに穴をあけ、根鉢を崩さないようていねいに植える（図4）。浅植えとし、株元がこころもち高めになるようにする。このとき、根鉢と土に隙間ができないように注意する。

定植直後に遅霜などの危険があるときは、ホットキャップやベタがけなどをして保温する（図5）。

(3) 定植後の管理

カボチャの場合、本葉5枚になると16節位までの花芽分化が行なわれているので、初期

図4　定植のやり方

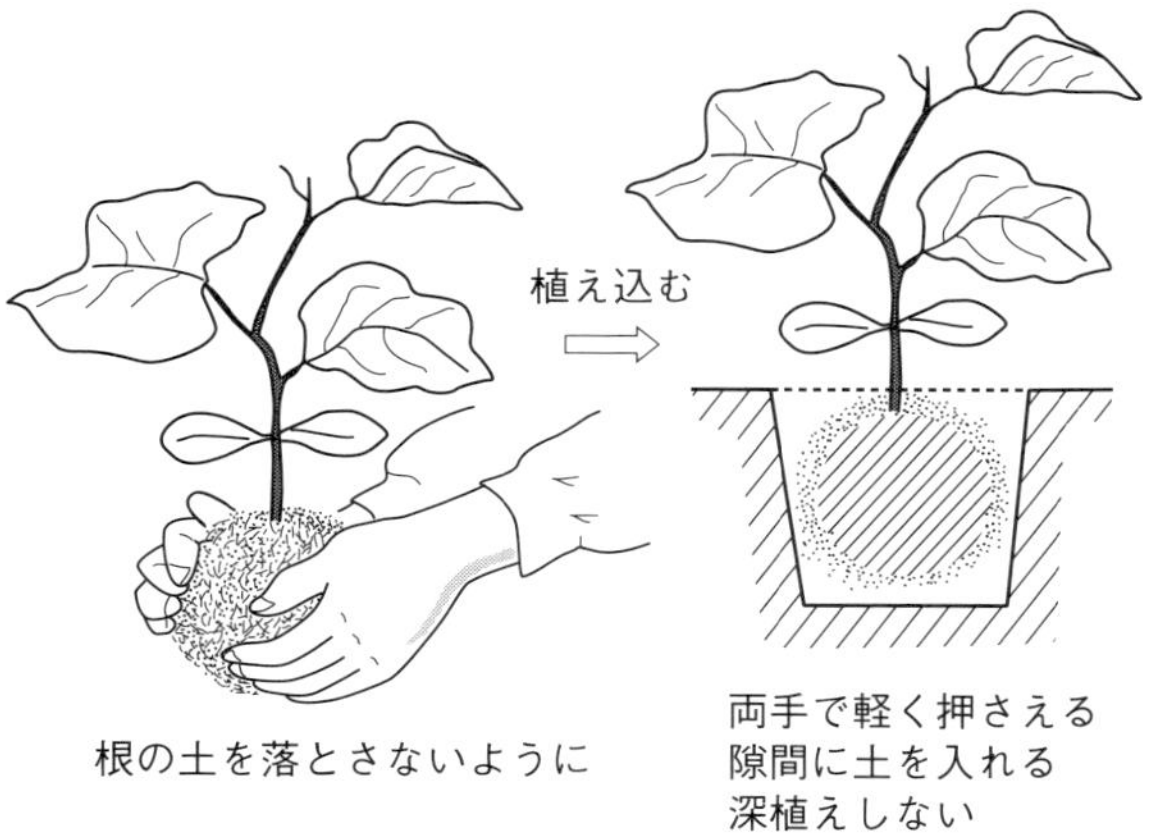

図5　植付け後の苗の保温

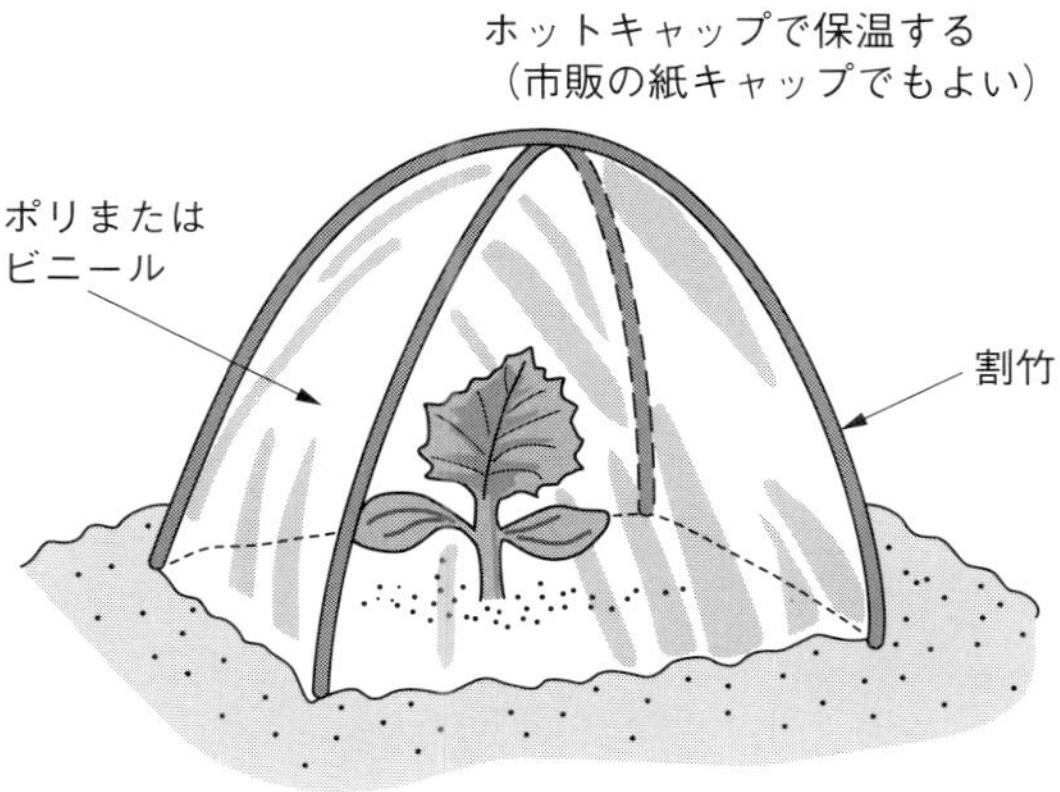

図6　カボチャの整枝のやり方

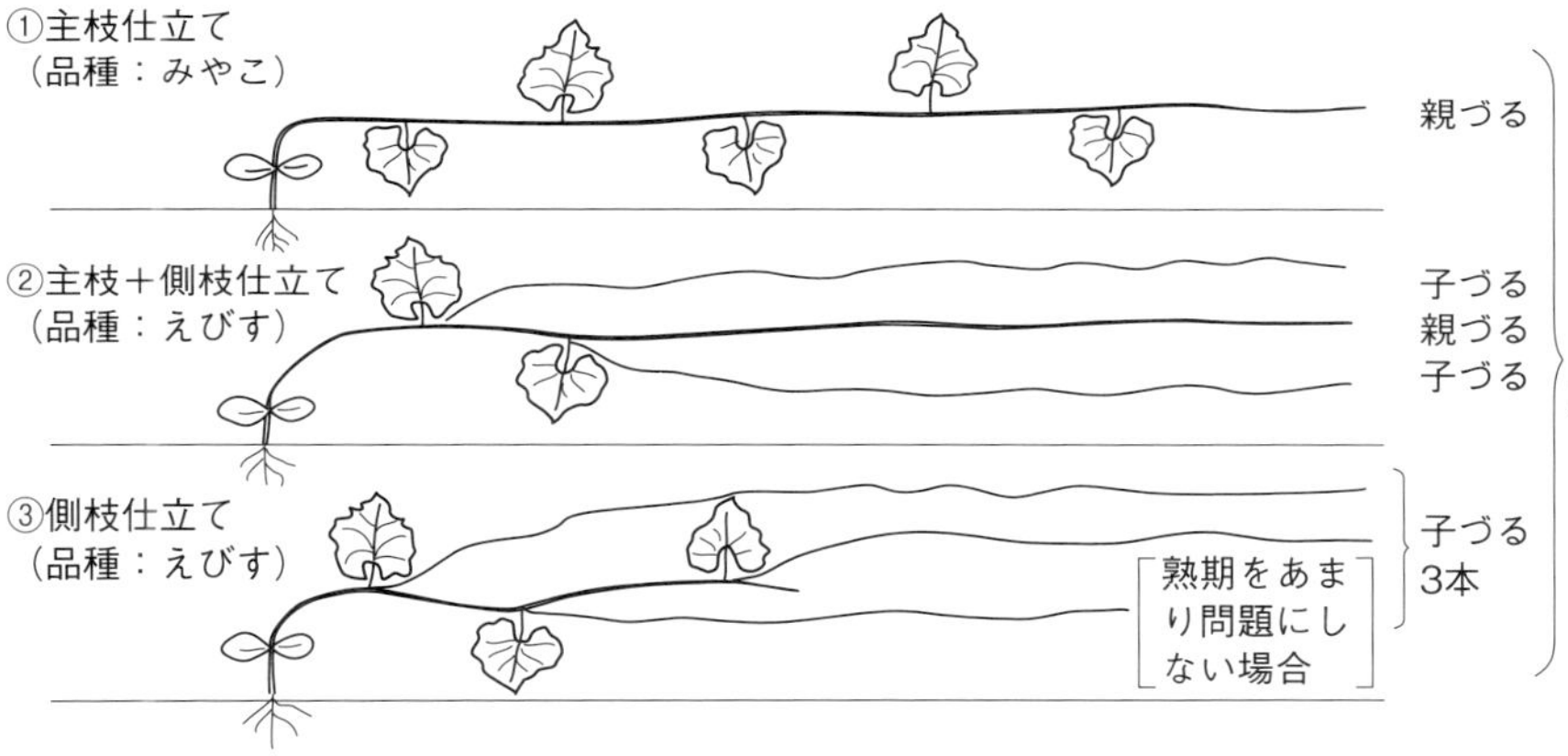

どの仕立て方でも，7節以下についた果実は摘み取る

の管理が重要な意味を持つ。初期生育が不良になると、1番果が落果（花）したり、肥大不良になったりする。

①整枝

主な整枝方法を以下に述べるが、側枝仕立てが1株の着果数も多く一般的である（図6）。

主枝仕立てに適する品種は'みやこ'、側枝仕立てや主枝プラス側枝仕立ては'えびす'が多く利用されている。

なお、各整枝方法とも、脇づるの整理は、1番果着果節位まで早めに行なう。

主枝仕立て　主枝1本を残し、他はすべて除去する。密植して1番果を早く収穫したいときに行なう方法。

主枝＋側枝仕立て　主枝をそのまま伸ばし、側枝（子づる）を2本残して、他は除去する。早期収穫と総収量を期待する方法。

側枝仕立て　主枝を4葉で摘心し、側枝（子づる）を3本伸ばす。主枝1本仕立てより多少遅れるが、側枝に着果した果実が一斉に収穫できる。1回目の整枝（主枝の摘心）は定植の2〜3日前に行なう。2回目の整枝は子づるが50㎝くらいに伸びたころで、株元を整理して誘引し、生育が均等な子づる3本を選

図7　カボチャの人工受粉のやり方

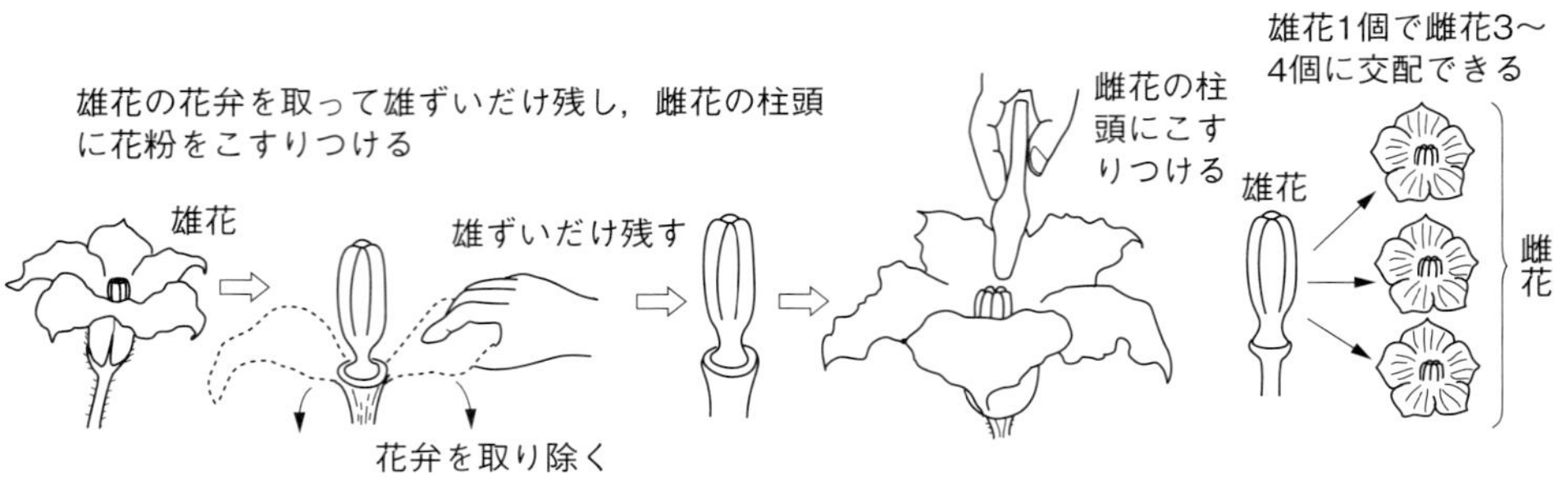

図8　玉直し

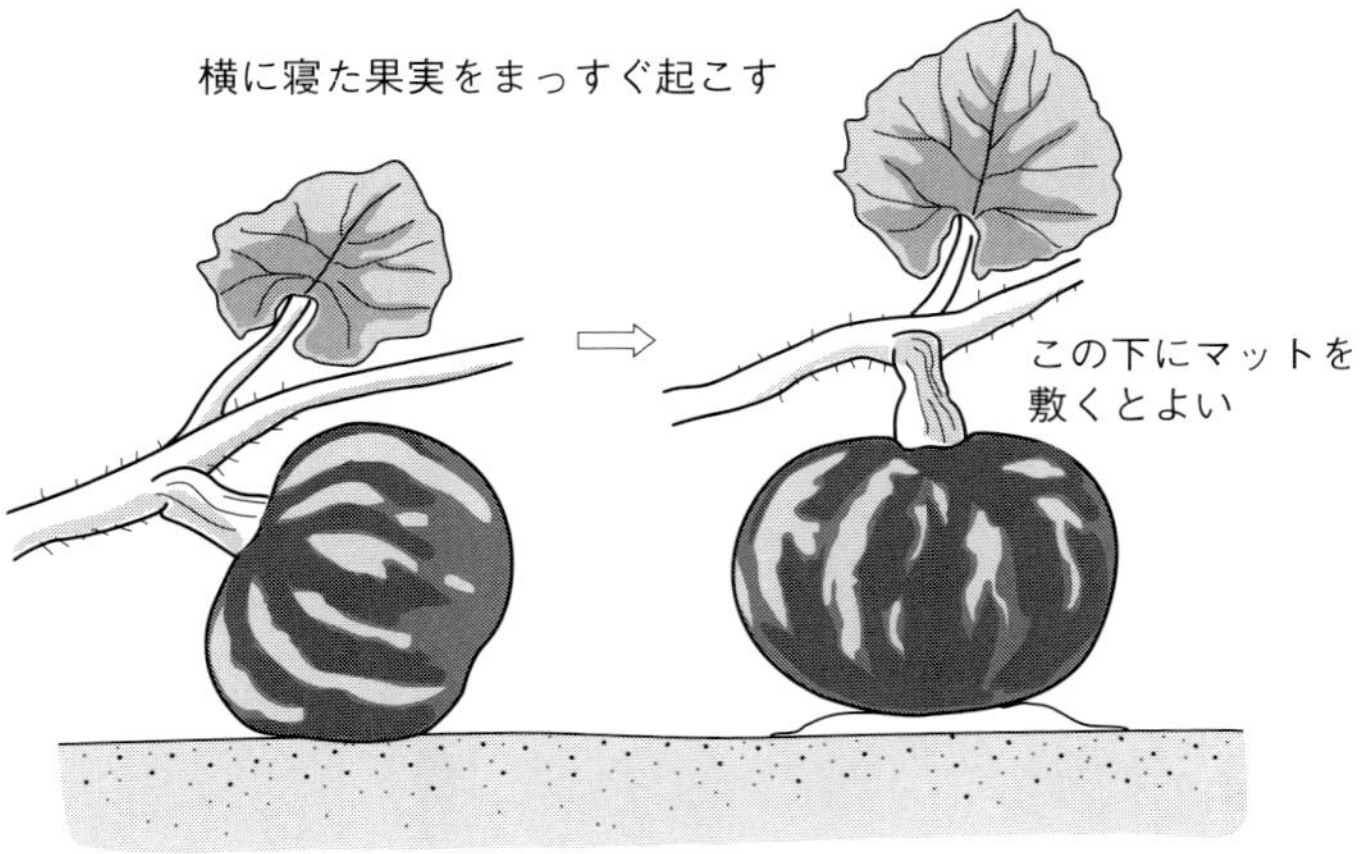

び残す。3回目の整枝は1番果開花の2〜3日前で、株元の孫づるを除去する。

②人工受粉と着果

カボチャの開花適温は10〜12℃で、9℃以下、35℃以上では花器に異常をきたす。1番果の着果時期は訪花昆虫が少ないので、人工受粉を行なうとよい。

開花した雄花を摘み、花弁を除いて雄ずいを出し、雌しべの柱頭に軽く転がすようにして花粉を落下、付着させる（図7）。人工受粉は朝8時ごろまでに終えるようにしたい。1個の雄花で3〜4個の雌花に受粉できる。

草勢にもよるが、1番果の着果節位は通常8〜10節とする。こうすると1株当たり2〜3果程度の着果となる。

なお、着果日を確認できるように、着果棒を立てるなど目印をつけておくと、収穫時に便利である。

③摘果

7節以下の低節位の果実は、小玉、変形になりやすいので摘果する。

④追肥

つるの長さが50〜60㎝のときに、つる先の部分に化成肥料をひとつまみ施す。さらに着果が揃ったら、つる先に化成肥料を一握り施す。ただし、草勢がきわめて強いときは追肥を行なわない。

⑤玉直し

果皮の黄帯部の発生をなくすために、収穫10日前に玉直しを行なう（図8）。

(4)収穫、キュアリング

①適期の見分け方と収穫

収穫適期の目安は着果後45日ころで、果実表面に爪が立たなくなり、果梗部にヒビが入ってきたときである。試し切りをしてみて、果肉が十分に黄色くなり、種子が充実していれば収穫できる。切り口をできるだけ短く平らに切り取って収穫する。

収穫は晴天の日に行なうが、直射日光の強い日は避ける。1番果、2番果の2回に分けて収穫する。

②キュアリング

収穫したらキュアリング（風乾処理）を行なう。風通しのよい納屋やビニールハウスに遮光シートをかけ、裾の部分の風通しをよくし、収穫した果実を並べて乾燥する。

乾燥する期間は、25℃で10日程度を目安にする。

4 病害虫防除

(1) 基本になる防除方法

大きな病害虫は少なく、つくりやすい野菜であるが、うどんこ病が主要な病害である（表6）。果実が直接侵されることはないが、病葉は古くなると枯れ上がり、生育が抑制されたり、日焼け果の発生につながったりして、減収してしまう。極端に病斑がひどくなった葉は摘除するとよい。

収穫後、貯蔵中の腐敗では、つる枯病が起因していることがある（図9）。対策は、開花後20～30日に、つる枯病の登録薬剤を水量150ℓ／10aで防除する。

収穫は降雨時を避け、切り離し後は圃場に放置しない。収穫後は乾燥を促すため風通しをよくする。乾燥時の温度は30～35℃以内が適しており、20～25℃では腐敗果が増加する傾向にある。

(2) 農薬を使わない工夫

耕種的防除法として、輪作、排水対策、栽培後の残渣処理などがある。排水対策は、排水のよい圃場にすることや、前述のように高ウネにすることが効果的である。

残渣処理では、次年度以降のことも考慮して、栽培後のつるや葉を圃場の外に持ち出す。また、整枝したつるや葉、病葉の持ち出しも大切である。圃場周辺の除草にも心がける。

図9　つる枯病の症状（果実腐敗）

注）原図：若宮

表6　病害虫防除の方法

	病害虫名	防除法
病気	うどんこ病	果実肥大期になると発生しやすいので注意する。ポリベリン水和剤2,000倍，モレスタン水和剤2,000～3,000倍，ジーファイン水和剤1,000倍，ラリー水和剤5,000倍，ストロビーF3,000倍，アフェットF2,000倍のいずれかを散布する
	疫病・べと病	ジマンダイセン水和剤600倍，リドミルゴゴールドMZ1,000倍，プロポーズ顆粒水和剤1,000倍のいずれかを茎葉散布する
	つる枯病	アフェットF2,000倍，ポリベリン水和剤2,000倍，ジマンダイセン水和剤600倍のいずれかを開花後20日および30日に茎葉散布する
害虫	ワタアブラムシ	マブリック水和剤20・4,000倍，アディオン乳剤2,000倍，モベントフロアブル2,000倍のいずれかを茎葉散布する

注1）農薬登録：2022年3月現在

5 経営的特徴

仮に1kg単価を185円とし、10a当たり1600kgの収量があるとすれば、約29万円の収入になる。生産費は表7を参考にしていただきたい。

（執筆：若宮貞人）

表7　露地マルチ移植栽培の経営指標

項目	
収量（kg/10a）	1,600
単価（円/kg）	185
粗収入（円/10a）	296,000
種苗費	11,600
肥料費	9,830
農薬費	4,184
生産資材費	48,611
動力光熱費	4,260
直接経費小計	78,485
所得（円/10a）	217,515
所得率（%）	73
労働時間（時間/10a）	57.8

露地直播栽培

1 この作型の特徴

露地直播栽培は、圃場の有効活用の面からも有望な作型である（図10）。抑制作型では、親づる1本仕立ての密植栽培が適する。ウネ幅350cm、株間30～40cmとする。

播種は、種子を横方向に揃え、1穴に3粒ずつ播く。覆土は1cmくらいで、軽く鎮圧する。出芽して生育が旺盛になり、2～3葉になったら、生育のよい株を1本残す。

その後の管理は露地マルチ移植栽培に準じる。

図10　カボチャの露地直播栽培　栽培暦例

月	5			6			7			8			9		
旬	上	中	下	上	中	下	上	中	下	上	中	下	上	中	下
作付け期間		●	●	―	―	―	―	―	―	―	―	■	■	■	
主な作業	圃場の準備	播種			整枝			追肥 摘果 人工受粉			玉直し	収穫	キュアリング		

●：播種，■：収穫

図11　露地直播栽培のカボチャ

注）原図：古川

2 導入の注意点

出芽や出芽後の初期生育を促進することが重要なため、土壌水分の乾湿差が大きくならないようにする。施肥、耕うん後は、適度な土壌水分が保たれている状態で播種作業などを行なう。また、鳥獣害やタネバエの発生に注意する。

（執筆：若宮貞人）

トンネル栽培

1 この作型の特徴と導入

トンネル栽培は、露地直播栽培より約1カ月早く播種でき、しかもトンネルの保温効果によって生育を前進させ、早ければ初夏には収穫できる（図12）。

しかし、30～40日の育苗期間とともに、育苗にともなう培土やその他の準備が必要になる。また、被覆用にトンネルフィルムも必要であり、換気にも手間がかかる。

栽培方法は、露地マルチ移植栽培に準じるが、以下の点で管理が違うので注意する。

図12　カボチャのトンネル栽培　栽培暦例

月	4			5			6			7			8		
旬	上	中	下	上	中	下	上	中	下	上	中	下	上	中	下
作付け期間	●…▽	●	―	▼（トンネル）	▼（トンネル）	―	―	―	―	―	■	■	■		
主な作業	播種			圃場の準備、定植	トンネル被覆、換気		換気、整枝	人工受粉、摘果	追肥	玉直し、収穫	キュアリング				

●：播種，▽：鉢上げ（移植），▼：定植，⌒：トンネル，■：収穫

2 栽培の手順

(1) 定植のやり方

定植は暖かい日に行ない、気温が下がる15時ころまでに終える。ただちに支柱を立て、トンネル被覆を行なう。

図13　トンネル栽培のカボチャ

注）原図：寺西

(2) 定植後の管理

トンネル内が30℃以上の高温にならないよう換気を行なう。トンネル1mに一つの割合で穴（直径10cm程度）をあけて換気する。穴を徐々に大きくし、数も増やしていく。

カボチャは、本葉5枚のときに16節位まで花芽分化が行なわれているので、トンネル内が高温になると1番果の落果（花）、2番果の充実不良を起こす。

定植1カ月ほどして、つる先がトンネルからはみ出すようになったら、トンネルフィルムを除く。

その後の管理は露地マルチ移植栽培に準じる。

（執筆：若宮貞人）

ズッキーニ

表1　ズッキーニの作型，特徴と栽培のポイント

主な作型と適地

作型	1月	2	3	4	5	6	7	8	9	10	11	12	備考
初夏どり				●	▼	■	■	■					寒冷地
抑制								●	▼	■	■	■	温暖地
半促成	▼	■	■	■								●	亜熱帯

●：播種，▼：定植，■：収穫

特徴	名称	ズッキーニ（ウリ科カボチャ属）
	原産地・来歴	北アメリカ南部，15世紀ころ
	栄養・機能性成分	β-カロテン，ビタミンC，カリウムを多く含む。β-カロテンは抗酸化力が高く，ビタミンCは免疫力を高める。カリウムは高血圧の予防・改善に役立つ
生理・生態的特性	発芽条件	25℃で好適な発芽
	温度への反応	低温には比較的強い
	日照への反応	多日照で果実の肥大がよい
	土壌適応性	適応範囲は広い
	開花（着果）習性	短日で雌花が多い
	休眠	種子の休眠はない
栽培のポイント	主な病害虫	うどんこ病，ウイルス病，アブラムシ類など
	他の作物との組合せ	連作は極力控える。トマト，ナス，ホウレンソウなどの野菜との輪作が好ましい

図1　開花結実期のズッキーニ

この野菜の特徴と利用

(1) 野菜としての特徴と利用

ズッキーニの原産地は北アメリカ南部といわれている。コロンブスの発見後にヨーロッパに紹介され、栽培されるようになった。

日本で栽培されているカボチャには、日本カボチャ、西洋カボチャ、ペポカボチャの3種類ある。ズッキーニはペポカボチャに属し、果実を若どりして食べる野菜である。1980年代に長野県で栽培されたのが最初といわれ、食の洋風化にともない一般の家庭でも消費されるようになり、栽培面積も拡大してきた。

果実には円筒形と卵形があるが、一般に売られているのは円筒形で、キュウリを太くしたような形をしている。円筒形のズッキーニには果皮が濃緑色のものと黄色のものとがあり、開花3～5日後の200～300gの未熟果に花弁をつけて収穫する。

味は淡白で、ナスのように油炒めや吸い物、はさみ揚げなどに用いられる。

(2) 生理的な特徴と適地

ズッキーニは、ほかのカボチャと違い、草型が叢生なので、支柱やヒモを用いた立体栽培が行なわれる（図1）。主枝には硬いトゲがあり、主枝の葉腋に雌花と雄花を着生する。

本葉6～7枚まではほとんど雄花だが、その後は雌花が多くなり、30節ぐらいからはほとんど雌花になる。生育初期から生育中期にかけては交配に必要な雄花を確保できるが、生育中期以降は雄花の確保がむずかしい。

生育適温は果菜類の中で最も低く、18～23℃といわれ、低温に耐える特性を持つ。

主な作型は、ハウス栽培では、抑制、半促成、初夏どり栽培である。これらの作型を組み合わせ、年間を通した栽培が可能である。品種は利用方法によって変える必要があり、色や形によって選択する。

（執筆：長嶋寿明）

半促成栽培

1 この作型の特徴と導入

(1) 作型の特徴と導入の注意点

ズッキーニは各地で栽培されているが、個々の農家の栽培面積は小さい。作型は抑制、半促成、初夏どり栽培があり、半促成栽培が一般的である。なお、千葉県のズッキーニ農家では、1年中ハウスを張りっぱなしにして、作型を組み合わせて栽培している例が多い。

この作型は、生育初期から短日で経過するため、低節位から雌花が着生する。

(2) 他の野菜・作物との組合せ方

ズッキーニはウリ科野菜なので、他のウリ科野菜との連作は避ける。トマト、ナス、ホウレンソウなど科の違う野菜との輪作を行なう。

2 栽培のおさえどころ

(1) どこで失敗しやすいか

支柱立て　叢生するため、栽培には支柱が必要である。支柱立てが遅れると主枝が折れてしまうので、早めに支柱を立てて主枝をヒモで固定する。

適期収穫　ズッキーニ栽培では、開花後4～5日で未熟果を収穫する。収穫が遅れると果肉が硬くなり、料理に適さなくなる。また、収穫の遅れによって上部の雌花を落花させる。したがって、ズッキーニ栽培では適期収穫がとくに大切である。

(2) 品種の選び方

利用目的により品種の選択が異なる。ズッキーニには円筒形や卵形の品種があるほかに、濃緑色や黄色の品種がある（表2）。

また、ウイルス病が問題になることが多いので、耐性を持つ品種を選択するとよい。

3 栽培の手順

(1) 育苗のやり方

①播種の準備

施設栽培では10a当たり約700本の苗を定植する。種子は800粒程度準備する。発芽適温25℃を確保すれば発芽は容易で、催芽処理しなくても2日後に発芽してくる。

培土の水はけが悪いと、発芽前に腐ったり発芽不良になったりする。排水のよい培土が市販されているので、それらを利用してもよい。

②播種

9～12cmのポットに播種する。気温が低い時期に播種する場合は、電熱線を敷いた育苗圃を準備する。

③育苗管理

育苗ハウスの温度が高いと徒長苗になるので、夜温を低めにする。夜温を低めにすると節間が詰まったがっちりした苗になり、雌花も下位節から着生する。

育苗土の水分が多くても徒長苗になり、定植後の生育が悪くなる。育苗中の灌水は控えめにし、徒長苗にしないように気をつける。

苗の葉が隣のポットの葉と重なり合ったら、ずらしを行ない、ポットの間隔を広くして節間の短い苗にする。

図2　ズッキーニの半促成栽培　栽培暦例

月	1	2	3	4	5	6	7	8	9	10	11	12
旬	上中下	上中下	上中下	上中下	上中下	上中下	上中下	上中下	上中下	上中下	上中下	上中下
作付け期間	⌂ ▼	■	■	■								●
主な作業	定植	収穫始め		収穫終了							畑の準備	播種

●：播種，⌂：ハウス被覆，▼：定植，■：収穫

表2　半促成栽培に適した主要品種一覧

品種名	販売元	特性
グリーンボート2号	カネコ種苗	果実は極濃緑色の円筒形，長さ15～20cmで収穫期になる。低節位からの雌花着生に優れている早生品種で，とくに出荷時期が短い遅播きで能力を発揮する。ズッキーニ黄斑モザイクウイルス（ZYMV）とカボチャモザイクウイルス（WMV）に強く，高温時の病害による生産の不安定さの軽減が図れる
モスグリーンV	ナント種苗	果皮は極濃緑色で光沢があり，果形は円筒形で安定し，秀品率が高く美しい。収穫適期は，果長18～20cm，果径2.5～3cm，果重200g程度。開花後3～4日で収穫でき，草勢はやや強く，雌花率もやや高め。ウイルス病（ZYMV）耐病性。低温期作型での収量性は「モスグリーン」が優位
ヴェルデ	渡辺農事	各種ウイルス病（WMV，ZYMV），うどんこ病に強い。草勢は強く，生育初期からの着果性と肥大性に優れる。果皮は肉厚で強いため傷がつきにくい。果実の曲がりが少なく，秀品率が高い。茎葉，果実の毛茸やトゲが発生しないため収穫作業がしやすい
ゼルダ・パワー	トキタ種苗	草勢が強く安定し，後半まで維持しやすい。果実形状は筒状で曲がりが少なく，秀品率が高い。立ち栽培でも初期は支柱不要。CMV，WMV，ZYMVのモザイク病耐病性。うどんこ病にも強い
ダイナー	タキイ種苗	果皮は濃緑地に霜降り斑が入る。‘オーラム’の姉妹品である。平均果長20cm，平均果重150g

葉色が薄い場合は、低濃度（500～800倍）の液肥を灌水代わりに施す。

(2) 定植のやり方

① 畑の準備

定植の2週間前には肥料を全量元肥で施し（表4）、幅1・5～1・8mのベッドをつくる。透明ポリフィルムでマルチする。ズッキーニの葉柄は60cm以上に伸長するので、条間・株間は0・8～1mとする。密植すると収穫するときに葉柄が折れやすくなる（図4）。

② 定植

本葉が3～4枚展開したときに定植する。浅植えにして、定植後にたっぷり灌水する。

定植後2週間までは手灌水を行ない、根を深く伸長させる。最初からチューブ灌水を行なうと浅根になり、長期栽培での草勢維持が

表3　半促成栽培のポイント

	技術目標とポイント	技術内容
畑の準備	◎畑の選定と土つくり ・畑の選定 ・土つくり	・連作は避ける ・有機質を入れ，土を柔らかくする ・土壌線虫の発生する圃場ではネマトリンエース粒剤を土壌混和して防除する
	◎施肥	・土壌の酸度は中性から弱酸性がよく（pH5.5～6.8），酸度矯正を行なう ・定植の2週間前には施肥基準にもとづいて施肥する ・有機質肥料を用いる
栽培管理	◎栽培管理	・定植後に支柱を設置する ・初期は少量の灌水，着果後から多灌水 ・葉が込み合わないように摘葉する。過度の摘葉は避ける
	◎病害虫防除	・うどんこ病の防除 ・アブラムシ類の防除
収獲	◎収穫適期	・開花後3～5日の未熟果を収穫 ・果実の光沢が失われると収穫遅れ

図3　育苗の様子

むずかしい。

(3) 定植後の管理

①支柱立て、仕立て、誘引

草丈が50cm程度になったら、主枝を支柱で固定する。支柱の高さは、ウネの表面から1mでよい。高すぎると、主枝が傾き折れてしまう。

仕立て方は、主枝を支柱で固定し伸長させる立体仕立てを行なう。主枝が支柱の高さより伸びたら図5のように支柱を移動し、主枝を誘引し直す。

②交配

定植後1カ月から開花が始まる。施設栽培では訪花昆虫がいないので、人工交配によって着果させる。生育初期は雄花が多いので、雄花を雌花につけて交配するが、生育中期ごろから雄花が少なくなるので、ホルモン処理（トマトトーン）で着果させる。

③摘果

果実の品質をよくするために、適度な摘葉を行なう。収穫果実の下3節の葉を残し、それ以外の古い葉を除去する。適葉すると果実に光が当たり、果色が鮮やかになる。また、風通しがよくなり、病気の発生が抑制される。

④灌水、追肥

過度に灌水すると草勢が強くなり、着果しなくなるので、草勢が弱くならない程度に灌水し、草勢を維持する。

全量元肥を基本とするが、収穫が始まり草勢の低下が見られる場合は、10a当たり窒素

表4　施肥例　（単位：kg/10g）

	肥料名	施肥量	成分量		
			窒素	リン酸	カリ
元肥	牛糞堆肥	2,000			
	苦土石灰	120			
	ジシアン有機特806	200	16	20	12
施肥成分量			16	20	12

図4　半促成栽培の栽植様式（連棟ハウス）

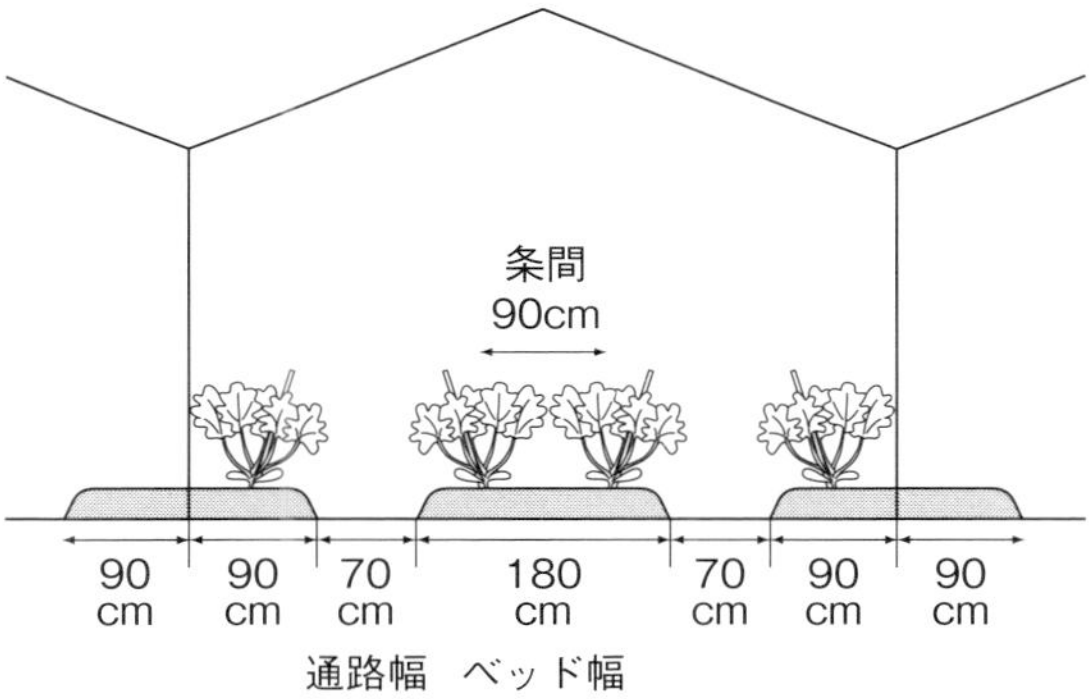

図5　支柱立てと仕立て方

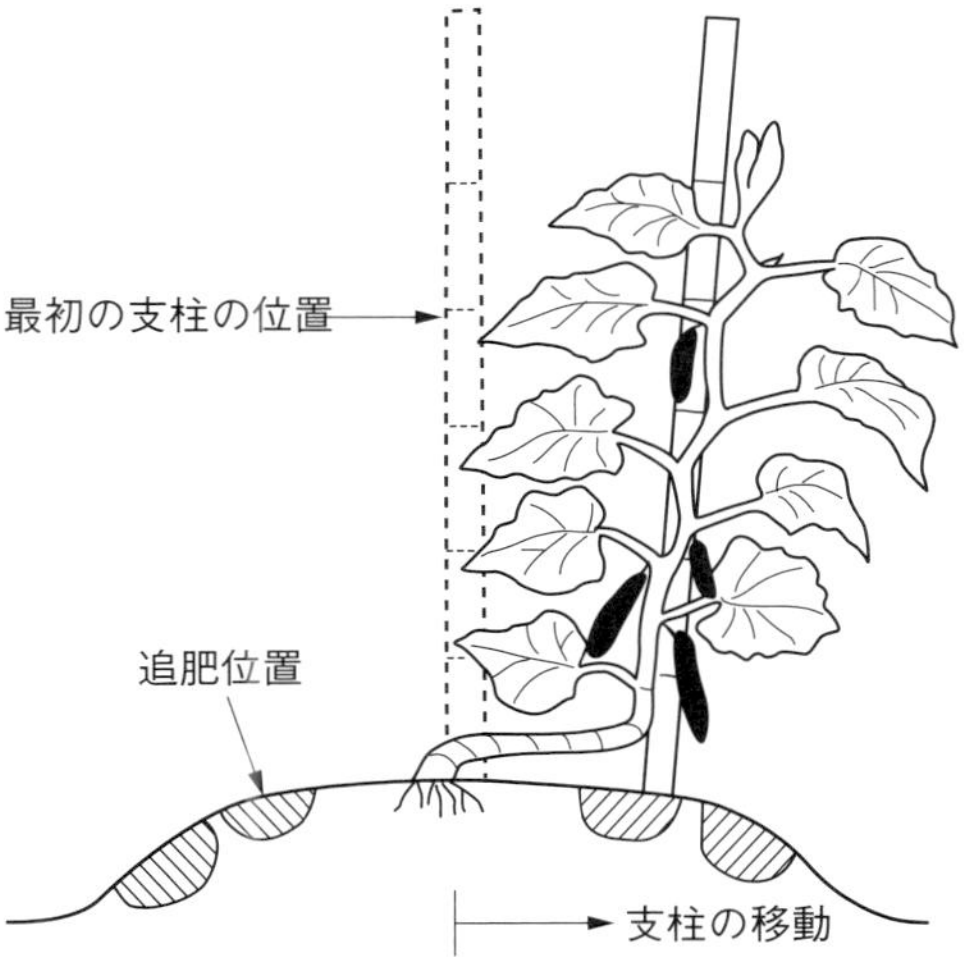

成分で1kgを目安に液肥で追肥を行なう。

(4) 収穫

未熟果を収穫するため、開花後3～5日の短期間で収穫期を迎える。収穫適期は、果実の長さが15～20cm、重さが200～300gのときである。収穫が遅れると果皮の光沢がなくなり、大果になって、商品化できなくなる。

4 病害虫防除

ズッキーニの主な病害虫は、うどんこ病、ウイルス病、アブラムシ類である。乾燥すると、うどんこ病が発生しやすい。カボチャ類はうどんこ病にかかりやすく、一度発病すると防除が困難なので、予防を兼ねて発生前に防除するほうがよい。致命的なウイルス病も発生するので、アブラムシ類防除を徹底的に行なう（表5）。

5 経営的特徴

施設で栽培する場合、年間を通した栽培が可能になるが、冬の暖房設備のコストが経営上の問題となる。

出荷作業などは他の作物に比べて簡易なため、家族経営が多い。

（執筆：長嶋寿明）

表5 病害虫防除の方法

	病害虫名	特徴と防除法
病気	立枯病	収穫初期から萎れ症状が出始め，その後，徐々に枯死していく。防除方法として，連作を避け，輪作を行なう。太陽熱消毒を行なう
	うどんこ病	初期は葉の裏に白い斑点がつき，徐々に全体に広がっていく。低温乾燥で発生しやすく，高温多湿で広がりやすい。換気が多くない時期は，硫黄粉剤などで予防に努めるとともに，発生初期の防除に努める
	灰色かび病	花落ちが悪く，多湿条件で，花の部分にカビが生えてくる。その花が落ちると，落ちた部分に腐りが発生する。対策には，空気を循環させる，花を取る，強制換気する，ボトキラー水和剤を使用する，などがある
	軟腐病	多湿条件で発生しやすく，広がりやすい。茎，葉などに腐りが出てきて枯れる。対策は，換気で湿度を下げる，銅剤などを使用する
害虫	ネコブセンチュウ	根にコブがつき生育が悪くなる。対策は，連作を避け輪作体系で栽培する，ネマトリンエース粒剤を使用する，オオムギの混植，太陽熱消毒など
	アザミウマ類	幼虫が実を食害し，生育が悪くなってしまい出荷できなくなる。前作に発生した場合，残渣は圃場外に持ち出して防除する。ハウスの換気口にネットを張る。ベストガード粒剤，スピノエース顆粒水和剤を使用する
	アブラムシ類	被害は，果実の汚れ，生育悪化，各種病気の蔓延など。ハウスの換気口にネットを張る。先手先手の防除を行ない，同じ農薬の連用は避ける

表6 半促成栽培の経営指標

項目	
収量（kg/10a）	1,800
単価（円/kg）	722
粗収入（円/10a）	1,300,000
経営費（円/10a）	595,500
種苗費	16,000
肥料費	1,500
薬剤費	18,000
資材費	110,000
動力光熱費	200,000
農機具費	20,000
施設費	50,000
流通経費	180,000
農業所得（円/10a）	700,000
労働時間（時間/10a）	300

シロウリ

表1　シロウリの作型，特徴と栽培のポイント

主な作型と適地

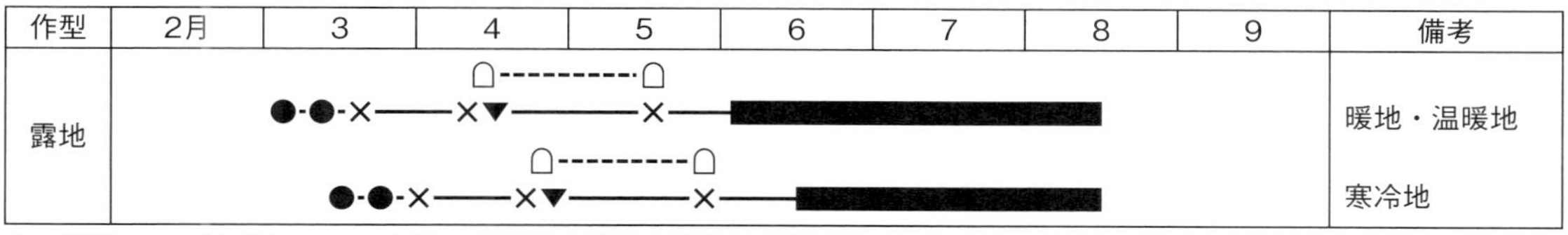

●：播種，×：接ぎ木，▼：定植，⋂：トンネル，■■：収穫

特徴	名称	シロウリ（越瓜）（ウリ科キュウリ属）
	原産地・来歴	メロン類の原産地はアフリカ中部で，二次的に中近東からアジア南部にかけて分布し，アジア東部で分化したものがシロウリと考えられる。中国では紀元前から栽培の記録があり，日本には4～5世紀ごろには渡来していたとされる
	栄養・機能性成分	水分がほとんどで，栄養的な効果はあまり期待できないが，ビタミンK，ビタミンC，葉酸，カリウムが多く含まれている
	機能性，栄養など	骨の形成，血圧上昇の抑制や免疫力アップ，貧血や動脈硬化の予防などに効果があるといわれている
生理・生態的特徴	発芽条件	発芽適温は28～30℃
	温度への反応	生育適温は25～30℃。気温が13℃以下，地温が15℃以下になると生育が極端に抑制される。耐暑性は強いが，寒さにはきわめて弱く，軽い遅霜でも大きな被害を受ける
	日照への反応	多日照を好む
	土壌適応性	粘質土から軽しょう土までの土壌条件で栽培できるが，肥沃な砂壌土が最もよい。土壌酸度はpH6～6.5の弱酸性が生育に適している
	開花（着果）習性	親づるには雌花はほとんど着花しない。子づるには第1節か第2節に第1雌花が着花し，数節おいて第2雌花が着花するが，品種によってはまったく着花しないものもある。孫づるには第1節か第2節に必ず着花する
栽培のポイント	主な病害虫	害虫：アブラムシ類，ハダニ類，ウリハムシ 病気：ウイルス病，つる割病，つる枯病，べと病，炭疽病，疫病，うどんこ病
	接ぎ木と対象病害・台木	接ぎ木の方法：断根挿し接ぎ，対象病害：つる割病，台木：'新土佐南瓜'
	他の作物との組合せ	秋冬期の葉根菜類，ニンジン，カブ，ダイコン，ホウレンソウ

この野菜の特徴と利用

(1) 野菜としての特徴と利用

①原産・来歴と栽培の現状

シロウリはメロン類の一種である。メロン類の原産地はアフリカ中部で、二次的に中近東からアジア南部にかけて分布する。このうち、アジア東部で分化したものがシロウリと考えられている。

中国では紀元前から栽培の記録があり、日本には4～5世紀ころにすでに渡来していたと思われる。漬け物原料への利用は10世紀ころから見られ、現在まで継続している。

シロウリの栽培は全国（東北から九州まで26府県）で行なわれているが、大面積で栽培している産地はない。２０１８年産の作付け面積は65ha（施設栽培８ha、露地栽培57ha）、出荷量３７３７ｔとなっている。栽培面積、出荷量ともに最も多いのが徳島県で24ha、２１２０ｔ、次いで千葉県の13ha、９１７ｔで、２県で全栽培面積の約６割、全出荷量で約８割を占めている。

②利用と栄養・機能性

シロウリは大きく分けて、浅漬けなどに用いる生食用と、奈良漬けなどに用いる加工原料用の栽培がある。生食用は新たな消費拡大が望めないため、生産が減少傾向である。加工原料用も、奈良漬けなど漬け物の消費低迷により、生産が減少している。

栄養的には、血液を凝固させる成分であるとともに、骨の形成に重要な役割をはたしているビタミンKがとくに多く含まれている。また、貧血や動脈硬化を予防し、皮膚や粘膜を強化する葉酸、心臓や筋肉の機能調整、高血圧の予防などに効果のあるカリウム、抗酸化力が強く、コラーゲンの合成を助け、血圧上昇の抑制や免疫力アップなどに効果があるビタミンＣが多く含まれている。

用途は、奈良漬けなどの漬け物用がほとんどで、青果用として浅漬けや酢物、炒め物などにも使われている。

図１　収穫期のシロウリ

(2) 生理的な特徴と適地

①生理・生態的特徴

発芽適温は28～30℃、生育適温は25～30℃で、13℃以下の気温、15℃以下の地温になると生育が極端に抑制される。多日照を好み、耐暑性は強いが、寒さにはきわめて弱く、軽い遅霜でも大きな被害を受ける。

土壌は、粘質土から軽しょう土まで栽培できるが、肥沃な砂壌土が最も適している。土壌酸度は、pH6～6・5の弱酸性が生育に適している。

シロウリの雌花は、親づるにはほとんどつかない。子づるには第1雌花が第1節か第2節に着花し、数節おいて第2雌花をつけるが、品種によってはまったく着花しないものもある。孫づるには、第1節か第2節に必ず着花する。

②作型と適地、栽培のポイント

露地栽培がほとんどで、4月中下旬に定植してトンネル被覆し、6月上旬から収穫する。全国各地で栽培することができ、栽培しやすく多収もねらえる。

主な病気には、ウイルス病、つる割病、つる枯病、べと病、炭疽病、疫病、うどんこ病などがある。害虫は、アブラムシ類、ウリハムシ、ハダニ類などがいる。

つる割病対策として、接ぎ木が行なわれる。台木には耐暑性に優れている'新土佐南瓜'を用いる。

③品種のタイプと用途

シロウリには、「シロウリ」「カタウリ」「シマウリ」の3タイプがある（表2）。

シロウリには主要品種のほとんどが含まれ、主に奈良漬けなどの漬け物や浅漬けに利用される。果皮が淡緑色で柔らかい。多くは早生～中早生である。

カタウリは各地で自家用に栽培され、主に奈良漬け用として利用される。果形は円筒形の小果で、果皮は淡緑色または緑色をしており、緑色の条が入る。

シマウリは「しまうり」と呼ばれる在来の系統であり、主に奈良漬けや浅漬けに利用される。耐暑性、耐病性に優れ、強健で、粗放な栽培にも耐える。果肉は薄く、肉質は柔らかい。

（執筆：隔山普宣）

表2　品種のタイプ，用途と品種例

品種のタイプ	用途	品種例
シロウリ	加工原料用	阿波みどり，うずしお，桂うり
	加工・青果兼用	沼目白瓜
	青果用	さぬき白瓜，東みどり
カタウリ	加工原料用	かりもり
シマウリ	加工原料用	本しまうり，佐賀改良青しまうり
	加工・青果兼用	青はぐらうり，黒門縞瓜

露地栽培

1 この作型の特徴と導入

(1) 作型の特徴と導入の注意点

暖地では、4月中下旬に定植し、6月上旬～8月中旬の夏に収穫する。

シロウリは耐暑性が強いので、定植後の温度が確保できれば、露地栽培が最も栽培しやすい。大雨、台風などの気象災害がなければ生産は安定しており、接ぎ木苗を利用すれば収穫期間が延長でき、収量増を図ることもできる。

しかし、耐寒性は弱いため、4月中旬にトンネルを被覆しても13℃以下の気温、15℃以下の地温になる地域では、定植時期を遅らせ

図2　シロウリの露地栽培　栽培暦例

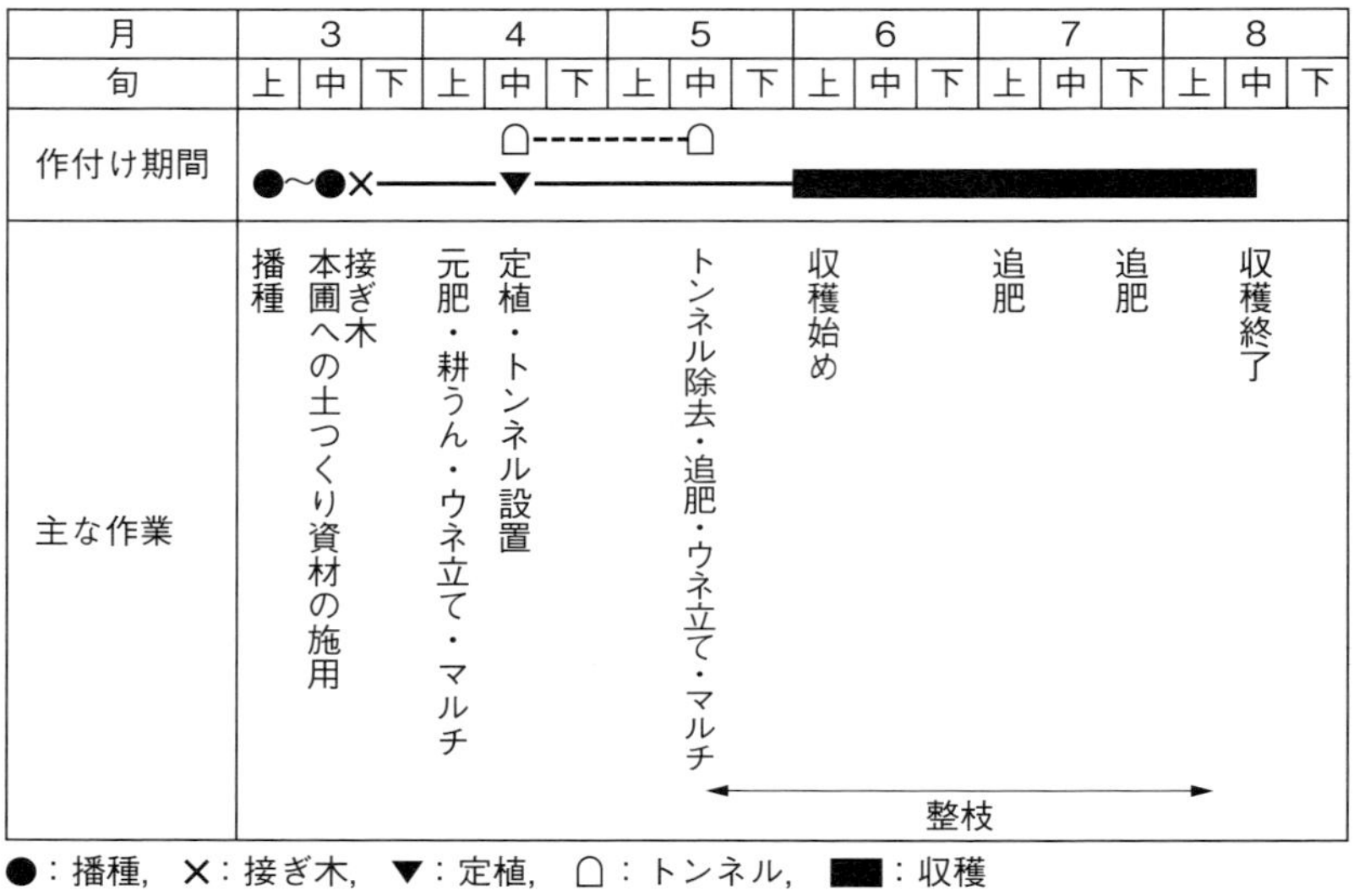

る必要がある。

(2) 他の野菜・作物との組合せ方

4月から8月にかけてシロウリを栽培するため、組み合わせる作物は秋からシロウリの作付け前までの期間になる。

組み合わせる主な野菜には、ニンジン、ダイコン、カブ、ホウレンソウなどがある。それ以外にも、秋から春にかけて栽培する葉根菜類のほとんどと組み合わせることができる。

徳島県では、前作にニンジンのトンネル栽培をしている圃場が多い。

2 栽培のおさえどころ

(1) どこで失敗しやすいか

① 接ぎ木苗の利用による生産の安定

土壌伝染性病害を避け、さらに長期間草勢を維持させるために、接ぎ木苗を利用する。

シロウリを連作すると、つる割病などの土壌病害が発生しやすくなる。耐病性、低温伸長性、耐暑性、吸肥性、担果能力に優れている〝新土佐南瓜〟台木に接ぎ木すれば、長期間草勢を維持することができ、収穫期間も長くなり、生産が安定する。

接ぎ木苗を自家育苗するか購入することが、生産安定につながる。

② 草勢に応じた摘心

整枝は、生育に応じて遅れないように行なうことが重要である。

子づるは放射状に配置し、株元の側枝は早めに除去する。着果枝になる孫づるは、着果上部4葉をつけて摘心していくが、草勢に応じて適期に行なうことが収量を上げるポイントになる。

摘心が遅れると無駄な枝が伸びて過繁茂になり、着果割合が低下して収量が上がらなくなる。また、病害虫の発生も多くなる。

③ 増収のための施肥管理

収穫が始まってもつるが次々と伸び、摘心するのが忙しいくらいの生育をする。このような生育に持ち込めば収量が多くなる。そのためには、根を健全に深く伸ばすことがポイントになる。根は堆肥の施用、深耕などによる土つくり、適切な肥培管理によって健全に深く伸びる。

追肥を施用するときは、草勢を見ながら必要に応じて量と回数を加減し、肥料切れさせないようにする。1回に多量の追肥を施用すると、濃度障害により生育が悪くなったり、逆に過繁茂になって着花不良になったりすることがある。

表3　露地栽培に適した主要品種の特性

品種のタイプ	品種	販売元	特性
シロウリ	阿波みどり	丸種	果形は円筒形で果長30cm前後，重量は1.5～2kgで大型の中生種。奈良漬け用として最適。徳島県農試が育成
	うずしお	竹内園芸	果形は円筒形で揃いがよい。果長30cm前後，重量は1.5～2kgで大型の中生種。奈良漬け用として最適
	さぬき白瓜	タキイ種苗	果肉は厚く，肉質は中程度の硬さで，浅漬けに向く。強勢で次々に着果して，果実の太りがよい。果長23cm前後
	沼目白瓜	タキイ種苗	果形は円筒で果長は30cm程度の早生種。果色は淡緑色，果肉は肉厚で柔らかいため，浅漬けや奈良漬けに利用される
カタウリ	かりもり	トーホク	果肉が硬く，別名「堅瓜」とも呼ばれる。果重600ｇ程度で収穫され，粕漬けに利用される
シマウリ	本しまうり	トーホク	果重が500ｇ前後のやや小型の漬け瓜。独特の風味で果肉が柔らかいため，奈良漬けに利用される
	青はぐらうり	サカタのタネ，トーホク	果形はこん棒形で果長25cm前後，重量は400～500ｇ。果色は濃緑で果肉は肉厚できわめて柔らかいため，浅漬けや鉄砲漬けに利用される
	佐賀改良青しまうり	トーホク	果形はたわら形で果長20cm前後，重量は0.6～1kg程度。果色は灰緑色で果肉は肉厚で独特の歯ごたえと風味があり，粕漬けに利用される。粕漬け用としては，400～500ｇの中程度が適している

(2) おいしく安全につくるためのポイント

品質のよい漬け物をつくるためには、品質のよい原料の生産が重要である。過熟な果実は塩蔵中に腐敗しやすく、漬け上がりも悪くなるので、過熟にならないように適期収穫に努める。

農薬だけにたよらない病害虫防除法として、接ぎ木苗の利用、適正な肥培管理、適正な栽植密度、他の作物との輪作、防虫ネットなどによるトンネル被覆、病気にかかった葉、茎、花などの早めの処分、早めの除草などの耕種的防除に取り組む。

(3) 品種の選び方

品種は、加工原料用（奈良漬け、漬け物）、青果用（浅漬けなど）など、用途によって決める。

加工原料用には〝阿波みどり〟〝うずしお〟〝本しまうり〟〝佐賀改良青しまうり〟〝かりもり〟、青果用には〝さぬき白瓜〟〝東みどり〟、加工原料用・青果用兼用には〝青はぐらうり〟〝沼目白瓜〟などの品種がある（表3）。

3 栽培の手順

(1) 育苗のやり方

① 接ぎ木苗の利用

接ぎ木苗を利用すると、土壌伝染性の病害虫を回避しながら連作することができる。また、台木の耐寒性などを生かして、草勢の強化、適さない環境での栽培、収穫期の延長を図ることができる。

育苗は必ずビニールハウス内で行なう。接ぎ木方法は、接ぎ木操作が簡単で作業効率がよい、断根挿し接ぎで行なう。台木には〝新土佐南瓜〟を用いる。

② 接ぎ木育苗の手順

イネの育苗箱に育苗用培土を詰めて、穂木（シロウリ）は条間10cm、種子間隔2cm、台木は条間10cm、種子間隔4cmに条播きする。台木を播種し、1～2日後に穂木を播種する。

接ぎ木は、穂木を播種して7日後に行な

う。台木は、芽を除去し、胚軸長7~8cmで地際から切断する。穂木は、子葉の付け根から2~3cm下で胚軸を切断する。台木の芽を除去した部分に、穂木と台木の子葉が直角になるように、穂木を挿し込む。接いだら、養生トンネル内に準備しておいた、9cmポットにやや深めに挿し込む。

接ぎ木後4日間はトンネルを密閉し、黒寒冷紗で遮光する。5日目からトンネルの換気を行ない、湿度を調節し、苗を順化する。9日目以降は、黒寒冷紗とトンネルフィルムを外して、通常管理とする。

温床線の設定温度は、接ぎ木後4日間は27~28℃にし、5日目以降は徐々に下げ、順化終了時に18℃とする。

本葉5枚程度まで育苗して定植する。育苗日数は播種後40~45日程度かかる。

表4　露地栽培のポイント

	技術目標とポイント	技術内容
育苗管理	◎接ぎ木育苗	・台木には‘新土佐南瓜’を用いる
	・播種	・台木を播種し，その1～2日後に穂木（シロウリ）を播種する
	・接ぎ木管理	・台木，穂木ともに子葉が展開した，穂木の播種7日後に断根挿し接ぎを行ない，9cmポットに鉢上げする ・接ぎ木後，ただちにビニールで覆い黒寒冷紗で遮光する ・活着後徐々に換気を行ない，光にもならし通常の管理に戻す
定植準備	◎圃場の選定と土つくり	・排水，保水ともによい壌土，または砂壌土の圃場を選定する。なるべく連作を避ける ・定植1カ月前までに10a当たり堆肥2,000kg，苦土石灰100kg（pH6～6.5が目標），BMリンスター60kgを施用し，深耕する
	◎元肥の施用	・定植10日前に緩効性肥料を中心とした元肥を施用し，耕うん・ウネ立てを行なう
	◎ウネ立て，マルチ	・ウネ幅は最終的に240cm，最初はその真ん中に90cm幅のベッドをつくる ・ウネ立て後，土が乾く前にマルチで被覆し，地温の上昇を図る
定植方法	◎適正な栽植密度	・栽植密度はウネ幅240cm，株間120cm，1条植えとする
	◎定植適期	・定植適期は，トンネルを被覆したときに，気温13℃，地温15℃が確保できる時期 ・4月中下旬に，本葉4葉で摘心して定植する
	◎活着促進	・定植後，トンネルで覆い，保温や活着の促進に努める
定植後の管理	◎整枝	・親づるを本葉4葉で摘心し，子づる4本を伸ばし，4本仕立てにする。子づるは8葉で摘心し，孫づるは着果上位3～4葉をつけて摘心する
	◎追肥とウネつくり	・5月中旬にトンネルを除去し，同時に追肥をトンネルの両端に施し，中耕する。その後の追肥は，7月上旬以降に生育に応じて2～3回施す
	◎灌水，排水	・7～8月の高温乾燥期には土壌がよく乾燥するので，ウネ間灌水を行なう。6～7月の梅雨期には排水に注意する
	◎摘果	・着果後，形のよくない果実は摘果する
	◎病害虫防除	・病害虫が多発すると防除が困難になるので，発生初期に防除する
収穫	◎良品質果の収穫	・収穫期の果実は，果実温度が上がったり過熟になったりすると加工品の品質が悪くなるため，早朝に収穫するとともに若どりする

表5　施肥例　（単位：kg/10g）

	肥料名	施肥量	成分量		
			窒素	リン酸	カリ
土つくり資材	堆肥 苦土石灰 BMリンスター	2,000 100 60			
元肥	CDUS682	100	16	8	12
追肥	NK2号	70	11.2		11.2
施肥成分量			27.2	8	23.2

(2) 定植のやり方

①定植の準備

定植1カ月以上前に、10a当たり堆肥2t、苦土石灰100kg、BMリンスターなどのリン酸肥料60kg施用し、深く耕して土とよく混和しておく。

定植10日前に、元肥としてCDU化成などの緩効性肥料100kgを施用する（表5）。元肥施用後、耕うんしてウネ幅を240cmとし、その真ん中に90cm幅のベッドをつくる。ウネ立て後、土が乾く前にマルチで被覆し、地温の上昇を図る。

②定植

4月中下旬の暖かい無風の日を選び、本葉4葉で摘心した苗を定植する（図3）。栽植密度は、ウネ幅240cm、株間120cmの1条植え、10a当たり350株とする。

定植前に鉢に十分灌水しておき、植えるときは根鉢がウネの表面から1cmほど出るくらいの浅植えとする。

(3) 定植後の管理

①活着の促進

定植後すぐに、90cm幅のベッドにトンネルをかけ、保温および活着促進に努める。トンネル内が日中30℃を超えるようになったら、穴あけ換気を行なう。

②整枝

親づるは本葉4葉で摘心し、子づる4本を伸ばし、4本仕立てにする。子づるは8葉で摘心し、孫づるは着果上位3〜4葉をつけて

図3　シロウリの断根挿し接ぎ苗（定植期）

図4　シロウリの整枝方法

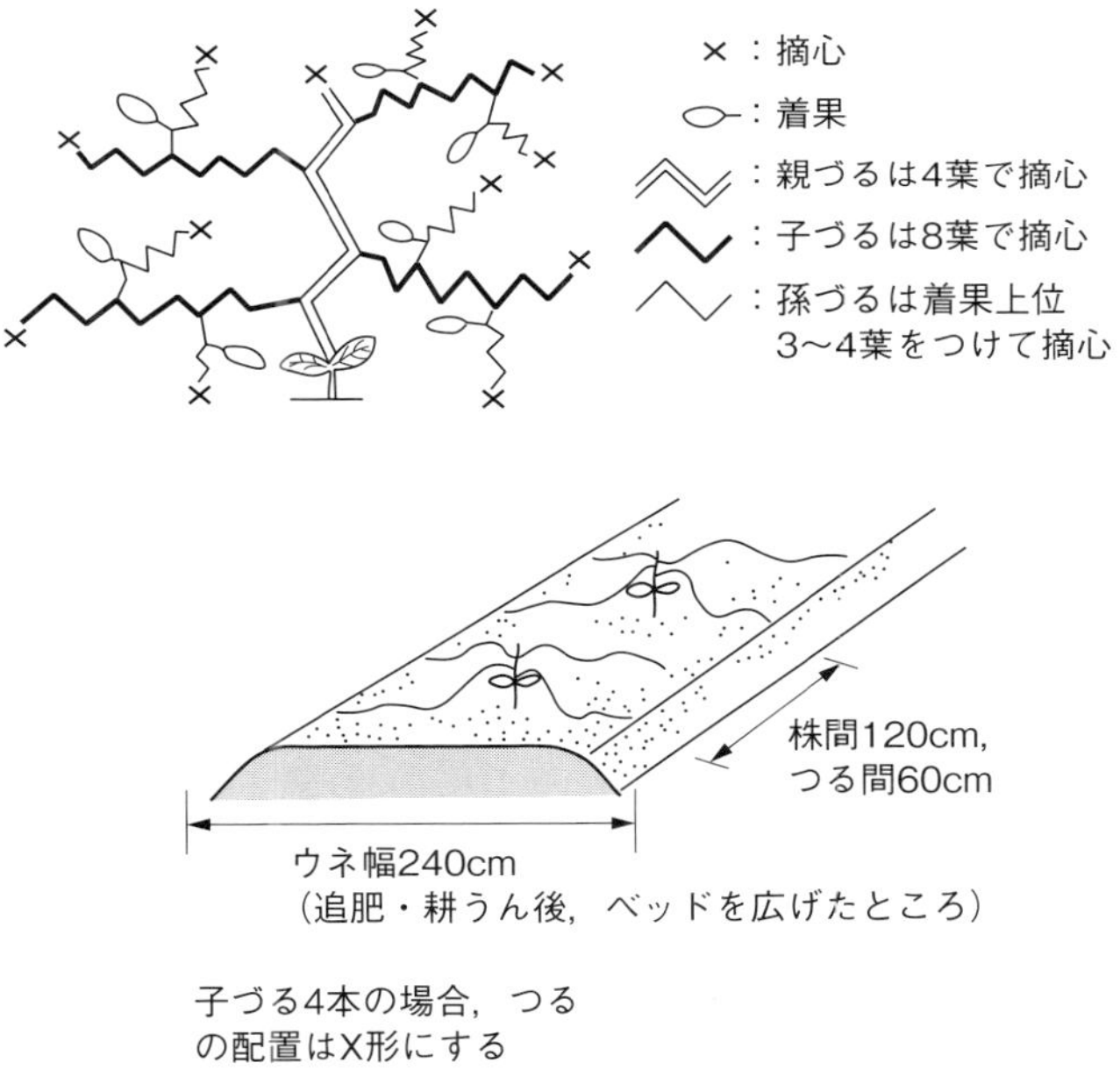

図5　追肥のやり方

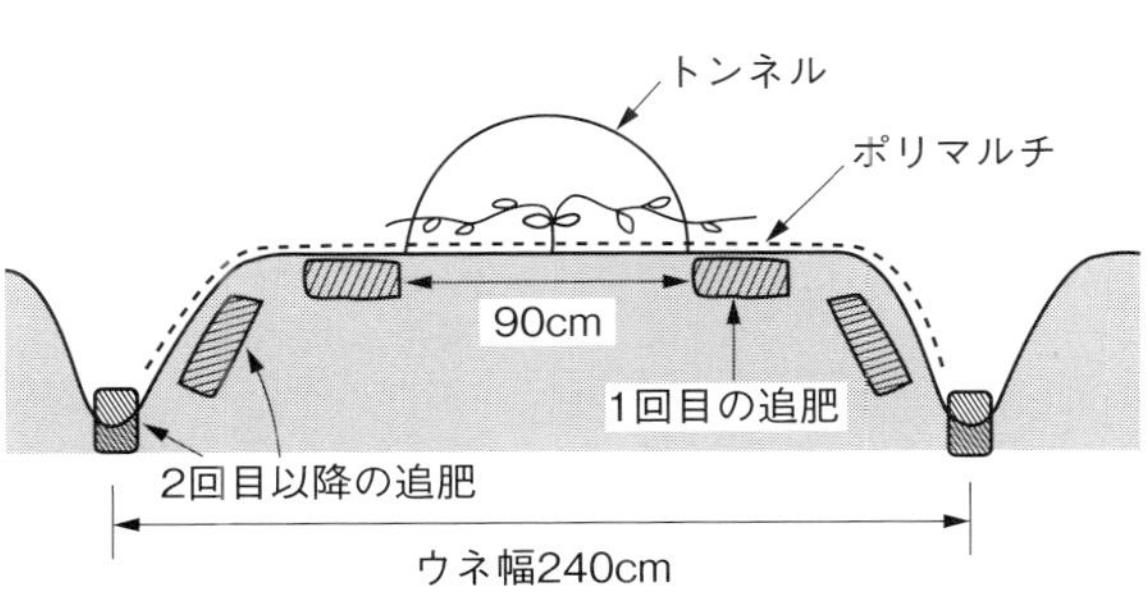

摘心する（図４）。

③換気、追肥

５月中下旬になると気温が上昇し、つるがトンネル内いっぱいになってくるので、トンネルを除去する。一気に除去すると葉焼けなど起こしやすいので、除去前に換気を徐々に多くし、外気にならしておく。

同時に、１回目の追肥をトンネルの両側に施用し、耕うん・ウネ立てして２４０㎝幅にウネを広げ、そこにマルチ張りを行なう（図５）。

図6　収穫期の露地栽培の様子

中央は収穫中のシロウリ

表6　病害虫防除の方法

	病害虫名	耕種的防除	薬剤防除
病気	ウイルス病	生育初期を中心に薬剤でアブラムシ類を防除する。定植直後から１カ月程度防虫ネットで被覆し，アブラムシ類の寄生を防止する。シルバーマルチやシルバーテープでアブラムシ類の飛来を防ぐ。発病株は早期に抜き取り除去する	
	つる割病	カボチャ台に接ぎ木する。３年間はウリ科野菜の連作を避ける。石灰を施し，土壌酸度を矯正する	
	つる枯病	高ウネとし，茎の地際部はポリマルチで被覆し，できるだけ乾燥させる	
	べと病	密植を避け，透光，通風をよくする。被害葉は早めに取り除いて伝染源を少なくする。肥切れすると発病を助長するので，肥培管理に注意する	オーソサイド水和剤80
	炭疽病	排水をよくし，敷ワラ，マルチなどをして土の跳ね上がりを防ぐ。窒素肥料の過用は発病を助長するので，適正な施肥を行なう。収穫後の罹病茎葉や敷ワラは全部処分する	オーソサイド水和剤80
	疫病	発病圃場はウリ科野菜の連作を避ける。浸冠水の恐れのあるところでは作付けしない。低湿地では排水に努め，高ウネにする。ポリマルチでウネを被覆する。窒素肥料の過用を避ける。病株や病果は早めに取り除いて伝染源を少なくする	
	うどんこ病	窒素肥料の過用や過繁茂にならないように適正な施肥を行なう	カリグリーン，ジーファイン水和剤（野菜類登録）
害虫	アブラムシ類	シルバーマルチやシルバーテープでアブラムシ類の飛来を防ぐ。圃場周辺のアブラムシ類の発生源を除く	ベストガード粒剤，アルバリン粒剤，スタークル粒剤，アドマイヤー顆粒水和剤，アルバリン顆粒水溶剤，スタークル顆粒水溶剤，モスピラン顆粒水溶剤，チェス顆粒水溶剤
	ハダニ類	圃場周辺部の雑草が発生源になるので除草する	コテツフロアブル，カネマイトフロアブル，アファーム乳剤
	ウリハムシ	防虫ネットなどで被覆するか，シルバーマルチで成虫の飛来を防ぐ	マラソン乳剤

その後の追肥は7月上旬以降で、生育の状況によって2～3回施す。

④灌水、排水

7～8月は高温乾燥期で土壌がよく乾燥するため、夕方、気温が下がってからウネ間灌水する。乾燥すると草勢が弱まり、収量が少なくなる。逆に、滞水すると生育が極端に弱まるため、梅雨期は排水に注意する。

⑤摘果

着果後、形状不良の果実は摘果する。

(4) 収穫

青果用は、開花15～20日後、長さ20cmくらい、重さ200～300gの果実を収穫する。加工原料用は、開花20～25日後、青みがやや薄くなり始めた、長さ25cmくらい、重さ1000～1200gの果実を収穫する。

加工業務用のシロウリは、果実温度が上がったり過熟になったりすると加工品の品質が悪くなるので、早朝に収穫するとともに、とり遅れないように注意する。

4 病害虫防除

主な病害虫の耕種的防除と薬剤防除について表6に示した。

5 経営的特徴

加工原料用は、シロウリ収穫後生産者が洗浄し、真ん中から二つに割り、中の種子の部分を取り除き、塩漬けしたものを奈良漬け工場に出荷する。

そのため全労働時間282時間のうち、塩蔵加工の時間が100時間と最も多く、全労働時間の約3割を占める（表7）。次いで収穫・運搬、出荷、病害虫防除の時間が多い。

また、塩蔵用の塩、施設や作業機械の減価償却費に多くの経費がかかる（表8）。

（執筆：隔山普宣）

表7　シロウリ（加工原料用）栽培の作業別労働時間（10a当たり）

作業の種類	時間
施肥・耕うん・マルチ	18
定植・トンネル被覆	5
トンネル除去・整枝	15
ウネ立て・マルチ	10
追肥・灌水	14
病害虫防除	32
摘果	5
収穫・運搬	51
塩蔵加工	100
出荷	32
合計	282

表8　シロウリ（加工原料用）栽培の経営指標

項目	金額（円/10a）	摘要
粗収入	810,000	塩蔵品6,000kg 単価135円/kg
経営費	450,000	
種苗費	56,000	接ぎ木苗購入
肥料費	34,000	化成肥料
農薬費	41,000	殺虫剤，殺菌剤
動力光熱費	20,000	電気代，軽油，ガソリン
生産資材費	169,000	漬け物用塩
減価償却費，修繕費	130,000	
農業所得	360,000	所得率44％

注）塩蔵品の収量は生収量の60％

ユウガオ

表1　ユウガオの作型，特徴と栽培のポイント

主な作型と適地

作型	1月	2	3	4	5	6	7	8	9	備考
露地			●（4月上旬）―▼（4月下旬）∩（5月上旬）―（7月上旬まで）				■■■（7月上旬～8月下旬）			中間地

●：播種，▼：定植，∩：ホットキャップ，■：収穫

特徴	名称	ユウガオ（ウリ科ユウガオ属）
	原産地・来歴	熱帯地域のインド，北アフリカ，モロッコなど
	栄養・機能性成分	カルシウム，リン，カリウムが多い。とくに，食物繊維が多く30g/100g
生理・生態的特徴	発芽条件	発芽適温は25～28℃
	気象条件	温暖な気候を好み，地温15℃以上が定植のタイミング。土壌の乾燥が激しいと果実肥大が悪くなるので，適度な降雨が必要
	土壌条件	排水良好で，適度に乾燥する土壌が適する。火山灰土壌など
	作型	露地栽培
栽培のポイント	主な病害	ウイルス病，炭疽病，べと病，うどんこ病，つる割病，つる枯病
	他の作物との組合せ	ホウレンソウ，ブロッコリー，キャベツ，スイートコーンなどと4～5年の輪作。土つくりのためにソルゴーを作付けして，すき込む。つる割病予防のためネギの株元定植

図1　ユウガオの着果状況

写真は収穫始めの状況で，収穫最盛期の７月下旬から８月上旬には圃場全体につるが伸びた状態になる

この野菜の特徴と利用

(1) 野菜としての特徴と利用

ユウガオはウリ科ユウガオ属の1年生のつる性草本で、ユウガオの果肉を薄く、細長くむいて乾燥させたものが「かんぴょう」である。

①原産・来歴と栽培の歴史

ユウガオの原産地は、熱帯地域のインド、北アフリカのケニア、モロッコなどのサバンナに数種の野生のヒョウタンがあることから、インド、アフリカと考えられている。

中国では2000年前から栽培されていたが、日本へは、3～4世紀にかけて朝鮮半島を経由して渡来したと推察されている。縄文時代の貝塚跡からヒョウタンの皮が出土し、『日本書紀』にも「ひさご」（ユウガオ、ヒョウタンの総称）についての言及がある。

かんぴょうが、日本でいつごろからつくられるようになったのかは不明であるが、記録として古いのは15世紀中ごろである。山城国の木津（現在の大阪市浪速区敷津町、大国町あたり）、また別説では滋賀県木津村（現在の滋賀県蒲生郡日野町木津）が発祥の地といわれている。

かんぴょうは乾物類の花形商品として取り扱われたが、吸水性が強く、湿気を帯びてカビが生えやすく、長期の保存がむずかしかった。

その後、大正時代になって漂白と殺菌のための硫黄くん蒸法が開発され、1年程度の保存が可能になり、現在にいたっている。

②栄養成分と用途

ユウガオの果実は、苦味の少ない果肉の部分を利用する。栄養成分はカルシウム、リン、カリウムが多く含まれ、とくに食物繊維は100g当たり30g（ゴボウ5・7g、サツマイモ3・5g、切り干し大根20・7g）ときわめて高いのが特徴である。

用途は、全国的には、巻き寿司のかんぴょう巻き、太巻き寿司やちらし寿司の具、煮物の昆布巻きや揚げ巾着、ロールキャベツの結束に用いるのが一般的である。かんぴょうの主産地である栃木県では、味噌汁の具やかんぴょうの卵とじがよく食べられている。

かんぴょうの消費は、約8割が寿司用であるといわれている。最近は、家庭で巻き寿司をつくらなくなってきたこと、かんぴょうを知らない家庭が増えてきたことなどにより、需要は減少してきている。

漂白かんぴょうは乾物から戻すときに、塩もみと下ゆでをして、硫黄の残留物を除去する必要がある。無漂白かんぴょうは薄い褐色で、自然な甘味や旨味があり、柔らかく仕上

図2　かんぴょうの製品

干し上がったかんぴょうは1貫（3.75kg）単位で売買されるので，束ねて保管する

がるが、漂白品に比べて高価格で取引されている。

近年の健康志向の強まりから、かんぴょうの食物繊維に注目が集まり、新たな調理法の開発など、用途の拡大が図られている。

(2) 生理的な特徴と適地

①生理的な特徴

ウリ科に属するつる性の1年生草本で、雌雄同株である。

生育はきわめて旺盛で、つるを放任すると20m以上になり、各節から側枝が発生する。花弁は白色で、直径5～10cm。17～18時ごろに開花し、翌朝5～7時ごろにしぼむ。果実は円形に近く、受精後15～25日で5～7kg（かんぴょう製造に適した大きさ）になる。

②適地

温暖な気候を好むので、関東以南が経済的栽培に向いた地域である。土壌適応性は広く、肥沃度の低い土壌でも問題なく生育する。重粘土壌や排水の悪い土壌では、十分な生育ができない。排水良好で適度に乾燥する土壌が適しているが、極度に乾燥するとつるの生育や果実肥大が悪くなるので、適度に降雨があることが望ましい。

北関東（栃木県）に栽培が多いのは、排水良好な畑地が多く、栽培期間中は雷雨による降雨が毎日のようにあるので、適度に水分補給されることが大きな要因になっている。

栃木県では、県央部の火山灰土壌地帯で栽培が多くなっている。黒ボク土と呼ばれる火山灰土壌で、リン酸吸収係数は高いが、作土が深く、保水性が適度にあり、ユウガオ栽培に適した土壌である。

③主な作型と品種

北関東（栃木県）での栽培は、地温が15℃以上になる、5月上旬に定植する露地栽培である。この時期より早く、4月中下旬に定植する場合は、マルチをし、ホットキャップなどで保温して、低温（晩霜）の被害を防ぐ必要がある。

4月下旬定植では、6月下旬からの収穫となる。気温20℃以下の時期に収穫した幼果は、苦味が残ることがあるので、注意が必要である。

品種は、栃木県農業試験場が育種した‘しもつけしろ’が作付けされている。かんぴょうにしたときの品質がよく、豊産性で、耐病性もあるので選定されている。

（執筆：宇賀神正章）

露地栽培

1 この作型の特徴と導入

(1) この作型の特徴と導入の注意点

作型は露地栽培で、定植の時期が北関東では4月中旬になっている。北関東では晩霜が危惧される時期なので、定植時にはマルチやホットキャップなどによる保温対策を実施する（図3）。

なお、保温対策をしない場合は、5月上旬に定植されている。

図3　ユウガオの露地栽培　栽培暦例

月	1			2			3			4			5			6			7			8			9		
旬	上	中	下	上	中	下	上	中	下	上	中	下	上	中	下	上	中	下	上	中	下	上	中	下	上	中	下
作付け期間									●			▼∩	∩					■	■	■	■	■	■	■			
主な作業						育苗の準備	電熱温床	種子消毒	播種	本圃の耕起	元肥施用	定植 ホットキャップ	ホットキャップ除去		整枝・追肥	敷ワラ		収穫									

●：播種，▼：定植，∩：ホットキャップ，■：収穫

(2) 他の野菜・作型との組合せ方

連作による土壌病害発生や収量の減少を回避するため，4～5年ユウガオを栽培していない圃場を選定する。そのため，ホウレンソウ，キャベツ，ブロッコリー，スイートコーンなどとの輪作や，ソルゴーを作付けてすき込むことによって，有機物の補給と土壌病害の軽減対策を実施する例が増えている。

2 栽培のおさえどころ

(1) どこで失敗しやすいか

消毒済みの購入種子を使用し，ユウガオ栽培で問題になるウイルス病などを回避することが，失敗しない重要なポイントである。

ユウガオのウイルス病に対する種子消毒は，乾熱消毒（40℃で4日間プラス70℃で3日間）が最も効果が安定しているので，乾熱消毒をした種子を用いることが重要である。

(2) おいしく安全につくるためのポイント

安定した草勢を確保し，つる割病などの土壌病害を回避するため，4～5年程度他の作物を栽培する輪作を実施する。前述したように，輪作は，ホウレンソウ，キャベツ，ブロッコリー，スイートコーンなどと行なわれている。

また，土つくりと土壌病害軽減対策として，ソルゴーを栽培してすき込む事例が増えている。

(3) 品種の選び方

現在，主に栽培されている品種は，栃木県農業試験場が育成した〝しもつけしろ〟である。

品質がよく，豊産性で，耐病性があり，安定した生産が可能になっている（表2）。

表2　露地栽培に適した主要品種の特性

品種名	販売元	特性
しもつけしろ注1)	トーホク	果色は白，果形は洋ナシ形。耐病性はやや強く，豊産性
しもつけあお注1)	―注2)	果色は緑，果形は洋ナシ形。耐病性はやや強く，豊産性
ゆう太注1)	―注2)	ウイルス抵抗性。草勢強
かわちしろ	―注2)	草勢強

注1）栃木県農業試験場育成
注2）現在，販売元がない

表3　露地栽培のポイント

	技術目標	技術内容
圃場準備	◎圃場の選定	・排水良好な圃場の選定 ・輪作による連作障害の回避 ・ソルゴーなど緑肥作物の栽培，良質堆肥の施用
	◎施肥	・標準施肥量は，10a当たり堆肥6t，苦土石灰100kg，窒素20～25kg，リン酸25～30kg，カリ20～25kg
育苗管理	◎優良種子の確保	・種子消毒（乾熱消毒）済みの種子の準備
	◎発芽促進	・播種前に予措（種子に傷をつけて一昼夜吸水させる）を行なう ・4号ポリポットに2～3粒播きし，乾燥しないように適度に灌水しながら，発芽適温の25～28℃で管理
	◎健苗育成	・発芽後は20℃程度に下げる ・本葉1～2枚で1本に間引く
定植後の管理	◎適期定植	・本葉3～4枚の苗を，4月下旬～5月上旬に定植 ・4月中旬の早い時期の定植では，マルチとホットキャップ利用で地温15℃以上の確保と保温対策をする ・つる割病対策に，株元にネギを植える
	◎生育管理	・追肥と敷ワラをする ・整枝は，親づるを5～6枚で摘心し，子づるを3～4本伸ばし，子づる各節から発生する孫づるを3葉で摘心して雌花をつける
	◎病害虫防除	・病害虫は早期発見・早期防除に努める
収穫・調整	◎適期収穫	・5～7kgのユウガオを収穫。収穫のタイミングが早すぎると苦味が出る。遅れると製品が硬くなる
	◎加工	・皮をむき，果肉を幅3cm，厚さ2mm，長さ2～2.5mにむいて乾燥する ・水分22％以下にして，無漂白の場合は低温貯蔵する

3 栽培の手順

(1) 育苗のやり方

①播種

播種は3月下旬～4月上旬に行なう。種子を一昼夜水に浸し，吸水させてポットなどに播種する。種子の胎座部分にペンチなどで割れ目をつけて水に浸すと，吸水がよくなり発芽が安定する。

とくに，ウイルス病対策で乾熱処理した種子は，高温によって種子中の水分が少なくなって，発芽不良になりやすいので，必ず割れ目を入れてから吸水させる。

②播種後の管理

発芽適温は25～28℃なので，4号ポリポットに2～3粒播き，ビニールで被覆したトンネル内で乾燥しないように適度に灌水しながら，電熱線などで温度を確保する。

4～6日で発芽してくるので，20℃程度に温度を下げて管理する。本葉1～2枚が展開してきたら間引いて1本立ちにする。

なお，セルトレイ（128穴）に播種した場合は，子葉が展開したら4号ポリポットに

表4　施肥例

（単位：kg/10a）

肥料名	施肥量		成分量			備考
	元肥	追肥	窒素	リン酸	カリ	
牛糞堆肥	6,000					全面
苦土石灰	100					全面
BM ようりん	40			8		全面
BB 有機入り S888	160	200	20.8	20.8	20.8	株元周辺（土俵）以外の全面
石灰窒素入り化成（10-7-7）		40	4	2.8	2.8	株元周辺（土俵）
施肥成分量			24.8	31.6	23.6	

移植する。

本葉3～4枚になるまで育苗する。

(2) 定植のやり方

①圃場の準備

肥沃で排水のよい圃場を選定する。水田転換畑を利用する場合は乾田を選び、排水溝を必ず設置する。

4～5年ユウガオを作付けしていない圃場を選定する。前述したように、ホウレンソウ、キャベツ、ブロッコリー、スイートコーンなどとの輪作や、連作障害回避と土つくりのために、ソルゴーを作付けする事例が増えている。

10a当たりの施肥量は、堆肥6t、苦土石灰100kg、窒素20～25kg、リン酸25～30kg、カリ20～25kgを標準とする。ユウガオは、ウリ類の中では苦土の吸収量が多いので、苦土が不足しないよう、苦土石灰などの肥料を積極的に施用する（表4）。

畑地には火山灰土壌が多いが、火山灰土壌はリン酸吸収係数が高く、リン酸の肥効が悪いので、リン酸の増施が効果的である。

②定植

本葉3～4枚の苗を定植する。

定植の適期は、地温が15℃以上になる時期で、北関東では5月上旬以降になる。しかし、地温確保のためのマルチとホットキャップを利用して、4月中旬に定植する例が多くなっている。なお、定植時期が早すぎると、晩霜など低温障害を受けやすくなる。

定植間隔は、株間2～2・5m、ウネ間7～8mで、収穫した果実を搬出するため、軽トラックが通れる通路スペースを確保する。10a当たり定植本数は50～80本である。

③ネギの株元定植

長年の経験から、ユウガオの株元にネギを植えるとつる割病の発生が少なくなることがわかり、多くの農家が実践している。

なお、栃木県農業試験場の研究によって、ネギの根には、つる割病を起こすフザリウム菌の活動を抑制する菌がついていることが判明している。

(3) 定植後の管理

①整枝

雌花は、孫づるの第1、2節によく着生するが、親づるや子づるにはつきにくい。

親づるを本葉5～6枚で摘心し、子づるを3～4本伸ばして誘引する。子づるの摘心は行なわず、各節から発生する孫づるを3葉で摘心して雌花を着生させる（図4、5、6）。

②敷ワラ

乾燥防止と病害の予防のため敷ワラをする。おおよそ30ａ分のイナワラを、10ａの畑に敷き詰める。

③追肥

敷ワラをする前に、ＢＢ有機入りＳ888などを土俵全面に10ａ当たり200kg、株元周辺（土俵）に石灰窒素入り化成を追肥する。

(4) 収穫、加工

①収穫のやり方

収穫の適期は開花後15～20日で、果実が5～7kg程度になったときである。これより早く収穫すると苦味が強く、歩留まりが悪い。また、収穫が遅れると製品が硬くなってしまう（図7）。

6月下旬ごろから収穫期になるが、最低気温が20℃以下だと、とくに幼果に苦味が生じやすいので、低温期には若どりを避ける。

②かんぴょうの加工

皮むき器で果実の皮をむき、果肉を幅3cm、厚さ2mm、長さ2～2.5mにむく。種をつけないよう、綿の部分をむかないようにする（図8）。

それを乾燥竹につるして、天日で乾燥する。朝6時ごろまでに干すと、夕方には乾燥竹からはがれやすくなるので、これを収納す

図4　ユウガオの整枝方法

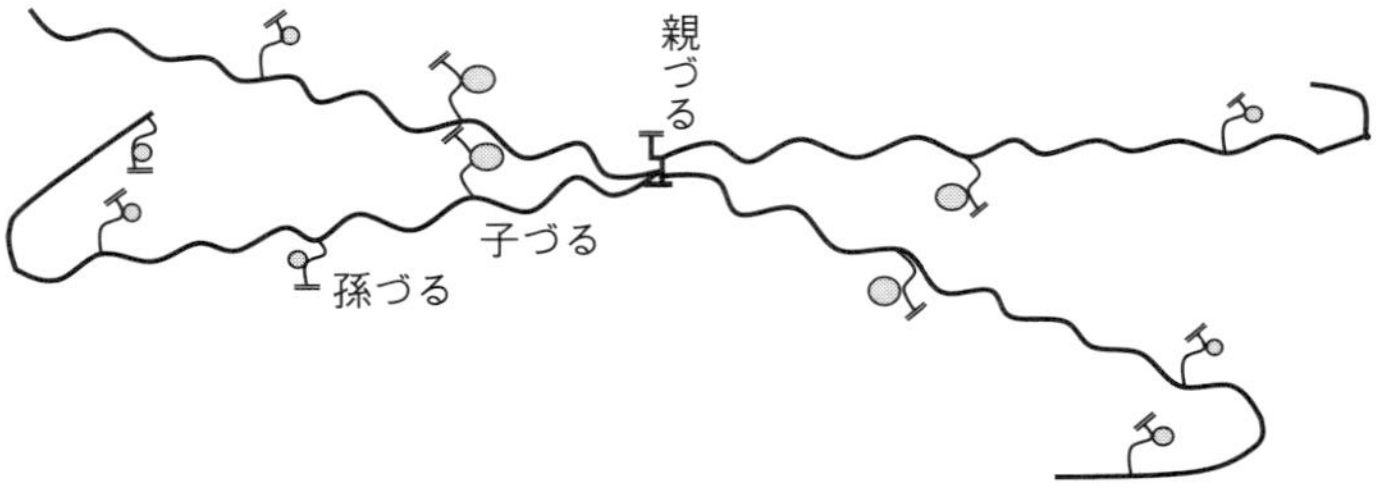

図5　4本仕立ての様子

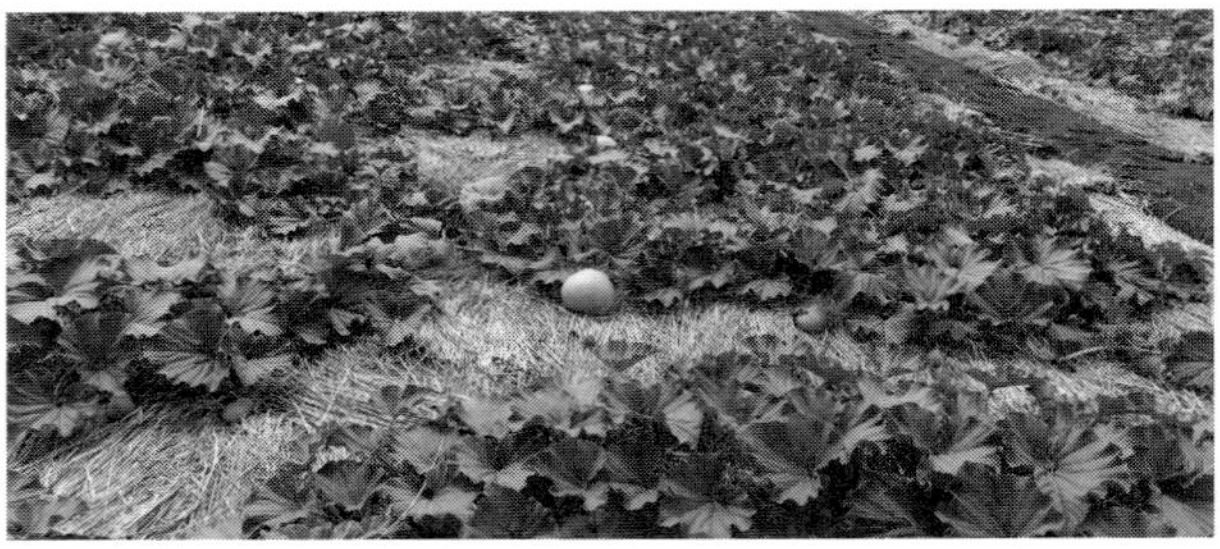

図6　着果直後のユウガオ

図7　収穫適期のユウガオ

5～7kg程度になった果実を収穫する

る（図９）。

最近は、雨よけハウスに温風機、ファンを備えた乾燥施設を整備して、効率よく乾燥を行なう例が増えている。

③硫黄くん蒸

保存性を高めるため、小型のパイプハウスを利用し、乾燥したかんぴょうを中につるし、製品40kg当たり硫黄80gでくん蒸する。食品添加物としての亜硫酸の残存許容量は、製品1kg当たり5g未満とされている。他の食品と比べて許容量がかなり高いが、くん蒸時の硫黄の使用量が基準より多いと、許容量を超える場合があるので注意が必要である。

食品の安全性を高めるために、硫黄くん蒸しない製品（無漂白かんぴょう）が増えている。やや低めの水分まで天日乾燥し、予冷庫などで低温貯蔵して長期間出荷する。

4 病害虫防除

(1) 基本になる防除方法

病害では緑斑モザイクウイルス、カボチャモザイクウイルス、炭疽病、べと病、うどんこ病、つる割病、つる枯病など、ウリ類で見られる病気のほとんどが発生する（表５）。

図8　ユウガオのむき作業

表皮をむいて取り除いた後、果肉部分をむいていく。むいた当日のうちに干し上がるよう、むき作業は早朝に行なわれる

図9　乾燥竹につるして天日乾燥する

乾きやすいように隙間をつくって干していく。天候がよくないときは、送風機や暖房機を稼働して乾燥を促進する

表5　病害虫防除の方法

	病害虫名	防除法
病気	ウイルス病	種子の乾熱消毒
	つる割病	ネギの株元定植，輪作，ソルゴーすき込み
	炭疽病	種子の乾熱消毒，ダコニール1000
	うどんこ病	ダコニール1000，カリグリーン，インプレッションクリア，タフパール
	べと病	ダコニール1000，Ｚボルドー，クプロシールド
害虫	アブラムシ類	ベストガード粒剤，チェス顆粒水和剤，ウララDF
	ハダニ類	ムシラップ，フーモン

注）種子の乾熱消毒は，40℃４日間＋70℃３日間で行なう

ウイルス病と炭疽病は、生育や収量に大きく影響するので、播種前の種子消毒がきわめて重要である。

4～5年の輪作を徹底することが重要である。輪作には前述したウリ科以外の作物や、ソルゴーの作付け・すき込みが有効である。

表6　露地栽培の経営費

項目	金額（円 /10a）	備考
種苗費	12,000	購入苗（4号ポット）80本
肥料費	27,000	牛糞堆肥，苦土石灰，石灰窒素，オール14化成
農薬費	8,000	ダコニール1000，ウララDF
資材費	15,000	マルチ，ホットキャップ
製はく機代	20,000	
動力光熱費	15,000	軽油，ガソリン，電気代
乾燥施設費	80,000	パイプハウス，換気ファン，暖房機
合計	177,000	

(2) 農薬を使わない工夫

前述したように、株元にネギを植え付けることで、つる割病の発生が少なくなるので、多くの農家が実践している。

敷ワラも、雷雨などの激しい降雨時の泥跳ねを防ぎ、炭疽病などの予防効果が期待できる。

5 経営的特徴

1戸当たりの栽培面積は約40a程度である。10a当たりの製品仕上がり量は50～60貫（180～220kg）程度である。

現在、無漂白かんぴょうは、10貫当たり15万円程度で取引されているため、10a当たりの販売金額は75～90万円程度である。硫黄くん蒸製品の場合は、10a当たりの販売金額は65～80万円程度である。10a当たりの経営費は表6に示したとおりである。

（栽培事例調査協力者：栃木県下野市　五月女茂氏、五月女真也氏）

（執筆：宇賀神正章）

ハヤトウリ

表1　ハヤトウリの作型，特徴と栽培のポイント

主な作型と適地

作型	1月	2	3	4	5	6	7	8	9	10	11	12	備考
露地			(●)-▼-------	----▼	———	———	———	———	———✿—	■■■	■■■		暖地

(●)：実生法での播種，▼：定植，✿：開花始め，■：収穫

特徴	名称	ハヤトウリ（ウリ科ハヤトウリ属），別名：センナリ（千成），チャヨテ
	原産地・来歴	熱帯アメリカ（メキシコ，中央アメリカ）原産。日本では，1917（大正6）年に鹿児島県にアメリカから導入，普及。1918（大正7）年薩摩隼人にちなんで「ハヤトウリ（隼人瓜）」と命名
	栄養・機能性成分	カリウムがとくに多く，ビタミンC，葉酸，ビタミンB_6，銅，マグネシウムを含む。塊根部には良質な澱粉が含まれる
生理・生態的特徴	発芽条件	外気温が暖かくなると発芽する。発芽の適温18℃，最低気温15℃
	温度への反応	高温性で，寒さに弱い。生育適温は20～23℃以上。根は地温が5℃以下になると枯死する
	日長への反応	短日性で，9月以降にならないと開花・結実しない。12時間前後の日長で開花する
	土壌適応性	土質は選ばないが，有機質が多い，肥沃な保水性に富む壌土で生育がよく，生産力が高い
	果実の貯蔵・休眠	貯蔵適温は10～12℃。休眠はなく，温度が高いと発芽する
栽培のポイント	主な病害虫	ウリハムシと土壌線虫の被害を受ける。べと病，つる枯病が発生することがある
	他の作物との組合せ	線虫の被害が発生したら，イネ科作物など他の作物・野菜と輪作する

表2　品種のタイプ，用途と品種例

品種のタイプ	用途	品種例
白色種	塩漬け，ぬか漬け，なます，サラダ，煮食	品種の分化が進んでいない
緑色種	味噌漬け，粕漬け，煮食	

図1　ハヤトウリの白色種（左）と緑色種（右）

注）写真提供：市和人

この野菜の特徴と利用

(1) 野菜としての特徴と利用

①原産地と来歴

ハヤトウリは別名「センナリ（千成）」あるいは「チャヨテ」と呼ばれている。メキシコや中央アメリカの熱帯アメリカが原産地で、1917（大正6）年に鹿児島県にアメリカから導入、試作されたのが日本での栽培の始まりである。1918（大正7）年に、薩摩隼人にちなんで「ハヤトウリ（隼人瓜）」と命名された。これとは別に、1924（大正13）年、国の旧園芸試験場にアメリカから白色種が導入された。

高温性作物のため、南九州の鹿児島県、宮崎県や四国の高知県で栽培されている。

②栄養成分と利用

栄養成分としてカリウムがとくに多く、ビタミンC、葉酸、ビタミンB_6、銅、マグネシウムなどが含まれる。また、歯ざわりがよく、旬の味として煮物や漬け物などに人気がある。

果実の収穫期は、生食用では開花後15～20日ころの果皮の硬化前がよい。漬け物などの加工用には、開花後30～35日ころの大きな果実が適する。白色種は青臭みが少ないので、塩漬けやぬか漬けなどに適し、生食にも適する。緑色種は青臭みが強いので、粕漬けや味噌漬けなどに適する（図1、表2、3）。

調理で、皮をむくときにネバネバした液が手につくので、手袋をつけるか流水下でむくとよい。果実は漬け物への利用が一般的で、塩漬けや一夜漬けのほか、辛子漬けやビール漬けなどさまざまな工夫がなされている。

生でも加熱しても食べられるが、ダイコンの代用として煮物などにも利用できる。ハヤトウリのシャキシャキした歯ざわりが残るようにすると風味が味わえる。

つるからは、美しい繊維がとれ、帽子やかごを編むのに用いられる。

表3　ハヤトウリの主な利用方法

果実の収穫期	収穫時期は，生食用は果皮の硬化前（開花後15～20日）がよい。加工用には果実の大きなもの（開花後30日～35日）を用いる
下準備	皮をむくときにネバネバした液が手につくので，料理用手袋をはめるか流水下でむくとよい
食べ方	生でも加熱しても食べられる。生の場合は，サラダに加えたり，単品をドレッシングで和えたりする。スープ，シチュー，炒め物，詰め物にも適する。煮物などにダイコンと同じように利用できる。手軽な食べ方として，塩漬け，一夜漬け，辛子漬け，ビール漬け，味噌漬け，ぬか漬け，甘酢漬け，ショウガ漬けなどの漬け物に適している
加熱調理のポイント	加熱するときは，わずかにシャキシャキした歯ざわりが残るようにすると風味が味わえる（10～15分間煮るか蒸すとよい）
保存方法	通気性のあるプラスチック袋に入れて冷蔵庫で数週間保存できる

(2) 生理的な特徴と適地

①植物としての特徴

熱帯地域では多年草だが、温帯地方では宿根草あるいは一年生のつる性草本になる。茎葉は強健で、つるは10m以上にも伸びる。分枝性に富み、つるが伸び出すと全面に広がる。

根は、サツマイモ状の塊根を形成し、良質の澱粉が含まれている。温帯では冬に地上部が枯死するが、防寒すると宿根して、翌春再び萌芽する。

花は雌雄同株で、雌花と雄花に分かれている。

果実は洋ナシ形をしており、長さが8～20cm、太さが7～12cmで、表面に凹凸があり、ざらつきや小さいトゲがある。縦に溝が4～5列でき、果形の変異がきわめて多い。果皮色は白色のタイプと緑色のタイプがあり（図1、表2参照）、果肉は果皮色よりやや薄く、緻密で柔らかい。緑色果は白色果よりやや硬めで青臭さがある。

種子はウリ科としてはきわめてまれな1果1種子である。

②気温、日長への反応と適地

種子は外気温が暖かくなると発芽する。発芽適温は18℃前後で、最低15℃は必要である。種子には休眠はなく、気温が高いと発芽するため、冷所に保管する。

高温性作物で寒さには弱い。生育適温は20～23℃以上といわれる。根は地温が5℃以下になると枯死する。

短日性作物で、9月以降にならないと開花・結実しない。12時間前後の日長で開花が始まり、霜が降りるまで収穫できる。

土質は選ばないが、肥沃な保水性に富む土壌で生産力が高い。むしろ、土壌水分が多いほうが生育はよい。

したがって、これらの条件を満たす栽培の適地は、温暖な鹿児島県、宮崎県、高知県などで、秋の降霜が遅いほど栽培しやすく、収量も多い。

（執筆：桑鶴紀充）

露地栽培

1 この作型の特徴と導入

作型の分化はほとんどされておらず、春の晩霜が降りなくなってから定植し、秋分の日ごろから開花・結実し、霜が降りるまで収穫できる（図2）。

ハヤトウリは生育適温が20℃以上で高温性の野菜なので、低温には弱く、霜が降りると枯れる。

線虫の被害が見られたら、イネ科作物などの作物と輪作を行なう。

2 栽培の手順

(1) 定植準備

元肥として、堆肥と化学肥料を株元1m四方に施す（表5）。1株当たり堆肥5kg、窒素20g、リン酸15g、カリ7gとする。一部では無肥料栽培が行なわれているが、施肥の効果は高い。

(2) 繁殖方法と育苗のやり方

繁殖方法は、実生植えのほかに根株利用、株分け、あるいは側枝の挿し木があるが、実生植えと根株利用が一般的である。

図2　ハヤトウリの露地栽培　栽培暦例

月	3			4			5			6			7			8			9			10			11		
旬	上	中	下	上	中	下	上	中	下	上	中	下	上	中	下	上	中	下	上	中	下	上	中	下	上	中	下
作付け期間			(●)		▼	▼	▼	―	―	―	―	―	―	―	―	―	―	―	―	✿	―	■	■	■	■		
主な作業			畑の準備		定植					追肥										開花始め		収穫始め			収穫終了		

(●)：実生法での播種，▼：定植，✿：開花始め，■：収穫

表4　ハヤトウリの露地栽培のポイント

	技術目標とポイント	技術内容
定植準備	◎圃場の選定と土つくり ・圃場の選定	・土壌はとくに選ばないが，肥沃な保水力に富む壌土がよい
	・土つくり	・完熟堆肥を株元1m四方に5kg程度施す
	◎施肥基準 ・元肥の施用	・元肥として窒素，リン酸，カリを株元1m四方に施す ・肥沃な土壌では無肥料で栽培する例が多い
繁殖・育苗方法	◎繁殖法の選択	・繁殖は，一般に実生植えか根株利用によって行なう
	・実生植え	・実生植えでは，降霜の恐れがなくなってから，貯蔵した果実が発芽し，芽が10cm程度に伸びたとき，果実を横にして成り口が上部になるように浅く植える
	・根株利用	・根株利用では，前年度の根株を地上30cmくらい残して切除し，地温が5℃以下に下がらないように，土寄せし，その上にモミガラやワラで厚く覆う
	◎育苗 ・鉢育苗	・必要に応じて25cmポットで育苗する。早く発芽した果実は涼しい場所で育苗し，発芽の遅い果実は保温する
定植方法	◎仕立て方の選択 ・棚仕立て ・地這い ・樹木や竹に這わせる	・きわめて草勢の強い作物なので，放任栽培でも茎葉が茂って着果するが，理想的には棚仕立てで整枝などを行なう栽培が望ましい ・棚仕立てにして日覆いに用いてもよい
	◎栽植密度	・栽植密度は4m×4mあるいは5m×5m（10a当たり62～40株）とする
定植後の管理	◎整枝 ・適正な枝管理	・孫づるによく着果するので，地上部が30cmくらいに伸びたときに主枝を摘心し，子づるを2～3本伸ばす。子づるが120～150cmに伸びたら摘心し，孫づるを3～4本ずつ，計6～12本伸ばす。余分な子づるは早めに除去する
	・追肥時期	・追肥は，摘心して孫づるが伸び出したら施す
	・夏の敷ワラや灌水の励行	・夏の乾燥する時期には敷ワラを十分にして，灌水を適宜行なう
収穫・貯蔵	◎適期収穫	・開花後15～20日ころから食用にできるので，果皮が硬化する前に収穫する ・加工用の場合は開花後30～35日の大きな果実を収穫する
	◎貯蔵 ・発芽と寒害の防止	・収穫後，高温では発芽するので，12℃以下で貯蔵する ・箱の中にモミガラを入れて果実を詰め，冷所に貯蔵しておくと翌春まで食用として利用できる

実生植えは、果実を冷所で保存しておき、春先に発芽が始まったものを植え付ける。降霜の恐れがなくなってから植え付ける必要があるので、発芽が始まったら涼しいところに置いて、伸びすぎないようにする。

育苗する場合は、果実を直径25cmのポットなどに植え込み、すでに発芽が進んでいる果実は涼しい場所で育苗し、発芽していない果実は保温するとよい。育苗時には灌水を控えめに行なう。

根株利用では、前年度の株の茎を地上30cmくらいで切除し、土寄せし、モミガラやワラなどで覆って防寒する。翌春、晩霜の恐れがなくなってからモミガラやワラを取り除き、そこから新芽を伸ばし育てる。

表5　施肥例　（単位：g/株）

肥料名		施肥量	成分量		
			窒素	リン酸	カリ
元肥（株元）	堆肥	5,000	20	15	7
	野菜配合1号	140			
	BM苦土重焼燐	7			
	硫安	43			
追肥（全面）	NK2号	500	80		80
施肥成分量			100	15	87

注）元肥の成分量は各肥料を合計したもの

(3) 定植のやり方、仕立て方

実生植えは、果実をそのまま植え付ける。植付けの適期は、晩霜がなくなり、暖かくなる、4月中旬～5月上旬ころである。芽が10cm程度に伸びた果実を用い、果実を横にして成り口がやや上部になるように半分ほど埋め込む（図3）。

必要に応じて25cmポットで育苗する。早く発芽した果実は、涼しい場所で育苗し、発芽の遅い果実は保温して、発芽させてから定植する。定植後は灌水を控えめにする。

図3　ハヤトウリの発芽した果実と定植のやり方

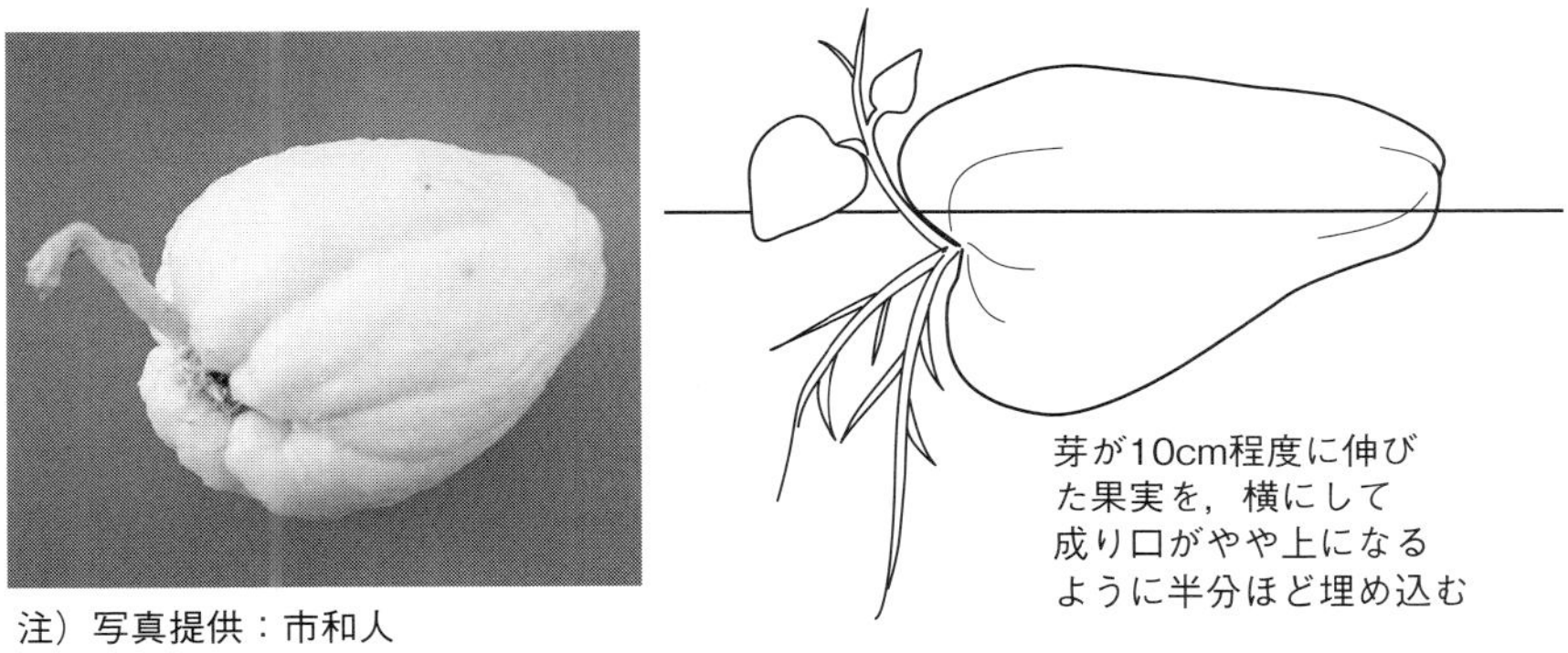
芽が10cm程度に伸びた果実を，横にして成り口がやや上になるように半分ほど埋め込む

注）写真提供：市和人

根株利用は、晩霜の恐れがなくなってから、モミガラやワラや土寄せした土を除去し、新芽を伸ばす。

きわめて草勢の強い作物なので、放任栽培でも茎葉が茂って着果するが、理想的には棚仕立てで整枝などを行なう栽培が望ましい。仕立て方は、棚仕立て（図4）のほかに地這い栽培、竹林や樹木に這わせる方法がある。棚仕立ては、竹や丸太で棚をつくり、棚部に竹やキュウリネットを張ってつるを這わせる。

栽植密度は4×4m、あるいは5×5m程度とし（10a当たり62～40株）、果実や根株からつるを伸ばす。

(4) 定植後の管理

① 整枝

孫づるによく着果するので、地上部が30cm程度（本葉5～6枚）に伸びたときに摘心し、子づるを2～3本伸ばす。子づるが120～150cmに伸びたときに摘心し、孫づるを3～4本ずつ伸ばす（図5）。なお、余分な子づるは早めに除去する。

地這い栽培などでは、整枝しないでそのまま放任している場合もあるが、整枝するほうが生育や着果がよい。

②追肥、灌水、敷ワラ

栽培期間が長い（180～200日）ので、追肥を1～2回行なう。子づるを摘心して孫づるが伸び出したら、1株当たり窒素とカリをそれぞれ80～100g、全面に施用する。

夏には棚仕立て、地這い仕立てともに、乾燥防止のために敷ワラを行ない、適宜灌水する。

(5) 収穫、出荷、貯蔵

ハヤトウリは短日性作物のため、9月の秋分のころから開花が始まり、着果する。伸びたつるに、節成りに開花・着果し、条件がよいと1株当たり200～300個ほど収穫できる。収穫は、10月上旬ころから降霜まで行なえる。

生食用には、開花後15～20日ころの果皮が硬化する前に収穫し、漬け物などの加工用には、開花後30～35日ころの大きな果実を収穫する。

収穫した果実は、10kg程度を袋に入れて市場に出荷する。価格は10月中旬ごろが最高で、その後安くなる。主に漬け物業者が購入し、白色種より緑色種のほうが高い。朝市や無人販売所では3～4個を網袋やビニール袋

図4　パイプハウスを利用したハヤトウリの棚仕立て

注）写真提供：市和人

図5　整枝のやり方

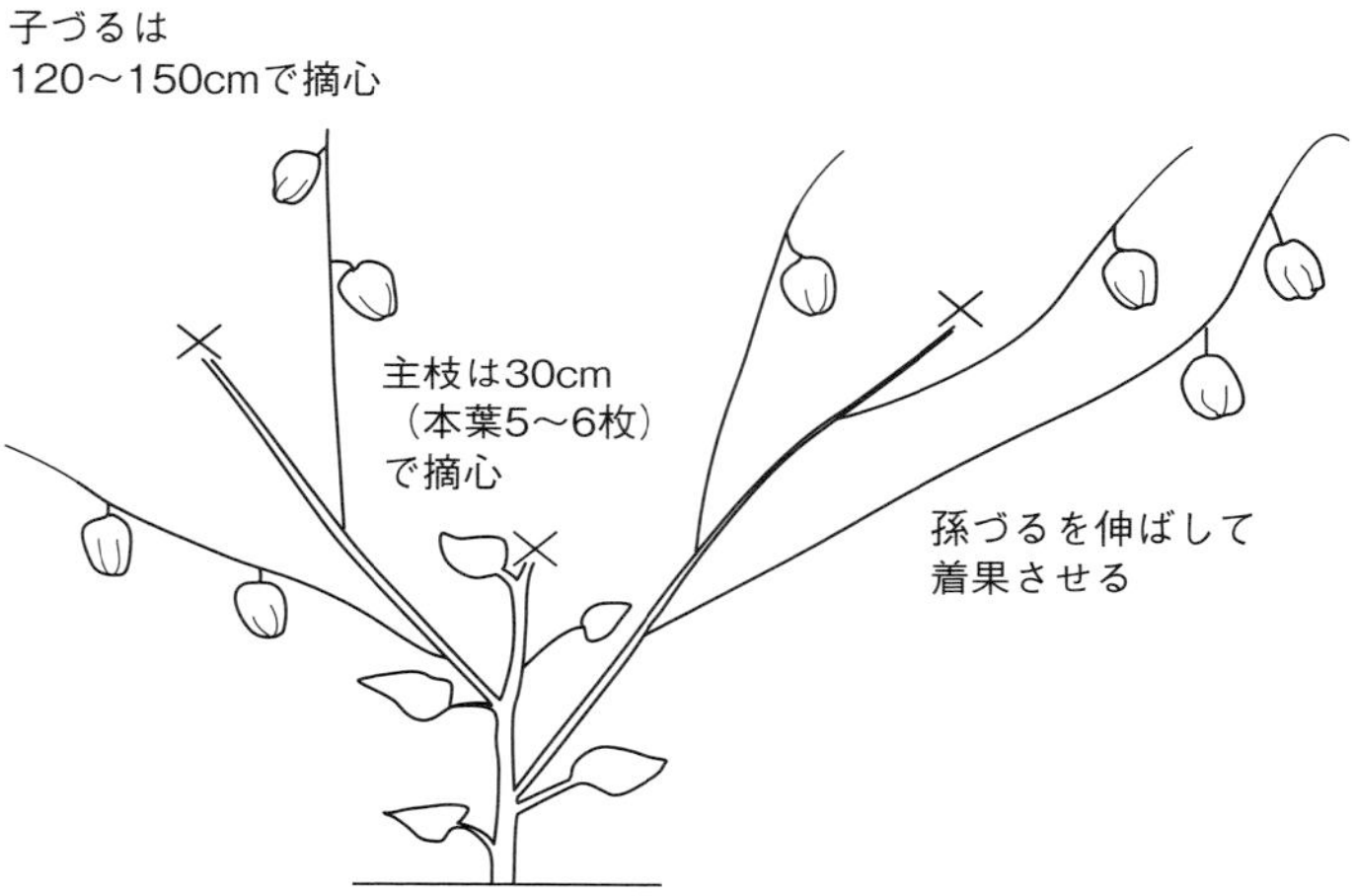
子づるは
120～150cmで摘心
主枝は30cm
（本葉5～6枚）
で摘心
孫づるを伸ばして
着果させる

図6　朝市や無人販売所向けのハヤトウリの包装

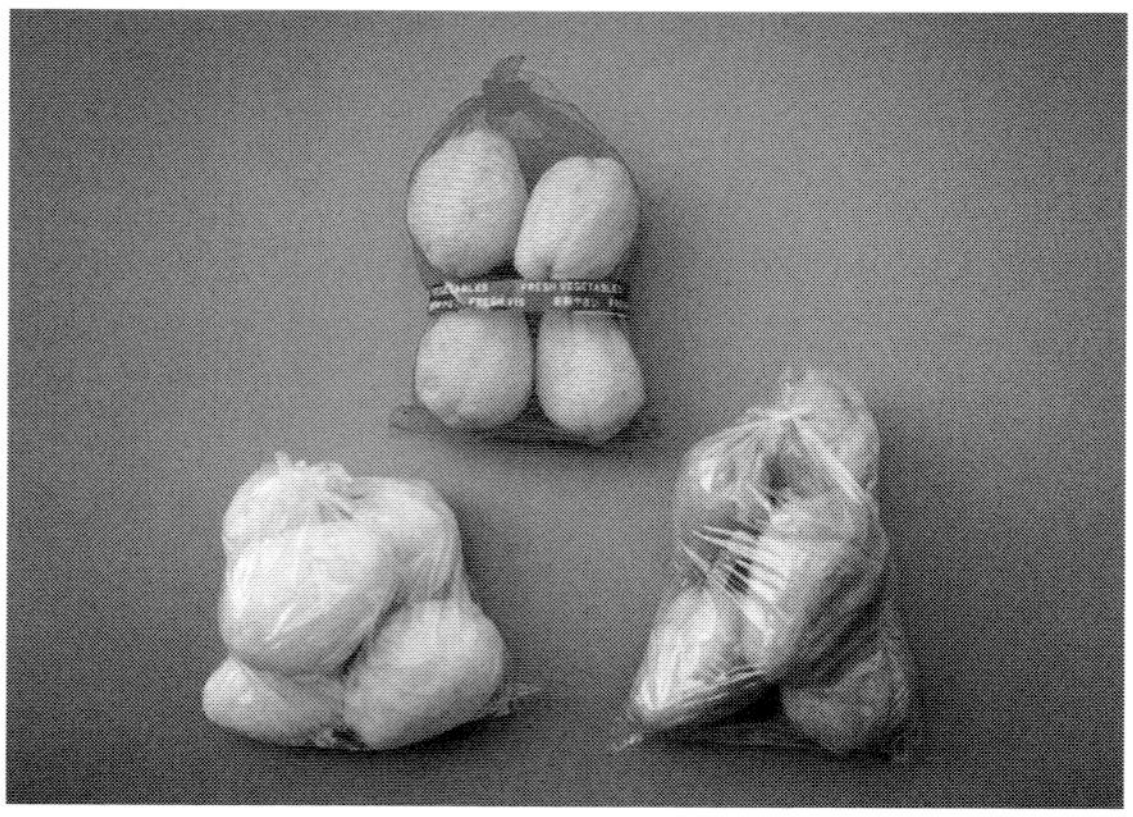

注）写真提供：市和人

に入れて販売する（図6）。

果実の貯蔵は、発芽しないように12℃以下の涼しい場所で行なう。低温には弱いので、箱の中にモミガラを入れ、その中に果実を詰めて冷所で貯蔵する。こうしておけば春先まで食用として利用できる。

種子用の果実も同じように貯蔵する。

3 病害虫防除

病害虫はほとんど発生しないので、農薬散布の必要はない。まれに、ウリハムシが発生したり、べと病やつる割病が発生したりすることがあるので注意する。また、線虫にも弱いので、発生が見られたら輪作するか土壌消毒を行なう。

（執筆：桑鶴紀充）

トウガン

表1　トウガンの作型，特徴と栽培のポイント

主な作型と適地

作型	1月	2	3	4	5	6	7	8	9	10	11	12	備考
早熟	●──	●▼──	▼──	──■	■	■	■						露地トンネル
普通	●──	──	▼-●──	─▼─	─■	■	■	■	■				露地マルチ

●：播種，▼：定植，■：収穫

特徴	名称	トウガン（ウリ科トウガン属），別名：カモウリ，シブイ，シブリ
	原産地・来歴	熱帯アジア，5世紀ころに朝鮮半島から渡来した
	栄養・機能性成分	水分96％，ビタミンC 40mg/100g，低カロリー（16kcal/100g）のダイエット野菜，夏バテ予防に効果的
生理・生態的特徴	発芽条件	28～30℃で好適な発芽，硬実種子
	温度への反応	生育適温25～30℃の高温性の野菜で，低温に弱い
	日照への反応	多日照（＋高温）で果実の肥大がよい
	土壌適応性	土質を選ばず，適応範囲は広い
	開花（着果）習性	短日で雌花が多い
	果実の貯蔵・休眠	貯蔵性が高く，冬まで長期貯蔵が可能
栽培のポイント	主な病害虫	アブラムシ類，アザミウマ類，ウリハムシ，ハダニ類など
	他の作物との組合せ	ウリ科以外の野菜，作物などとの輪作

この野菜の特徴と利用

(1) 野菜としての特徴と利用

トウガンは、夏が旬の野菜で、冷暗所で貯蔵すると冬まで日持ちすることから「冬瓜」といわれ、品種によっては成熟すると果皮に白い果粉が出てくるので「白瓜」ともいわれている。関西地方では、京都の加茂地方で栽培が盛んに行なわれていたため、「カモウリ」と呼ばれ、生産量の多い沖縄では「シブイ」、奄美では「シブリ」と呼ばれている。

図1　収穫したトウガンと断面

トウガンはウリ科の1年生のつる性野菜で、原産地は熱帯アジアである。生育適温は25～30℃で、熱帯、温帯の広い地域で栽培されている。わが国では、南西諸島で栽培が盛んで、夏の味覚として消費される。

果実中には水分（96％）とビタミンC（100g中に40mg）が多く含まれる。

利用法は、味がないため、味つけをする煮物料理が一般的だが、酢の物、サラダ、漬け物などにも利用される。

(2) 生理的な特徴と適地

果実の重さは、15kgの大型から1kgの小型まで、いろいろな品種がある。成熟すると果皮に白い果粉がある品種と、ない品種がある。果形は、円筒形、楕円形、腰高形があり、一般的には楕円形の品種が多い。果色は濃緑色から淡緑色まであり、本土では淡緑色の品種が主に栽培されているが、沖縄や奄美では濃緑色の品種も栽培されている。

トウガンの作型は、露地での早熟栽培と普通栽培が一般的であるが、沖縄県では促成栽培も行なわれている。なお、早熟栽培と普通栽培は沖縄県、愛知県、神奈川県、岡山県、和歌山県、鹿児島県で盛んに栽培されている。

図2　露地栽培の様子

（執筆：桑鶴紀充）

露地栽培

1 この作型の特徴と導入

(1) 作型の特徴と導入の注意点

トウガンは温暖な気候を好み、生育適温は高い。この作型は、播種から定植までは気温が低い時期なので、十分な保温対策が必要になる。収穫は、4月下旬から9月下旬まで長期間可能である。

定植は早熟栽培では2月上旬～3月中旬、普通栽培では3月上旬～4月下旬に行なう。この時期は気温が低く、冷たい季節風が吹くので、小型トンネルかビニールキャップ内で定植し、活着を促し生育促進を図る。

(2) 他の野菜・作物との組合せ

トウガンはウリ科野菜なので、他のウリ科野菜との連作は避ける。連作するとつる割病や線虫が増加し、減収につながるので、できるだけ連作は避け、他科の野菜、作物との輪作を行なう。

2 栽培のおさえどころ

(1) どこで失敗しやすいか

①均一な発芽

発芽を揃えるためには、播種前に8～10時間ほど清水に浸漬して、十分吸水させる。また、播種床に電熱線を設置し、25～30℃を保つようにする。

②保温対策

定植7日前にはトンネル、マルチの被覆を完了し、定植時の季節風を防ぎ、保温に努める。定植は早熟栽培では2月上旬～3月中旬、普通栽培では3月上旬～4月下旬に行なう。

この時期は気温が低く、冷たい季節風が吹くので、小型トンネルかビニールキャップ内で定植し、活着を促し生育促進を図る。

図3 トウガンの露地栽培 栽培暦例

月	3			4			5			6			7			8			9		
旬	上	中	下	上	中	下	上	中	下	上	中	下	上	中	下	上	中	下	上	中	下
作付け期間		●	―	―	―	▼	―	―	―	―	―	■	■	■	■	■	■	■	■	■	■
主な作業		播種	畑の準備			定植	整枝・誘引	受粉	1回目追肥			収穫始め									収穫終了

●：播種，▼：定植，■：収穫

表2　露地栽培のポイント

	技術目標とポイント	技術内容
定植準備	◎圃場の選定と土つくり ・圃場の選定 ・土つくり ◎元肥の施用	 ・連作や土壌線虫の発生地での栽培は避ける ・定植前，株元に有機質の肥料を入れ，土を柔らかくする ・地這い栽培は，排水溝をつくり水はけをよくする ・土の酸性は中性から弱アルカリがよく，酸度矯正（pH6～6.5）を行なう ・元肥は定植20日前までに施し，施肥量は前作の残量などによって加減する
播種・育苗	◎発芽促進 ◎播種・育苗 ◎定植	・催芽処理は種子に傷をつけ，約2時間程度水に浸す ・催芽温度は30℃にする ・催芽後，播種箱に種子間2cm，条間5cm程度で播き，1cm程度覆土する ・播種後，新聞紙などで覆い，播種床の乾燥を避ける ・子葉が展開したらポリポットに移植する ・本葉3～4枚で定植する
栽培管理	◎整枝 ◎灌水	・親づるの4～6節で摘心，子づるを2ないし4本に仕立てる ・子づるの摘心は20～25節で行なう ・着果節より下位の孫づるは，早めに除去する ・着果節より上位の孫づるは，草勢に応じて除去や採光を確保しながら均一に伸ばす ・灌水は定植直後は多くし活着を促す。その後，着果前までは少なく，着果後は多くし，果実肥大をよくする
収穫・貯蔵	◎着色促進 ◎適期収穫	・果実径が10cm程度でフルーツシートを敷き，色ムラを防止する ・高温・強日射時は新聞紙などで覆い，日焼けを防止する ・開花後20～25日ころ3～3.5kg程度で収穫する

③株疲れ

他の果菜類に比べ、生育適温が高いので、夏の高温下でもよく生育し、長期栽培が可能であるが、株疲れを起こしやすい。したがって、深耕や堆肥施用で土つくりに努め、根域を広め、定期的な追肥を行なって草勢を維持することがポイントになる。

(2) 品種の選び方

トウガンは、他の果菜類より品種の分化が少ないとされている。品種の分類は果形、果皮色、早晩性が基準になる。

市場では、白い果粉がなく濃緑色で、長さ25～30cm、胴回り50～55cm、1果重3～4kgの果実が好まれる。これらの特性を持つ品種は、沖縄や台湾からの導入種に多い。

黒皮種　沖縄や奄美地域の在来種で、草勢が強く、側枝の発生に優れている。側枝着果が主で、長期どりに適している。果皮色は濃緑で品質は良好である。

小玉種　沖縄在来種から選抜された品種で、草勢が強く、側枝着果性も高く、果実は楕円形で、果皮色は濃緑色、果実面に濃淡の斑紋がある。果肉の厚さは5～6cmで空洞は少ない。

3 栽培の手順

(1) 育苗のやり方

①播種の準備

子づるの仕立て方で異なるが、苗は10a当たり250～420本程度必要である。

種子の発芽適温は28～30℃で、播種床に電熱線を1㎡当たり50～60Wを設置し、25～30℃を確保する。温度管理はハウスプラストンネル被覆で対応できるが、夜間10℃以下に冷え込むときは、さらにシルバーポリなどを被覆する。

育苗床は1～1.2m幅の床を作成し、遮根シートを敷いて12cmポットを並べる。床面積は400ポット育苗の場合16㎡程度必要である。

床土は通気性、保水性、排水性に優れ、病害虫の心配がないものを用いる。多くの床土が市販されているので、それらを利用してもよい。

②播種

市販の育苗箱やトロ箱に播種する。播種用土は、消毒した川砂か、鹿沼土や市販の播種用土を用いる。

トウガンの種子は吸水力が弱く、そのまま播種すると発芽が不均一になる。発芽を揃えるため、播種前に、8～10時間ほど清水に浸漬して十分吸水させる。

播種は、種子間2cm、条間5cm程度で条播きし、1cm程度覆土する。覆土後は灌水し、新聞紙をかぶせ、その上から軽く灌水する。その後は、新聞紙が乾いたら適宜灌水する。発芽したら、新聞紙を除去し、根じめの灌水を行なう。

③鉢上げ（移植）

子葉が展開したら12cmポットに鉢上げする。床土を鉢の8分目まで入れ、鉢上げ2～3日前には灌水し、適当な水分を確保しておく。鉢上げは、根を切らないように割りばしなどでていねいに掘り上げ、1本ずつ移植する。また、深植えにならないように注意する。移植後は灌水し、保温に努める。

④育苗管理

温度管理は、日中25～30℃、夜間は15℃以下にならないように換気、保温を行なう。鉢のずらしは、葉が触れない程度に随時行なう。また、サイドと中央部を入れ替えることで、生育のムラを少なくする。

水分が多いと徒長苗になり、定植後の生育が悪くなるので、育苗中の灌水は控えめにして、がっちりした苗にする。

葉色が薄いときは低濃度（800～1000倍）の液肥を灌水と一緒に行なうとよい。

(2) 定植のやり方

①畑の選定、準備

畑は、作土が深く、腐植に富み、通気性がよく、排水良好で保水性のある肥沃な壌土が望ましい。また、日当たりがよく、ウネの方向は南北が好ましい。

堆肥、苦土石灰を定植の30日前までに施用し、pH6～6.5程度になるように調整する。

元肥は、定植20日前までに表3に準じて施し、作ウネする。施肥量は、前作の残量などによって加減するが、10a当たり成分量で窒素15～21kg、リン酸15～18kg、カリ15～21kg程度が基準とされている。そのうち元肥量は60～70％で、残りは追肥として施す。元肥の施肥幅は1.5mとし、その部分はマルチを被覆する。

なお、定植15～20日前までにマルチ、トンネルを被覆し、地温を高めておく。マルチは、土壌水分が適度にある状態で行なう。

灌水チューブは、株から30cm離した位置に

表3　施肥例　（単位：kg/10g）

	肥料名	施肥量	成分量		
			窒素	リン酸	カリ
元肥	堆肥	2,000			
	苦土石灰	100			
	かぼちゃ配合	60	9	9	9
	苦土重焼燐	40		14	
追肥	BBNK44	20×3回	8.4		8.4
施肥成分量			17.4	23	17.4

設置する。

②定植

植穴に、アブラムシ類やアザミウマ類防除用の薬剤を土壌混和しておく。本葉が3～4枚展開したときに定植する。定植は晴天、無風の日が好ましい。深植えにならないように注意する（ウネ間、株間は図5、6参照）。

定植後はたっぷり灌水を行なう。最初から灌水チューブを使用すると浅根になるので、活着までは手灌水とし、根を深く伸長させる。

(3) 定植後の管理

①敷き草

乾燥防止、地温の安定、雑草抑制、病害予防、果実の汚れ防止のため、つるが1m程度伸びるころまでにマルチの外側に敷き草（イナワラ、キビハカマ、野草など）する。

②主枝の摘心と仕立て方

主枝（親づる）には雌花が少ないので、摘心して、側枝（子づる）を伸長させて着果させる。主枝の本葉が5～6枚展開したときに摘心し、子づるを2ないし4本伸ばす（図4）。摘心が遅れると子づるの伸長が不均一になるので、早めに行なうようにする。仕立て方は、地這い仕立てにする。

栽培様式は、次の3タイプある。子づる2本仕立て、ウネ幅480cm、株間75～80cm（260～277株／10a）、子づる4本仕立て（1方向誘引）、ウネ幅300cm、株間80cm（417株／10a）、子づる4本仕立て（4方向誘引）、ウネ幅300cm、株間250cm（120株／10a）である（図5、6）。

③整枝・誘引

子づるは、1方向または4方向へ誘引する。子づるの着果節位（15～16節）までの孫づるは早めに除去し、それ以外の孫づるはつるが込み合わない程度に除去する。

④灌水、追肥

定植から着果までの灌水は、マルチ前に降雨または十分な灌水を実施していれば必要ない。しかし、生育不良や乾燥しやすい圃場では、生育に応じて灌水を行なう。

生育初期に灌水が多く、肥効が強いと草勢が強くなり、着果不良になりやすい。草勢が強い場合は灌水を控える。草勢の強弱は、つるの先端部の角度で判断できる。先端部がウネの表面から90度近く起き上がっていれば草勢が強く、70度程度なら最もよい。なお、着果後は、果実肥大の促進と草勢維持を図るため、多めに灌水する。

追肥は、1果目の果実が直径10～15cmに肥大した時期に、窒素成分で10a当たり3kg程度行なう。その後は、つるの先端が下向きになると草勢が低下したと判断されるので、早めに追肥を行なう。

⑤受粉・着果

1番果の着果開始は、15～16節付近に開花

図4　親づる摘心後の様子

した雌花とし、それより下位節の雌花は除去する（図7）。

露地栽培では自然受粉が一般的だが、1番果の着果時期は低温期になるため、人工受粉で確実に着果させる。人工受粉は、できるだけ花粉の稔性が高い午前中に行なう。

⑥玉直し

直径10cm程度になったらフルーツシートを敷いて、以後果実の位置を適宜変え、果実の着色をよくする。透明のフルーツシートを使用すると着色しやすい。

⑦日焼け防止

5月以降になると日射が強くなり、日焼けを起こす場合があるので、肥大後期は果実を新聞紙や枯れ葉などで覆う。

図5　子づる4本仕立て1方向誘引

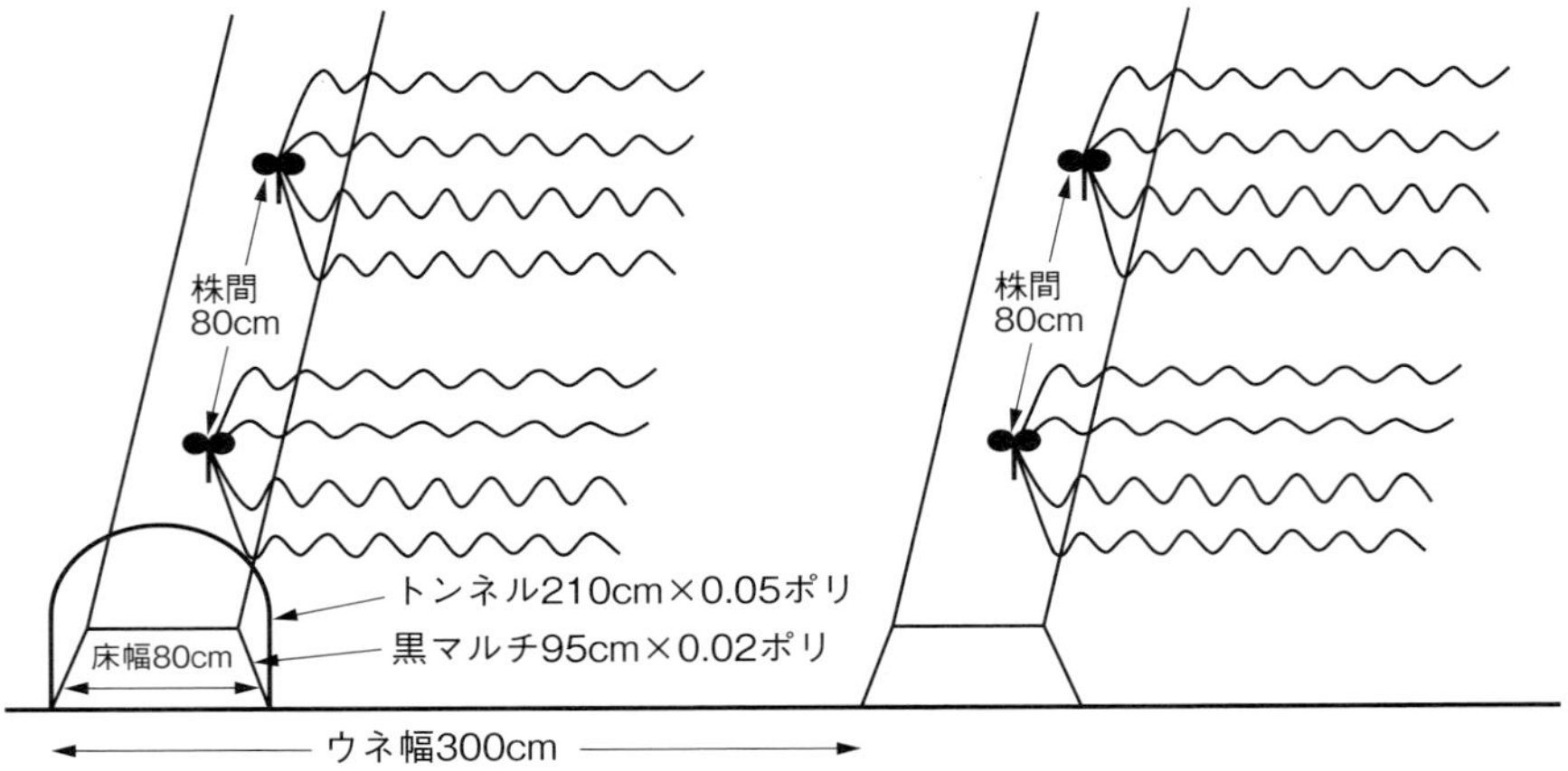

図6　子づる4本仕立て4方向誘引

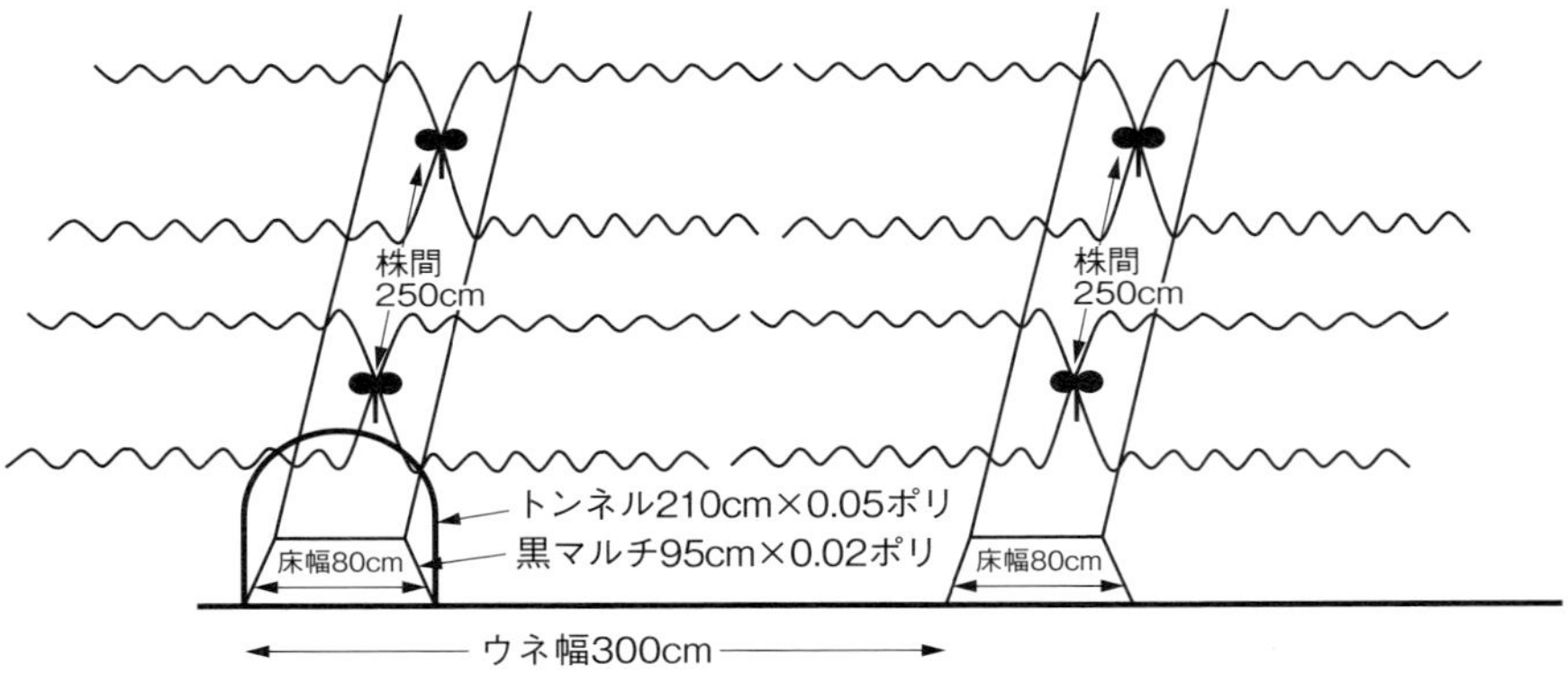

図7　摘心と仕立て方

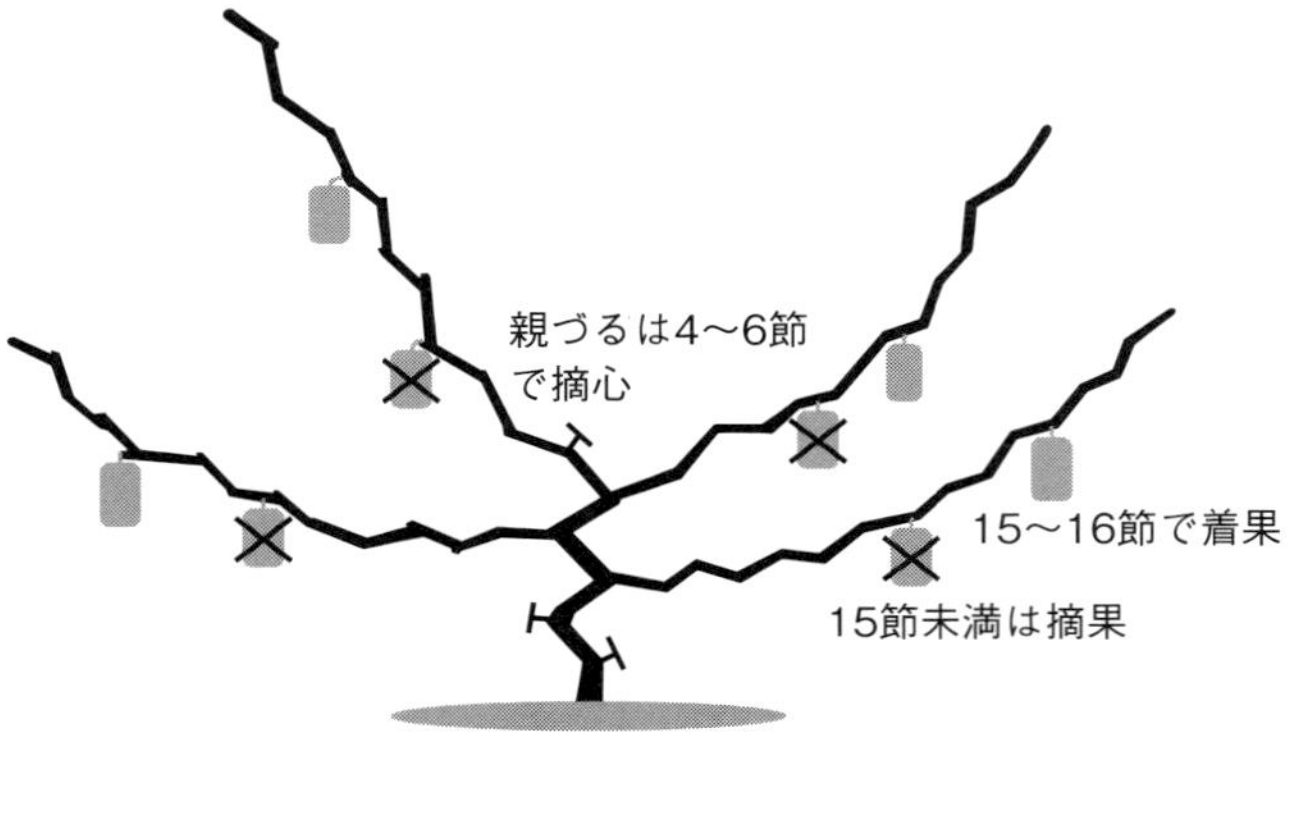

⑧台風対策

台風の接近と同時に、通気性不織布を直がけし、茎葉の損傷を防ぐ。そのとき、2m間隔で針金などで固定すると、台風時の雨でマルチと不織布が密着するので効果が高い。

茎葉がマルチ幅より伸長した以降は、防風ネットなどで対応する。

台風通過後は、ただちに被覆を除去し、病害防除を徹底する。

(4) 収穫

他の果菜類に比べて、トウガンの収穫適期は長い。しかし、あまり適期から遅れて収穫すると草勢に負担がかかるので、適期収穫を守る。目安として、開花後20～25日程度で、果重3～3.5kgになったら収穫する。

目標収量は10a当たり5t。採種用の果実は、開花後40～50日程度おいた完熟果を収穫し、貯蔵する。

4 病害虫防除

炭疽病、うどんこ病などの病害は、発生してからの防除が困難なため予防に努め、発生を確認したら、ただちに薬剤散布を行なう。

アブラムシ類が媒介するウイルス病は、収量や品質の低下をまねくので、アブラムシ類の防除を徹底する。他の害虫ではアザミウマ類、ウリハムシ、ハダニ類、ハモグリバエ類が発生するので適期防除に努める。

（執筆：桑鶴紀充）

ニガウリ

表1　ニガウリの作型，特徴と栽培のポイント

主な作型と適地

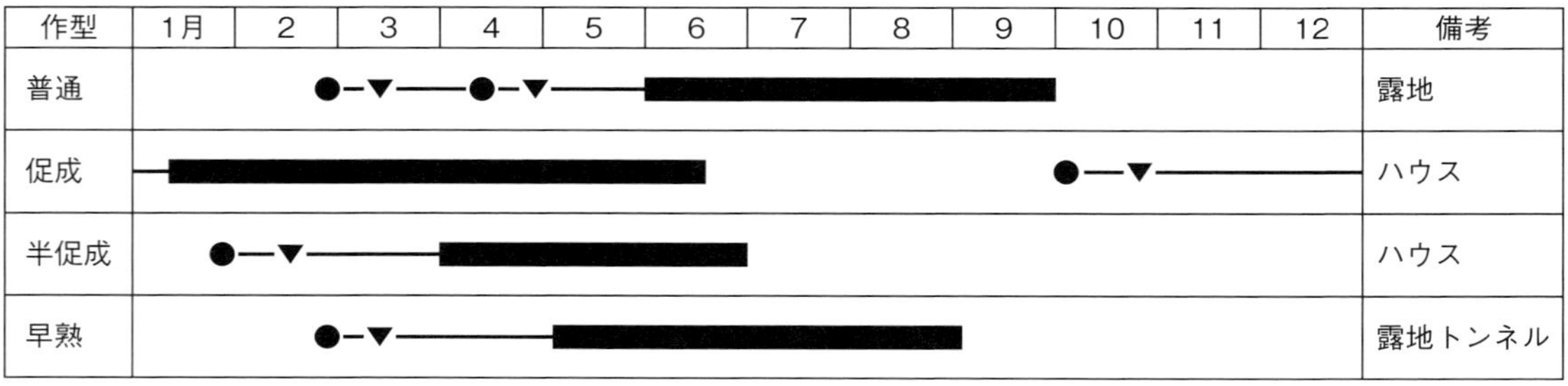

●：播種，▼：定植，■：収穫

特徴	名称	ニガウリ（ウリ科ツルレイシ属），別名：ゴーヤ，ツルレイシ
	原産地・来歴	熱帯アジア
	栄養・機能性成分	ビタミンC，モモルデシン（苦味成分），抗酸化作用
生理・生態的特性	発芽条件	発芽適温は25～30℃
	温度への反応	高温性の野菜
	日照への反応	多日照を好む
	土壌適応性	適応範囲は広い
	開花（着果）特性	低温で雌花がつきやすい
栽培のポイント	主な病害虫	うどんこ病，つる割病，アブラムシ類，ウリノメイガ，ネコブセンチュウなど
	他の作物との組合せ	ウリ科以外の野菜

この野菜の特徴と利用

(1) 野菜としての特徴と利用

ニガウリは別名「ゴーヤ」「ツルレイシ」ともいわれ、つる性のウリ科野菜である。原産地は熱帯アジアで、高温多湿の気候で旺盛に生育する。

もともと、沖縄県や九州南部を中心に食べられてきた、地域特産野菜であったが、2001年のNHKドラマ「ちゅらさん」などをきっかけに知名度が一気に上がり、全国に普及した。現在では、沖縄・九州地域以外に、茨城県や群馬県も主要な産地になっている。

利用法は野菜炒めが一般的だが、サラダ、天ぷら、和え物などにも使われる。加工品としては漬け物が多いが、ニガウリ茶や乾燥ニガウリなどが民間の企業で開発され販売されている。

ニガウリは野菜の中でもビタミンCを多く含んでいる。野菜のビタミンCは加熱すると分解されやすいが、ニガウリのビタミンCは熱に強く、調理してもあまり減少しない。

また、苦味成分のモモルデシンには抗酸化作用などがあり、胃腸の粘膜を保護したり、食欲を増進させたりする効果も期待できる。

図1　収穫期のニガウリ（か交5号）

(2) 生理的な特徴と適地

①生理的な特徴

果実の形は丸いものから細長いものまでさまざまで、色は白、淡緑、緑、濃緑のものがある。わが国では、濃緑色で果径が太いボリューム感のあるものが好まれる。

花粉の発芽は、気温25～30℃で最も良好となり、35℃以上の高温では発芽能力が低下する。花粉の発芽が最も優れる時間帯は、雄花の開花が始まる朝方で、日平均気温が低い日は夕方まで稔性がある。

他の果菜類より耐暑性が高いため、夏野菜として貴重である。

②適地と作型

栽培は暖かい地域に適している。品種の開発により営利的な周年栽培が可能になり、立体仕立てのハウス栽培が行なわれるようになってから、作型の分化が始まった。

普通作型は露地栽培で、2月下旬～4月中旬に播種し、ビニールハウスで育苗するか購入苗を利用し、3月中旬～4月下旬に定植する。定植時は季節風が強いので、仮支柱やキャップをかぶせるなど防風対策を行なう。

仕立て方は棚仕立て、アーチ仕立て、地這い仕立てがあり、地域によってさまざまである。

早熟作型は定植から誘引開始するまでをトンネルで保温し、露地作型より収穫開始が早い栽培である。

促成作型はハウス栽培で、播種が9月下旬〜11月上旬で、定植は10月上旬から行なわれる。沖縄県や鹿児島県の奄美地域では無加温で栽培され、宮崎県では暖房機などによる加温栽培が行なわれている。1月以降は低温になり、果実の肥大、生育も緩慢になる。仕立て方は、立体仕立てが一般的である。

半促成作型は、ハウス栽培で、鹿児島県、宮崎県、熊本県、長崎県で多く、主に抑制キュウリ、イチゴなどの後作として栽培される。播種は1〜2月で、定植は2〜3月、収穫は4月から始まり、立体仕立てが多い。

（執筆：田中義弘）

露地栽培（普通、早熟）、ハウス栽培（半促成、促成）

1 この作型の特徴と導入

(1) 作型の特徴と導入の注意点

普通、早熟、半促成の作型では、播種、定植が1〜3月の低温期になる。促成作型では、播種、定植が9〜10月の高温期である。播種、定植の時期は気候の変化が厳しいため、育苗に細心の注意をはらうようにする。

(2) 他の野菜・作物との組合せ方

ニガウリはウリ科野菜なので、他のウリ科野菜との連作は避ける。

連作によってつる割病が発生しやすい。つる割病は防除が困難で、発生圃場では接ぎ木栽培でしか回避できない。

図2　ニガウリの露地栽培（普通，早熟），ハウス栽培（半促成，促成）　栽培暦例

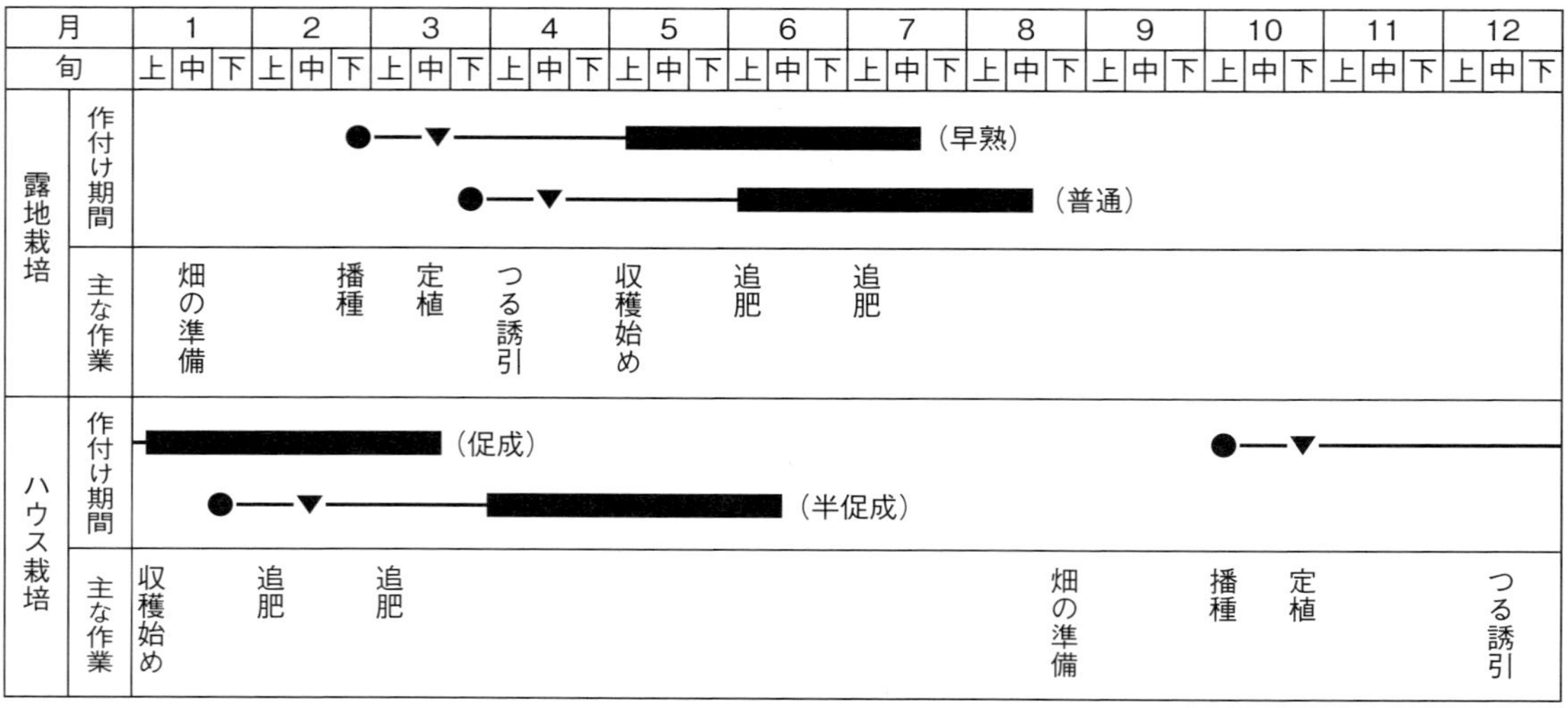

●：播種，▼：定植，■：収穫

2 栽培のおさえどころ

(1) どこで失敗しやすいか

ニガウリは、他の果菜類に比べ栽培が容易で、露地栽培は本土では9月、南西諸島では10月まで行なうことができる。

ただし、長期栽培になると、定期的に追肥を行ない、株疲れや肥料切れを起こさないようにすることが、失敗しないためのポイントになる。

表2　主要品種の特性

品種名	育成元	果形	果色	突起の形態	作型
群星	沖縄県	紡錘形	濃緑色	鋭い	普通，半促成
汐風	沖縄県	紡錘形	濃緑色	鋭い	促成
か交5号	鹿児島県	紡錘形	濃緑色	やや丸	半促成，普通
佐土原3号	宮崎県	紡錘形	濃緑色	丸	普通，半促成，促成
宮崎つやみどり	宮崎県	紡錘形	濃緑色	丸	普通，半促成，促成
えらぶ	八江農芸	紡錘形	濃緑色	やや丸	普通，半促成，促成

(2) おいしく安全につくるためのポイント

定植1カ月前に、堆肥を10a当たり2t程度施用する。また、適度な水分は果実肥大をよくし、果実の色や光沢もよくする。

露地栽培では害虫の被害が多いので適期防除に努め、ハウス栽培ではハウス内の湿度管理に注意する。

(3) 品種の選び方

主要な品種は地域で違うので、各地域の適品種を参考にする。

県育成品種では、沖縄県は〝群星〟〝汐風〟、宮崎県は〝宮崎つやみどり〟〝佐土原3号〟、鹿児島県は〝か交5号〟が多い。民間品種の〝えらぶ〟は、比較的多くの産地で栽培されている（表2）。

雌花の多少（節成り性）は品種間差が大きいので、ハウス栽培では雌花が多い品種を選定する。

3 栽培の手順

(1) 育苗のやり方

①種子の準備

種子数は、露地栽培では10a当たり50～150株、ハウス栽培では200～400株を定植するので、200～500粒程度準備する。早期多収を目指す場合は、密植とする。ただし、密植ほど整枝、誘引、摘葉の労力が必要となる。

種子の発芽適温は25～30℃である。硬実種子なので発芽は揃いにくく、播種5日ごろから発芽が始まり、発芽が揃うのに10日程度かかる。

種皮に傷をつけ、水に2時間浸漬すると、発芽が揃いやすい。床土の水はけが悪いと、発芽前に種子が腐り、発芽不良を起こす。土に砂を同量混ぜた、排水のよい床土を用いる。なお、いろいろな床土が市販されているので、それらを利用してもよい。

②播種

市販のセルトレイ（72穴1粒播き）やトロ箱（条播き：播種間4cm×9cm）に播種する。播種は浅くし、薄く覆土して、新聞紙で覆いをする。その後、新聞紙の上から軽く灌水する。

③鉢上げと育苗管理

子葉が展開し、本葉が1cm程度になったら、ポットに鉢上げする。鉢上げは根を切らないようにして、浅く植え付ける。

その後の育苗管理は、灌水が多いと徒長苗になり、定植後の生育が悪いので、灌水を控えめにしてがっちりした苗にする。

葉色が薄い場合は、低濃度（500倍程度）の液肥を灌水と一緒に施す。

表3　露地栽培，ハウス栽培のポイント

	技術目標とポイント	技術内容
畑の準備	◎畑の選定と土つくり ・畑の選定 ・土つくり ◎施肥基準	 ・連作は避ける ・土壌線虫の発生地での栽培は避ける ・定植前，株元に有機質の肥料を入れ，土を柔らかくする ・土の酸度は中性から弱アルカリがよく，酸度矯正を行なう ・元肥は窒素成分で，10a当たり15kg程度入れる
播種・育苗	◎発芽促進 ◎育苗管理	・催芽処理は，種子に傷をつけ約2時間程度水に浸す ・催芽温度は30℃にする ・本葉が1cm程度になったら，ポットに鉢上げする。根を切らないようにして，浅く植え付ける ・灌水を控えめにしてがっちりした苗にする
定植・栽培管理	◎定植 ◎栽培管理 ◎病害虫防除	・摘心節位：立体仕立ては6節程度で摘心。棚栽培は棚上で摘心 ・灌水は着果後に多くする ・うどんこ病は草勢が弱くなると発生しやすいので，とくに生育初期は摘果し，草勢維持に努める ・降雨後に斑点病，炭疽病などで果実が腐りやすい ・害虫防除
収穫	◎適期収穫	・開花から20日後を目安に収穫する。とくに夏の収穫では過熟果になりやすいので注意する ・適度に灌水する

図3　ハウス立体仕立ての栽植様式

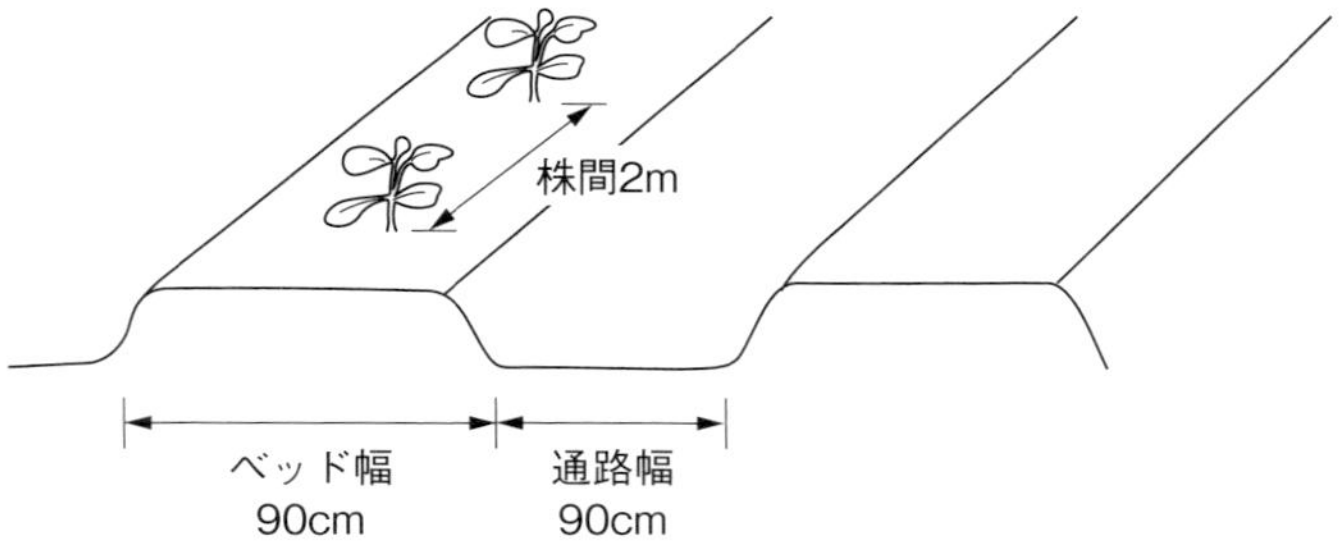

(2) 定植のやり方

①畑の準備

前作でネコブセンチュウが発生した畑は避ける。定植1カ月前に深耕して排水をよくし、2週間前にpH6～7程度に酸度矯正を行なう。

ウネ幅は1.5mにしてマルチをする。マルチは低温期に植え付ける半促成、早熟では地温を上げる透明か黒、促成では地温を下げるシルバーか白黒がよい。

元肥は、ハウス栽培、露地栽培ともに、窒素成分で10a当たり15kg程度を目安に施用する。

②定植

本葉2～3枚で定植する。若苗で定植すると根の活着がよく、初期生育が旺盛になる。老化苗で定植すると植え傷みしやすく、初期生育が不良になりやすい。育苗期間は、作型や接ぎ木か自根かで異なるが、30～45日程度である。

図4　ニガウリの棚仕立てと立体仕立て

露地栽培での棚仕立て

ハウス栽培での立体仕立て（斜め誘引）

栽植様式は、地域でさまざまであるが、ハウス栽培の立体仕立てでウネ幅1・5m、株間2mの10a当たり333株、露地栽培の棚仕立てではウネ幅5m、株間3mで10a当たり66株を基準にしている（図3）。

病害予防のために浅植えにし、定植後にたっぷりと灌水を行なう。また、定植後2週間程度は手灌水を行ない、根の深い伸長を促す。その後、チューブ灌水を行なう。

(3) 定植後の管理

①仕立て方、摘心

仕立て方には棚仕立て、立体仕立て、地這い仕立ての大きく3つの方法がある。

露地栽培で一般的である棚仕立ては、高さ2mの棚に親づるを誘引し、棚上で子づるを伸長させ収穫する方法である。子づるを四方に広げて誘引し、込み合ってきたら随時つるの切除や摘葉をして、果実への日当たりをよくする（図4左）。

ハウス栽培では立体仕立てが多く、高さ1・8mぐらいに支柱を立て、キュウリネットを広げて誘引する。子づる4本程度を基本づるとしてネットに誘引し、着果開始節位までの孫づるは切除、その後は込み合ってきたら随時つるを切除する（図4右）。また、子づる3〜4本を誘引し、孫づるはすべて切除して斜め誘引、折返し誘引など、子づるのみに着果させる整枝法もある。

地這い仕立ては、つるを地面に這わせる方法で、風に対して強く、沖縄県で行なわれている。

②受粉、摘果

露地栽培は自然受粉で行なわれ、ミツバチ類、マルハナバチ類、コハナバチなどの小型ハナバチ類が貢献している。

開花の早い品種では、生育初期の低節位に着果した果実が変形果になりやすく、草勢も低下させる。そのため、10節以下に着果した果実は摘果する。

ハウス栽培は人工受粉を行ない、着果開始時期は草勢の状態で決定する。着果開始の目安は、子づるの10節目以降の雌花とする。露地栽培と同様に、生育初期に連続着果すると、草勢が低下しやすい。

人工受粉は、花粉の稔性が高く着果に優れている午前中に行なう。受粉量が少ないと変形果の発生が多くなるため、雄花1花で受粉する雌花は3花までとする。

着果数の目安は、葉面積、気象条件にもよ

図5　開花から収穫までの日数と果実の過熟程度

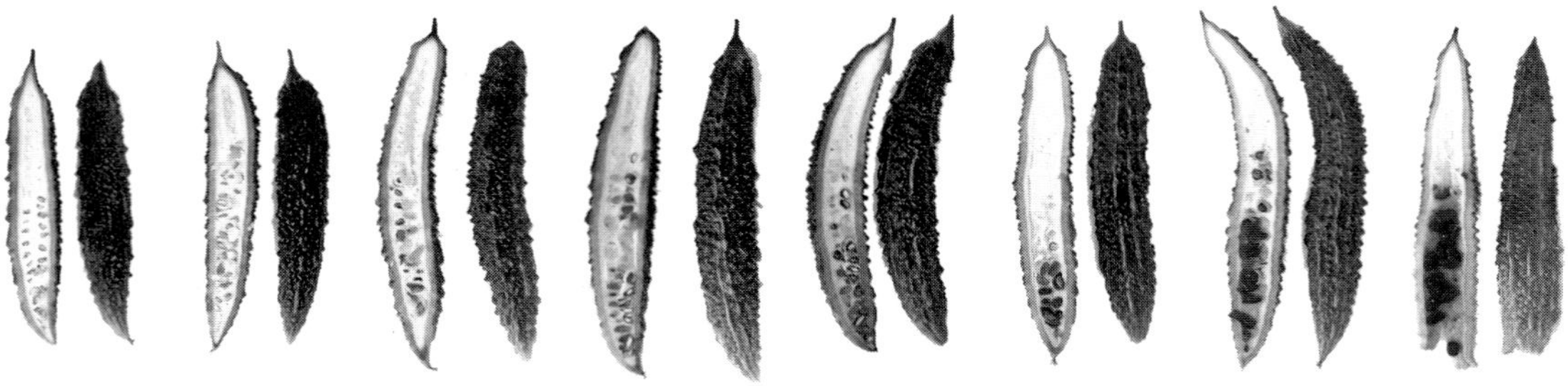

注）品種：か交5号，鹿児島県，収穫時期6月，収穫適期は開花後20日程度

るが「1果に4～5葉」である。雌花の多い品種（雌花着生率30％以上）は，すべて着果すると着果過多で草勢が低下し，受粉量が少ないことによる変形果だけでなく，果実間の養分競合による変形果の発生も多くなる。人工受粉を1日おきに行なうと，適度な着果となり，変形果の発生が少なくなる。

また，果実に光が当たらないと色ムラになったり，淡緑果になったりするため，整枝，摘葉を行なう。整枝，摘葉は，着果が多いときは控えめに，着果が少なく草勢が強いときは強めに行なう。

③灌水，追肥

ニガウリは，他の果菜類に比べ多くの灌水を必要とする。

追肥は，1回目の収穫のピークが過ぎたころに，窒素成分で10a当たり2kg程度を施用する。その後は栽培期間を考慮して，1カ月に1～2回程度とし，施肥場所はウネ内か通路に行なう。

(4) 収穫

果実肥大には気温の影響が大きく，収穫までの日数は，気温の低い時期で受粉後約40日，気温の高い時期で約12日間を要する。

収穫後に市場，店頭で問題になるのが，過熟果といわれる症状で，収穫時点では濃緑色の果実が，収穫後の追熟によって果実の先端部から急速に黄化する。過熟果の発生を回避するには，適正な草勢を維持し，必要以上に大きくさせず，若い果実を収穫することがポイントである（図5）。

4 病害虫防除

ニガウリの主な病害虫には，うどんこ病，つる割病，アブラムシ類，アザミウマ類がある。

うどんこ病は，乾燥条件で発生が助長される。病徴は葉肉に発生し，葉に黄色の斑点が発生する場合と，葉面に白粉をまき散らしたように，白い粉状のカビが発生する場合がある。

連作すると，つる割病やネコブセンチュウが発生しやすい。つる割病が発生した圃場では，カボチャ台木による接ぎ木栽培を行なう。ネコブセンチュウは殺線虫剤で土壌消毒を行なうが，根がよく分解・消失し，適当な水分状態で行なう。

5 経営的特徴

九州、沖縄の栽培では、経営費の中で販売経費の割合が高いため、普通栽培より単価が高い半促成や促成栽培の所得が多い（表４）。関東近県では、販売経費が少ないため、普通栽培でも所得が多い。

（執筆：田中義弘）

表4　露地普通栽培，ハウス半促成栽培の経営指標

項目	露地普通栽培	ハウス半促成栽培
収量（kg/10a）	3,000	4,500
単価（円 /kg）	250	350
生産額（円 /10a）	750,000	1,575,000
経営費（円 /10a）	613,000	110,900
種苗費	16,000	54,000
肥料費	42,000	42,000
農薬費	40,000	40,000
光熱動力費	15,000	13,000
諸材料費	22,000	110,000
原価償却費	62,000	230,000
雑費	16,000	20,000
販売経費	400,000	600,000
所得（円 /10a）	137,000	466,000
労働時間（時間 /10a）	470	370

注）鹿児島県の例

ヘチマ

表1　ヘチマの作型，特徴と栽培のポイント

主な作型と適地

作型	1月	2	3	4	5	6	7	8	9	10	11	12	備考
普通			●-▼—	—●-▼	——	—■■■	■■■■	■■■■	■■■■				露地
促成	—■■■	■■■■	■■■■	■■■■	■■■					●—▼—	—●-▼	——	ハウス

●：播種，▼：定植，■■：収穫

特徴	名称	ヘチマ（ウリ科ヘチマ属）
	原産地・来歴	中国やインド原産，日本には1600年代に渡来
	栄養・機能性成分	ビタミンC，ビタミンK，β-カロテン，葉酸を豊富に含む。水分，繊維分が多い
	機能性・薬効など	整腸作用があり，夏バテ予防に効果的
生理・生態的特性	発芽条件	発芽適温は25～30℃
	温度への反応	高温性の野菜で低温に弱い
	日照への反応	多日照で果実肥大がよい
	土壌適応性	適応範囲は広い
	開花（着果）習性	短日で雌花が多い
	休眠	種子の休眠はない（果実内で発芽する）
栽培のポイント	主な害虫	ウリハムシ，アシビロヘリカメムシ
	他の作物との組合せ	ウリ科以外の野菜，作物

この野菜の特徴と利用

(1) 野菜としての特徴と利用

ヘチマは、中国やインドが原産地とされ、中南米や東南アジアなど熱帯から亜熱帯にかけて広く分布している、ウリ科のつる性1年生草本である。

日本へは1600年代に中国から渡来したと推定され、ヘチマたわしとして民間に用いられるなど、古くから利用されてきた。

日本での経済栽培は、静岡県を中心に輸出用の天然繊維の採取を目的に栽培され、1965年ごろには300haにも達したが、化学繊維の普及により著しく減少した。

沖縄県では、ナーベーラー、ナーベラーの方言名で呼ばれ、つるの切り口から採取されるヘチマ水は、咳止めや化粧水として、繊維の発達していない未熟果は、味噌煮や炒め物、味噌汁の具など食材として利用されている。

葉酸を豊富に含んでいる夏を代表する野菜である。

(2) 生理的な特徴と適地

果実の長さが30cmから1・5m程度と変化に富んでいるが、食用として用いられているのは短い品種である。長い品種は繊維質が入りやすく、スポンジのように浴用やマットに用いられ、食用には適さない。

果実の形は果梗部から果頂部にかけて太く、果皮に黒い筋（線）が10本ほど入っている。筋の鮮明さは品種によって異なる。

図1　収穫期のヘチマ

生育の適温が広いため、栽培地域も広い。ほとんどが、観賞用かヘチマ水をとるために栽培されている。

（執筆：棚原尚哉）

露地栽培

1 この作型の特徴と導入

(1) 作型の特徴と導入の注意点

ヘチマは、沖縄県の一部地域で施設栽培が行なわれているが、ほとんどが露地栽培である。施設では立体的に栽培するが、露地では地這い栽培や棚仕立て栽培が行なわれている。なお、営利栽培では地這い仕立てが一般的で、棚仕立ては家庭菜園で用いられている。

ヘチマは、各節に雄花、雌花、および雄

花・雌花が着生する。量的な短日性植物のため、花芽形成には日長時間が大きく影響する。

各節の雌雄の着生は、低節位から不発育節、雄花節、雌雄混合節、雌花節と、展開する順番が決まっており、雌雄混合節以降の雌花節率は100％になる。しかし、雌花の開花には、2～3週間ごとの周期性があるため、収穫の増減幅が大きくなる。

定植のころは北風や降雨が多いので、小型トンネルかビニールキャップで覆い保護する。また、定植時期は日長が短いので雌花が低節位から着生し、つるの生育が不十分のまま着果するので、生育初期は摘果を行ない、草勢の維持に努める。

(2) 他の野菜・作物との組合せ方

ヘチマはウリ科野菜のため、他のウリ科野菜との連作は避ける。

2 栽培のおさえどころ

(1) どこで失敗しやすいか

ヘチマは短日で花芽形成を行ない、雄花と雌花の着生する順番も決まっている。そのため、日長が最も長い6月に定植すると、不発育節と雄花節だけが展開し、雌雄混合節への展開が遅れ、葉だけが茂ってしまう。

しかし、4月下旬までに定植を行なえば、雌雄混合節へと展開し、長日期になっても雌花の着生・開花が促され、着果・収穫することができる。

(2) おいしく安全につくるためのポイント

収穫の遅れた大きくて太いヘチマは、繊維質になるため食用には適さない。果実の直径が4～6㎝を目安に収穫することで、ヘチマ独特の食感を味わえる。

(3) 品種の選び方

沖縄県の場合、ほとんどが自家採種のため、主力品種はない。

全国販売されている品種には、'太へちま'（タキイ種苗）、'沖縄へちま'（短形種、フタバ種苗）などがある。

図2　ヘチマの露地栽培　栽培暦例

月	2			3			4			5			6			7			8			9			10		
旬	上	中	下	上	中	下	上	中	下	上	中	下	上	中	下	上	中	下	上	中	下	上	中	下	上	中	下
作付け期間						●		▼		■	■	■	■	■	■	■	■	■	■	■	■	■	■	■	■		
主な作業			畑の準備			播種		定植	つる誘引		収穫始め			追肥1			追肥2			追肥3					収穫終了		

●：播種，▼：定植，■：収穫

3 栽培の手順

(1) 育苗のやり方

① 播種の準備

露地栽培では、10a当たり220本程度の苗が必要になるため、300粒程度の種子を播種する。

発芽適温は25~30℃で、高温でよく発芽する。前日に室内で水に浸漬し、水分を吸水させることでよく発芽する。

水はけのよい床土を用いる。いろいろな床土が市販されているので、それらを利用してもよい。

② 播種

市販のガーデンパンやトロ箱に、図3のように播種する。播種は浅くし、薄く覆土して、新聞紙で覆いをかぶせる。その後、新聞紙の上から軽く灌水をする。

水分が多いと種子が腐るので、灌水は控えめにする。とくに市販の床土は保水力がよいので、水を与えすぎないようにする。

③ 播種後の管理

鉢上げ（移植） 子葉が展開したらポットに鉢上げする。鉢上げのときに根を切らないようにして、浅植えにする。このとき、アブラムシ類などの害虫が発生しないように、農薬（粒剤）を少量ポットの中に散布する。

育苗管理 灌水が多いと徒長苗になり、定植後の生育が悪いので、育苗中の灌水は控えめにして、がっちりとした苗にする。葉色が薄いときは、低濃度（500~800倍）の液肥を灌水と一緒に施す。

(2) 定植のやり方

① 畑の準備

定植1カ月前に畑を深耕し、2週間前にpH

図3 播種方法

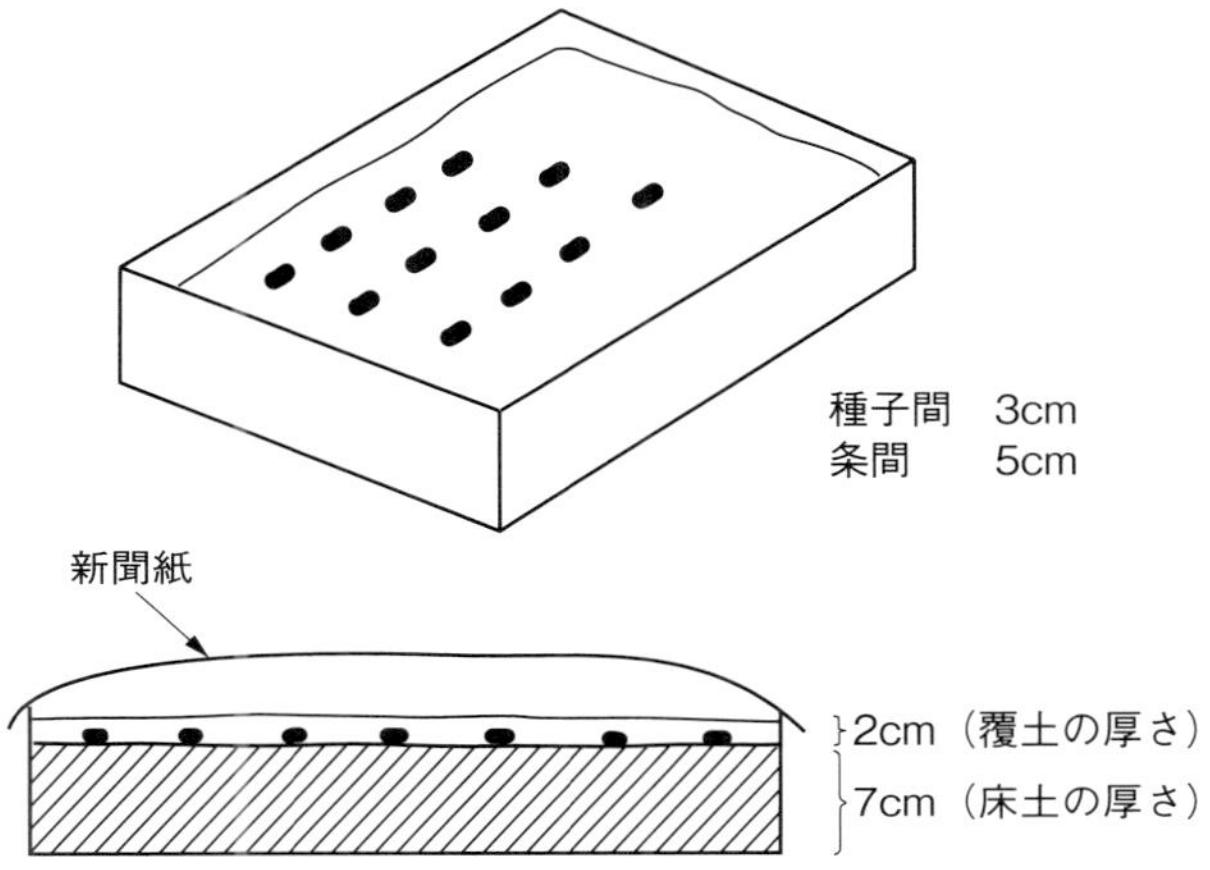

表2 露地栽培のポイント

	技術目標とポイント	技術内容
畑の準備	◎畑の選定と土つくり ・畑の選定 ・土つくり ◎施肥基準 （有機肥料を用いる）	・連作は避ける ・定植前に完熟した堆肥を施用し，土壌と混和する ・土の酸度は中性から弱アルカリがよく，酸度矯正（pH6～7）を行なう ・元肥は窒素成分で15kg/10a入れる
育苗・定植	◎発芽促進 ◎育苗 ◎定植	・前日水に浸漬して催芽後，播種箱に浅く播きつける ・播種後，新聞紙などで覆い播種床の乾燥を避ける ・発芽は容易で，灌水は控えめにする ・子葉が展開したらポットへ移植する ・本葉2～3枚で定植する
栽培管理	◎栽培管理 ◎病害虫管理	・ビニールマルチした以外のウネには敷き草をして，つるを絡ませる ・摘心節位：地這い栽培は5～6節で摘心。棚栽培は棚上で摘心 ・灌水は着果前は少なく，着果後は多くする ・害虫（アブラムシ類，カメムシ類）の防除
収穫	◎適期収穫	・繊維が入る前の未熟果を収穫 ・灌水は多くし，果実の肥大をよくする

6~7程度に酸度矯正を行なう。元肥は有機質肥料を主体に表3に準じて施す。

地這い栽培では、ウネ幅3m、高さ30cmのウネをつくり、ウネ幅の半分くらいの幅でビニールマルチをする。残りの半分のウネには、定植後ワラなどで敷き草をしてつるを絡ませる（図4）。

②定植

本葉が2~3枚展開したら定植の適期。大苗で定植すると植え傷みが出やすく、植え傷みが出ると灌水回数が多くなり、浅根になって収量が低くなる。

地這い栽培では、図4に示したように、ビニールマルチ部分のウネの肩寄りに、株間2~3mで植え付ける。

浅植えにして、定植後にたっぷりと灌水を行なう。灌水は手灌水で行なう。最初からチューブ灌水を行なうと浅根になるので、定植後2週間程度は手灌水がよい。手灌水によって根の伸長を深くする。

表3　施肥例　（単位：kg/10a）

	肥料名	施肥量	成分量		
			窒素	リン酸	カリ
元肥	堆肥	3,000			
	BB555	100	15	15	15
追肥	有機804	1回目　28	5	3	4
		2回目　40	7	4	6
		3回目　40	7	4	6
施肥成分量			34	26	31

図4　地這い栽培での定植方法

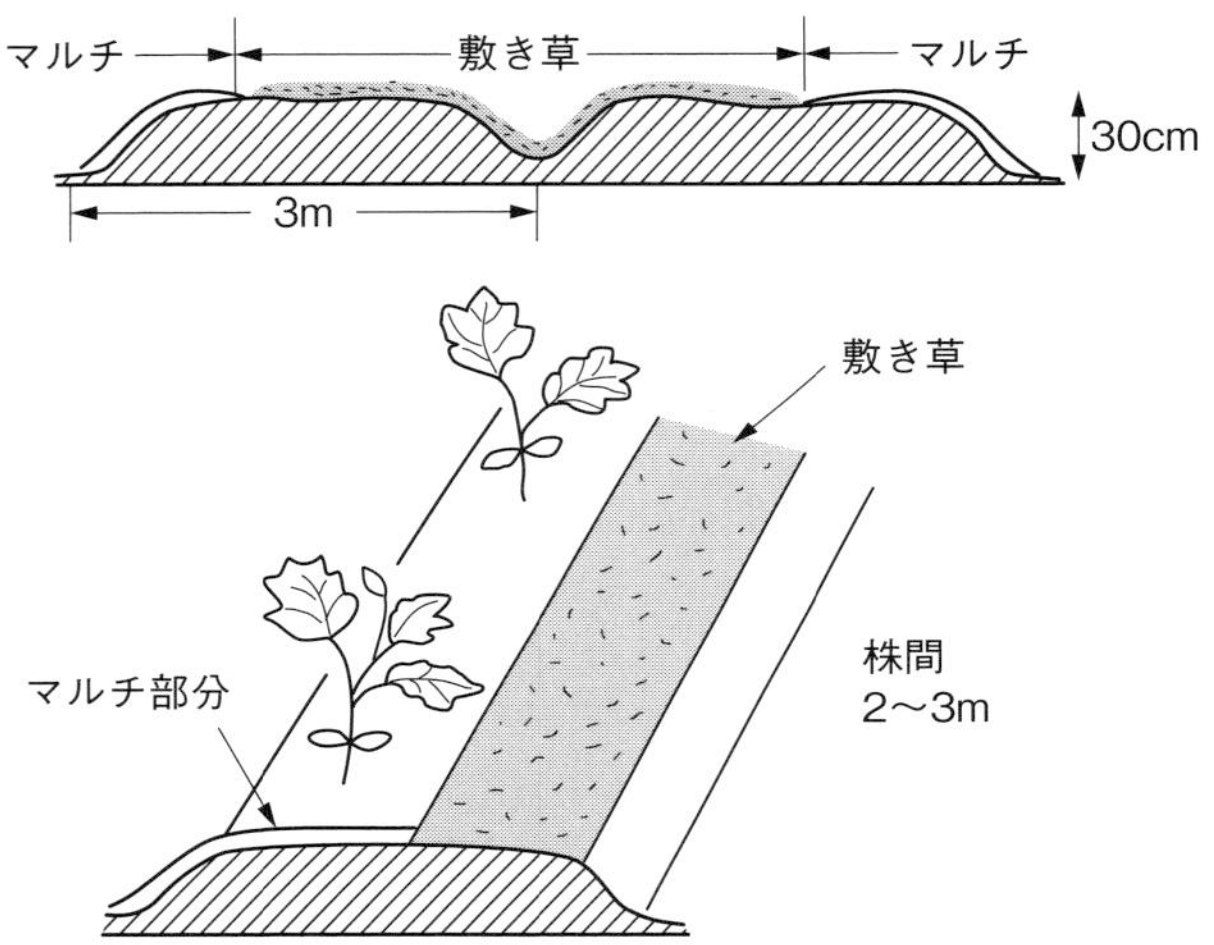

(3) 定植後の管理

①摘心、仕立て方

ヘチマは、主枝を摘心して側枝を伸長させ、着果させる。摘心が遅れると側枝の伸長が不均一になるので、早めに行なうようにする。

なお、仕立て方によって摘心の位置が異なる。棚仕立てでは、棚まで主枝を伸ばし、棚上で摘心して、4~5本の側枝を伸長させる。地這仕立てでは、本葉が5~6枚展開したときに摘心し、4~5本の側枝を伸長させる。

②雌花の開花と交配

ヘチマの雌花の開花は、2~3週間ごとに、雌花の開花が多いときとまったくないときの周期がある。これは収穫の周期でもあり、ヘチマは定時・定量出荷ができないことが課題になっている。

ヘチマは雌雄異花のため、着果のためには受粉が必要であるが、ヘチマの花は大きく、葉の裏に蜜腺があり、多くの花粉媒介昆虫が訪花するため、自然交配で十分である。

③草勢調節、追肥

ヘチマの草勢が強いときは、生長点を摘心

表4　病害虫防除の方法

	病害虫名	特徴と対策	有効な農薬の例
病気	べと病	降雨が多く，多湿条件で発病が多くなり，肥料切れのときに発病しやすい。対策は，敷草かマルチングをして，下葉への病菌の付着を防ぐ。また，圃場の排水や通風をよくする	アミスター20フロアブル ストロビーフロアブル ダコニール1000
	炭疽病	空気伝染や雨滴伝染し，多湿時に発病しやすい。対策はべと病と同様である	
	うどんこ病	梅雨や多雨期に発生が多く，茎葉表面に白色粉状の胞子が付着する。罹病すると生育が弱るため，生育初期からの予防および薬剤防除を行なう	トップジンＭ水和剤 トリフミン水和剤
害虫	ヒメクロウリハムシ	定植時から発生する。成虫は葉や花を，幼虫は根を食害し，幼苗期に加害が大きいと枯死することがある。定植時にキャップ栽培を行ない，成虫による食害を防ぐ	マラソン乳剤
	アシビロヘリカメムシ	幼虫は5～6月と10月に多くなる。幼虫，成虫ともに果実，つる，葉柄を吸汁し，ひどい場合は萎凋症状を生じる。被害果実は吸汁痕の部分が硬化し，変形果や奇形果の原因になる	

することで、先端部の2～3節の雌花が正常に発育し、開花・着果する。

追肥は、1回目の収穫を終えるころに窒素成分で10a当たり5kgを施す。その後、草勢に応じて追肥を行なうが、タイミングが遅れると草勢の回復が遅れるので、早めの施肥に努める。

(4) 収穫

食用のヘチマは収穫適期が非常に限られ、収穫が遅れると繊維が入り、硬くなって食べられない。盛夏期には開花後1週間で食用になるので、遅れないように収穫する。

4 病害虫防除

(1) 基本になる防除方法

主な病害虫の発生しやすい条件や特徴、防除法は表4に示した。

(2) 農薬を使わない工夫

沖縄県の露地栽培では、粘着板や粘着テープを用いて、ウリハムシやカメムシの防除を行なっている。

また、施設栽培では天敵の利用が進んでおり、主要な害虫のホコリダニ類に対してはスワルスキーカブリダニ、ハモグリバエ類に対してはハモグリミドリヒメコバチを放飼し、天敵に影響の少ない農薬と組み合わせ、害虫密度の低下を図っている。

5 経営的特徴

沖縄県の露地栽培での事例では、収量は10a当たり3t、1kg当たり平均206円、粗収益で約60万円となっている。しかし、栽培時期が台風シーズンと重なるため、台風の被害によって、収量や単価は大きく変動する。

（執筆：棚原尚哉）

イチゴ

表1　イチゴの作型，特徴と栽培のポイント

主な作型と適地

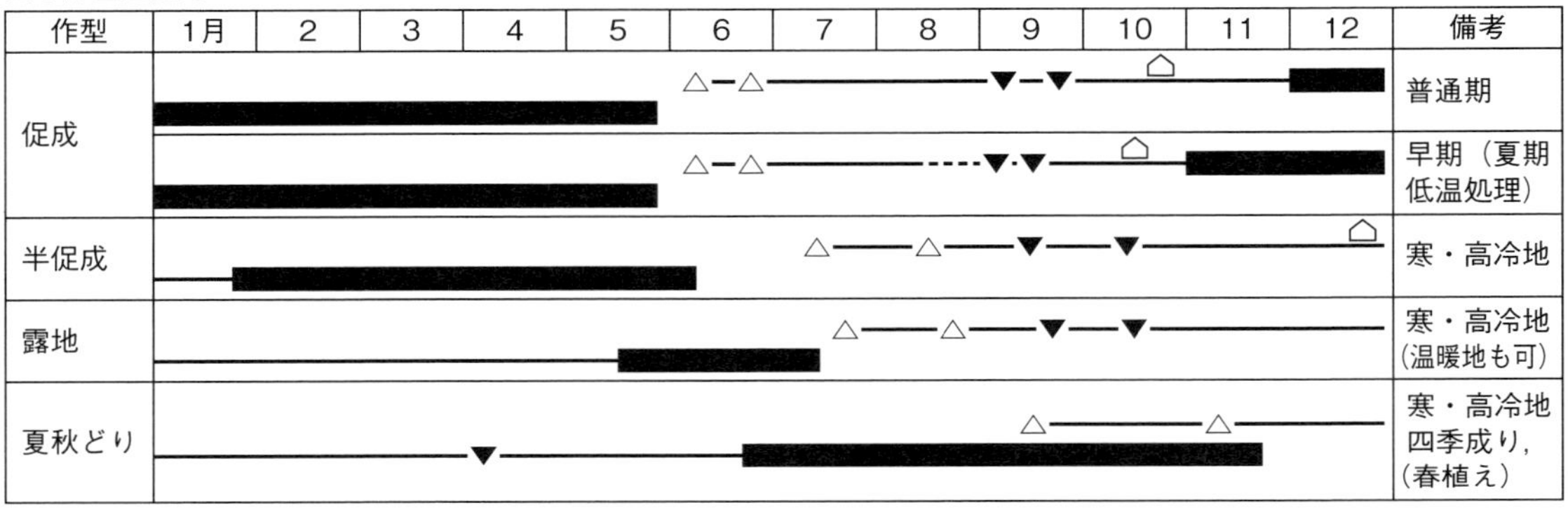

△：採苗，▼：定植，---：夏期低温処理，⌂：天井フィルム被覆，■：収穫

特徴	名称	イチゴ（バラ科オランダイチゴ属）
	原産地・来歴	南アメリカ大陸原産の野生種チリーイチゴと北アメリカ大陸原産の野生種バージニアイチゴとが交雑された種間雑種に由来する。起源地はヨーロッパと推定されている。日本へは江戸時代後期に渡来したが，本格的に導入されたのは明治時代である
	栄養・機能性成分	ビタミンC（62mg/100g），葉酸，食物繊維を豊富に含む
	機能性・薬効など	抗酸化活性を持つビタミンCに加え，近年注目を集めている機能性成分として，強い抗酸化性を持つアントシアニン類，痩果に多いエラグ酸などのポリフェノール類，ケルセチンといったフラボノイドを含んでいる
生理・生態的特徴	温度への反応	生育適温は，昼温18〜23℃，夜温5〜10℃，地温15〜18℃
	日照への反応	光飽和点2.5万lx程度，10〜20℃で光合成速度が速い
	土壌適応性	土壌を選ばないが，保水性と通気性が優れた土壌が適する。好適pH5〜6.5で，他の野菜より低い。耐塩性は低く，土壌ECが1dS/mになると障害の危険が大きく，火山灰土では1.5dS/m，沖積土で1.2dS/mが限界といわれる
	花芽分化特性	花芽分化特性（施山から引用）

温度	0℃　　5℃	10℃	15℃	25℃	30℃
一季成り性品種	花芽分化しない	日長にかかわらず花芽分化	日長にかかわらず花芽分化 強光度で補光される長日では分化しないことがある	短日条件で花芽分化	日長にかかわらず花芽分化しない
四季成り性品種	花芽分化しない	日長にかかわらず花芽分化 花房数は少ない	日長にかかわらず花芽分化 長日で花房数が多い	長日で花芽分化	一定以上の高温で花芽分化しない，あるいは花芽発育停止

（つづく）

生理・生態的特徴	休眠特性	自然条件では秋の短日と低温に反応して葉身，葉柄が短くわい化し，休眠状態になる。生長減少の主要因は短日であり，低温が促進する。多くの品種の休眠開始は10月中旬ごろで，花芽分化よりも短い日長と低温条件で休眠が誘導され，11月中旬～12月上旬に最深となり，低温を経過することで休眠から覚醒できる状態となる。低温遭遇時間が少なく，休眠打破条件が満たされていない半休眠の状態では，花芽分化が連続する。休眠打破に必要な低温遭遇時間は5℃以下の遭遇時間が用いられることが多く，品種により異なる
栽培のポイント	主な病害虫	立枯性の病害：炭疽病，萎黄病，疫病 その他の病害：うどんこ病，灰色かび病 害虫：ハダニ類，アブラムシ類，アザミウマ類，ヨトウムシ類
	ウイルスフリー親株の利用	ウイルス病に汚染された株は生育や収量が低下するため，安定した生産を行なうためには，ウイルスフリーの専用親株を利用する必要がある
	他の作物との組合せ	栽培期間が長く，収穫終了後には株の片付け，土壌消毒，次作準備期間が必要なため，他の作物・野菜との組合せは困難である

この野菜の特徴と利用

(1) 野菜としての特徴と利用

①栽培イチゴの起源

イチゴはバラ科の宿根性多年生草本である。現在の栽培イチゴは、南アメリカ大陸原産の野生種チリーイチゴと、北アメリカ大陸原産の野生種バージニアイチゴとが、18世紀中ごろヨーロッパで交雑された種間雑種に由来する。

祖先の2原種と栽培イチゴの形態を比較すると、栽培イチゴは両種の特徴を備えており、最大の特性は植物体の巨大化、つまり、葉面積の拡大、大果性、多花性である。初期の品種改良はアメリカやヨーロッパで行なわれ、多くの品種が育成された。

②日本への導入

栽培イチゴの日本への渡来は江戸時代後期といわれ、オランダ人によってヨーロッパからもたらされた。

栽培のための本格的導入は明治になってからであり、明治政府の開拓使が欧米から種苗を最初に導入し、その後、新宿御苑や三田育種場でも導入が進められた。

日本でのイチゴ研究の先駆者である福羽逸人は、1898年ころフランスから'ジェネラル・シャンジー'の種子を導入し、その実生からわが国独自の品種'福羽'を育成した。'福羽'は石垣栽培に導入されて広く知られるようになり、その後およそ70年間も営利栽培された。

しかし、今日見られる産業としての発展は第二次世界大戦後であり、品種改良やビニールハウスなどの普及にともなう、多様な作型成立が重要な要因となっている。

③生産の広がりと現状

栽培面積と収穫量の推移　日本でのイチゴの栽培面積の推移を見ると、1958年3683ha、1965年9600ha、1975年1万1900ha、1985年1万1000haと1960年代に急速に拡大した。この時期は、農業用ビニールによる被覆栽培が大型の施設栽培へと変化し、'ダナー'、'宝交早生'は

るのか〟などを用いた促成栽培、半促成栽培など新しい技術が開発され、加えて水田裏作や転換作物としてイチゴの導入が進んだ時期である。

栽培面積は１９７2年をピークに、その後徐々に減少し、１９９０年1万２００ha、２０００年７４５０ha、２０１８年５２００haとなった。一方、総収穫量は１９７９年から２００８年の間は19～21万t程度を維持していた。１９80年代中ごろに、〝とよのか〟〝女峰〟といった休眠打破に必要な低温要求量が少ない品種が開発されるとともに、ポット育苗や夏期低温処理を活用した促成栽培により、収穫期が11月から翌年5月末までに拡大した。このため、栽培面積が減少したにもかかわらず、収穫量が維持されたと考えられる。10a当たり収量は、促成栽培に適した低温要求量の少ない品種の育成と栽培技術開発により、１９７０年代1・4t、１９９０年代2・4t、２０１０年代2・9tと増加している。

四季成り性品種の栽培　日本品種の大部分を占める一季成り性品種では夏秋期が端境期になるため、この時期のケーキなどの業務需要は輸入に依存し、年間３０００t程度が輸入されている。夏秋期に収穫できる四季成り性品種の栽培は、一部地域に限られていて生産は少ないが、近年、輸入品に代わり、新鮮で高品質な国産イチゴに対する期待が高まっている。

四季成り性品種は、一季成り性品種より品種数、栽培面積ともに少なかったが、近年、品種開発が進み、夏に冷涼な北海道、東北などの寒冷地、高冷地などで栽培が増加している。

今後の課題　イチゴの総収穫量は、長く19～21万tを維持していたが、２００９年に18万t台に低下し、２０１２～２０１８年は16万t程度になっている。また、1世帯（2人以上世帯）当たりのイチゴの年間購入量は、２００１年３９７４g、２０１０年２９５２g、２０２０年２２８４g（総務省）と減少が続いている。栽培面積の減少は、生産者の高齢化や後継者不足、年間２０００時間程度といわれる労働時間の長さなど生産面の状況に加え、消費者の購入量の減少も要因の一つと考えられる。

④食味、栄養・機能性

食味と糖、有機酸、香り　イチゴは中国、アメリカ、メキシコなど多くの国で栽培されているが、日本のイチゴの糖度や食味は最高水準のレベルにあるといわれている。食味には糖と有機酸が密接に関係しており、全糖含量は新鮮重当たり3～10%程度、有機酸含量は0・5～3%程度である。

主要な糖はブドウ糖、果糖、ショ糖で、その割合は品種によって異なるが、ブドウ糖と果糖が50～90%を占めている。主要な有機酸としてクエン酸が50～90%を占め、次いでリンゴ酸がクエン酸の5分の1から3分の1含まれている。

糖度（Ｂｒｉｘ）と滴定酸度の比は、糖酸比として食味の指標になっており、糖酸比の高い果実が求められている。糖濃度は果実の着色・成熟開始とともに増加し、完全に着色した後は減少していく。一方、有機酸濃度は開花後の時間経過とともに減少する傾向にある。

イチゴのおいしさには、甘味と酸味だけではなく、香りが重要な要素であり、これまでに３００種以上の香気成分が同定されている。品種によりこれら香気成分の組合せが異なり、果実の成熟とともに生成された品種特有の香りが放出される。

栄養・機能性　このほか、イチゴは栄養成分であるビタミンC（アスコルビン酸）が豊富で、新鮮重１００ｇ当たり62㎎を含んでいる（日本食品標準成分表）。赤ピーマン１７０㎎、ブロッコリー１２０㎎にはおよばないが、イチゴはそのまま生食することが多いため、調理による損失もなく、手軽にビタミンＣをとることができる。

抗酸化活性を持つビタミンＣに加え、近年注目を集めている機能性成分として、強い抗酸化性を持つアントシアニン類、痩果に多いエラグ酸などのポリフェノール類、ケルセチンといったフラボノイドも含んでいる。

(2) 生理的な特徴と適地

①生理的な特徴

イチゴは比較的冷涼な気候を好み、定植後の生育適温は18～23℃である。茎葉は低温や高温に比較的に強く、マイナス５℃以下で凍害、50℃以上で高温障害が発生する。

相対的な短日・低温条件で休眠し、一定期間、低温を経過することで休眠が打破され、その後の高温・長日条件で生育が旺盛になる。

光飽和点は2・5万lx程度と低照度であり、トマト7・5万lx、キュウリ5・5万lx、ナス4万lxなど、他の果菜類に比べてきわめて低い。光合成速度は15～25℃で速く、15℃以下、30℃以上では低下する。したがって、冬の寡日照条件でも、ハウス栽培に適応しやすい作物であることがわかる。

②土壌への適応

イチゴはそれほど土壌を選ばず生産性に違いはないが、乾燥を嫌うため、保水性が高くかつ通気性に優れている、肥沃な埴壌土や壌土が適する。露地栽培であれば、砂質土壌での乾燥や粘質土壌での排水不良などが悪影響をおよぼすことが考えられるが、ハウス栽培では土壌水分がコントロールできるので、土壌間の収量差はなくなっている。むしろ、粘質土壌では活着後の生育が安定し、収量性が高いといわれている。

好適pHは5～6・5と、他の野菜より比較的低い。耐塩性はきわめて低く、土壌溶液の電気伝導度（ＥＣ）は、火山灰土では1・5dS／m、沖積土では1・2dS／mが限界とされている。

③生育サイクル

生育サイクルは、一季成り性品種と四季成り性品種で異なる。

一季成り性品種は、自然条件では秋の短日・低温条件により、生殖生長が栄養生長に優先するようになり、クラウン先端の生長点が花芽に分化する。そして、温度低下とともに株はロゼット状態になって休眠し、冬の低温を経過して休眠が打破され、翌春の温度上昇によって生育を再開し、開花・結実する。

その後、長日・高温条件で栄養生長が優先するようになり、腋芽が変化したランナー（匍匐枝）が発生し、秋まで子株（子苗）を着生しながら分岐を続ける。低温によって十分に休眠打破された株では、通常20～30本の一次ランナーを発生する。

四季成り性品種は、春～秋にかけて長日条件で花芽分化を繰り返し、日長が短い冬にも温暖な地域では収穫できるが、高温条件では花芽分化が著しく抑制される。また、苗齢の高い株ほど花芽分化しやすいといわれている。ランナーの発生数は一季成り性品種より少なく、株の分枝性が強い。

以下、広く栽培されている一季成り性品種について記述する。一季成り性品種の栽培にとって重要な生理的特徴は花芽分化と休眠である。

④花芽分化

花芽分化は栽培上、最も重要な生育の転換点であり、促成栽培では本圃定植時期の目安にされている。したがって、花芽分化期は定植期の早晩を左右するので、収穫開始期を早めるためには、花芽分化を促進する必要がある。

　花芽の未分化期と肥厚初期との形態的な差異は小さいので、定植期を判断する生育ステージとしては、肥厚中期～花房分化期（二分期）を花芽分化期とすることが適当である。

　花芽分化は、外的要因として温度と日長、内的要因として体内窒素濃度の影響を受ける。ただし、窒素濃度は分化を誘導する主要因ではなく、日長や温度に対する感受性に影響するものと考えられている。

　イチゴは高温条件では短日性を示し、低温条件では日長に関係なく花芽分化する。つまり、5～15℃では日長にかかわらず分化し、15～25℃では短日条件で分化し、25℃以上では日長にかかわらず分化しないとされている。また、花芽分化の限界日長は12～13時間とされている。ただし、この境界温度や限界日長は過去に調査された品種の数値であり、現在栽培されている品種によっては違いがあると考えられる。

　体内窒素濃度と花芽分化の関係を見ると、花芽分化は体内窒素濃度を低下させることで促進される。体内窒素濃度が低いほど低温感応性が強く、窒素濃度が高い場合は、花芽分化を促進するためにはより低い温度条件が必要である。

　なお、一季成り性品種は、露地の自然条件では、多くの場合9月中下旬に花芽分化する。

⑤休眠

　イチゴは露地の自然条件では、花芽分化後に休眠に入る。秋の短日と低温条件に反応して葉柄、葉身が短くわい化し、草丈が低くなり、地面に張りついたロゼット状の休眠状態になる。生長減少の主要因は短日条件であり、低温がこれを促進する。

　イチゴの休眠は、多くの宿根性植物や果樹の休眠と異なり、生育を完全に停止する明確な休眠ではなく、生育が継続する相対的休眠と呼ばれる。休眠に向かう初秋から光合成産物の多くが根に分配され、根の炭水化物含量は休眠が深くなるとともに増加し、休眠最深期を過ぎて最大になる。

　多くの品種の休眠開始期は10月中旬ころで、花芽分化よりも短い日長と低温条件で誘導され、休眠の最深時期は11月中旬～12月上旬である。

　休眠には自発休眠と他発休眠の2段階がある。露地条件では短日や低温により自発休眠に入り、その後の低温に遭遇することで休眠から覚醒できる状態になる。しかし、低温条件では生育が抑制されて強制休眠を続け、春の気温上昇によって休眠から覚醒し、旺盛な生育を再開する。

　休眠打破はわい化状態の解消、葉柄や葉身の伸長、ランナー発生などの指標で判断されているが、ランナーの発生が旺盛になるためには、休眠打破よりも長時間の低温遭遇が必要とされている。

　イチゴは、低温遭遇時間が少なく休眠覚醒条件が満たされていない半休眠状態では花芽分化が連続する。この性質を利用して、草勢を確保しながら連続開花を維持することで、促成栽培や半促成栽培が行なわれる。

　休眠の深さや休眠打破に必要な低温遭遇時間は品種により異なり、休眠の深い品種ほど休眠打破に必要な低温遭遇時間が多い。現在、休眠打破に有効な温度として、5℃以下の低温遭遇時間が用いられることが多い。近年育成された促成栽培用品種は、低温要求量が少ない。

表2　各作型に適した品種のタイプと品種例

作型	品種のタイプ	適応地域	品種例
促成栽培	・一季成り性 ・休眠打破に必要な低温要求量が少なく，休眠が浅い	とくに選ばない	熊本VS3（ゆうべに），恋みのり，佐賀i9号（いちごさん），さがほのか，さちのか，とちおとめ，とよのか，福岡S6号（あまおう），紅ほっぺ，やよいひめ，ゆめのか
半促成栽培	・一季成り性 ・休眠打破に必要な低温要求量が多く，休眠が深い	寒冷地，高冷地	おぜあかりん，おとめ心，北の輝，けんたろう，宝交早生
露地栽培	・一季成り性 ・休眠打破に必要な低温要求量が多く，休眠が深い	寒冷地，高冷地（温暖地も可能）	おとめ心，北の輝，けんたろう，東京おひさまベリー，宝交早生
夏秋どり栽培	・一季成り性 ・休眠打破に必要な低温要求量が多く，休眠が深い	寒冷地，高冷地（夏季冷涼）	北の輝
	・四季成り性 ・長日条件で花芽分化		エッチエス-138，サマーティアラ，サマープリンセス，サマールビー，デコルージュ，なつあかり，ほほえみ家族

注）栽培にあたっては，品種利用に関する許諾や契約の必要の有無を確認する必要がある

(3) 主な作型

日本のイチゴ栽培では、自然条件の露地栽培の場合、5～6月の短期間しか収穫できないが、花芽分化や休眠の特性を利用して収穫開始時期を早め、長期にわたって収穫できる作型が開発されてきた。

現在の主要な作型には、ビニールハウスなどの施設を利用して行なわれる促成栽培と半促成栽培、自然条件で栽培する露地栽培、端境期である夏秋期に収穫する夏秋どり栽培の4作型がある（表2）。

①促成栽培

促成栽培は、花芽分化促進と休眠抑制の技術を基礎にした栽培で、9月上～下旬に定植し、11月上旬から5月下旬まで長期間収穫する作型である。ビニールハウスなどの栽培施設の活用や栽培技術の進展により、国内各地で取り組みが可能になり、収量性が高いこともあって現在の主要な作型になっている。

品種は、休眠打破に必要な低温要求量が少なく、休眠が浅い一季成り性を用いる。

ポット育苗による体内窒素コントロールや夏の低温・短日処理で花芽分化を促進し、定植時期を早める。定植後は、電照や暖房を行なって休眠によるわい化を防ぎ、半休眠状態を維持することで花芽分化を連続させ、長期間収穫する。

②半促成栽培

半促成栽培は、9月中旬～10月中旬に定植して休眠状態に突入させた後、保温を開始し、2，3月～7月に収穫する。

定植後は自然の低温に十分に遭遇させ、休眠が打破される状態になった後、12月中旬～1月中旬にフィルム被覆による保温を開始し、生育を促進させて収穫開始を早める。さらに、休眠打破のための強制的な低温遭遇や電照による長日処理を組み合わせた作型も開発されている。

栽培にあたっては、休眠覚醒可能な時期の把握と保温開始のタイミングが重要である。品種は、休眠打破に必要な低温要求量が多く、休眠が深いタイプを用いる。

半促成栽培は、春に花芽分化が継続しないため収穫期間が短く、さらに収穫期が促成栽培と重なる。そのため栽培面積は減少し、現在では北海道や東北地方の寒冷地、高冷地の一部で取り組まれている。

③露地栽培

露地栽培は、秋に定植し、自然条件下で越

冬させ、5～6月に収穫する作型である。休眠が打破された後、花芽分化が継続しないため収穫期間は短い。

現在は北海道や東北地方の一部、あるいは都市近郊の観光農園で取り組まれている。低温要求量が多く、休眠が深い品種を用いる。

④夏秋どり栽培

夏秋どり栽培は、イチゴの端境期である、夏秋期の需要に対応した作型である。一季成り性品種の利用もあるが、多くは四季成り性品種を利用した栽培で、北海道や東北地方の寒冷地、長野県、徳島県などの高冷地を中心に取り組まれている。

四季成り性品種の定植時期は春、夏、秋の3季あり、春定植が一般的である。

（執筆：三井寿一）

東北・北海道での栽培

東北・北海道では、多様な品種と各種作型によりイチゴが周年生産されている。加温促成栽培の多くは、東北の太平洋岸の冬暖かく少雪で日照量の多い宮城県、福島県で取り組まれている。ここでは、寒冷地で特徴的な、一季成り性品種による無加温半促成栽培と、四季成り性品種による夏秋どり栽培について述べる。

無加温半促成栽培（一季成り性品種）

1 この作型の特徴と導入

(1) 作型の特徴と導入の注意点

北海道や東北地方では、少雪の太平洋側を除き積雪が多い。そのため、主要作型は、融雪期からハウスフィルムを展張する、休眠の深い一季成り性品種を用いた、無加温での半促成栽培である。土耕で栽培されており、収穫時期は4月下旬～6月中旬で、収穫期間は約30～40日間である。

栽培に適した品種は、休眠の深いタイプに限られ、北海道では'けんたろう'が主に栽培されている。近年、'ゆきララ'や'そよかの'が育成されており、今後の作付け拡大が期待される。

(2) 他の野菜・作物との組合せ方

土耕栽培では、連作している事例が多く、定植前の土壌消毒は必須となっている。輪作の事例はきわめて少ない。

高設栽培では、発泡スチロール製の栽培箱を用いた、一季成り性品種と四季成り性品種を組み合わせた栽培がある。しかし、栽培箱の入れ替え作業に多くの労働を要するので、身体的負担が小さくない。

図1　イチゴの無加温半促成栽培（一季成り性品種）栽培暦例

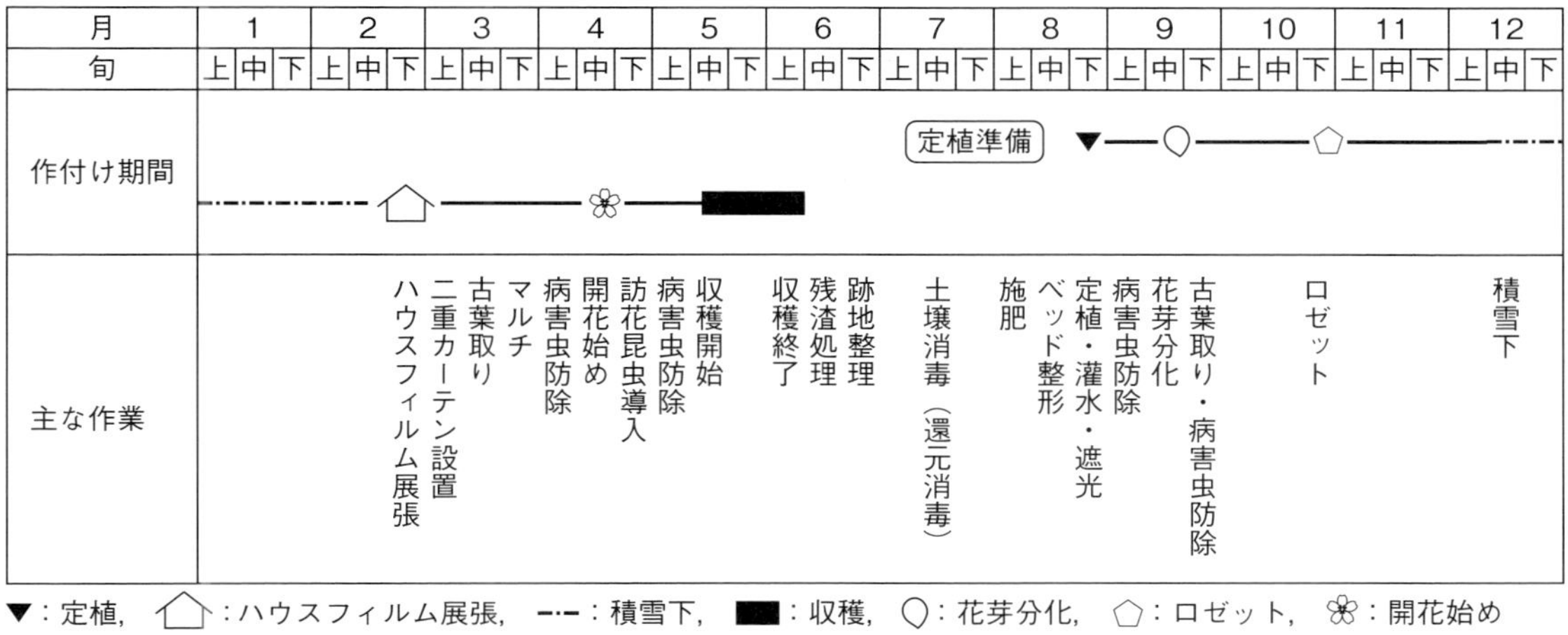

表3　寒冷地栽培に適した主要品種の特性

タイプ	品種名（登録年）	育成元	作型	販売用途	果実硬度	日持ち性	果実空洞
一季成り性	けんたろう（2004年）	北海道立道南農業試験場（現北海道立総合研究機構道南農業試験場）	半促成春どり	生食用	やや硬	良	有り
	ゆきララ（2020年）	北海道立総合研究機構 花・野菜技術センター			やや硬	良	有り
	そよかの（出願2019年）	農研機構東北農業研究センター 青森県・岩手県・秋田県・山形県			中	やや良	有り
四季成り性	すずあかね（2010年）	ホクサン株式会社（北海道）	夏秋どり	業務用	硬	良	無し
	夏のしずく（出願2021年）	農研機構東北農業研究センター 青森県・岩手県・秋田県 山形県・宮城県			硬	良	有り

注）都道府県育成品種は許諾の確認が必要である

表4　一季成り性品種と四季成り性品種の花芽分化条件の違い

温度（℃）	0	5	10	15	20	25	30
一季成り性	花芽形成中止（休眠）	日長に関係なく花芽を形成する		短日条件で花芽分化する（品種間差はある）		日長に関係なく花芽分化しない	
四季成り性	花芽形成中止（休眠）	日長に関係なく花芽を形成する			日長に関係なく花芽形成し，長日条件で花房数が増加する		花芽形成は抑制される

2 栽培のおさえどころ

(1) どこで失敗しやすいか

苗は病害虫に侵されていない、健全な苗を育苗または購入する。品種ごとに定植時期がやや異なるため、注意して定植準備を進める。

なお、栽培するハウスは、土壌病害を防ぐために、土壌消毒の実施が望ましい。また、融雪水がハウス内に浸透すると、外側のウネの生育が劣るので、浸透しないようにビニールの裾を土中に埋設する。

(2) おいしく安全につくるためのポイント

①日照・温度管理と、施肥、灌水がポイント

イチゴの食味は品種によるところが大きい。現在栽培されている生食用品種は、大果で糖度が高く、食味は良好である。果実硬度も低くないので輸送性も高い。

一般的に、糖酸比が12以上あれば、だれでもおいしいと感じる。しかし、栽培品種のポテンシャルを最大に引き出すためには、光合成を意識した日照・温度管理と、施肥、灌水がポイントになる。

なお、イチゴの花弁は5枚であるが、頂花の花弁は6枚、株によっては7枚になることがある。これは、花托の栄養状態がよいためである。この状態が確保できなければ、多収は望めない。また、個々の果房では、頂果より他の果実が大きくなることはない。これは、イチゴが頂果優性の性質を持つためである。

②光合成を高める

順調な生育が確保できなければ、おいしいイチゴは生産できない。そのためには、葉面積を確保し、光合成を高めることである。また、屋根フィルムは計画的に更新し、日射量を確保する。

③収穫後半まで安定した肥効

イチゴは高い濃度の肥料を好まない作物であり、過剰施肥では、ガク焼けやチップバーンを引き起こすが、肥料切れでは果実が小玉になる。収穫後半まで安定した肥効が必要になる。

そのためには、速効性、緩効性肥料を組み合わせて、元肥と翌春の分施を行なう。また、葉色などで生育状況を判断し、液肥の追

図2　一季成り性品種‘けんたろう’

注）写真提供：道南農業試験場

図3　一季成り性品種‘そよかの’の果実

注）写真提供：農研機構東北農業研究センター

肥や葉面散布剤の使用で草勢を維持する。

④過不足のない灌水管理

生育状況の判断として、開花期から収穫期に、葉の溢液（水滴）痕が明確に確認できることが望ましい。これは、十分な地下部の発達と、土壌水分が安定していることを示している。

灌水の目安は、早朝に発生する葉先の溢液の大きさで確認する。小さくなりしだい灌水する。常に明瞭な溢液痕が確認されるように灌水する。なお、灌水不足になると、種浮き果が発生する。

灌水の基本は少量多灌水で、一度に大量の灌水は避ける。これは、イチゴは根の酸素要求量が高いためである。

⑤果房折れを防ぐ

果房折れすると、当然のことながら、光合成生産物が果実へ順調に転流しないため、果実肥大と食味は著しく低下する。

収穫作業の効率を高めるためにも、収穫期には葉を立たせて玉出しを行なうとともに、果房折れ防止にベッドと平行してテープなどを設置する。

(3) 品種の選び方

寒冷地での無加温半促成栽培では、休眠打破に、5℃以下の低温に1000～1200時間遭遇することが必要な品種を選択する。

暖地の加温促成栽培で使用される、休眠時間の少ない品種をこの作型で栽培すると、草丈は著しく伸長するが、果房が1～2本程度になりひどく減収する。

果実が大きくツヤもあり、見栄えのいい品種が育成されているので、その中から選択するとよい。また、土壌病害に強い品種は安定した収量が望める。

3 栽培の手順

(1) 育苗と健苗確保

イチゴ栽培では、昔から苗半作とか八分作といわれているように、健苗育成が重要であり、苗の素質が収量に最も影響する。

普通畑での土耕では、土壌伝染性の病害に侵されやすいので、土壌消毒した圃場の親株から採苗することが望ましい。以前はダゾメット粉粒剤を用いた土壌消毒が行なわれていたが、近年は、土壌消毒を必要としない、空間採苗やモミガラ採苗（図4）が行なわれている。土壌消毒に用いる農薬は毒物であるため、農薬事故の回避からも、こうした育苗方法に積極的に取り組みたい。

また、種苗業者が転作田を利用し、水稲との4年輪作で、無病な露地畑条件で苗の生産・販売を行なっている。育苗が困難な場合は、種苗業者からクラウンの太い良質な苗を購入する。

(2) 定植のやり方

①土壌消毒

イチゴは土質を選ばないが、透排水性のよい土壌であることがよい。定植前には必ず土壌診断を行ない、pH6～6・5に酸度矯正を行なう。また、良質堆肥を10a当たり2t程度施用する。

イチゴ連作圃場では、土壌消毒を行なうことが望ましい。ダゾメット粉粒剤による土壌消毒では、耕うんによる処理土壌への未消毒土壌の混和に注意する。これに対して、クロルピクリン錠剤やテープ剤を用いた、施肥・ベッド整形後の土壌消毒は、消毒後土を動か

表5　無加温半促成栽培（一季成り性品種）のポイント

	技術目標とポイント	技術内容
苗と圃場の準備	◎苗の準備 ・素質のいい苗の確保 ・無病苗の確保	・苗素質は収量に大きく影響するため，クラウンの太く（1.0cm 程度）根量のある苗を確保する ・土壌消毒した圃場からの採苗か，土壌消毒の必要のない空間採苗やモミガラ採苗する ・業者から良質な苗を購入してもよい
	◎定植準備 ・土壌消毒 ・酸度矯正 ・栽植方法	・イチゴ連作圃場では土壌消毒をする。できれば農薬を使用しない還元消毒を利用したい ・施肥・ベッド整形後のクロルピクリン錠剤やテープ剤を用いた土壌消毒は，消毒後土を動かさないので効果が安定している ・pH6～6.5に調整。堆肥2t/10a，元肥を全面施用して耕うん・ベッド整形する ・間口6mのハウスでは4ベッド2条植えで，株間30～35cm。ベッドの高さは20cm以上にする
定植と定植後の管理	◎定植と活着促進	・苗の「根は絶対に乾かさない」が，活着を促す大前提 ・花房の伸長方向を通路側に向けて定植。深植えしない
	◎越冬前の管理 ・生育と根量を確保 ◎起生期からの管理 ・保温開始 ・追肥とマルチ張り ・過不足ない灌水 ・摘葉 ・ミツバチ導入	・定植後は寒冷紗などで遮光し活着を促す。活着後は屋根フィルムを撤去して露地状態で栽培 ・苗の素質が不十分なときはトンネルやベタがけで温度を確保。小苗の場合は2本植えにして収量確保 ・2月下旬ころハウス周囲を除雪し屋根フィルムを展張 ・融雪後，二重カーテンやトンネルで夜温を確保し，生育促進を図る ・雪が融けて地面が乾いたら追肥し，全面マルチを張り地温を確保 ・通路は防草シートを敷いてマルチの破れを防ぐ ・開花期から収穫期は，葉の溢液（水滴）痕が明確に確認できることを目安に灌水する ・葉緑が退色したり，枯れ込んだりした葉のみを適宜摘葉する ・頂花が約10％開花した時点でミツバチを導入
収穫	◎適期収穫 ・収穫時期の判断 ・果実を傷めない	・市場出荷では果実の着色が八分，直売では完熟で収穫する ・「触れるな，冷やせ」が収穫の原則。早朝の涼しい時間帯に収穫。収穫箱にはウレタンを敷く

図4　モミガラ採苗

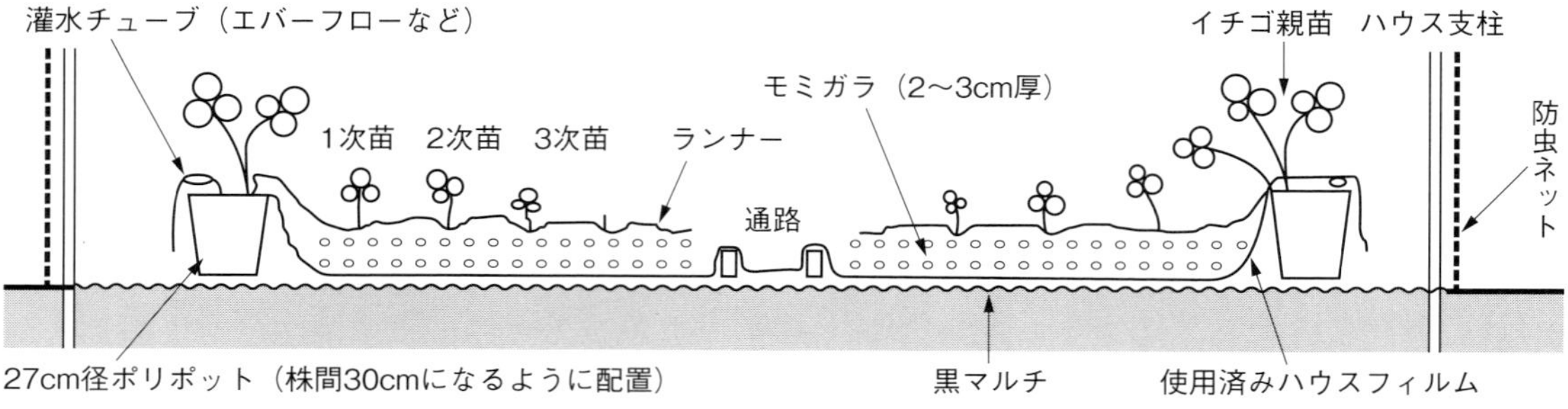

〈モミガラを使用したイチゴの良質苗の採苗技術〉
・モミガラ採苗法を行なうにあたっては，使用する資材，道具類，靴などに土壌病原菌を含む恐れのある土砂などが付着しないように注意する
・ハウス内に使用済みハウスフィルムを敷き，その上にモミガラを敷いて，ポット（9寸）植えした親株を配置する
・乾いたモミガラの上にランナーを伸長させ，鉢上げ2～3週間前からモミガラに灌水（最初10ℓ/m^2/日）して子苗を一斉に発根させる。採苗は株元からランナーを切り離し，一挙に行なう

〈モミガラ採苗による無病苗の直接定植法〉
・直接定植法は，モミガラ採苗で得られた軽くて根が短い苗を定植するため，苗の運搬・定植作業が楽であり，採苗圃での作業時間も短く省力的である
・直接定植法に用いる苗は，根の長さ7cmを確保するとともに，定植時に高温が予想される場合は遮光ネットを使用し，土壌水分確保に努める

表6　土壌伝染性病害虫の病徴・被害症状と防除

	病害名	病徴・被害症状	対策（耕種的防除など）
病気	萎黄病	根から感染し，発病すると新葉が黄緑色になり舟形にねじれる。小葉1対の葉の大きさに差が生じる。クラウン部を切断すると，導管部が茶褐色に変色している	連作を回避する。無病地で育苗した苗を使用し，栽培圃場は土壌消毒を実施する。親株からも子株へ感染するため健全な親株を導入する
	萎凋病	下葉の全体が灰緑色から淡褐色になり，青枯れ状に萎凋し枯れ上がる。クラウンの導管は淡褐色に変色し，収穫始めころに葉柄が赤褐色を示す	病菌が多犯性であるため，ナスやジャガイモの後地での作付けは避けたい
	疫病	高温多湿時に，葉に黒褐色～暗褐色で円形～不整形の病斑を形成する。根の基部が褐変し，進展すると地上部の萎凋が見られる。クラウンを切断すると外層から中心部に向かって褐変しているのが見られる。ニコチアーナ菌は28～30℃，カクトラム菌は25℃が適温で，この温度条件で発生しやすい	水媒伝染するため，育苗や栽培に使用する水質に注意する。炭疽病と病徴が似ているため誤診しないように注意する。定植時のユニホーム粒剤の土壌混和，生育期のランマンフロアブルの株元灌注も効果がある
	根腐病	春先の起生期に生育不良を示す。葉縁から赤紫色に変色し始め，株全体が茶褐色になって枯死する。根を縦に切ってみると，中心柱は全体に赤変している。菌は遊走するため数株連続して発病する	低pH，多湿土壌で発生しやすいため，土壌改良や排水対策を行なう。栽培圃場は融雪水が停滞しないよう整備する
	炭疽病	7～9月の高温期に発生が多い。病斑はランナーや葉柄に発生しやすく，少し陥没した紡錘形で，進展すると折損する。雨や頭上灌水による水滴の跳ね上がりにより二次伝染する。クラウン内部に向かって変色腐敗が進行する	圃場観察して早期発見に努め，発病株を撤去する。水滴による感染を防止するため，育苗は点滴灌水や底面吸水で行ない，頭上灌水は避ける。生育期にはベルクートフロアブルを散布
	芽枯病	葉柄，果柄，新芽など，地際に近い部分に発生する。新芽や蕾が青枯れ状に萎れ，やがて黒褐色になって枯れる。葉柄や果柄基部が侵されると葉が垂れ下がり，果柄の伸びが悪くなって着果数が少なくなる	有機質資材を施用する場合は完熟したものを用いる。密植や深植えを避け，灌水量は必要最小限にとどめ，灌水による土粒の跳ね上がりに注意する
害虫	クルミネグサレセンチュウ	根に侵入して根を腐敗させるため，株の生育が止まる。初め葉縁が赤褐色に変色し，しだいに葉の全体が紫褐色になる。発生がはなはだしいときは株が萎凋枯死する。他にイチゴを加害する線虫にはイチゴセンチュウ，イチゴネグサレセンチュウがある	対策は，連作をしない，線虫汚染土壌を持ち込まない。生物的防除として，対抗植物のマリーゴールド，ギニアグラス，エンバク野生種を作付ける

注1）上記6病害は，土壌伝染性があり親株からの感染もある。ただし，炭疽病は主に空気感染である。土壌消毒用薬剤の登録を表7に示したが，土壌消毒後も汚染土壌や罹病苗の持ち込みによる再発も想定されるので注意が必要である。芽枯病，根腐病，疫病，炭疽病では雨水，灌水，土壌水分過多も誘発要因である。いずれの病害対策も耕種的防除とあわせて土壌消毒を実施する

注2）図5に，土を使用しない育苗と，化学合成農薬を使用しない土壌消毒の方法を示した。農薬使用量の削減と作業者の農薬被害防止の観点からも積極的に取り組みたい

さないので効果は安定している。「土壌消毒をした土は動かさない」ことが，効果を安定させる基本である（表5，7）。

なお，土壌消毒剤は劇物なので，取扱いには十分注意する。クロルピクリン剤は，専用マスクの着用が必須である。

薬剤を使用しない土壌消毒の方法として還元消毒がある（図5，表8）。温度を必要とするため，処理時期は夏の高温期が適する。この時期は，イチゴの収穫後から定植前の期間なので，導入しやすい。

②元肥施用，ベッド整形

ハウス周囲に明渠を設置し，栽培ベッド下の心土破砕を行なう。また，透排水性の向上や地下部の環境改善を図るなど，根張りがよくなる土壌環境をつくる。

イチゴは濃度の高い肥料は好まないので，元肥は緩効性肥料を半分程度使用する（表9，10）。元肥を全面施用し，ロータリーで耕うん後，管理機などでベッドを整形する。

間口6mのハウスでは4ベッド2条植えで，株間30～35cmとする（図6）。灌水チューブは，ウネ間に1条設置する。定植前に散水し，土壌水分を20％程度（握って固まる程度）維持する。

表7　土壌消毒剤と対象土壌病害虫

処理方法	農薬名	萎黄病	萎凋病	疫病	炭疽病	線虫類	処理量	成分
土壌混和	ガスタード微粒剤		○	○			30kg/10g	ダゾメット
	バスアミド微粒剤	○	○				20～30kg/10g	
土壌くん蒸	ドロクロール	○			○	○	2～3mℓ/穴	クロルピクリン
	クロルピクリン錠剤	○		○	○	○	1錠/穴（30cm×30cm）	
	クロルピクリンテープ剤	○		○		○	110m/100m^2	
土壌灌注	ランマンフロアブル			○			500倍希釈/100mℓ/株	シアゾファミド

図5　土を使用しない採苗と農薬を使用しない土壌消毒（無加温半促成栽培）

〈土を使用しない採苗〉
・モミガラ採苗（直接定植）
・空間採苗（ハウス内ポット育苗）

⇒

〈化学合成農薬を使用しない土壌消毒〉
・還元消毒
・低濃度エタノール消毒

表8　還元消毒

（1）効果の要因と特徴

地温30～40℃で十分な土壌水分を含んでいる土壌に，コメヌカまたはフスマを混和すると，これらを栄養分として土壌微生物が急激に増殖する。このとき，微生物による酸素の消費で土壌が還元状態になる。多くの土壌病害虫は酸素を必要とするので死滅する。また，殺菌能力のある有機酸の増加，微生物同士の拮抗作用，高温による消毒の効果もある。なお，ハウス圃場の両サイド部分は土壌水分や地温が安定しないため，還元状態を安定して持続できないこので消毒効果は低い。また，排水性が著しく高い圃場では効果は低い

（2）作業手順

①処理作業は，湛水後ハウスを密閉して，耕うん深20cmで30～40℃の地温が確保できる時期とする
②作物残査を除去し，ロータリーで土塊が発生しないように耕うん整地する。ロータリーの合わせ目の盛り土は，レーキなどでならし地表面を平坦な状態にする
③100坪（3.31a）にコメヌカまたはフスマを300kg散布し，ロータリーで20cmの深さの土壌へ混和する（基準：コメヌカまたはフスマ1,000kg/10a）
④散水チューブを使用し，湛水状態になるまで灌水する（足がもぐるぐらいに大量に灌水する）
⑤湛水後ただちに，古ビニールなどで全面マルチする。このとき，地表面とマルチ資材を密着させる
⑥ハウスを密閉し，温度を確保する。春の低温期は，二重カーテンを設置し温度上昇を図る
⑦上記処理後，3～5日でドブ臭の発生を確認する。また，10日以降にシャベルで処理土壌を掘り，灰色の還元層を確認する
⑧夏の高温期に，湛水後，地表面が乾燥した場合は，晴天日に追加の灌水を行ない還元状態を維持する

（3）耕うん時の注意事項

①使用するトラクターやロータリーは，土壌病害虫の持ち込みを防ぐために，機械に付着している土を水洗後使用する
②耕うん深以上に深耕した場合，未処理の汚染土壌が地表面の作土に混入する。このような場合は消毒効果が低下するので，ロータリーの尾輪やトップリンクを調整し，耕うん深はコメヌカまたはフスマを混ぜた深さとする
③ハウス圃場の両サイド部分や出入り口の部分は処理部分のみを耕うんし，作土への未処理土壌の混入を防ぐために余裕を持った範囲とする

（4）作付け時の注意事項

土壌混和したコメヌカやフスマは，消毒後分解し肥料になるため，作付け前に土壌診断を実施し，数値にもとづいて施肥する

なお、排水性改善と収穫作業のしやすさから、ベッドは20cm以上の高さにする。

③苗の準備と定植

苗を自家増殖した場合は、定植の作業量を考慮して、採苗圃から苗を移動させておく。

購入苗は、到着したら涼しいところに保管し、ただちに定植する。「根は絶対に乾かさない」が、活着を促す大前提である。

そのためにも圃場の準備は計画的に進める。作業が天候に左右されないように、土壌消毒作業から定植、活着までは、屋根フィルムを展張した状態で作業する。

イチゴはランナーの伸長方向に果房が伸長するため、収穫作業する通路側に果房が伸長する向きに苗を定植する（図7）。また、深植えにならないように注意する（図8）。

(3) 定植後の管理

① 定植から自発休眠までの生育量確保（定植年）

定植から灌水をこまめに行なうと同時に、苗からの蒸散防止と地表面の乾きを防ぐために寒冷紗などで遮光し、活着を促す。そして、活着が確認され生育が安定した時点で、

表9　施肥時期と施肥量　（単位：kg/10a）

区分	施肥時期	成分量		
		窒素	リン酸	カリ
元肥	定植前全面施用	8	10	8
追肥	翌春ハウス被覆後マルチ前	4	0	6
施肥成分量		12	10	14

表10　施肥例　（単位：kg/10a）

肥料名	施肥量	成分量			備考
		窒素	リン酸	カリ	
防散炭カル	40				酸度矯正
堆肥	3,000	3		1.2	有機質
NS262	30	3.6	4.8	3.6	元肥
エコロング413（100日）	30	4.2	3.3	3.9	
日紅ぼかペレ特号	80	4	4	4	追肥
クロロゲン青	1.2	0.05	0.03	0.02	葉面散布剤
施肥成分量		14.9	12.1	12.7	

注1）現地での事例
注2）土壌消毒を実施した場合は，生育が旺盛になるため30〜40％の減肥が必要

図7　土耕で植え付ける方向

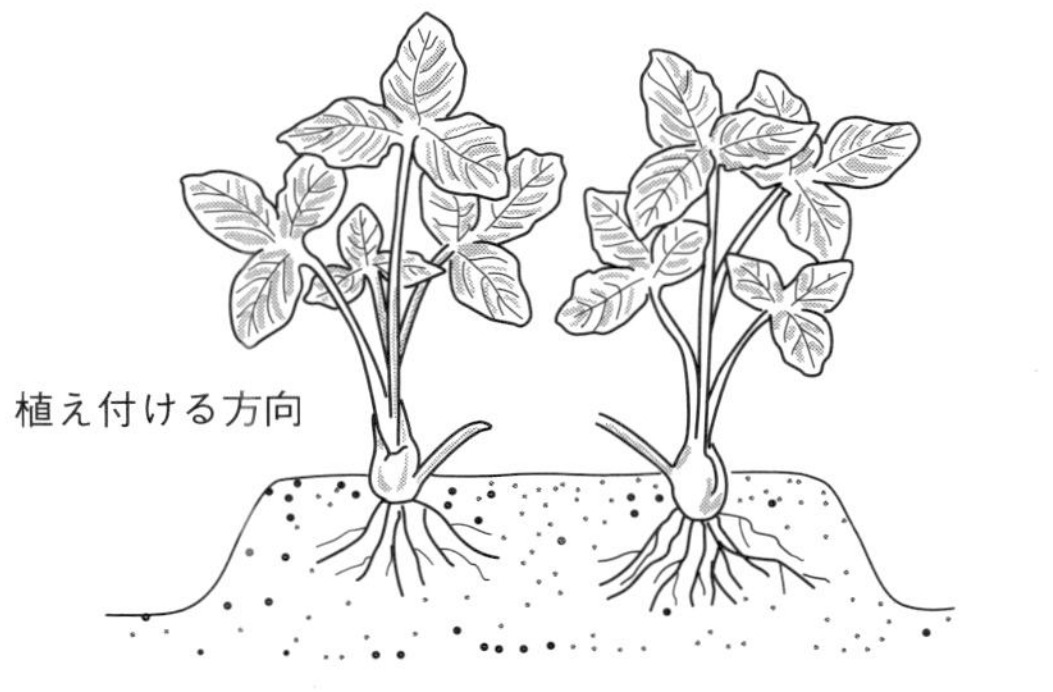

花房が通路側に向くように，長く切り残したランナーをウネの内側に向けて植え付ける

図6　土耕での定植方法

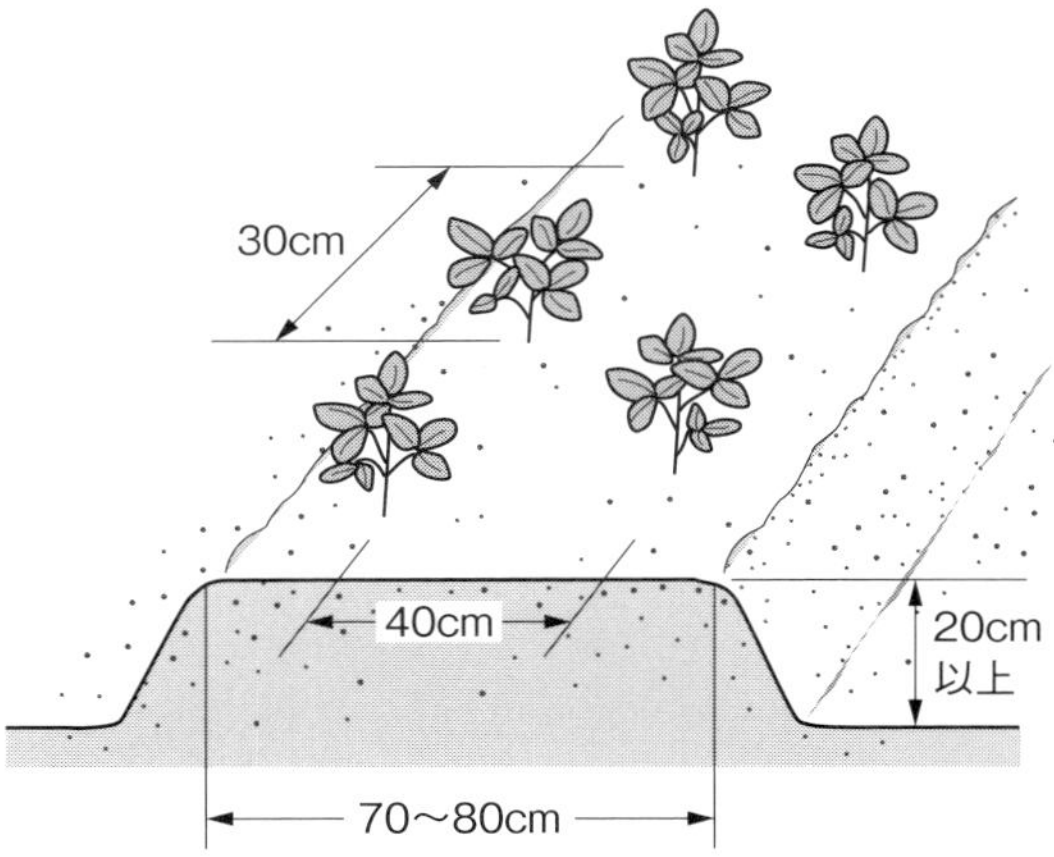

屋根フィルムを撤去する。

9月中旬ころ好天が続き、日長13時間、夜間最低温度が15℃を下回るようになると花芽分化は順調に進み、高収量が期待できる。

そのためには、越冬前のロゼット状態になるまでに、旺盛な生育と根量を十分に確保することが重要である。苗の素質が不十分な場合は、晩秋期にトンネルやベタがけ資材を用いて温度を確保し、生育量を確保する。また、小苗の場合は2本で1株植えとし、株当たりの収量を確保する。

定植時の葉数を5枚とすると、越冬前までに葉はさらに5枚ほど展開するので、老化葉の摘葉を適宜行なう。そして、越冬前に展開葉が5枚程度確保されていることが望ましい。

病害虫防除は、葉へ薬液が十分付着するように、摘葉後に行なう。

この生育ステージは露地条件になるため、秋の天候に生育が左右されやすい。台風や長雨により十分な生育が確保できない場合や、根雪が遅く株が寒風にさらされると葉が脱水し、翌年、生育不良になる場合がある。

図8　植え付ける深さ

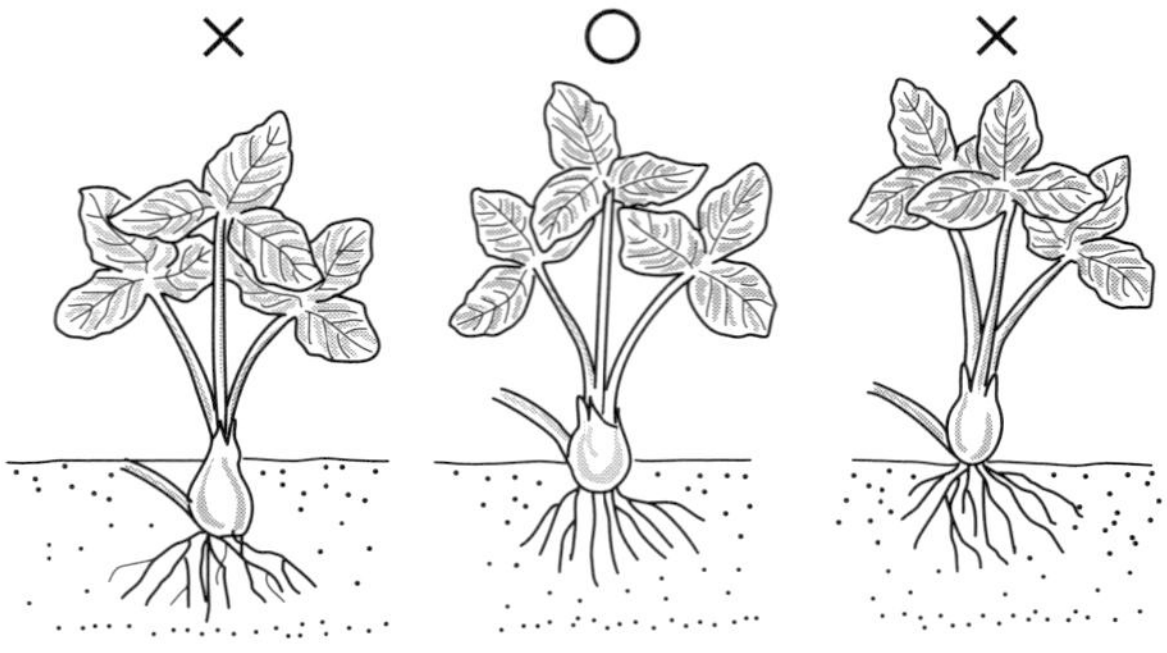

クラウンの下が少し隠れて，葉の付け根が地上部に出ている程度がよい。深植えにしないように注意する

図9　無加温半促成栽培での開花始期の様子
（品種：けんたろう）

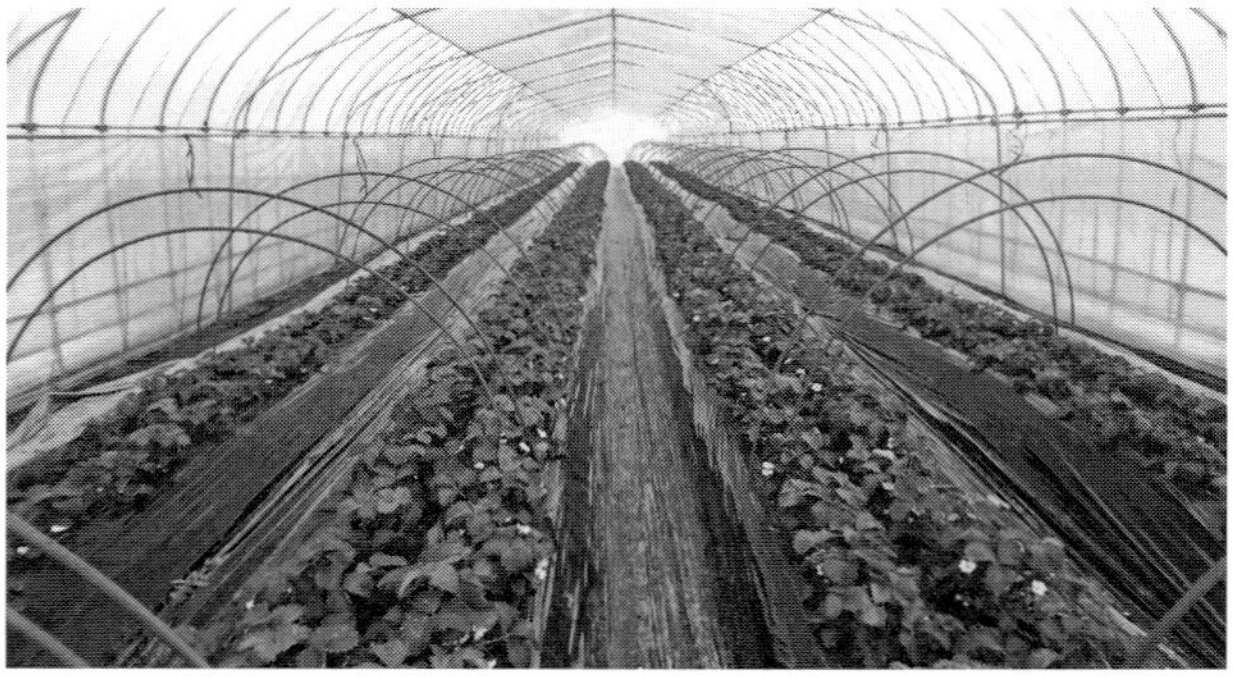

注）写真提供：北海道農政部技術普及課道南農試駐在

②翌春の起生期から収穫まで

屋根フィルムの展張と保温　融雪期に入り積雪量が低下する2月下旬ころを目安に、ハウス周囲を除雪し屋根フィルムの展張を行なう。フィルムは汚れのない、光線透過率の高いものを使用する。これは、光合成を順調に行なわせるためには必須である。なお、展張作業を積雪上で行なうとフィルムは汚れない。

ハウスは密閉状態にし、内部温度を上昇させて融雪を促進する。積雪が多い場合は、小型歩行用除雪機でハウス内を除雪する。ハウス内の融雪が進み、土壌が乾燥して作業が可能となったら、二重カーテンやトンネルで夜温を確保し、生育促進を図る。

雌ずいは低温に敏感に反応するため、マイナス2℃に1時間の遭遇でも枯死する。そのため、開花期には夜間の低温に注意し、開花期が終了するまで、二重カーテン、トンネルは撤去しない。

追肥とマルチ張り　地表面が乾いたら追肥を行ない、できるだけ早くマルチを張って地

表11　茎葉果実に発生する主な病害虫と防除

病害名	特性・病徴	耕種的防除など	主な農薬
うどんこ病	生きたイチゴの植物体上で生活する（菌活物寄生菌）。カボチャ，バラのうどんこ病とは菌が異なる。コウジカビ(味噌，醤油，酒）と同類である。 葉の裏面や果面に白い粉のようなカビを生じる。風媒により蔓延し開花期以降では，ガク，果梗，果実に発生する。一般に湿度が高いほど発病しやすい傾向にあるが，乾燥状態でも発生は多い	軟弱徒長の生育や成り疲れなど，生育が不安定な状態ではうどんこ病などの発生を助長させる。安定した肥効を維持し，急激な生長や過繁茂，草勢低下を回避する	ベルクートフロアブル，パンチョTF顆粒水和剤，イオウフロアブル，ジーファイン水和剤，ファンベル顆粒水和剤（灰色かび病で紹介した薬剤もうどんこ病に効果（登録）がある）
灰色かび病	死物寄生菌で，枯れた部分に発病する。葉，葉柄，ガク，果実などすべてに発病するが，収穫期の果実はとくに発病しやすい。枯死した部分や傷口から病原菌が侵入し発病する。果実に発病すると褐変が生じ，表面に灰色のカビを密生する。発病した果実が乾燥するとミイラ状になる	湿度が高いと感染しやすいので，換気をよくし湿度を低くする。枯れた部分から発病するため，古葉や褐変したハカマは適宜除去する。また，受粉が終了した花器の花弁も除く	アフェットフロアブル，ネクスターフロアブル，アミスター20フロアブル，シグナムWDG，ショウチノスケフロアブル，カリグリーン水溶剤（これらの農薬は，うどんこ病にも効果（登録）がある）

害虫名	生態・加害状況	対策（耕種的防除など）	主な農薬
ハダニ類	イチゴを加害する主要種はナミハダニとカンザワハダニの2種である。高温乾燥条件で発生しやすい。最初は，葉裏に寄生し，口針を刺して吸汁害を与える。新葉では白いかすり状の小白斑ができ，多発すると糸を網のように張りその中に生息する。雌雄の受精と雌単独で雄のみを産む。繁殖は旺盛だが，移動は少ない	温室周囲の雑草を除去する。激発株は除去し温室外へ搬出し土中埋設する	アーデント水和剤，コテツフロアブル，マイトコーネフロアブル，ニッソラン水和剤，スターマイトフロアブル，ダニサラバフロアブル，アファーム乳剤，グレーシア乳剤，ダニオーテフロアブル，ダニコングフロアブル，サフオイル乳剤
アザミウマ類	ミカンキイロアザミウマ，ヒラズハナアザミウマの2種が加害する。高温乾燥条件で発生しやすい。開花が始まると発生し幼虫が花粉，花弁を加害する。さらに，花床の表皮組織をつつき砕いて汁液をなめ取る。雌雄の受精と雌単独で雄のみを産み，ホワイトクローバーの花に多く寄生している	防虫ネット（目合い0.4mm以下）をハウス開口部に設置しハウス周囲の雑草を除去する。また，ハウス周囲には観賞用の花を栽培しない	カウンター乳剤，カスケード乳剤，スピノエース顆粒水和剤，ディアナSC，ベネビアOD，マラソン乳剤，モスピラン顆粒水溶剤，モベントフロアブル
チョウ目害虫ヨトウムシ類	主にハスモンヨトウとオオタバコガが発生する。葉を食害する。両種は広食性の害虫で，普遍的に発生する。とくに，8月から10月にかけて加害が多くなる	圃場周辺を除草する。オオタバコガは，ハウス開口部に防虫ネットを展張しハウス内への侵入を防止する	ゼンタリー顆粒溶剤
アブラムシ類	ワタアブラムシは増殖が速く，無翅胎生雌虫と幼虫が葉上でコロニーを形成して寄生し，吸汁による生育阻害のほか，排泄物である甘露によるすす病などで果実が汚れる	寄生のないイチゴ苗を使用し，ハウス外からの飛来防止のため防虫ネットを展張する	アグロスリン乳剤，ウララDF，チェス顆粒水和剤，トランスフォームフロアブル

注1）灰色かび病の防除薬剤，ジカルボキシイミド系のイプロジオン（ロブラール水和剤），プロシミドン（スミレックス水和剤）で効果が確認されない場合は，耐性菌の発生が疑われるので使用を見合わせる
注2）灰色かび病は空気伝染するため，罹病して摘葉，摘果したものは圃場外に搬出し，耕作に影響のない場所へ深く埋設する
注3）UV-B照射と光反射シートの設置でうどんこ病とハダニ類の発生を抑制させる防除法が確立したので，うどんこ病防除に導入を検討したい。基本的な防除は夜間の電灯照射なので，省力的である
注4）イチゴは葉の形状から薬剤がかかりにくいため，ハダニ類の防除は葉裏に農薬が付着するよう十分な薬量（300ℓ/10aを上限に）を散布する
注5）農薬の単剤連用を続けると耐性の発達が懸念されるので，同一系統の薬剤の連用は控え，異なる系統の薬剤をローテーションで使用する。ハダニ類の防除は，薬剤耐性を回避するために気門封鎖型農薬を使用する
注6）農薬選定は，必ず訪花昆虫（ミツバチなど）に対する影響日数を確認する。天敵防除を実施している場合も同様にその影響を確認する

表12　無加温半促成栽培（一季成り性品種）の労働時間

（単位：時間 /10a）

	作業項目	作業期間	労働時間
育苗管理	ハウス準備	4月上旬	4
	親株定植準備	4月上旬	1.6
	親株定植	4月中旬	1
	親株への灌水	4月中旬～8月中旬	1.3
	病害虫防除	4月中旬～8月上旬（12回）	2.4
	モミガラ搬入	4月下旬	2.2
	ランナー誘引	5月上旬～6月下旬	3
	花蕾除去	5月中～下旬	2
	遮光資材設置	6月中旬	0.5
	灌水	7月下旬～8月上旬	0.4
	採苗	8月中旬	4.2
	後片付け	8月下旬	1
	合計		23.6
本畑1年目	土壌消毒	7月中旬・8月上旬	5.8
	圃場準備	8月中旬	4.8
	定植準備	8月中旬	2.2
	定植	8月中旬	50
	灌水	8月中旬～9月下旬	0.8
	病害虫防除	9月上・下旬／10月中旬（3回）	2.4
	ランナー除去	10月下旬	28
	合計		94
本畑2年目	ハウス通路除雪	3月上～中旬	3.5
	ハウス準備	3月上旬	24
	マルチ・トンネル設置	3月中～下旬	10.6
	温度管理	3月中旬～6月下旬	93
	摘葉・ランナー除去	4月上・下旬／5月中旬～6月下旬	50
	灌水	4月上旬～6月中旬	1.3
	病害虫防除	4月上旬～6月中旬	7.2
	葉面散布	4月上旬～6月中旬	4.8
	追肥	4月下旬	0.1
	果房整理	4月下旬～5月上旬	40
	訪花昆虫管理	4月下旬～6月上旬	1
	収穫・調整	4月下旬～6月上旬	600
	出荷	5月中旬～6月下旬	50
	後片付け	7月中旬	13
	合計		898.5

温を確保する。フィルムは透明なほど地温上昇効果はあるが、雑草抑制と地温上昇の両方の効果を考慮し、ダークグリーンマルチを使用する。

マルチ作業は一度に数メートルずつ行ない、ただちに葉をマルチ上に出す。このとき葉折れしやすいので、ていねいに作業する。

マルチは、ベッドと通路の全面に行なう、ハウス内全面マルチとし、押さえ金具で固定する。これにより、土ボコリが舞い上がるのを防ぎ、果実の汚れを防ぐ。全面マルチは除草作業の省力にもなる。

なお、通路部分は歩行によりマルチフィルムが破れるので、防草シートを施設する。

摘葉、ミツバチの導入　生育ステージが起生期（茎が立ち上がる時期）になり、草丈が伸長し、古葉が目立つようになったら、葉縁の退色や枯れ込んだ葉のみを適宜摘葉する。

頂花の開花が約10％に達した時点で、訪花昆虫のセイヨウミツバチを導入するが、その前に病害虫防除を行なう。農薬は、訪花昆虫に影響する日数を確認して選定する。

(4) 収穫

収穫の目安は、市場出荷では果実の着色が八分、直売では完熟で収穫する。

「触れるな、冷やせ」が収穫の原則である。早朝の涼しい時間帯に収穫し、果実に触れる回数をできるだけ少なく作業する。また、果実の「オセ」や「スレ」を防ぐために、収穫箱にはウレタンを敷く。

収穫後は、できるだけ早く涼しい場所へ果実を移動させ、パック詰めを行なう。イチゴは果実そのものが柔らかいため、ていねいに扱う。熟練作業者になると、摘み取った果実の規格を一見で見きわめ、イチゴが傷まないようにパックに詰める。
もちろん、運搬や輸送するときも、果実に振動を与えないように注意が必要である。

表13　無加温半促成栽培（一季成り性品種）の経営収支例

労働力：４名（水稲10ha＋施設野菜50aの複合経営）
イチゴ栽培面積：270m^2×６棟
収穫時期：４月中旬～６月中旬

項目		備考
収量（kg/10a）	1,800	270m^2×６棟での収量
単価（円/kg）	1,800	
粗収入（円/10a）	3,240,000	
経営費（円/10a）	1,618,272	減価償却費は含まない
種苗費	128,336	
肥料費	50,194	堆肥，葉面散布材含む
農薬費	63,353	土壌消毒剤含む
生産資材費	133,409	ハウスフィルム，トンネル資材，灌水チューブなど
農具費	2,191	ハサミ，デジタルはかり
水道光熱費	16,110	ガソリン，免税軽油
販売費用	1,128,680	販売手数料（運賃含む）
その他	96,000	訪花昆虫リース代
所得（円/10a）	1,621,728	所得率：50.1％

4　病害虫防除

(1) 基本になる防除方法

イチゴ栽培で最も収量・品質に影響するのは、土壌病害の萎凋病、萎黄病、疫病、根腐病である（表６参照）。なお、害虫では、ハダニ類、アブラムシ類、アザミウマ類、糸状菌の病害ではうどんこ病、灰色かび病などがある（表11参照）。

土壌病害は土壌消毒、茎葉や果実を加害する病害虫は農薬の茎葉散布で防除する。農薬の茎葉散布は、葉裏に十分薬液が付着するよう、葉の繁茂状態に応じて散布農薬量を調整する。生育量が多くなれば、単位面積当たりの散布量を増やす。

(2) 農薬を使わない工夫

早春から初夏までのハウス管理なので、加温する促成長期どり作型に比べて農薬の使用回数は少ない。

灰色かび病の菌は死物寄生なので、縁が枯れた葉を除くことが発生の低下につながる。また、栽植密度を高めると株間の風通しが悪くなり、病害が発生しやすくなるので、栽植密度を必要以上に高めない。

5　経営的特徴

株当たりの収量は４００～５００gで、定植株数は10a当たり約４０００株なので、10a当たり１・８～２tの収量をめざす。市場価格は、１kg当たり１８００円前後で年次変動は少ない。

イチゴ栽培の労働時間の約60％は収穫作業である。２７０～３００㎡のパイプハウス２棟、定植株数約３０００株が、１人で収穫できる上限である。無加温多重被覆による半促成栽培と、開花始めから屋根フィルムを展張する、簡易な雨よけ栽培を組み合わせても、４棟が限界である（表12、13）。

寒冷地の一季成り性品種の栽培は、収穫期間が限られるため、雇用により収穫労働者を確保しなければ栽培面積の拡大はむずかしい。

（執筆：松本　勇）

夏秋どり栽培（四季成り性品種）

1 この作型の特徴と導入

(1) 作型の特徴と導入の注意点

北海道や東北の高地では夏の冷涼な気候を利用し、四季成り性品種を用いて、国内生産量が低下し高単価になる、7～10月に出荷する夏秋どり栽培が行なわれている。

主な用途は業務用である。国内消費の不足分を輸入でまかなっているが、国産イチゴへの期待は常に高い。

市町村が独自の補助事業を創設し、果実共同選果場を整備するとともにコールドチェーンを確立して、消費地である京浜地方へ出荷している。

(2) 他の野菜・作物との組合せ方

夏秋どりイチゴの栽培は、主に高設栽培で行なわれており、ベンチは固定されている。しかも、3～11月がハウスの利用期間になるので、他の野菜・作物との組合せはできない。

2 栽培のおさえどころ

(1) どこで失敗しやすいか

夏秋どり栽培は、ほとんどが高設栽培である。栽培槽は発泡スチロール製の箱や建築用不織布シートを使用し、粗粒火山灰やピートモスを主体にした人工培養土を用いる。

連作するので、土壌病害が発生しやすい。土壌病害を防ぐため、人工培養土を1作ごとに入れ替える。または、いったんハウス外へ搬出して消毒して再利用する（表6、7参照）。

しかし、栽培槽が湛水可能であれば、低濃度エタノールによる土壌消毒が可能になるので、人工培養土の連続使用が可能になる（表15）。今後は、こうした栽培槽の普及が望まれる。

(2) おいしく安全につくるためのポイント

業務用なので、食味は糖度より酸度が優先する。栽培期間が春から晩秋になるので、農薬散布回数は無加温半促成栽培より多くなる。とくに害虫の発生が著しいので、農薬の使用回数と時期に留意する。

生物農薬のバチルスズブチリス水和剤によるうどんこ病、灰色かび病の防除や、ミヤコカブリダニ剤の放飼によるハダニ類の防除は、農薬散布回数を減らし、安全なイチゴを生産するために積極的に導入したい。

図10　四季成り性品種‘すずあかね’

注）写真提供：農研機構東北農業研究センター

図11　イチゴの夏秋どり栽培（四季成り性品種）　栽培暦例

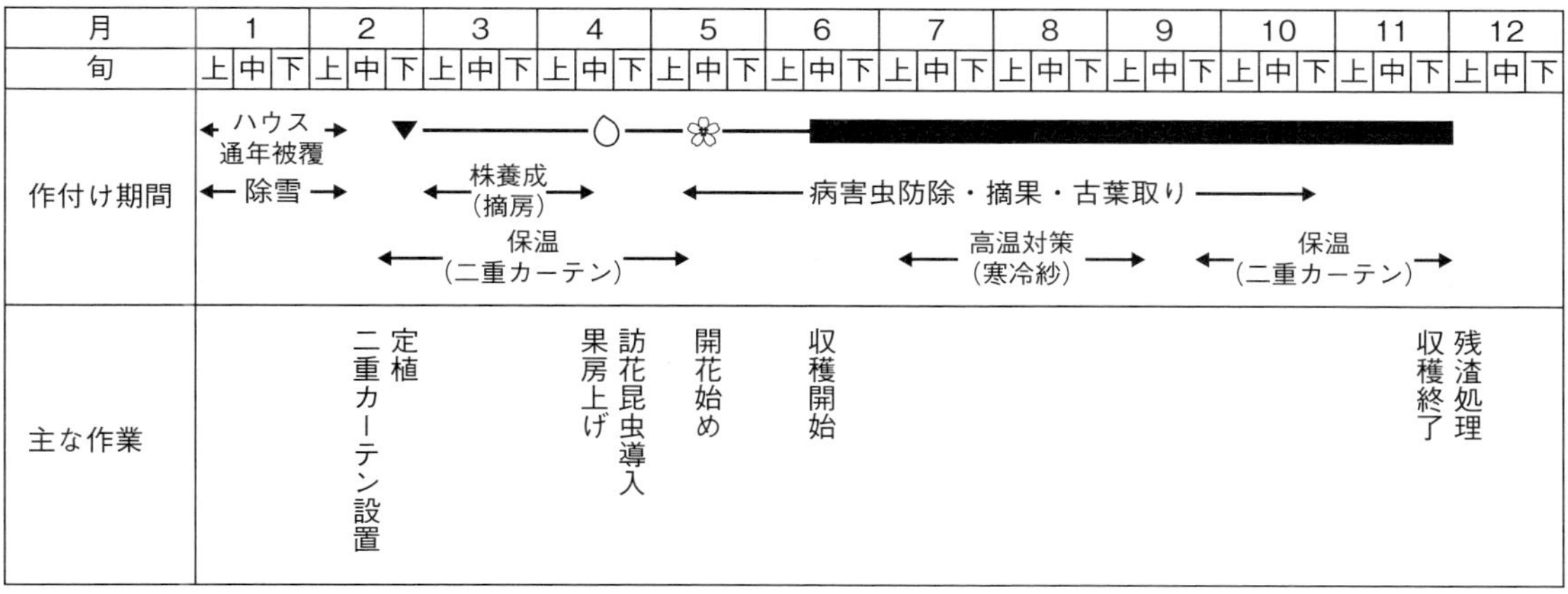

▼：定植，◯：果房上げ，✿：開花始め，■：収穫

表14　夏秋どり栽培（四季成り性品種）のポイント

	技術目標とポイント	技術内容
苗と圃場の準備	◎苗の準備	・四季成り性品種は，育成元が苗生産・販売している例がほとんど。秋に掘り上げて冷蔵保存した苗を翌春購入して栽培
	◎定植準備 ・高設栽培	・夏秋どり栽培は，ほとんどが高設栽培。発泡スチロール製の箱や建築用不織布シートの栽培槽に，粗粒火山灰やピートモスを主体にした人工培養土を入れて栽培
	・培養土の消毒	・培養土は1作ごとに替えるか，ハウス外に出して消毒して再利用する ・湛水可能な栽培槽なら低濃度エタノールによる土壌消毒が可能
	・施肥	・施肥は液肥を使用（表16参照）
	・地温の確保	・蓮口で手灌水して土壌水分を十分確保した後，透明フィルムでマルチして地温を高める
定植と定植後の管理	◎定植と活着促進 ・栽植方法	・定植方法は一季成り性品種に準じる ・間口7.2mハウスの場合，5ベッドで2条千鳥植えとし，株間は25～30cm。4,600～5,500株/10a ・定植直後から7日間は水のみ給液
	◎定植後の管理 ・液肥の給液管理	・発根が想定される定植後7日ころから液肥を給液（施用例は表16参照） ・株養成期間は土耕栽培同様，葉の溢液（水滴）痕が明確に確認できる給液量にする ・高温期は給液回数と給液量を多くする。給液量に対し，廃液量は20～30％程度が目安
	・腋芽の摘み取り	・定植後に発生した花房（前年分化）や弱小腋芽は摘み取り，展開葉5枚を目安に収穫花房を上げる。その後は3芽程度に整理する
	・摘果	・頂果はサイズが大きく果形が乱れやすいため摘果。成り疲れしないよう生育と着果数をコントロール
	・摘葉，収穫済み果房取り	・老化葉や収穫済みの果房は適宜除く
夏期暑熱対策	◎高温対策 ・培地温度抑制	・定植前の培地温度を確保するために透明マルチを設置するが，夏の培地温度上昇抑制のために，白黒ダブルマルチの白色を表面にして設置する
	・ハウス内気温上昇抑制	・夏の晴天日の高温時には，屋根フィルムの上に寒冷紗を設置する ・ハウスに天窓や妻窓を設置し，換気をよくする ・暑熱がハウス内にこもらないように，循環扇を設置，稼働させる
収穫	◎適期収穫 ・収穫時期の判断	・高温期ほど淡い着色で収穫
	・果実を傷めない	・収穫トレイにウレタンを敷き，収穫した果実を1段並べにする。収穫後は約2時間予冷してから選果する ・5℃で予冷して出荷

図12　四季成り性品種
‘夏のしずく’の果実

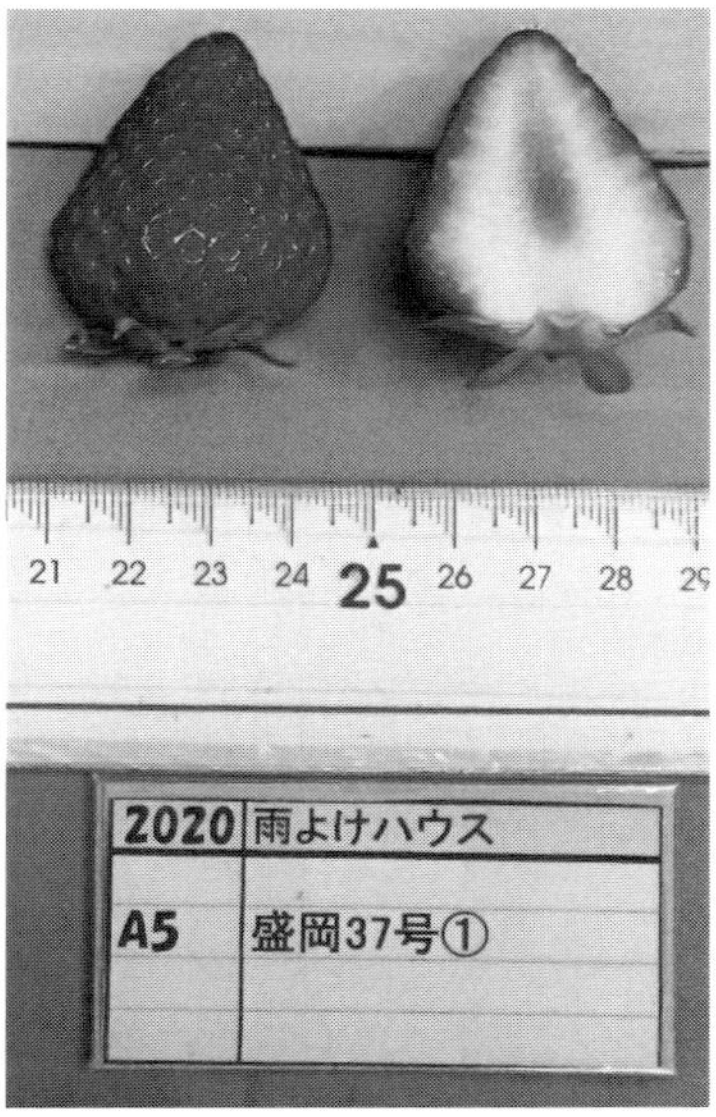

注）写真提供：農研機構東北農業研究センター

(3) 品種の選び方

夏秋期に果実を生産するには、高温長日条件で花芽を分化する、四季成り性の品種を用いる（表3、4参照）。主な用途は洋菓子のケーキやタルトなので、大果で高糖度の果実は求められない。

糖度より酸度、果実硬度があり、1果当たり10〜12gのサイズで、果実に空洞がなく、さらに果肉が赤いことが求められる。このように、生食用とは求められる果実が違うので、品種選定にはとくに注意する。

表15　高設ベンチ（湛水可能）培地の低濃度エタノール消毒

(1) 低濃度エタノール（商品名「エコロジアール」）について

①成分：エタノール60重量％未満，その他の有機物1〜3重量％，水分40重量％以上

②エタノール含有率が60重量％未満なので，消防法の危険物には該当しない。したがって，危険物倉庫のような保管設備は不要で危険物取扱者でなくても使用できる。ただし，引火性のため火気厳禁である

③使用時には，必要に応じて防護具を装着し，希釈する場合は手袋を使用する

(2) 低濃度エタノールを使用した土壌還元消毒とは

①有機物として，0.5〜1％程度のエタノール水溶液（低濃度エタノール）を土壌へ散布した後，土壌表面を透明フィルムで被覆する，太陽熱を組み合わせた土壌還元消毒技術である

②消毒効果は，土壌が還元状態となる結果として生じる間接的な作用である

③低濃度エタノールそのものには殺菌作用がなく，農薬に該当しない粘性が低い液体なので，フスマや糖蜜よりも土壌深くまで消毒が可能である

(3) 作業手順

①給液システム（灌水チューブ）を利用する

②エコロジアールを計量（260倍希釈）する（100ℓの水に対してエコロジアール約0.39ℓ）

③水の入ったタンクに，希釈したエコロジアールを投入する

④5分間程度撹拌し，その後はすみやかに給水する。アルコールが揮発するためつくり置きしない

⑤栽培ベンチの排水口にフタをする

⑥給液システム（灌水チューブ）でエコロジアールを給水する

⑦湛水状態になるまで給水する

- 培地の種類や乾燥度合いによって，栽培ベンチに入る水量は異なる
- 必ず，培地表面や排水口を見ながら，少ないようであれば希釈したエコロジアールを補給する
- 翌日も確認し，少ないようであれば補給する

⑧すみやかに，保温性の高い透明フィルムで被覆して，裾をテープなどで固定する

⑨翌日に，湛水状態やフィルム密閉を確認する

- 培地表面の空気をなるべくなくす。最低地温が16℃以上になっていることを確認する
- 処理期間中は，硫化水素（硫黄泉の臭い）など臭いの発生や還元状態を確認する

⑩処理期間は21日間とする。終了後は排水口のフタを外して排水し，フィルムを除去する

⑪培地の保水性にもよるが，おおむね2〜3日程度で酸化状態になる。定植前は培地に穴を掘り，硫化水素の臭いがしないことを確認する

⑫培地が酸化状態になっていることを確認後，定植する

(4) 処理上の留意点

①エタノール資材は，低濃度エタノール「エコロジアール」を使用する

②培地温度は最低16℃以上とする

③希釈倍率は260倍とする（発病がある場合は濃度を高める）

④処理期間は21日間とする

⑤処理水量は，培地表面まで水浸状態にする。翌日も湛水状態を確認し，少なければ補給する

⑥被覆は通気性のない保温性の高い透明フィルムで行ない，密閉する

3 栽培の手順

(1) 定植準備と定植

①苗の準備

四季成り性品種は、育成元が果実生産苗を販売している例がほとんどである。

一般的には、春に定植した親株から発生した子苗を、晩秋に掘り上げて冷蔵保存した株冷蔵苗を、翌春に購入して定植する。

冷蔵苗は到着後開封し、徐々に常温に近づけることができる場所で保管する。

図13　果房発生の方向（品種：すずあかね）

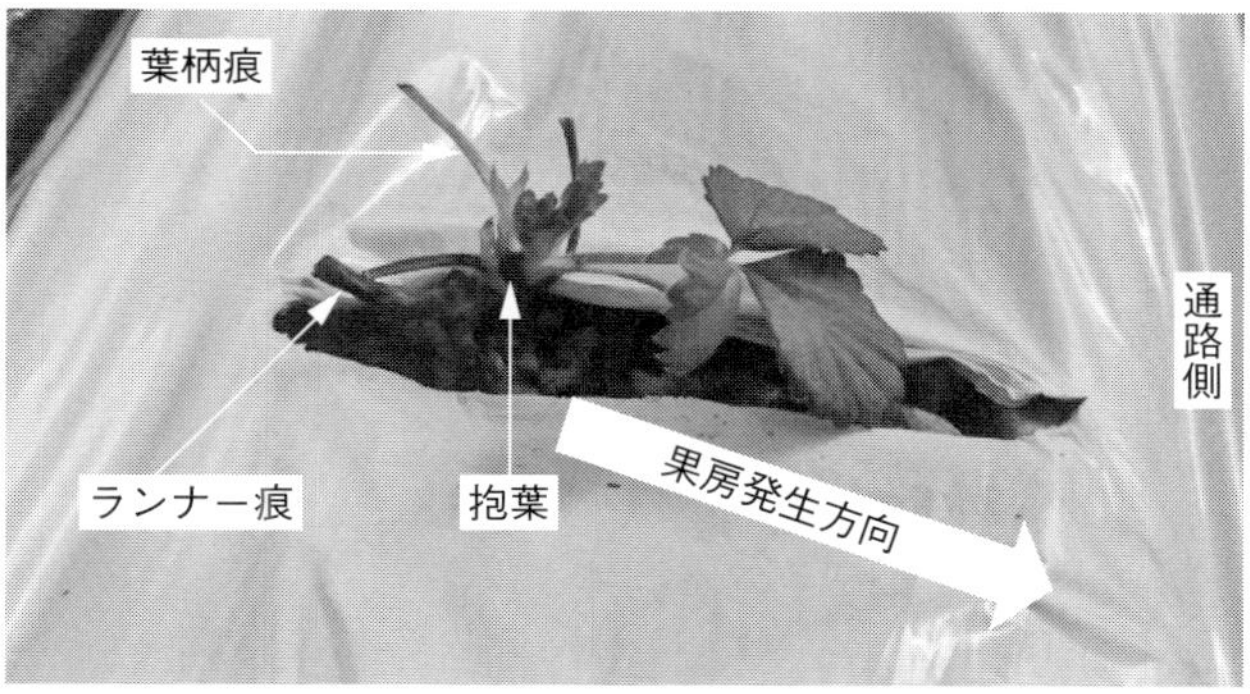

②培養土の準備

人工培養土は、市販されているものを使用する。使用量は、栽培システムによって異なるが、株当たり3～6ℓである。定植前に蓮口で手灌水し、十分土壌水分を高め、透明なフィルムでマルチして地温を高める。

図14　夏秋どり高設栽培での千鳥植え
（品種：すずあかね）

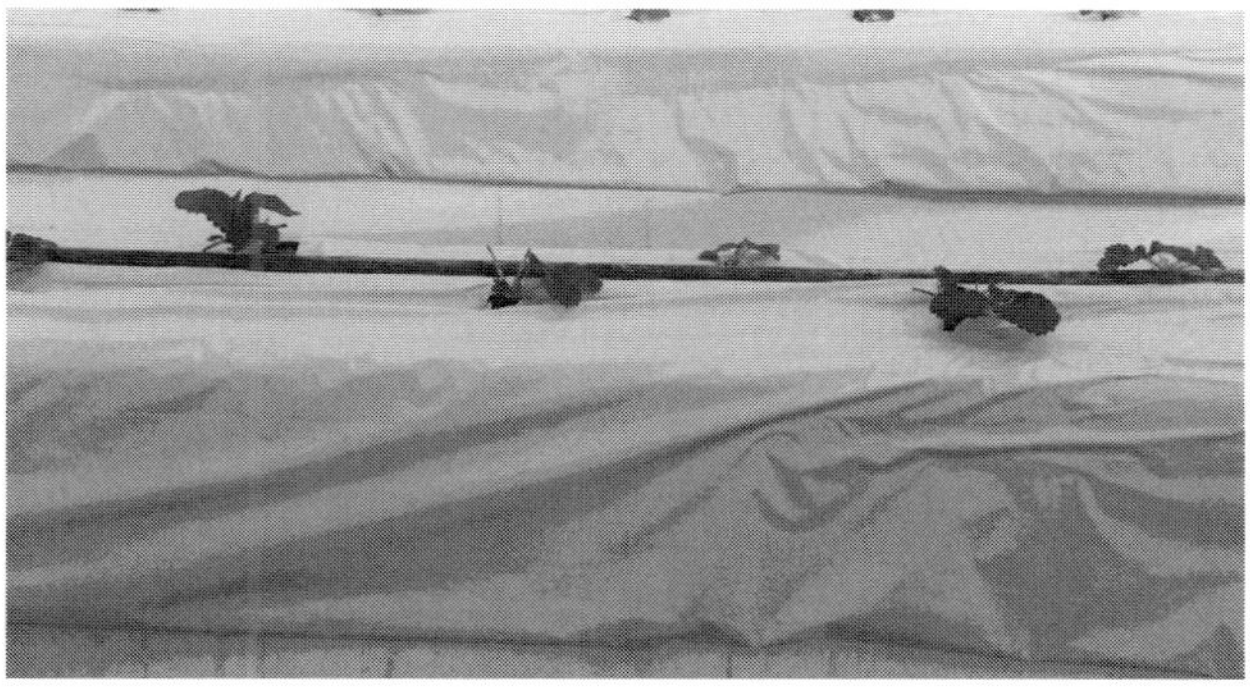

注）写真提供：苫東ファーム株式会社

③定植方法と栽植密度

定植方法は一季成り性品種に準じる。深く植え付けると葉の展開が遅くなるため、クラウン部分が見える深さにする（図8参照）。

栽植方法は、間口7・2mハウスの場合、5ベッドで2条千鳥植えとし、株間は25～30cmとる（図13、14）。栽植密度は10a当たり4600～5500株になる。

(2) 定植後の管理

①液肥の給液管理

施肥は液肥で行なう。施用例を表16に示したが、日射量や温度の上昇、果実の着果状態を把握し、給液量や濃度を決定する。

定植前に培地へ十分手灌水し、水分を高める。そして、定植直後から7日間は水のみ給液し、発根が想定される定植後7日ころから液肥を給液する。その後、株養成期間は土耕栽培同様に、葉の溢液（水滴）痕が明確に確認できる状態になるよう給液量を調整する。

夏の高温期は日射量の増加とともに蒸散も多くなり、さらに着果数が多くなると株の吸水量も増すため、給液回数と給液量を多くする。給液量に対し、廃液量は20～30％程度になることが望ましい。また、ガク焼けやチッ

表16　夏秋どり高設栽培（四季成り性品種）の施肥例

品種‘すずあかね’（4月上旬定植）の給液灌水管理の目安
肥料銘柄：タンクミックスF&B

生育ステージ	時期	希釈倍率（倍）	給液EC値（mS/cm）	給液回数（回/日）	給液量（mℓ/日・株）
定植前	3月上旬	0	—	—	培地に十分手灌水
定植直後（7日間）	4月上旬	0	—	水のみ1～2	灌水
株養成期	4月下旬	3,000	0.3	2～3	200～300
花房上げ期	5月中旬	2,500～3,000	0.3～0.4	3～4	300～400
果実肥大期	5月下旬	2,200～3,000	0.3～0.5	3～5	300～500
収穫前期	6月中旬	2,000～3,000	0.3～0.6	5以上	400～600
収穫中期（株疲れ）	8月中旬	3,000	0.3	5以上	400～600
収穫後期	9月中旬	3,000	0.2～0.3	1～2	100～200
収穫終了期	10月～	0～3,000	0～0.3	0～1	0～100

注）参考資料：「四季成り性いちご品種‘すずあかね’高設栽培マニュアル　平成30年度版」ホクサン株式会社　植物バイオセンター）

プバーンが発生した場合は、給液EC値を低下させる。

生育ステージごとにEC値の濃度測定や廃液量を確認し、きめ細やかな管理が求められる。

②腋芽や葉の除去、摘果などの管理

高設栽培では、定植後からの株養成期間に、地下部の充実を図る。そのため、定植後に発生した花房（前年分化）や弱小腋芽は摘み取り、展開葉5枚を目安に収穫花房を上げる。

なお、抱葉や葉柄を切断した残りを放置すると、病害虫の発生源になるため適宜除去する。抱葉除去後にクラウン基部が露出するようであれば、培地を寄せて、一次根の発根を促す。ランナーは長日・高温条件で発生するため常に除去する。

頂果はサイズが大きく果形が乱れやすいため摘果し、株の着果負担を軽減する。また、成り疲れが発生しないよう、茎葉の生育と着果数をコントロールする。安定した生産を得るためには、摘果は重要な作業である（図

図15　四季成り性品種の夏秋どり栽培での摘果

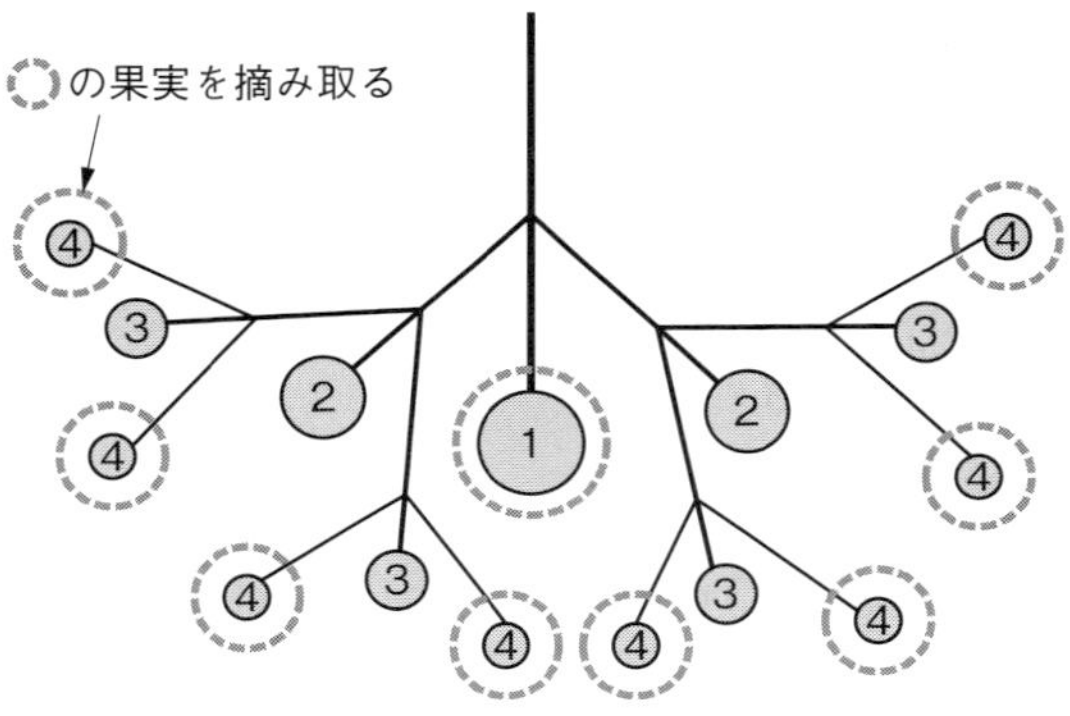

花序：二出集散花序

図16　夏秋どり高設栽培の様子（品種：すずあかね）

注）写真提供：北海道檜山農業改良普及センター

15）。

腋芽は、1番果房の果実収穫開始前を目安に、主芽を含み3芽程度に整理する。腋芽を整理せず放任すると、花房数が多くなるため小果（くず果）が多くなり、成り疲れも発生しやすくなる。また、老化した葉や、収穫後の果房は適宜除去する。

(3) 収穫

収穫は夏秋期である。とくに夏は、涼しい早朝に収穫し、できるだけ早く予冷庫に搬入する。

収穫の目安は、果実の着色程度で判断するが、イチゴは温度で着色が進むため、高温時期ほど淡い着色で収穫する。

収穫した果実は積み重ねることなく、収穫トレイにウレタンを敷き、1段並べとし果実の「オセ」や「スレ」を防ぐ。収穫後は約2時間予冷し、果実硬度を上昇させてから選果する。パック詰めには整形トレイを使用するなど輸送性を高め、5℃で予冷してから出荷する。

夏秋どりイチゴの産地では、農家が収穫後、いったん冷蔵庫で果実温度を低下させ、著しい規格外を除き共選場へ搬入する。共選場では、機械で選果後、整形トレイに詰めてから予冷し、その後、冷蔵トラックで市場や仲卸先へ出荷されている。

長距離輸送に果実が耐えられるように、コールドチェーンが確立していなければ、京浜地方への出荷は不可能である。

4 病害虫防除

(1) 基本になる防除方法

収穫が夏秋期になるため、飛来性害虫の防除は欠かせない。開花始めからアザミウマ類の花器、ハダニ類の葉への加害が最も大きい。とくに、アザミウマ類は果実を変色させるため、著しく商品価値を下げる（表11参照）。農薬散布は、害虫や病原菌に耐性が発生しないように輪番（ローテーション防除）で使用する。散布薬量は、生育量に応じて、葉裏に十分かかるよう調整する。

高設栽培での農薬散布は、イチゴの株が作業者の顔に近いため、農薬による被害防止の観点からも、防護装備は十分整える。

(2) 農薬を使わない工夫

夏の病害虫防除作業は、高温による身体的負担が大きいので、可能なかぎり農薬散布回数を削減したい。そのためには、ハウス開口部に防虫ネットを設置し、飛来性害虫であるアザミウマ類の侵入を防ぐ。また、粘着トラップを設置して発生予察を行ない、初期防除を徹底する。圃場周囲の雑草除草も、害虫発生防止に有効である。

ＵＶ－Ｂ（紫外線Ｂ波）の照射と光反射シートの併用による物理的防除に、天敵（ミヤコカブリダニ）を組み合わせた新防除法が開発された。初期の設備投資が必要であるが、省力化を含め導入について検討したい。

5 経営的特徴

夏の業務用イチゴは、ある程度のロットが必要になるため、ハウス団地による生産、共選体制、予冷施設の整備が欠かせない。酸味が強いため、生食用の直売には向かない。

３６０㎡のパイプハウスで、自動換気、自動給液、多重被覆、加温機を装備した高設栽培を行なうには、建設費を含め約1000万円のイニシャルコストが必要になる。そのため、資金援助や補助事業を活用したい。なお、空きハウスの利用や自作建設をすれば、イニシャルコストは低下できる。

夏秋期は高温なので、果実の着色が早い。イチゴは、開花から果実収穫までの積算温度は600℃で、夏は約30日で収穫になるため、収穫作業は著しく繁忙になる（表17）。そのため、1人当たりの栽培面積は、間口7・2m、長さ50mのパイプハウスで、5ベッド、株間25cmの2条千鳥植えで、約8000株が上限である。

1株当たり収量は約600gなので、10a当たり栽植密度を5000株として、収量は3tである。市場単価は、1kg当たり2000円前後で経年推移しているため、10a当たりの粗収益約600万円が見込まれる（表18）。

（執筆：松本　勇）

表17　夏秋どり高設栽培（四季成り性品種）労働時間

（単位：時間 /10a）

作業項目	作業期間	労働時間
除雪	1月下旬～3月中旬	9.5
ハウス準備	2月上旬	24
定植準備	2月下旬	74
定植	3月上旬	30
温度管理	3月上旬～11月中旬	31.6
給液管理	3月上旬～10月中旬	15
管理作業	3月上旬～11月上旬	510
葉面散布	4月上旬～8月下旬（10回）	8
防虫ネット設置	4月下旬	3
病害虫防除	5月上旬～10月上旬	12.8
訪花昆虫管理	5月下旬～10月上旬	1.4
遮光資材設置	6月下旬	4
収穫・調整	6月上旬～11月中旬	380
出荷	6月上旬～11月中旬	150
遮光資材除去	9月中旬	1
後片付け	11月下旬	15
合計		1,269.3

表18　夏秋どり高設栽培(四季成り性イチゴ)の経営収支例

労働力：2名（イチゴ専業農家）
イチゴ栽培面積：360m^2×4棟
収穫時期：6月下旬～11月下旬

項目		備考
収量（kg/10a）	4,300	360m^2×4棟の収量
単価（円 /kg）	2,100	
粗収入（円 /10a）	9,030,000	
経営費（円 /10a）	6,690,000	
種苗費	900,000	
肥料費	170,000	
農薬費	120,000	
諸材料費	1,500,000	フィルム資材など
動力光熱費	800,000	電気，ガソリン
販売費用	1,500,000	販売手数料など
ハウスリース料	1,600,000	1棟40万円
その他	100,000	
所得（円 /10a）	2,340,000	所得率26％

関東での栽培

1 この作型の特徴と導入

(1) 作型の特徴と導入の注意点

①育苗方法と収穫開始時期

関東でのイチゴ栽培は促成栽培が主体で、収益性の向上などを図るため、出荷期の前進化に重点が置かれている。

前進化に向けた花芽分化を促進する技術が確立されていて、早期夜冷育苗や普通夜冷育苗（夜冷を行なう連結トレイやポットでの育苗）、ポット育苗（夜冷を行なわない連結トレイやポットでの育苗）による作型がほとんどである。

２０２１年時点で、栃木県では夜冷育苗が約30％、ポット育苗が約60％、その他、山上げ育苗や平地育苗などが10％となっている。育苗スタイルは、連結トレイの利用が多い。

早期夜冷は11月上旬ころから、普通夜冷は11月中旬ころから、ポット育苗は11月下旬～12月上旬ころから収穫が始まる。最近、栽培面積が拡大している‘とちあいか’や‘かおり野’は、花芽分化が‘とちおとめ’より早いため、ポット育苗でも11月上・中旬ころから収穫が始まる。

②促成栽培導入の注意点

促成栽培は、休眠（5℃以下の低温に遭遇すると休眠に入る）に入る前に保温を開始する作型で、一次腋花房（2番目の花芽）の花芽が分化した直後にビニール被覆とマルチを行なうことが基本である。

保温開始が早いと、一次腋花房の花芽分化の遅延や軟弱徒長の一因になる。また、保温開始が遅れると、生育の遅れや草勢が確保できず、収穫の遅れや収量低下をまねくため、適期に保温を開始することが重要である。

促成栽培では、厳寒期に、短日や気温の低下による、草勢低下や成り疲れによる中休み現象が発生し、収量低下の一因になっている。

昼夜の温度管理は重要で、日中の適切な温度管理と、夜間温度の確保を行なう。さら

図17　イチゴの促成栽培（関東）　栽培暦例

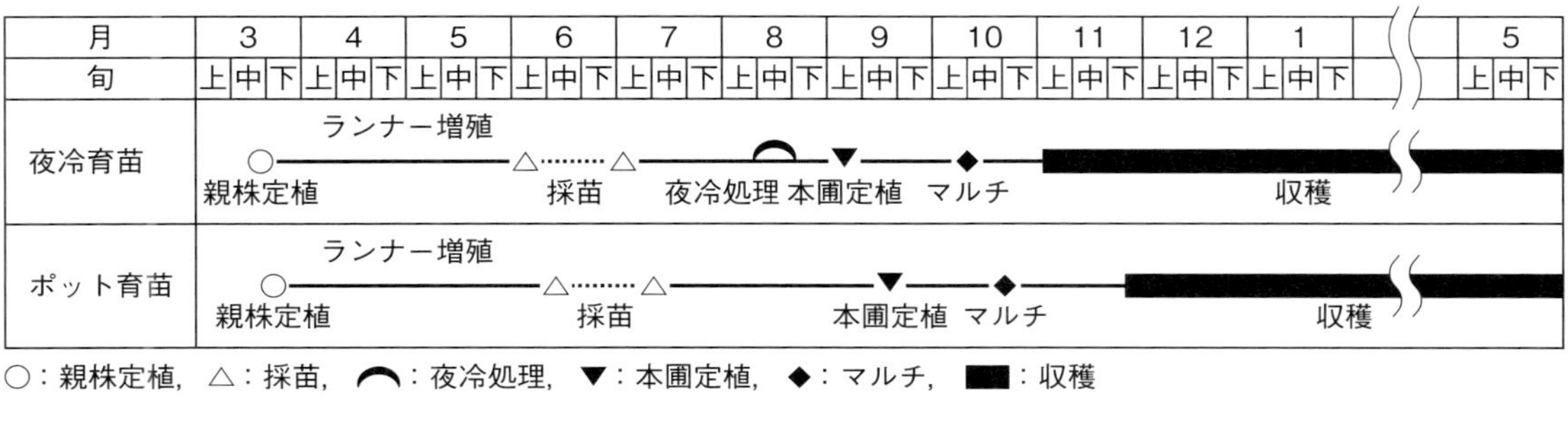

に、好適な生育条件を維持し、高収量と果実の高品質化をめざすため、光合成を高める炭酸ガス施用、日長を長くする電照処理、こまめな灌水や追肥などが重要になる。

(2) 他の野菜・作物との組合せ

促成栽培では、親株定植の3月から収穫終期の翌年5月まで、長期間栽培が行なわれる。収穫後の土つくりや土壌消毒、育苗管理など、次作の準備期間が必要なため、他の野菜・作物との組合せは基本的に困難であり、収益性を考えれば専作が有効である。

栃木県では水田の転作作物として、また水稲農家の換金作物として普及し、その後専作化が進んだこともあり、イチゴ単作農家が多くなっている。

2 栽培のおさえどころ

(1) どこで失敗しやすいか

①炭疽病と萎黄病、ナミハダニ、ネグサレセンチュウ類

炭疽病と萎黄病は、イチゴの二大病害である。現在の主要品種は炭疽病と萎黄病双方に弱い品種が多く、発病すると定植苗の不足や生産性の低下など大きな被害になる。

また、ナミハダニは最も難防除な害虫の一つであり、多発すると生産性が大きく低下する。ネグサレセンチュウ類も発生すると生産性が大きく低下する。

②定植時期、保温開始時期など

定植は、安定栽培のため必ず花芽分化確認後に行なう。

マルチングやビニール被覆は一次腋花房分化前に行なうと、分化が遅れるなど生産性低下の要因になるので、一次腋花房の花芽分化確認後に行なうことが重要である。

③厳寒期対策

厳寒期は、草勢の低下や低温の影響から、生産性が不安定になりやすい。適切な温度管理、施肥管理、光合成を促進させる技術（炭酸ガス施用）、草勢維持技術（電照使用）などが重要になる。

(2) ‘とちおとめ’とその他の品種

関東地方での促成栽培の代表品種は‘とちおとめ’（図18）で、長年にわたり最も作付けされている、ロングセラーの品種である。

図18　品種‘とちおとめ’

図19　品種‘とちあいか’

最近では、関東各県ともオリジナル品種を育成してきており、'とちあいか'（図19）および'スカイベリー'（栃木県育成）、'やよいひめ'（群馬県育成）、'いばらキッス'（茨城県育成）、'あまりん'（埼玉県育成）、'チーバベリー'（千葉県育成）の栽培面積が増加しており、その他の品種では'紅ほっぺ'、'かおり野'なども栽培されている。

これらの品種は、休眠が浅く花芽の分化時期が早い（早晩性早生）など、促成栽培向けに育成されたものである。

なお、品種によっては、育成県限定で栽培が許諾されている。

3 栽培の手順

(1) 育苗の方法

①親株の定植と子苗の育成

ウイルスや炭疽病、萎黄病に汚染された株は生育や収量が低下するので、ウイルスや病害に汚染されていない専用親株を準備する。親株床は、病害対策のため雨よけハウス内とし、高設ベンチやプランターなど隔離栽培が基本になる（図20、21）。

親株床への施肥は、高設ベンチは給液装置を利用した液肥施用で、EC0・6〜0・8dS／mを目安とする。プランターでは液肥のほか、ロング肥料（現物で約5〜10g／親株）や熔リン（現物で約5g／親株）などを培地上に施肥し、状況に応じて液肥などで追肥する方法が行なわれている。

親株本数は、品種によってランナー発生数に差があるが、本圃10a当たり25株以上が目安になる。

親株の定植は、早期に採苗する作型では3月中旬ころまでに行ない、それ以外は4月上旬までに行なう（秋植えの場合もある）。

ランナーの発生促進のため、5月中旬ころまでは状況に応じて雨よけハウス内の保温に努める。

②夜冷育苗と花芽分化促進処理

夜冷施設　夜冷育苗は、冷却装置を備えた施設を用い、低温・短日条件を人工的に与えて花芽分化を促進する育苗方法であり、温度や日長に左右されず、花芽の誘導が可能であ

図20　空中採苗方式

図21　空中採苗方式のイメージ図

表19　促成栽培（関東）のポイント

	技術目標とポイント	技術内容
苗の増殖	◎優良親株の導入 ・品種の選定と無病苗の確保	・品種を選定し，無病苗（ウイルスフリー苗）を確保する
	◎雨よけハウスによる空中採苗	・雨よけハウス内で空中採苗方式とする
	◎ランナーの確保 ・適期定植，適切な保温	・十分に低温に遭遇した親株を，夜冷作型では3月下旬までに，無処理では4月上旬までに定植する
	◎灌水・肥培管理	・適切な灌水・肥培管理を行なう
育苗方法	◎夜冷育苗	・採苗は，処理（入庫）の35日程度前。窒素量はセルトレイで株当たり60～80mg程度，ポットで70～140mg程度 ・夜冷処理温度は10～15℃程度，16時間処理
	◎無処理 （トレイ育苗，ポット育苗）	・採苗は7月中旬ころまで。窒素量はセルトレイで株当たり60～80mg程度，ポットで140～200mg程度 ・8月中旬ころ窒素中断
圃場の準備・定植	◎湛水処理	・連作圃場では，湛水処理により除塩を行なう
	◎土壌消毒	・薬剤処理や土壌還元で行なう。萎黄病などが懸念される場合はウネ上げ後消毒を実施する
	◎堆肥	・牛糞モミガラ堆肥の場合，10a当たり2t程度を上限に施用する
	◎施肥，ウネ立て	・元肥は10a当たり窒素成分で10～15kg程度，リン酸20kg，カリ20kg（1作総施肥量として窒素成分は20kg，カリは25kgとなるように適宜追肥を行なう） ・ウネ上げ後消毒の場合は緩効性肥料を用いる
	◎適期定植	・花芽分化後適期に定植する ・2条高ウネとし，株間は21～27cm程度とする ・深植え，浅植えは避ける
	◎灌水管理	・定植直後（定植後1週間程度）は根元を乾かさないように，スプリンクラーなどの頭上灌水を併用し，少量多回数の灌水を行ない，活着や生育の促進に努める
保温とその後の管理	◎適期保温 ・ビニール被覆とマルチ	・被覆時期は，一次腋花房の分化直後とする。多年張りビニールでは，通気を十分に確保してハウス内温度を下げる ・マルチは一次腋花房の分化後に，頂花房の損傷に気をつけて行なう。根を十分に地中深く伸長させるため，早期のマルチは避ける
	・保温	・軟弱徒長にならないように，夜間もハウスを開放する。最低外夜温が8℃を下回ってくるころから徐々にハウスを閉めていき，完全保温は外気温が5℃を下回ってきてから開始する
	◎灌水管理	・土壌水分に注意し，過不足のないように灌水を行なう
	◎温度管理	・昼温25℃程度，夜温6～8℃程度を目標とする ・内張りカーテン，暖房機やウォーターカーテンなど，保温準備を行なう
	◎ミツバチ搬入	・開花数日前にミツバチを搬入する
	◎厳寒期の管理 ・温度管理	・昼夜温ともに確保し，草勢維持に努める
	・灌水管理	・果実品質に注意し，土壌水分（pF1.8～2.1が目安）を確認しながら適宜灌水を行なう ・追肥は適期に開始する
	・草勢維持対策	・炭酸ガス，電照，地中加温などを利用し，草勢を維持する
収穫	◎適期収穫	・カラーチャートを参考に，適期に収穫する ・暖候期は早朝に収穫し，果実の傷みに注意する ・鮮度維持のため，確実に予冷を行なう

る。

一般的な夜冷施設は、冷房装置を備えた頑丈なもので、2万本程度の処理が可能なものもある。また、地下水を散水して冷却する、水冷夜冷とかウォーター夜冷と呼ばれる、比較的安価な方式も普及している。

夜冷処理時期と採苗時期　夜冷処理前（入庫前）の育苗期間は35日程度必要なため、採苗時期は処理開始日から逆算して決定する。8月上旬に処理を開始するには6月下旬ころ、8月下旬に処理を開始するには7月中旬ころの採苗になる。最近は、24穴の連結トレイが育苗の主流になっている。

育苗方法と夜冷処理　育苗方法はポット育苗の

作型に準じて行ない、窒素施肥量は24穴連結トレイで1株当たり60～80㎎とし、3～3・5寸ポットでは70～140㎎を目安とする（品種ごとに特性に応じて施肥量は調整する）。

夜冷施設への入庫後は、灌水ムラが発生しやすいので注意する。夜冷処理は、日長が8時間（入庫時間16時間）、処理温度は10～15℃の範囲内とする。処理期間は花芽分化期までを基本とするが、処理後は高温に遭遇するため、完全に花芽を分化させてから処理を終了する。

図22　挿し苗（へそ挿し）

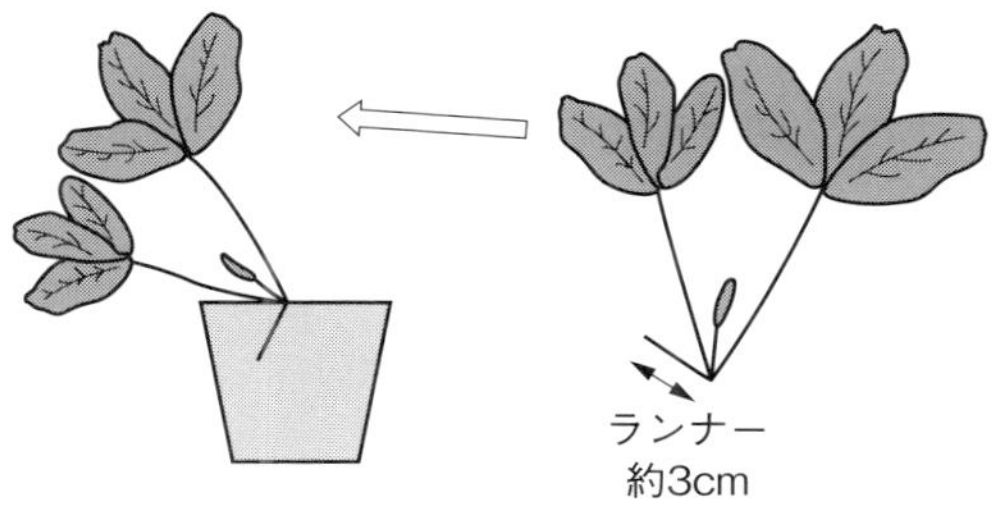

図23　挿し苗（ループ挿し）

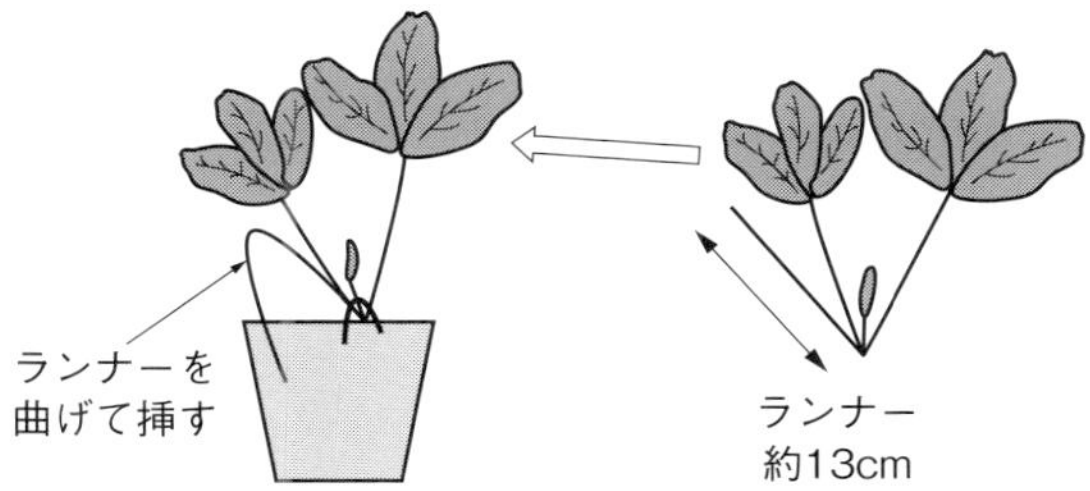

しかし、定植時期の早い夜冷育苗は、近年の高温の影響から、一次腋花房の遅れなど栽培が不安定になりやすい。そのため、定植後のクラウン冷却と、高温対策技術を組み合わせた栽培を行なうことが望ましい。

③ポット育苗と花成促進処理

最近は高温の影響から、高温時期の定植を避け、比較的栽培管理のしやすいポット育苗による作型が増加している。

トレイ、培土　育苗には24穴連結トレイを使用する事例が多い。培地は赤玉土プラスくん炭（約30％混合）や、鹿沼土プラスくん炭（約30％混合）などが用いられているが、最近では市販のイチゴ専用培土を使用している場合がほとんどである。

採苗　採苗は6月中旬～7月中旬ころまでに行ない、若苗（葉数2～3枚ほど）を使用し、大苗（葉数4枚以上）の使用はできるだけ控える。

挿し苗（ランナーを切り離し仮植する）の場合は、へそ挿し方法やループ挿し方法だと比較的活着しやすい（図22、23）。仮植後は黒寒冷紗などで遮光するとともに、こまめな灌水で活着を促進する。活着後（仮植5～7日後ころ）、徐々に寒冷紗を取り除く。

鉢受け（ランナーの状態でトレイなどに仮植する）の場合は、ランナーを直接連結トレイに受け、根が伸びて活着するまでランナーピンなどで固定し、その後ランナーを切り離す（鉢受け10～14日後）（図24、25）。

育苗管理　育苗中の窒素施用量は、穴連結トレイでは株当たり60～80㎎、3～3・5寸ポットでは140～200㎎を目安とする。肥料は、錠剤型肥料や液肥などを用いる。8月中旬ころから窒素施用を控えていくが、〝とちおとめ〟の場合、窒素量が多いと花芽分化の遅延、少ないと不時出蕾や心止まりが発生し、生育が不安定になるため注意する。

育苗中は、新葉が順次展開するため、展開葉が3～4枚程度になるように、下垂した外葉と発生したランナーを適宜取り除く。

④その他の育苗方法

以前は多く行なわれてきた高冷地育苗（山上げ育苗）や平地育苗は、労力面や病害回避などの理由から現在では減少している。

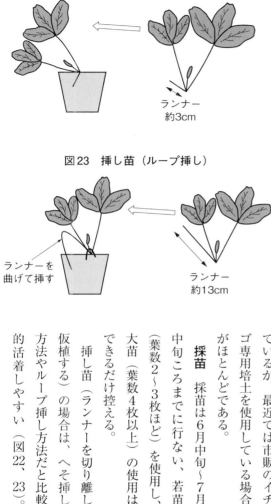

(2) 圃場の準備と定植

①本圃の準備

塩類除去、有機物施用　本圃での栽培は、ビニールハウスが基本であり、形状は単棟と連棟がある。土地の形状や導入経費、作業効率などを考慮し、導入するハウスを選択する。

圃場に塩類が集積した場合は、クリーニングクロップの作付けを行なう。湛水やかけ流しによる方法は、環境負荷を増大させるため行なわないようにする。

深耕や有機物施用（牛糞モミガラ堆肥は10a当たり2tが上限）によって、土つくりに努める。

土壌消毒　土壌消毒の薬剤は、対象の病害虫によって選択する。ウネ上げ前消毒とウネ上げ後消毒があり、〝とちおとめ〟などで問題になっている萎黄病には、ウネ上げ後の消毒がより効果的である。土壌還元消毒や太陽熱消毒は、処理期間や夏の天候によって効果が不安定になるので注意する。

ウネ上げ前消毒では、消毒後、定植20日前までに施肥し、耕起後ウネをつくり、ビニールなどで被覆して、適期に定植できるようにする。ウネ上げ後消毒では、定植前約20～30日を目安に施肥、ウネ上げ、消毒を行なう。

元肥施用　元肥は、必ず土壌の診断をして、適正な量を施用する。一作の総窒素量は約20kgとする（表20）。最近は、初期の生育

図24　プランター育苗受け苗方式

図25　プランター育苗受け苗方式のイメージ図

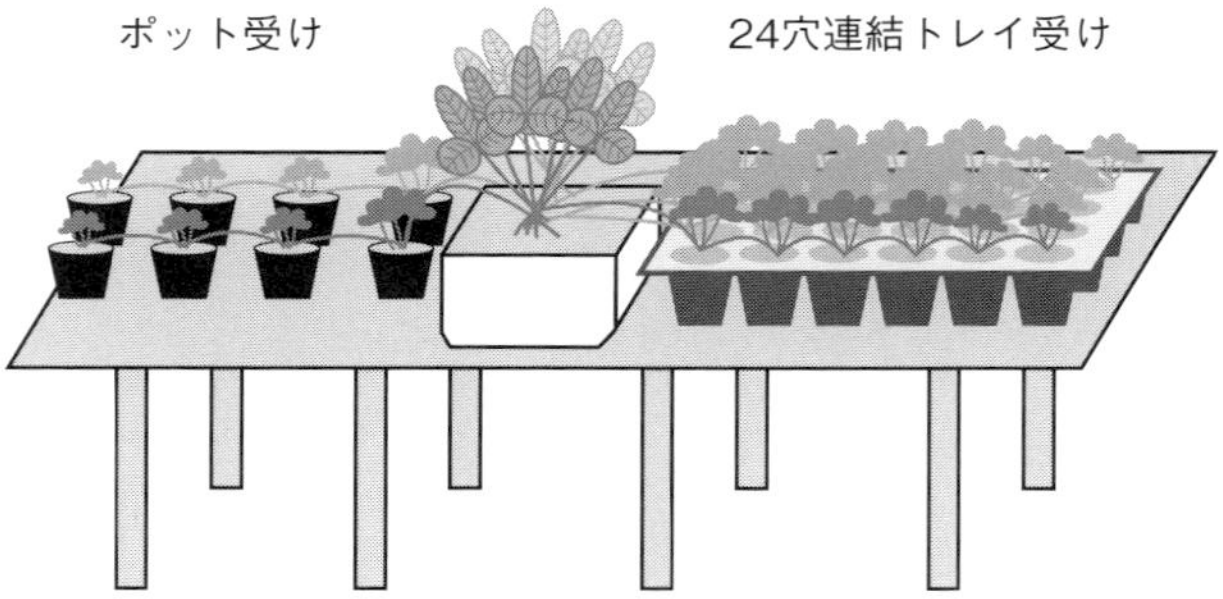

表20　施肥例　（単位：kg/10a）

	肥料	施肥量	成分量		
			窒素	リン酸	カリ
元肥	牛糞モミガラ堆肥	1,000	1.7	9.3	8.9
	BB プレミア有機433	350	14	10	10
	ケイ酸カリ	20			4
追肥	液肥（7-3-3）	55	3.8	1.6	1.6
施肥成分量			19.5	20.9	24.5

注1）土壌診断結果はおおむね基準値内の土壌を想定した施肥とした
注2）液肥による追肥は，収穫期から1カ月1～2回程度，窒素成分で0.6～0.7程度 /10 a を施用する
注3）土壌診断結果に応じて施肥量は調整する

図26　間口5.4mでの栽植方法例（ウォーターカーテンハウスの10条植え）

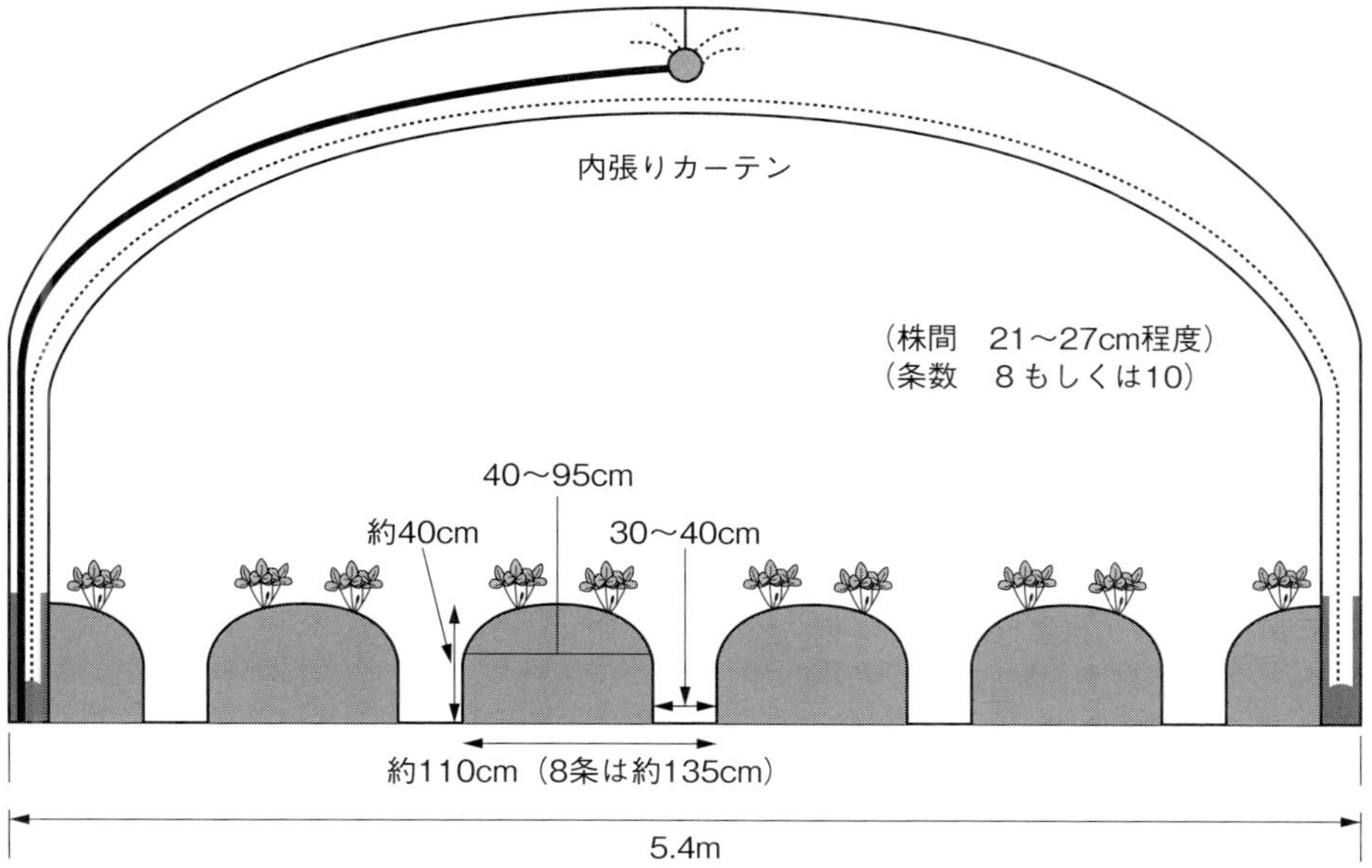

過多を防ぐため、元肥量を減らし、追肥を重視する施用方法が多くなっている。また、元肥には、緩効性肥料やＵＦ肥料など、初期の肥料溶出を抑えたタイプを使用することも多い。

②定植

定植適期　定植は花芽分化後に行なう。分化前に定植すると開花が遅れ、栽培が不安定になる。近年は、夏秋期が高温傾向になっており、花芽分化が遅れることが多いので、検鏡を行ない、確実に花芽が分化していることを確認してから定植することが重要である。

定植が遅れると、着花数の減少などによって減収しやすい。とくに、ポット育苗では、花芽分化確認後に植え遅れしないよう、適期に定植する。

栽植方法と栽植株数　栽植方法は、2条高ウネ栽培を基本にする。10a当たりの定植株数は、連棟ハウスで約7500〜8500株、単棟ハウスで約6000〜7000株必要になる。株間は21〜27cm程度とし、条数（単棟5・4m間口では8条か10条）とともに、品種特性や作業性などを考慮して決定する（図26）。

定植株数が多いと単収が向上するとされているが、作業の煩雑化や果実が小玉化しやすい。一方、定植株数が少ないと果数は減少するが、大果で高品質の果実を生産しやすい。なお、品種によっては、株間21〜27cmの間で収量に差がないものもある。

定植の方法　定植は、通路側に花梗が発生するように、ランナーの切り残し部を内側に向け（果梗は、切り残し部と逆の方向に発生する習性がある）、やや通路側に株を傾けて定植する。

根がよく地中に張るように、しっかりと定植する。活着と一次根の発生を促すために、浅植えにならないよう、クラウン部分まで土をかぶせる。ただし、深植えも芽枯病発生の原因になるので注意する。

(3) 定植後の管理

①定植直後の管理

定植後1週間程度は、根元を乾かさないように、十分量の灌水を行なう。定植後1週

図27　スプリンクラー配管例

図28　ドリップチューブ配管例

表21　促成栽培（関東）での温度管理の目標

生育経過	昼温	夜温	備考
生育促進期	高温注意（換気温度は25℃）	自然温度～12℃	高夜温に注意
出蕾期	25℃程度	10℃	
開花期			
果実肥大期		6～8℃	日中の高温に注意
収穫期			
（厳寒期）	25～28℃	8～10℃	昼温，夜温とも温度を確保

間を経過したころから、根の張りを確認し、徐々に灌水間隔をあける。

チューブ灌水は、少量多回数が望ましい。

②マルチング、ビニール被覆など

ビニール被覆（最近は多年張りが増えている）とマルチングは、頂花房出蕾時に、一次腋花房の花芽分化確認後に行なう。一次腋花房の花芽分化時期は関東では10月中旬ころであるが、高温の影響から遅れることも想定されるので、必ず花芽分化を検鏡で確認後に保温準備を開始する。

マルチングの前に、外葉の古葉や不要な腋芽を取り除いておく。作業は、蕾を傷めないように行なうが、蕾や葉を傷めにくい、合わせ方式のマルチングが増えている。

夜冷育苗では、一次腋花房の分化促進のため、クラウン部冷却を行なう事例がある。

マルチング、ビニール被覆終了後は、ハウス内が高温になるため、ハウスを開放し十分な通気を確保する。気温が高い時期なので、軟弱徒長を避けるため、夜間もハウスを開放しておく。

また、マルチの裾をまくり、地温の上昇を抑制し、ベッド内部に根を伸長させるようにする。

内張りカーテン設置や、暖房機の点検なども順次進めていく。

③出蕾・開花期、保温開始期の管理

下葉と腋芽の整理　開花時の葉数管理は、株当たり6枚程度を目安とし、不要な下葉の整理を適宜行なう。腋芽は、頂花房直下の側芽を1～2個残すように整理する。

訪花昆虫の搬入　頂花房開花初期に、受粉用に訪花昆虫を必ず搬入する。ミツバチ（10a当たり5～6群が目安）は導入後すぐに訪花しない場合があるので、開花の数日前からハウス内に搬入して、環境になれさせる。

夜冷育苗の作型のように開花時期が早い場合は、ミツバチ導入初期はハウス内が高温になるため、一時的にハウス外に巣箱を設置して（巣箱には雨よけ屋根を設置し、スズメバチに注意する）で受粉を行なう。その後、温度が低下してきたらハウス内に巣箱を移動すると、ミツバチの消耗を減らすことができる。

ハウスの完全保温　外気温が8℃を下回ってくるころから徐々にハウスを閉め、保温を開始していく。完全保温は、最低外気温が5℃程度になってきたら開始する。

暖房機はダクト設置を行ない、温度を8℃程度に設定しておく。

収穫開始期の管理　収穫開始期以降はハウス内の乾燥に注意し、少量多回数で過不足のない灌水を行なう。過度の灌水は、軟弱徒長の原因になるため注意する。

この時期のハウス内温度管理は、出蕾期までは昼間25～26℃程度、夜間は開放を基本にする。近年は、10月の開花期は高温になることが多いので注意する。

④収穫期の管理

灌水、追肥　灌水はpFメーター（1.8～2.1が目安）を参考に、果実品質にも注意しながら少量多回数で行なう。

追肥は、草勢や葉色を確認しつつ、収穫開始期ころを目安に開始する。一般には、液肥を用いて灌水と同時に施用する。追肥1回当たりの窒素施用量は、元肥量を考慮しながら行なう。追肥も少量多回数で行なうのが望ましい。

厳寒期の草勢維持　厳寒期の草勢を維持するには、炭酸ガス施用、電照処理、地温を維持することの効果が高い。

炭酸ガスの施用は、11月上旬ころから開始する。電照処理は生育状況に応じて、11月下旬ころから開始する。地温を維持するため、ハウス内温度を確保する。

古葉、腋芽などの摘除　収穫開始以降の葉数は8枚程度を目安に、適宜古葉を取り除く。収穫期に下葉の整理を適宜行なうが、1回1株当たり1～2葉の整理にとどめ、急激な葉かきは避ける。収穫が終了した花房も適宜取り除く。

3月下旬ころから、三次腋花房の出蕾・開花と新葉の繁茂が重なるので、下葉の整理と弱い腋芽の摘除を行なうことが大切である。

(4) 収穫

開花から着色までの成熟日数は、品種によって差があり、'とちおとめ'では10月上旬開花で約30日、12月下旬開花が最も長くて約55日、それ以降春に向かって徐々に短くなる。3月上旬開花では約35日で成熟するため、3月以降は連日収穫を基本とする。

収穫は完全着色したときが適期であるが、市場出荷を前提とした場合は、8分着色程度を収穫の目安にしている。これより早い収穫では食味が劣り、逆に遅いと過熟による果実の傷みが生じる。

傷みは、収穫時の果実温度の影響を受けるので、2月中旬以降は果実温度が高くならな

い、早朝に収穫を終了する。収穫後5℃程度（時期によって温度調整する）で予冷することにより、鮮度が維持できる。

4 病害虫防除

良質な果実生産のため、育苗から開花前までの病害虫防除を徹底し、開花期以降はできるだけ薬剤散布を行なわないようにする。

(1) 主な病害

①炭疽病

炭疽病は一度発病すると難防除となり、被害が大きくなる。そのため、育苗中から定植までの徹底防除がとくに重要で、薬剤のローテーション防除と耕種的防除を組み合わせた防除体系を構築することが重要である。

健全な親株を使用するとともに、土壌から隔離し、雨よけハウス内で育苗することで薬剤防除効果が高まる。飛沫感染を予防するための灌水方法（株元灌水や底面給水）も有効である。

定植苗は厳選し、育苗床からの持ち込みを防ぐ。発病株を見つけたら、早急に発病株とその周辺（半径50cm以内）の株を適切に廃棄し、薬剤防除を徹底する。

②萎黄病

萎黄病防除は、健全親苗の利用や土壌からの隔離、土壌消毒の徹底などが重要である。また、萎黄病に耐病性のある品種の選定も有効な手段になる。

③その他の病害

うどんこ病は、果実に発生すると出荷できなくなるため、確実に防除を行なう。灰色かび病は過湿状態で発生が多くなるため、ハウス内の適正な湿度管理を行なう。

(2) 主な害虫

①ナミハダニ

ナミハダニは、発生すると株が萎縮して収量低下の要因になるなど被害が大きく、また、薬剤抵抗性が発現しやすい難防除害虫で

表22　病害虫の発生時期と主な対策

病害虫名	発生時期	主な対策
ナミハダニ	通年	・発生初期の防除 ・ローテーション防除 ・高濃度炭酸ガス処理 ・天敵（カブリダニ類）の利用
アブラムシ類	通年	・発生初期の防除
アザミウマ類	夏～秋，春	・発生初期の防除 ・防虫ネットの導入 ・保温開始前の防除 ・暖候期以降の飛び込み対策
ヨトウムシ類	夏～秋	・発生初期の防除 ・防虫ネットの導入
炭疽病	春～秋	・無病苗の使用 ・灌水管理の改善，濡れ防止 ・ローテーション防除 ・持ち込み防止 ・発病の早期発見，罹病苗の適正処分 ・資材などの更新・消毒 ・土壌消毒 ・耐病性品種の導入
萎黄病	春～秋	・無病苗の使用 ・病原菌の持ち込み防止 ・発病の早期発見，罹病苗の適正処分 ・資材などの更新・消毒 ・土壌消毒 ・耐病性品種の導入
うどんこ病	秋～春	・発生初期の防除 ・ローテーション防除 ・適切な施肥

注1）農薬は最新の情報を確認し，適切に使用する
注2）農薬によってミツバチへの影響日数が変わるので注意する

図29　イチゴの主な病害虫

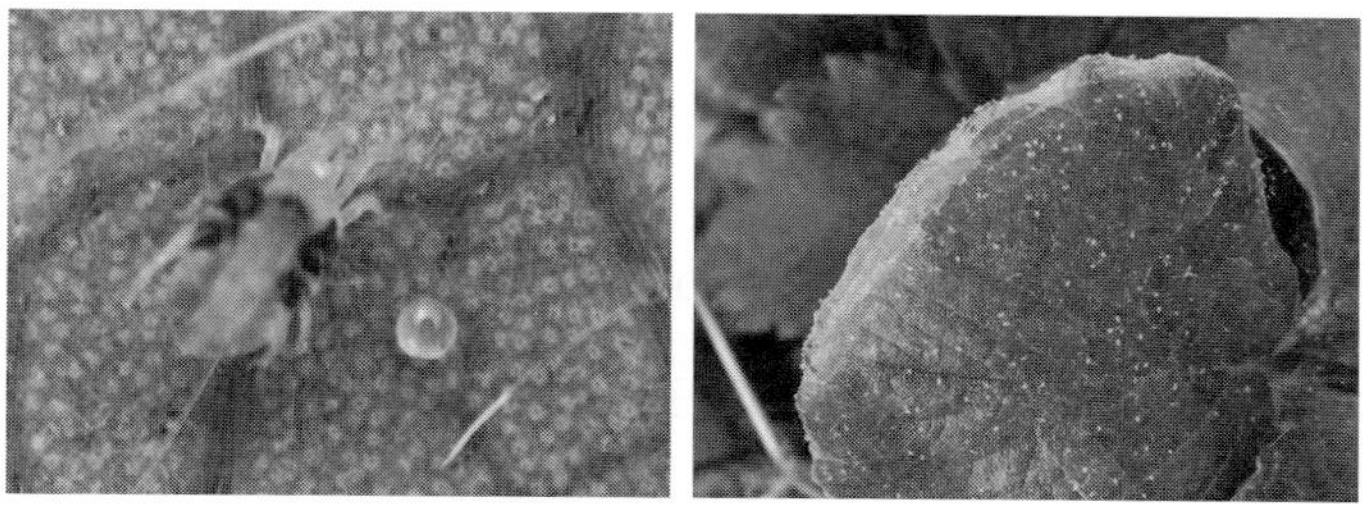

ハダニ類：ナミハダニの雌成虫（左），葉の被害（右）

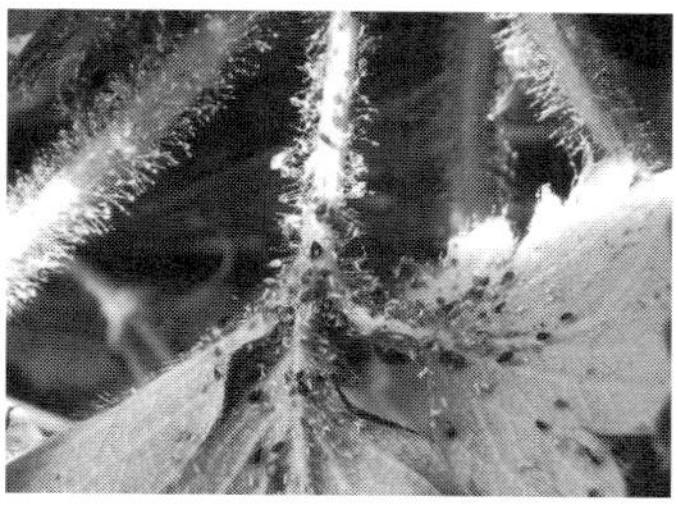

アブラムシ類（ワタアブラムシ）

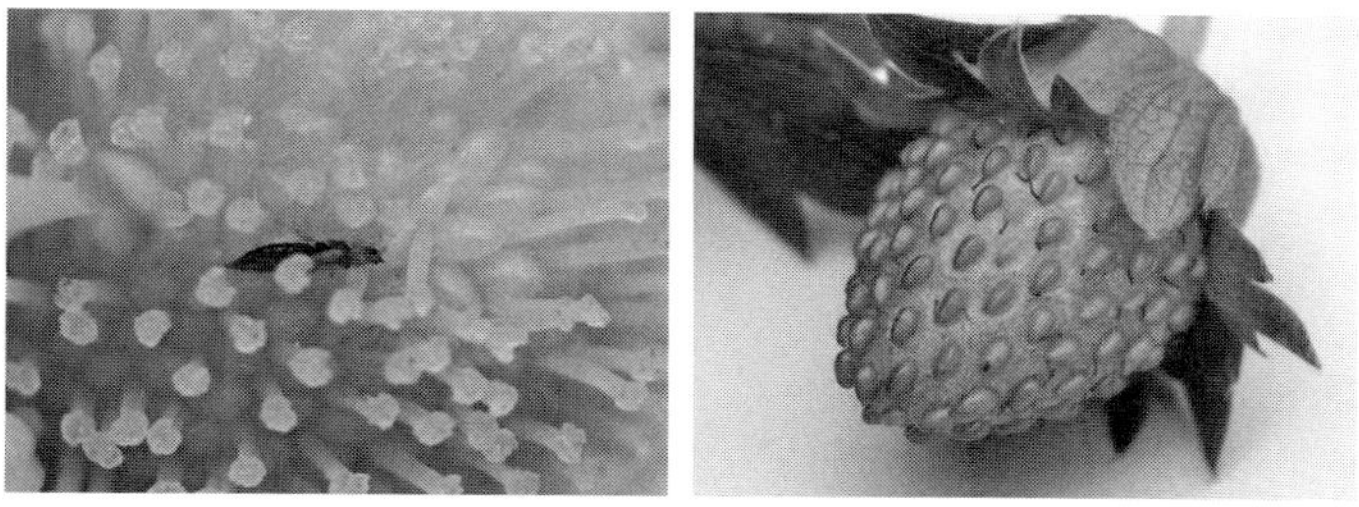

アザミウマ類：花への加害（左），加害され黄色く変色した果実（右）

ヨトウムシ類：葉を食害する幼虫（左），食害された葉（右）

炭疽病：育苗中の多発状況（左），葉に生じた黒〜黒褐色の病斑（中），本圃定植後の枯死株（右）

萎黄病：新葉が黄緑色になり小葉が小さくなる（左），症状が進むと株全体が枯れる（右）

うどんこ病：果実（左）と葉（右）の症状

ある。薬剤のローテーション防除のほか、定植前の高濃度炭酸ガス殺ダニ処理や天敵農薬（カブリダニ類）の導入が効果的である。

②ネグサレセンチュウ類

ネグサレセンチュウ類が発生すると根腐れを生じ、生産性が大きく低下するため、土壌消毒などの防除を徹底する。

③その他の害虫

ハスモンヨトウ、アザミウマ類、アブラムシ類などがある。開花期までにこれらの防除を徹底して行なう。

ハスモンヨトウやアザミウマ類は、防虫ネットによる侵入防止対策も効果的である。

(3) 農薬を使わない工夫

炭疽病防除では、微生物防除剤（タラロマイセス フラバス）を効果的に使用している事例がある。

ミハダニの防除では、定植前の苗への高濃度炭酸ガス処理が増加してきており、また、本圃定植後のチリカブリダニ、ミヤコカブリダニの天敵資材導入事例が多い。

アザミウマ類防除では、赤色のサイドネット展張によるハウス内への侵入防止効果があり、青色粘着シート設置による捕殺、また、天敵資材であるクメリスカブリダニやリモニカスカブリダニの使用事例が増えてきている。

5 経営的特徴

促成栽培の10a当たり労働時間は約2000時間とされ、このうち収穫・出荷調製作業が約60％を占める。出荷調整作業は、一部地域ではパッケージセンターが利用できるが、基本的には生産者自身でパックに並べて詰める方法（規格別選果）である。この場合の調製作業能率から試算した処理可能面積は、1人当たり約13aである。

イチゴの収益性は、年内収穫量が多い作型ほど高いとされるが、近年の温暖化の影響から、9月中下旬に定植する事例が増えている。栽培の安定性や、労働力に応じた作業や収穫の分散などを考慮して経営を行なうことが重要である。

（執筆：畠山昭嗣）

表23　促成栽培（関東）の経営指標（品種：とちおとめ）

項目	
収量（kg/10a）	5,000
単価（円/kg）	1,155
粗収入（円/10a）	5,775,000
経営費（円/10a）	2,777,775
農業所得（円/10a）	2,997,225
労働時間（時間/10a）	1,886

注1）栃木県農業経営診断指標（平成29年版）より
注2）単棟ハウス，栽培面積40a，農業従事者数4名の経営体事例

暖地での栽培

1 栽培の特徴と導入

(1) 栽培の特徴と導入の注意点

『野菜の種類別作型一覧（2009年度版）』（農研機構・野菜茶業研究所）によると、暖地で行なわれているイチゴ栽培は、ビニールハウスなどの施設を用いて11月から翌年5月まで長期間収穫する促成栽培がほとんどを占めている。

①作型の特徴

促成栽培は、ポリポットなどを利用して育苗し、体内窒素濃度のコントロールや短日処理、低温処理によって花芽分化を促進し、需要が多く単価が高いクリスマスや正月に収穫できるよう、収穫開始期の前進化が図られてきた。

促成栽培には、主に体内窒素濃度をコントロールして花芽分化を安定させ、12月中旬から収穫を開始する普通期作型、体内窒素濃度コントロールに加え、短日処理や低温処理により花芽分化期をさらに前進させ、11月から収穫を開始する早期作型がある。

②導入の注意点

促成栽培の経営を安定させるためには、収穫量の時期的な変動を小さくすることが望ましい。

促成栽培のイチゴは、11～5月の間に花（果）房が順次3～4回出蕾し、それを収穫するので、時期による収穫量の増減（変動）が生じる。そこで、経営全体として収穫量の時期的な変動が大きくならないように、収穫開始期の異なる複数の栽培を組み合わせることが必要になる。

花芽分化期が定植適期なので、収穫開始期をずらすためには、花芽分化期をずらす必要がある。そのためには、定植予定日から逆算して花芽分化処理を開始する必要があり、花芽分化の要因と育苗期の栽培管理の関係、花芽分化促進のための夏期低温処理の技術を理解することが求められる。

定植後は、徐々に気温が低下していく中で、草勢を維持しながら腋果房の花芽分化を継続させる必要がある。促成栽培では、休眠が深まってわい化する前の、半休眠の状態を維持することで茎葉の生育と花芽分化を継続させる。

休眠が深すぎると株がわい化して収量が減少し、浅すぎると栄養生長に傾いて花芽分化が継続できず収量が減少する。半休眠の状態を維持しながら草勢を高め、より高い収量を確保するためには、低温を回避する保温や加温、日長時間を長くする電照、光合成を促進させる炭酸ガス施用、高設栽培での培地加温、などの技術の理解と設備の導入が必要である。

栽培に要する労働時間は10a当たり2000時間程度、このうち収穫・調製作業が50～60％を占めるといわれている。栽培規模の決定には、労働時間を十分に考慮する必要がある。

(2) 他の野菜・作物との組合せ

促成栽培では、9月に定植し、5月末まで収穫を続けるため、栽培期間が長い。3月までに収穫を終了し、メロンやニガウリなどを

図30　イチゴの促成栽培（暖地）　栽培暦例

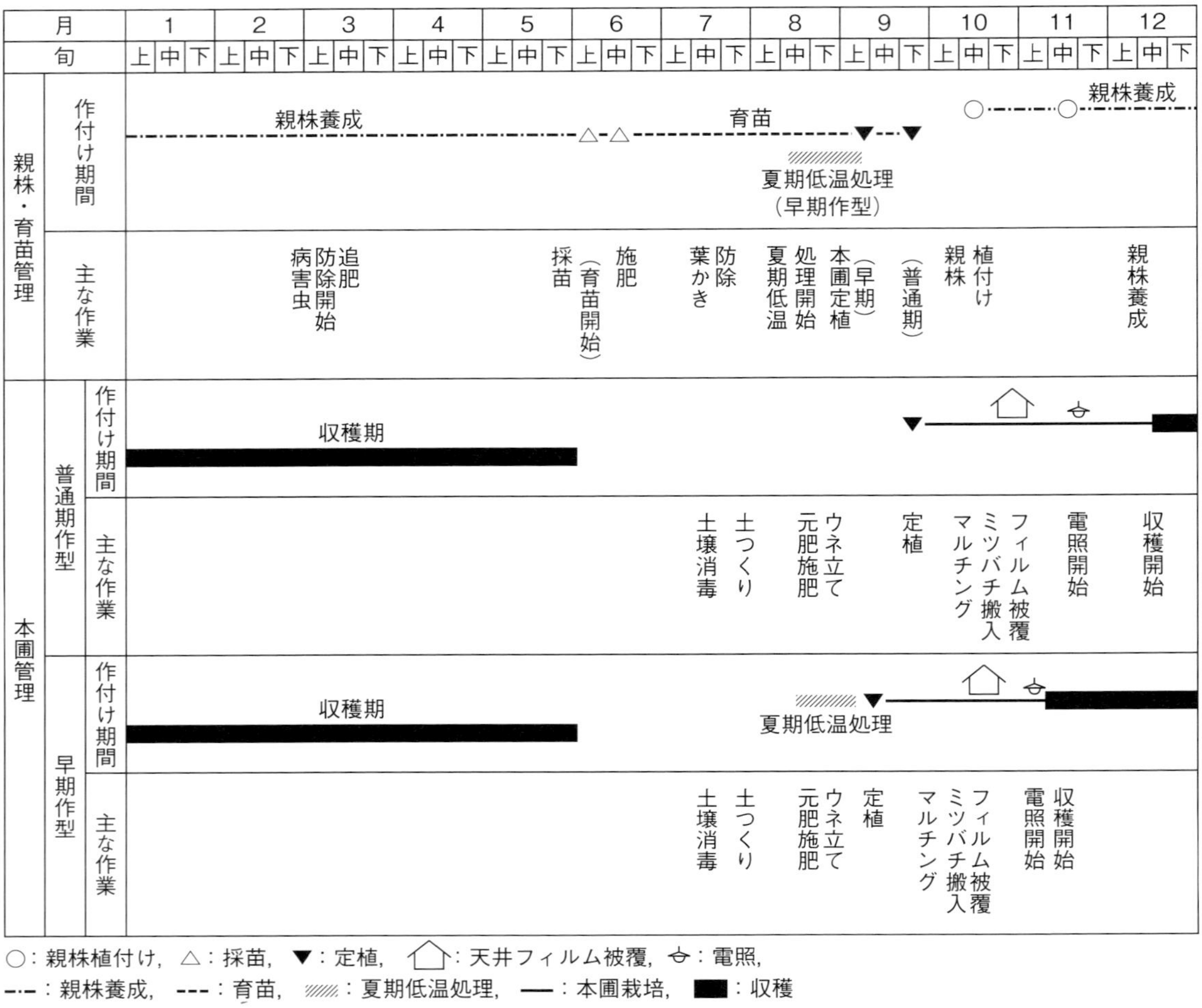

栽培する事例も見られたが、現在はほとんどの場合、5月までイチゴの収穫が続けられる。

収穫終了後には株の片付け、土壌消毒、土つくり、次作に向けた耕うん・ウネ立てが必要なので、イチゴを栽培するハウスで他の作物・野菜を組み合わせることは基本的に困難である。

2　栽培のおさえどころ

(1) どこで失敗しやすいか

① 育苗期の浸水・冠水

この作型では育苗期が梅雨期にあたり、さらに近年、集中豪雨の発生が増加しているため、地床にポットを並べる育苗では、苗の浸水や冠水、流亡の被害が多くなっている。浸水や冠水すると、苗質低下や枯死する恐れがあるとともに、疫病や炭疽病などの発生が懸念される。

浸水や冠水を防止するために、育苗圃場周辺の排水溝の設置、高設ベンチ育苗の利用などの対策が望ましい。

②育苗期の炭疽病の発生

育苗は梅雨期から高温期にあたるため、炭疽病の発生防止に十分な注意が必要である。

まず、炭疽病に感染していない親株から採苗することが前提である。次に本病は、病斑上に形成された胞子が、雨滴や灌水の飛沫とともに飛散して周辺株に感染するため、降雨前後の薬剤防除や、水滴が跳ねないような灌水が必要である。

耕種的には、雨よけ育苗やベンチ育苗の予防効果が高い。

③花芽分化のばらつき

促成栽培では、必ず花芽分化を確認してから定植する。未分化状態で定植すると、頂花房の出蕾・開花が遅れ、収穫開始期が遅くなる。反対に、花芽分化から定植までの期間があくと、開花が遅れ、花数が減少し、果実が小さくなるなどの影響がある。

また、花芽分化がばらついた苗を定植すると、一つの圃場に生育状態が異なった株が混在することになり、栽培管理のタイミングがむずかしくなる。

花芽分化を揃えるためには、短日や低温に遭遇させる時期以前に、窒素施肥を中止して体内窒素濃度を低下させ、花芽分化しやすい状態にしておく必要がある。

④厳寒期の草勢低下

促成栽培では、定植後の時間経過とともに気温が低下し、日長が短くなる。これにともなって草勢が低下し、そのままではわい化してしまう。５月まで安定して収穫を継続するためには、半休眠の状態で草勢を維持し、出蕾・開花を促す必要がある。

草勢維持には、温度確保のための暖房、日長を伸ばすための電照、光合成促進のための炭酸ガス施用、葉柄などの伸長促進のためのジベレリン散布、などを品種の特性に合わせて行なわなければならない。

(2) おいしく安全につくるためのポイント

おいしい果実を生産するためには、健全に生育させることが基本である。土壌中に十分に根が伸長して肥料や水を十分に吸収できるように、完熟堆肥施用などによる土つくりを行なう。イチゴは肥料の濃度障害に弱いため、土壌診断にもとづいた適切な管理が必要である。

次に、草勢の変動を抑えることである。草勢の変動は、果実糖度などの品質の変動につながるため、着果負担による成り疲れなどが発生しないように草勢を維持する。

また、果実の成熟は高温ほど早いが、糖含量が低下し、果実が小さくなるため、温度管理に注意する。

促成栽培では受粉にミツバチを使用するため、開花後は薬剤による防除をできるだけ少なくする。そのためには、集中管理できる育苗期に防除を徹底し、本圃に病害虫を持ち込まないようにする。現在は天敵を利用した害虫防除技術が進歩しているので、薬剤防除削減のために導入するとよい。

(3) 作型に適する品種と特性

促成栽培では、年内11月から低温期を経て、翌年の5月末まで収穫を行なう。年内の早い時期から収穫を開始するため、休眠打破に必要な低温要求量が少なく休眠が浅い、早生性の品種が適する。また、長期間収穫を継続するためには花芽分化の連続性が必要で、低温伸長性に優れている品種が望ましい。

１９９０年代は'とよのか'が栽培の中心であったが、２０００年代に入り各県の育種の強化により多数の品種が育成され、現在は1県1品種に近い状態になっている。現在の主要な品種は‘恋みのり’‘さがほのか’‘ゆめのか’‘熊本ＶＳ０３（ゆうべに）’‘佐賀ｉ９号（いちごさん）’‘福岡Ｓ６号（あまおう）’（図31）などである。また、栽培面積は少ないが、‘とよのか’‘さちのか’も栽培されている（表24）。

‘恋みのり’‘さがほのか’‘ゆめのか’‘とよのか’‘さちのか’は全国で栽培できるが、‘熊本ＶＳ０３（ゆうべに）’‘佐賀ｉ９号（いちごさん）’‘福岡Ｓ６号（あまおう）’の

図31 ‘福岡S6号（あまおう）’の着果状況

表24 促成栽培（暖地）に適した主要品種の特性

品種名	販売元（育成機関）	特性
とよのか	野菜・茶業試験場	休眠が浅く早生性で多収である。果実は円錐形，大果，良食味で香りが強いが，厳寒期の果実着色が劣る。果実の着色を促進するために，果実に太陽光を当てる作業が必要である。株が開き気味なので，葉陰から果房を引き出す「玉出し」，葉をよける「葉よけ」の作業を行なう必要がある。2005年ころまで九州を中心とした地域の主力品種として栽培されたが，現在は栽培が減少している
さちのか	国立研究法人 農業・食品産業技術総合研究機構	草勢はやや強く，草姿は立性，やや晩性である。果実は長円錐形，果皮色は鮮赤で厳寒期の着色もよく，良食味で香りが優れる。果皮，果肉が硬く，日持ち性に優れる。炭疽病に罹病しやすく，着色が進むと赤黒くなりやすい。現在は栽培が減少している
恋みのり	国立研究法人 農業・食品産業技術総合研究機構	草勢が強く，花芽分化期は9月中旬，連続出蕾性に優れ2月末までの早期収量が多い。果実は短円錐～円錐形，果皮色は淡赤～赤色で光沢がある。大果で秀品率が高く，収穫・調製作業の省力化が図られる。過度の窒素飢餓状態での芽なし株，過繁茂による果実着色不良の発生に注意する
ゆめのか	愛知県	草勢が強く，花芽分化期は9月下旬，連続出蕾性に優れ，収量は安定して多い。果実は円錐形，果皮色は鮮紅色で完全着色後も暗色化が遅い。果房当たりの果実数が多くなりやすいため摘果管理が必要である
さがほのか	佐賀県	草勢が強く，花芽分化期は9月10日ころ，連続出蕾性に優れ，中休み現象が少なく収量は多い。果実は円錐形，果皮色は鮮紅色で厳寒期に色が薄くなりやすいため，太陽光を当てる「玉出し」管理を行なう。1月下旬～2月上旬に食味が低下する場合があるが，気温上昇とともに回復する
熊本 VS03（ゆうべに）	熊本県	栽培は熊本県内に限定されている 草勢が強く，花芽分化期は9月10日ころ，連続出蕾性に優れ11～12月の収量，総収量が多い。果実は円錐形，果皮色は赤で光沢に優れる。年内や春先を中心に，徒長や過繁茂の影響でカルシウム不足による着色不良果（まだら果）が発生する場合がある
佐賀 i9号（いちごさん）	佐賀県	栽培は佐賀県内に限定されている 草勢が強く，花芽分化期は9月中旬である。‘さがほのか’より連続出蕾性は劣るが，11～1月の早期収量，総収量は優る。果実は円錐形，果皮色は濃赤色で光沢に優れる。日中の低温が原因で着色不良のまだら果や先白果が発生する場合がある
福岡 S6号（あまおう）	福岡県	栽培は福岡県内に限定されている 草勢は中程度，花芽分化期は9月下旬，連続出蕾性に劣り，頂果房収穫後に収穫の谷間が発生しやすい。第一次腋果房の花芽分化を促進させるために，遮光などの管理が行なわれている。果実は球円錐形，果皮色は濃紅で光沢に優れる。低温期には糖含量，酸含量とも高く，良食味であるが，気温上昇により酸味を強く感じる

栽培は育成県内に限定されている。

なお、近年、ランナー子株を用いず、種子を用いて苗を養成する'よつぼし'などの種子繁殖型の品種が育成されている。種子から苗を養成するため、親株から子株への病害虫感染を回避でき、育苗の省力化や分業化が図られる。

なお、種子繁殖型品種は、特性や栽培管理方法がランナー子株利用品種と異なるため、本稿で記載する内容と相違点があるので注意していただきたい。

3 栽培の手順

(1) 育苗のやり方

イチゴの栽培は、親株から伸長したランナーに発生した子株を採取し、苗として養成するところから始まる。

促成栽培では、一般的に販売価格の高い時期からの収穫開始をめざして、苗の花芽分化を促進させる。定植適期の苗は花芽が分化した苗なので、安定した生産を行なうためには、花芽分化の揃った苗を定植することが重要である。ここでは、暖地を含め多くの地域で行なわれている、ポット育苗の技術を紹介する。

①親株の準備と栽培管理

親株の準備　親株は定植苗の質を左右する出発点なので、形質が優良で病害に感染していない健全な株を利用する。収穫を終えた株からもランナーが発生するが、病害虫に汚染されている可能性が高いため、専用の親株を準備する。

イチゴ栽培を始める場合、最初の親株には、品種育成県や種苗会社が提供している、ウイルスフリー苗を導入する。なお、ウイルス病はランナーを介して子株に伝染し、株を弱体化させるので、栽培を始めるときだけでなく、栽培を続ける中でも計画的にウイルスフリー苗に更新していく必要がある。

親株1株当たり10～15株の子株を採苗すると仮定し、本圃10a当たり親株を６００～８００株準備する（鉢上げ方式採苗：８００株、鉢受方式採苗：６００株、採苗方式については後述）。

養成中の親株が炭疽病に感染し、必要な親株数が確保できなくなった場合は、本圃定植後の秋に、生産株から発生するランナーの子株を利用するとよい。この採苗は、天井フィルム被覆以前に発生したランナーは炭疽病感染率が高いので利用せず、被覆後に発生したランナーから行ない、親株として養成する。なお、春にも生産株からランナーが発生するが、利用には適していない。

親株床（地床）の準備　親株床は、浸水や冠水の恐れがない排水性のよい圃場を選定し、圃場周囲に排水溝をつくる。

親株床のウネ幅は、片側1条植えでは３００cm程度、両側2条植えでは１５０cm程度とする（図32）。元肥は緩効性肥料を用い、親株８００株当たり窒素成分で2～3kgを施用する。

親株の植付け　年内に生育が旺盛になった親株はランナー発生が多くなるため、11月に植付けを終わらせる。ランナーの発生方向を揃えるために、ランナーを伸ばしたい方向にクラウンを傾けて植え付ける。株間は40～60cmとする（図33）。

春のランナー発生を確実にするためには、定植前の1カ月程度2℃で冷蔵して、休眠打破に必要な低温積算時間を充足しておくとよい。

親株の管理　生育促進、雑草防除や炭疽病

表25　促成栽培（暖地）のポイント

	技術目標とポイント	技術内容
親株管理	◎親株の準備 ・形質が優良で健全な親株を準備 ◎親株床の準備 （炭疽病などの予防のため，雨よけのベンチ栽培が望ましい） ◎親株の植付け ◎親株の手入れ	・栽培開始時にはウイルスフリー苗を入手する ・採苗用の専用親株を養成する ・親株は本圃10a当たり600～800株を準備する ・地床の場合は排水がよく，浸水・冠水の心配のない圃場を選ぶ ・ウネ幅は植付け条数，植付け位置に応じて150～300cm程度とする ・元肥として親株800株当たり窒素成分で2～3kgを施用する ・親株は十分に低温に遭遇させる ・株間は40～60cmとする ・ランナーを伸ばす方向に株（クラウン）を傾けて植え付ける ・雑草防除のため，ウネをマルチフィルムで被覆する ・3月に生育を再開したら，古葉や果梗は早めに除去し，炭疽病などの定期的な防除を開始する ・ランナーが込み合わないように配置する
採苗	◎鉢受け方式 ◎鉢上げ方式	・鉢受け方式は，根がコブ状に生育した子苗を，ランナーにつながったまま育苗ポットの培土に固定し，発根後にランナーを切り離す ・5月10～30日ころに鉢受けし，6月20日ころに切り離す ・鉢上げ方式は，本葉2～3枚，根が3～5cmに伸びた子苗をランナーから切り離し，育苗ポットの培土に挿して発根させる ・活着促進のため葉水程度に灌水し，寒冷紗で7日間被覆する ・採苗は6月10日ころに終わらせる
育苗管理	◎育苗床の準備 （炭疽病などの予防のため，雨よけのベンチ育苗が望ましい） ◎育苗ポット（苗）の配置 ◎施肥 ・花芽分化期に窒素が過剰に残らないように施肥する	・地床は排水がよく，浸水・冠水の心配のない圃場を選ぶ ・ウネ幅は130～150cm，中央部を高くし，マルチで被覆する ・ポット底面からの排水を妨げないように，凹凸形状のポット下敷きシートを敷く ・育苗ポットは少なくとも18cmの間隔をとる（ポット中心からの間隔） ・花むすめ（IB-S1号）などの置き肥と液肥を併用する ・7月末までに充実した苗を養成し，花芽分化予定日の30～40日前から窒素施肥を中止する
花芽分化促進	◎普通期作型	・8月中旬から寒冷紗で被覆し，株の温度を下げる ・8月中下旬を最終追肥時期とし，体内窒素濃度を下げる
	◎早期作型（夜冷短日処理）	・苗を午後5～6時に12～15℃の低温庫に入庫して冷蔵し，翌日の午前9～10時に出庫して昼間8時間は太陽光に当てる ・最終追肥時期は処理開始5～10日前くらいとする
	◎早期作型（低温暗黒処理）	・苗を冷蔵庫に入庫し12～16℃の低温暗黒状態を維持する ・苗の徒長防止のため，入庫15日後から2～3日間隔で2～3回，低温庫から出庫し，昼間8時間以内で太陽光に当てる ・最終追肥時期は処理開始20日前くらいとする
	◎花芽分化の確認	・適期定植に備え，花芽分化予定日が近づいたら検鏡する
本圃の準備	◎土つくり ◎土壌消毒 ◎元肥の施用 ・土壌診断を行なう ◎ウネつくり（内成り栽培と外成り栽培でウネの形状が異なる）	・完熟堆肥3～4t/10aを施用するなど，土つくりを行なう ・連作圃場では薬剤消毒や太陽熱消毒を行なう ・施肥量は品種，土壌条件，定植時期，肥料の肥効特性などで異なる ・施肥量は地域の栽培指針を参考に決定する ・内成り栽培ではウネ幅115～120cm，高さ20～25cm，外成り栽培ではウネ幅100～110cm，高さ25～30cmとする ・適期定植ができるように，ウネ立て後に古ビニールなどで被覆し，降雨で土壌が過湿になるのを避ける
定植方法	◎花芽分化を確認して定植する ◎定植直後の灌水	・花芽分化期が定植の適期である ・必ず検鏡を行ない，60％以上の株が肥厚後期以上に達した時期に定植する ・条間は内成り栽培では50～55cm，外成り栽培では25cm，株間はいずれも23～25cmとする ・花房を伸ばす方向に株を傾けて定植する ・定植後はすぐに株上から手灌水してクラウン部を湿らせるとともに，根鉢と土壌を密着させる ・定植後7～10日間は株上から散水してクラウン部を湿らせ，活着後は条間への灌水に切り替える

（つづく）

	技術目標とポイント	技術内容
定植後の管理	◎マルチ被覆	・頂花房の出蕾までにウネをマルチフィルムで被覆する
	◎ミツバチの搬入	・頂花房の頂果開花前にミツバチを搬入する
	◎天井フィルムの被覆	・早期作型では頂花房の開花時，普通期作型では平均気温が16℃を下回る時期を目安に被覆する
	◎保温開始	・最低気温が10℃を下回るころを目安にハウスを閉め込む
	◎温度管理	
	・低温期は最低気温5～7℃を確保する	・ハウス内の最低気温が5℃以下になる11月下旬から暖房機を稼働して加温する ・最低気温が5～7℃以下にならないように加温し，昼間は午前23～25℃，午後21～23℃を目安に換気する
	・秋や春は高温にしない	・秋と春は高温にならないようにハウスサイドを開放し，十分に換気する ・春は夜温が7℃以上であれば，降雨がないかぎり開放する
	◎電照 ・草勢の維持 ・日長延長，暗期中断，間欠方式	・心葉の生育弱化，葉色が濃い，葉の展開遅延などを目安に電照を開始する ・電照開始は早期作型では11月10日ころ，普通期作型では11月15～20日ころを目安に生育状況から判断する ・電照照度は株上で20～50lxが必要である ・点灯時間は1日合計2時間くらいから始め，生育により延長する
	◎炭酸ガス施用 （閉め切ったハウス内は炭酸ガス濃度が外気以下になる）	・11月下旬～3月に施用し，昼間400ppm程度の濃度を維持するとよい
	◎その他の管理 ・摘果，摘葉，果梗除去	・適正着果数は品種により異なるが，肥大が望めない下位の小果（花）は早めに除去する ・収穫が終わった果梗，黄化した葉は早めに除去する ・灌水 ・灌水は一度に多量ではなく，少量で回数を多くする
収穫	◎収穫適期 ・着色が進むほど日持ち性に強く関係する果実硬度が低下する	・収穫適期は品種により異なるが，低温期には着色が進んだ状態，温暖期には着色が進んでいない状態で収穫する
	◎収穫時間	・果実温が低い早朝の時間帯に収穫する
	◎予冷	・予冷庫で2時間以上冷却し果実温を2～5℃に低下させる

の予防などのために、ウネをマルチフィルムで被覆する。乾燥させると生育が阻害され、ランナー発生数が減少するため、灌水できるように設備を準備しておく。

3月に入ると株の生育が再開するため、不要な古葉や花房を早めに除去し、親株の負担を軽くするとともに、炭疽病などを防止するために定期的な薬剤散布を開始する。

5月にはランナー数が多くなるため、込み合わないようにランナーを広げて配置し、子株の徒長を防止する。

ベンチや高設架台の利用　炭疽病の予防のためには、親株やランナーが土壌に触れないように、ベンチや高設架台を利用することが望ましい。親株をプランターなどに植え付け、ランナー発生開始の前に、雨よけハウス内の金網ベンチや高設架台上に設置して管理する。

高さ70～100㎝のエキスパンドメタルなどの金網ベンチの場合は、ランナーをベンチ上に伸長させる。高設架台の場合は、架台の高さを160～170㎝とし、通路幅は作業性を考慮し、100㎝以上確保する。ランナーを空中に垂らすことで、ランナーが土壌と接することなく、少面積で効率よく子株が

図32　親株床（地床）の形状と親株の植付け方法

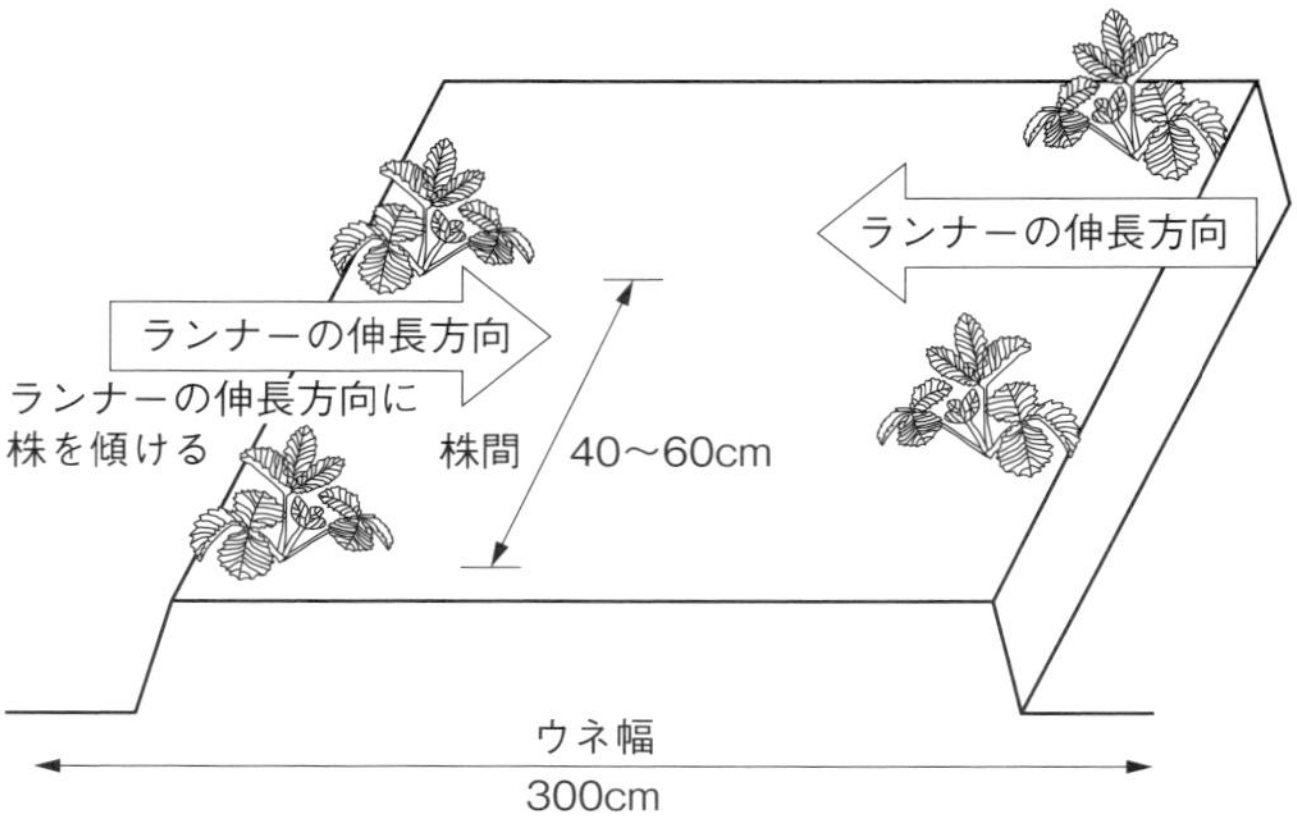

図33　ランナー発生前の親株床（地床）

マルチフィルムの上に日焼け防止などのためにイナワラを敷いている

増殖できる。

元肥にはロング424などの緩効性肥料を用い、1株当たり20g程度を施用する。水分不足にならないように、灌水チューブなどの灌水設備を備える。

なお、親株は休眠打破のために、低温に十分に遭遇させる必要がある。

②採苗

育苗には、夏に低温処理しやすいポリポットや樹脂製の小型ポット、セルトレイなどを用いる。ポットの大きさは、処理のしやすさや運搬作業の軽労化のために、3〜3.5号ポリポットなど小型化が進んでいる。

採苗方法には、「鉢受け方式」と「鉢上げ方式」の2種類がある。

鉢受け方式　鉢受け方式は、ランナーにつながったままの子株をポットの培土に固定し、発根後にランナーから切り離す方法である（図34）。子株の活着はよいが、ランナーの伸長に応じて鉢受け作業を進めるため、長期間を要する。

鉢受けには、根がコブ状に生育した子株が適し、5月10日くらいから開始し、5月末までに終了させる。鉢受け期間中は培土が乾かないように灌水する。子株の切り離しは、最後の鉢受け後、2週間目ころを目安に行ない、6月20日ころには終了する。

鉢上げ方式　鉢上げ方式は、子株をランナーから切り離し、ポットの培土に挿す方法である。鉢受け方式に比べ短期間で終了する。

鉢上げには、本葉2〜3枚で根が3〜5㎝伸びた子株が適する。鉢上げ後、活着するまでは株が萎れないように葉水程度の灌水を行ない、活着促進のため7日間程度、寒冷紗を被覆する。

子株採取後、すぐに鉢上げ作業ができない場合は、子株が乾燥しない状態にして2〜3℃で冷蔵するとよい。採苗は6月10日ころには終了する。

③育苗管理

育苗床の準備　育苗床（地床）は、浸水や冠水の心配のない圃場に、幅130〜150㎝のウネをつくる。

ウネ面は十分に鎮圧し、ウネ面に水がたま

らないように中央部を高くし、マルチフィルムなどで被覆する。このウネ上に、ポット底面の穴からの排水を妨げないように、凹凸形状のポット下敷きシートを敷く。

近年は、浸水・冠水や泥跳ねによる病害伝染の防止、育苗管理の軽労化のために、エキスパンドメタルなどを利用した金網ベンチ上での育苗が増加している。

育苗床に並べるポットの間隔は、徒長を防ぐために少なくとも18cm（ポットの中心と中心の間隔）を確保する。

施肥　施肥は、ランナー切り離し後、あるいは活着後に開始する。花むすめ（IB－S1号）、ビッグワンL、ポット錠ジャンプなどの置き肥と、OK－F－1などの液肥を併用することが多い。置き肥の肥効期間の目安は40日程度であり、葉色が薄くなれば置き肥や液肥で追肥する。

3・5号ポリポットに花むすめを用いる場合、活着後に3～4粒、7月上旬に1～2粒、7月下旬に1粒を施用し、葉色を見ながら液肥で調整する。

OK－F－1の液肥だけを施用する場合には、5～7日間隔で500～750倍液を施用する。ポットが小型になるほど薄い濃度で施肥間隔を短くし、肥効を持続させる。

図34　ベンチ利用親株床での鉢受け方式の採苗

下葉かき（摘葉）　下葉かきは、徒長のない健全な苗を育成するために必要である。最初は、葉が5枚程度に増加し根が十分に伸長した後、3～3・5枚になるように下葉を除去する。

2回目以降は4～4・5枚を維持し、育苗期間中に2～3回実施する。定植時に5枚とする。育苗期の葉は1週間に1枚程度が展開するため、遅れないように作業する。下葉かき後の傷口から炭疽病菌が侵入するのを防止するため、降雨時や降雨前後には作業しない。

病害虫防除　育苗期は病害虫が発生しやすい時期なので、炭疽病、うどんこ病、疫病、ハダニ類、アザミウマ類、アブラムシ類などの防除を行なう。本圃定植後はミツバチを利用するため、薬剤散布が制限されるので、育苗期の病害虫防除を徹底する。

④花芽分化の促進

花芽分化処理前に体内窒素濃度を低下させる　促成栽培では、花芽分化の安定を図るため、8月には施肥窒素を減らして体内窒素濃度を低下させる。このため、7月末までに充実した株を養成する必要がある。そのうえで、予定している定植時期に花芽を分化させるための処理を行なう。

体内窒素濃度を低下させるため、花芽分化予定日の30～40日前から窒素施肥を中止する。この最終追肥時期はポットの大きさ（培土量）によって前後し、小型のポットほど遅くする。

なお、窒素濃度が低くなりすぎないように注意し、窒素が不足する場合には、培土に窒素が過剰に残らないように液肥の葉面散布が安全である。

普通期作型　12月中旬から収穫を開始する普通期作型では、花芽分化を安定させるために体内窒素濃度を低下させ、寒冷紗などで苗を被覆して株の温度を低下させる。

体内窒素を低下させるため、最終の追肥時期は8月中下旬とする。この時期から灌水量を控えめにし、寒冷紗を被覆して日中の株の温度を低下させる。

夜冷短日処理を利用した早期作型　夜冷短日処理は、短日と低温を組み合わせて花芽分化を誘導する方法である。通常、苗を午後5～6時に12～15℃程度の低温暗黒状態で冷蔵し、翌日、午前9～10時に出庫して、昼間の8時間は自然状態で管理する。

昼間は太陽光に照らされて光合成ができるため、株の消耗が少なく、また、窒素が消費されるため、低温暗黒処理ほど体内窒素を極端に減少させる必要がなく、花芽分化が安定しやすい。最終追肥時期は、処理開始の5～10日前とする。低温短日条件をつくるための専用の施設、あるいは遮光資材や冷房装置、毎日の入出庫や被覆材の開閉作業が必要である。

低温暗黒処理を利用した早期作型　低温暗黒処理は、苗を冷蔵庫などに入庫し、12～16℃の低温暗黒状態を維持する方法である。花芽分化には20日程度を要し、入庫後3日間は苗の温度を十分に低下させるために10℃、その後、花芽分化まで15～16℃で管理する。なお、小型ポットでの黄化葉発生予防には、入庫後10℃を3日間、13℃を5～10日間、その後15～16℃にする変温管理が有効との事例がある。

苗は暗黒状態に長期間置かれるため、心葉の葉柄が徒長し、株が消耗する。徒長防止のためには、入庫後15日目ころから2～3日間隔で2～3回、冷蔵庫から苗を取り出して太陽光に当てる「陽光処理」が有効である。陽光処理の時間は、1回につき8時間以内にする。なお、入庫時にコンテナなどに苗を詰めすぎると、徒長や黄化の原因になる。

花芽分化を安定させるため、最終追肥の時期は処理開始の20日前とし、高温年には処理開始5～10日前から寒冷紗を被覆して、株の温度を低下させる。

(2) 本圃の準備

①土つくりと元肥施用

イチゴの本圃栽培期間は9カ月の長期におよび、また濃度障害に弱いため、肥効が穏やかに持続する緩衝力の高い土壌が望ましい。安定した栽培のためには、有機物施用などの土つくりが重要であり、完熟堆肥であれば10a当たり3～4t、イナワラであれば1t程度を施用する。イナワラは梅雨前に施用し、よく分解させておく。

連作圃場では、萎黄病や線虫類などの、土壌病害虫防除のために土壌消毒を行なう。薬剤による消毒に加え、近年では作業時の危険性が少ない太陽熱消毒、易分解性有機物や低濃度エタノールを併用した土壌還元消毒も行なわれている。

元肥の施肥量は、各地の事例では10a当たり窒素8～18kg、リン酸10～25kg、カリ10～20kg程度である（表26）。施肥量は、イチゴの品種特性、土壌条件、定植時期、肥料の肥効特性などを考慮して決定する必要があり、栽培地域の県や農協の指針に従うとよい。

定植直後に窒素吸収量が多すぎると、先青果や乱形果が発生しやすいので注意する。

②ウネつくり

ウネの形状は、果房を株の条間に伸ばす「内成り」と、通路側に伸ばす「外成り」で異なる。内成りではウネ幅115～120

cm、高さ20～25cm、外成りではウネ幅100～110cm、高さ25～30cmのウネをつくる（図35）。

内成りは、果実着色が劣る〝とよのか〟の果実に太陽光を当て、着色を促進する栽植様式として定着したようである。果実がマルチの平面上にあるので、水濡れ防止のために、ストロー状の簀の子資材や果実マットが必要である。外成りは収穫作業がしやすいが、東西向きのハウスでは、北側の株や果実に太陽光が当たりにくい。

ウネ立て後は、古ビニールなどで圃場を被覆し、降雨で土壌が湿りすぎることがないようにして、適期に定植できるように準備しておく。

(3) 定植のやり方

定植は、花芽分化期に行なうことが基本である。必ず検鏡を行ない、60％以上の苗の花芽が、肥厚後期以上に達した時期が定植の適期である。

花芽分化前に定植すると、肥料窒素を吸収して体内窒素濃度が高まり、頂花房の分化が遅れ、その結果、収穫開始が遅くなる。花芽分化しているのに定植が遅れると、養分が不足し、花芽の生育や開花が遅れ、花数が少なくなる。

内成り栽培では条間50～55cm、株間23～25cm、外成り栽培では条間25cm、株間23～25cm、どちらも2条植えとする（図35参照）。花房はクラウンが傾いた方向に伸長するため、花房を伸ばしたい方向に株を傾けて植え付ける。植え付ける深さは、クラウン下部が土に少し埋まる程度とし、深植えや浅植えにならないようにする。

定植後は、すぐにクラウン部が湿るように株上から手灌水し、根鉢の乾燥防止および根鉢と土壌の密着を進める。

早期作型では、地温の上昇を抑えて活着を

表26　施肥例　（単位：kg/10a）

作型	元肥			追肥		
	窒素	リン酸	カリ	窒素	リン酸	カリ
早期作型（低温暗黒処理）	4	8	4	10	14	14
早期作型（夜冷短日処理）	10	16	10	9	6	8
普通期作型	11	13	12	12	9	9

注）福岡県施肥基準から作成，品種は‘福岡S6号（あまおう）’

図35　ウネの形状と定植の方法

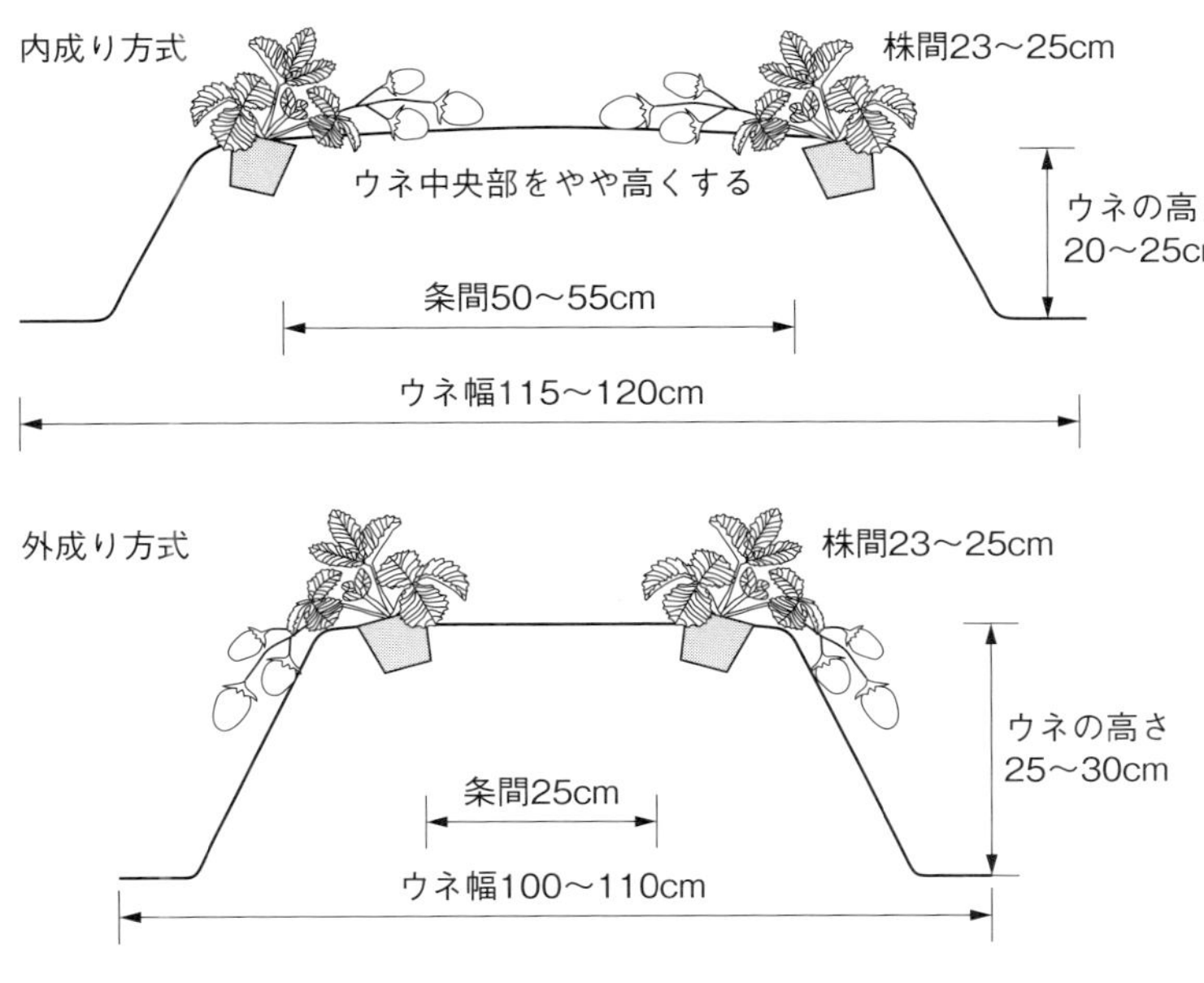

促進させるために、定植後7～10日間、遮光率60％程度の寒冷紗を被覆するとよい。

(4) 定植後の管理

①灌水

定植後7～10日間は、散水チューブやスプリンクラーを用いて株上から散水し、クラウン部分を湿らせて活着を促進する。

活着後は、灌水チューブによる条間への灌水に切り替え、灌水量を徐々に減らして、マルチ前には通路の土をウネ上に上げられる程度まで乾かす。

②マルチ被覆と追肥

頂花房の出蕾までに、マルチフィルムでウネを被覆する。被覆前に、株の葉数が4～5枚になるように古葉を除去し、必要に応じて、条間への追肥や中耕を済ませておく。

マルチ被覆は風のない日を選び、水分が多く葉柄が折れやすい早朝を避け、株が少し柔らかくなった時間帯に行なうとよい。マルチフィルムをウネ方向に伸ばしてイチゴ株にかぶせ、株がある位置にできるだけ小さな穴をあけ、この穴から株を傷めないように注意して取り出す。

マルチ被覆や追肥は、できるだけ腋花房（2番花房）の花芽分化を確認した後に行なう。しかし、早期作型では、通常、出蕾のほうが早いため、出蕾直前から行ない、10月末までは温度上昇を抑えるため、マルチフィルムの裾をウネ肩まで引き上げておく。普通期作型では、10月中下旬が被覆時期の目安になる。

マルチ被覆は、腋花房の花芽分化を遅延させないように、定植後の気温が低下する時期に行なわれることが多い。しかし、作業の煩雑さを軽減するために、主に白黒ダブルマルチフィルムを用いて、定植前のマルチ被覆も行なわれている。

③ミツバチの導入

イチゴは受精が不十分になると果実が正常に肥大しないため、必ず花粉を媒介するミツバチを、頂花房の頂花開花の1週間前を目安に導入する。

適正な導入量は10a当たり1群（6000～8000匹）といわれている。ミツバチは巣箱の位置を記憶するため、薬剤散布などのやむを得ない場合を除き、最初に設置した場所から移動させない。

④天井フィルムの被覆

天井フィルムの被覆時期は、早期作型では頂花房の開花時（福岡県では10月中旬）、普通期栽培では平均気温が16℃を下回る時期（同10月下旬）である。

被覆直後は気温が高いため、ハウスのサイド、谷部、妻面は夜間も開放しておく。

⑤保温開始と温度管理

最低気温が10℃を下回るころ（福岡県では11月上旬）からハウスの被覆を閉め込み、保温を開始する。ハウス内気温が5℃以下になる11月下旬からは、暖房機を稼働させる。

年内は最低気温5℃、厳寒期は最低気温6～7℃を確保できるように暖房機を稼働させ、昼間は午前23～25℃、午後21～23℃を目安に換気を行なう。換気は外気の冷気が株に直接当たらないように行なう。

秋や春の昼間の気温が高い時期は、ハウスのサイド部を開放し、十分に換気する。春は夜温が7℃以上であれば、降雨がないかぎり開放しておく。

⑥草勢の維持

低温期にも株の生育を停滞させないよう、草勢を維持するために温度管理に加え、電照、炭酸ガス施用、ジベレリン処理などを行なう。

株の生育特性や環境への反応は品種により

さまざまであり、近年は電照やジベレリン処理を必要としない品種もあるので、栽培する品種に適した管理を行なう。

　草勢の判断は、品種により異なるが、展葉した心葉（株中心の葉）の葉柄長や色、新葉の大きさ、株の草高、着果負担の多少などが目安となる。

電照　電照開始の目安は、心葉の生育が弱くなりかけている、葉色が濃くなっている、葉の展開が遅れている、などである。開始が早すぎると栄養生長に傾いて花芽分化が抑制され、遅すぎると株のわい化が進行する。福岡県での‘福岡S6号（あまおう）’の栽培では、早期作型は11月10日ころ、普通期作型は11月15～20日ころから電照を開始している。

　電照の照度は、株上で20～50lx必要であり、１００W白熱電球の場合、10a当たり50球を株上１５０cmの位置に設置する。近年、白熱電球に代わり蛍光灯やLEDランプが販売されているが、導入にあたっては効果の程度を確認する必要がある。

　電照には日長延長方式、暗期中断方式、間欠方式の3つの方法がある。日長延長方式は日没に引き続き点灯して長日条件をつくる方法、暗期中断方式は日没と日の出の中間に点灯する方法、間欠方式は日没から日の出まで60分当たり10分点灯、50分消灯などを繰り返す方法である。間欠方式は、契約電力量が小さい場合に利用しやすい。

　点灯時間は、いずれの方式でも1日の合計2時間から開始し、草勢に応じて延長する。常に草勢を観察し、その後の生育を予想して点灯時間を調整する（図36）。

　電照の終了時期は、3月に株が立ち上がりすぎないように、2月中下旬とする。

炭酸ガス施用　栽培ハウスの炭酸ガス濃度は、夜間はイチゴの呼吸によって大気濃度（３５０～４００ppm）以上に上昇するが、朝になり光合成開始とともに急激に低下する。気温が低く換気が行なわれない場合は、大気濃度以下に低下し、光合成能力が十分に発揮できない状態になる。とくに高設栽培では、圃場に堆肥などの有機物を施用しないため、土壌からの炭酸ガス供給は期待できない。

　このような炭酸ガス不足に対して、人工的に炭酸ガスを施用して光合成を促進し、草勢を高め、増収させる技術が導入されている。炭酸ガス施用は、灯油や液化石油ガス（LPG）を燃焼させる方式と、炭酸ガスを直接供給する方式があり、タイマー制御やセンサー制御によって施用が行なわれている。

　施用期間は11月下旬～3月である。施用方法は、日の出前後から換気開始まで８００～１０００ppmに濃度を高めておく方法、日中に４００ppm程度を維持する方法などが行なわれている。

図36　電照時間調整の目安（福岡県の例）

判断の目安	心葉の葉柄長		
	9cm 以下	10cm 程度	11cm 以上
点灯時間	時間を長く	現状維持	時間を短く

注）品種：‘福岡 S6号（あまおう）’

ジベレリン処理　ジベレリン処理は、当初、'宝交早生'など、比較的休眠が深い品種のわい化防止に利用された。その後、果実着色が劣る'とよのか'では、果実の着色促進のために果実を葉陰から出して太陽光に当てる必要があったため、果梗を伸長させる目的で利用された。

現在は、ほとんどの品種は休眠が浅く、ジベレリン処理の必要性は低いので、草勢維持に対しては補助的利用になっている。また、果梗の伸長促進については、果実が収穫しやすいように、葉陰の外側で着果させるために利用されている。

⑦追肥、灌水

追肥は、マルチ被覆時は固形肥料を施用し、頂果房肥大期以降は葉の色・ツヤ・大きさ、着果負担の状況を見ながら液肥を施用する。施肥時期や施肥量は、各地域の施肥基準などを参考にする。

灌水は、一度に多量に行なうのは避け、少量ずつ回数を多くする。灌水が不足すると、早朝の葉縁に水滴（葉水、溢泌液）がついていない、葉や果実のツヤがない、収穫時に果実と果梗の離れが悪い、などの兆候が見られる。

⑧摘果（花）、果梗除去、摘葉、玉出し、葉よけ

適正な着果数は、品種や株の生育状態で異なるが、養分競合で不利な下位の小果（花）は早めに除去する。収穫が終わった果梗や、黄化した葉も早めに除去する。極端な摘葉は草勢の低下につながるため、黄化葉や枯葉の除去にとどめる。

果実着色を促進する必要がある品種では、果実に太陽光が当たるように果実を葉陰から引き出す「玉出し」作業や、竹串やヒモ、専用の器具を使って葉をよける「葉よけ」作業を行なう（図37）。

図37　専用器具を用いた葉よけ・玉出し

(5) 収穫

収穫適期の判断　収穫は、果実の着色程度で判断する。着色が進むにしたがって糖度や香りは増加するが、日持ち性に強く関係する果実の硬さが低下する。収穫後の品質低下が遅い低温期には完全着色に近づいた状態、品質低下が早い温暖な時期には、着色が進んでいない80%着色程度で収穫する。

品種により果実の色、着色の進行程度、果実硬度が違うので、多くの場合、地域の経済連や農協などで着色基準表を作成し、時期により収穫適期の着色程度を定めている。

収穫時間　収穫後の品質低下を抑えるために、果実温が低い早朝に収穫する。すぐに予冷庫に搬入して2時間以上冷やし、果実温を2～5℃程度に低下させる。予冷庫の湿度は80～90%とする。

4 病害虫防除

品質が優れた果実を安定生産するためには、病害虫の防除は避けられないが、安全性の面から、開花期以降はできるだけ薬剤防除を行なわないで済むように、育苗期や定植後は開花期以前の防除を徹底する。

育苗期は本圃と違い、苗を集中管理しているため、本圃よりも防除を徹底しやすい。また、農薬を極力使用しないために、耕種的防除や天敵利用などの取り組みも有効である。

(1) 主要な病害虫と防除法

主要な病害虫には、炭疽病、萎黄病など株が枯死にいたる土壌伝染性病害、うどんこ病、灰色かび病など果実を含む地上部を侵す病害、局所から発生拡大するハダニ類、アブラムシ類、果実に大きな被害をおよぼすアザミウマ類などがある（表27）。

土壌伝染性病害に対しては、土壌消毒が必要である。夏期の本圃準備前に薬剤消毒や太陽熱消毒を行なう。近年は処理時の安全性が高い、太陽熱消毒、フスマや低濃度エタノールなどの有機物を併用する土壌還元消毒が多くなっている。

炭疽病は、灌水や降雨の水滴によって伝染するため、親株や苗を雨よけ施設内のベンチ上で管理することで発生を抑制できる。

ハダニ類は育苗期の防除を徹底し、本圃への持ち込みを極力防止する。本圃での発生は、最初は局所的なので、初発に注意して部分的な防除を行なう。アブラムシ類、アザミウマ類は本圃周辺の雑草が発生源になり、定植後に本圃に飛び込む場合が多いため、本圃周辺の除草が重要である。

(2) 天敵や耕種的防除法の利用

本圃でのハダニ類、アブラムシ類防除は、ハダニ類に対してチリカブリダニやミヤコカブリダニ、アブラムシ類に対してコレマンアブラバチなど天敵の利用が進められている。これらの害虫が顕在化する前に天敵を導入することで、害虫を低密度に抑制し、被害を防止することができる。天敵を利用する場合は、天敵に影響のない農薬を使用する。

また、ハスモンヨトウなどに対する黄色蛍光灯、アザミウマ類、アブラムシ類に対する防虫ネットの利用など、耕種的防除法の利用も有効である。

(3) 農薬使用の注意点

農薬は、登録のある薬剤を使用基準に従って使用することが基本である。また、同じ系統の農薬を連用すると効果（薬剤感受性）が低下するため、ローテーション散布を行なう。

開花後にやむを得ず農薬を散布する場合は、安全な果実を生産するために、薬剤の残留がないように十分に注意するとともに、ミツバチに対して悪影響がない薬剤を選定する。

5 経営的特徴

イチゴの1kg当たり販売単価は、1992年以降１０００円前後で経過したが、２００２〜２０１１年に９００円台に低下した。その後、２０１２年には再び１０００円台に回復し、２０１６〜２０２０年は１２００円程度（２０２０年青果物卸売市場報告・農林水産省）に上昇している。他の野菜に比べ、比較的高単価で年次変動が小さく、安定している。

表27　病害虫防除の方法

病害虫名（事項）		防除法
基本的対処		・病害虫が感染・寄生していない健全な親株から採苗する ・育苗期に防除を徹底し，病害虫を本圃に持ち込まない ・本圃では，頂花房の頂花の開花前に防除を徹底する ・病害虫が発生しにくい環境をつくる
薬剤防除全般		・登録のある農薬を安全使用基準に従って使用する ・薬剤感受性が低下しないように，系統の異なる薬剤をローテーション散布する ・ミツバチに影響のない薬剤を利用する ・天敵利用時は天敵に影響のない薬剤を利用する
病気	炭疽病	・親株や育苗はできるだけ雨よけ施設，ベンチ上で管理する ・育苗時の灌水は，水跳ねがないように注意する ・育苗期の摘葉は降雨時や降雨前後を避け，摘葉後は薬剤で防除する ・発病した株，感染が疑われる株はすみやかに除去し，圃場外に処分する ・連作圃場では土壌消毒を行なう（薬剤だけでなく太陽熱消毒や土壌還元消毒も利用する）
	萎黄病	・親株や育苗はできるだけ雨よけ施設，ベンチ上で管理する ・発病した株，感染が疑われる株は残渣が残らないようにすみやかに除去し，圃場外に処分する ・発病があればポットなどの育苗資材や栽培資材を消毒，更新する ・発病圃場は土壌消毒を徹底する（薬剤だけでなく太陽熱消毒や土壌還元消毒も利用する）
	疫病	・親株や育苗はできるけ雨よけ施設，ベンチ上で管理する ・圃場の浸・冠水を防止し，排水に努める ・発病した株，感染が疑われる株はすみやかに除去し，圃場外に処分する
	うどんこ病	・育苗期には感染した葉をすみやかに除去する ・夏期低温処理の前に薬剤防除を徹底し，感染株を本圃に持ち込まない ・本圃の天井フィルム被覆前後は重点的に薬剤防除する ・発病初期にスポット的に発病した株を除去すると効果がある
	灰色かび病	・ハウスの換気を十分に行ない湿度を低下させる ・湿度を低下させるため，暖房機などを稼働しハウス内空気を撹拌する ・過繁茂は多湿をまねくので，適正な株管理を行なう ・ハウスの谷部やサイドでは果実が水滴で濡れないようにする ・発病した果実や茎葉をすみやかに除去する ・多発前に発生期を想定した予防的防除を行なう ・曇雨天が続く場合や厳寒期の薬剤防除は，湿度を上昇させないくん煙剤を利用する
害虫	ハダニ類	・寄生した葉はすみやかに除去し，圃場外に処分する ・早期発見，早期防除に努め，多発を防止する ・圃場周辺の雑草を取り除く ・下葉除去後に，薬剤が葉裏に付着するように薬剤防除する ・天敵のチリカブリダニやミヤコカブリダニを利用し，密度上昇を抑制する
	アブラムシ類	・圃場周辺の雑草を取り除く ・天井フィルム被覆後，発生に注意し初期防除に努める ・ミツバチの導入前に初期発生を抑制する ・天敵のコレマンアブラバチを利用し，密度上昇を抑制する
	アザミウマ類	・圃場周辺の雑草を取り除く ・頂花房開花期に飛来するため，この時期は防除を徹底し，初期密度を抑制する ・秋と春以降は定期的に薬剤を予防散布する ・発生した圃場では，収穫終了後にハウスを密閉して成虫や土壌中の蛹を防除する
	ハスモンヨトウなど	・圃場周辺の作物を防除し，雑草を取り除く ・卵塊，分散前の幼虫，若齢幼虫の早期発見に努め，除去や防除を行なう ・フェロモントラップによる発生予察にもとづき，適期防除を行なう ・成虫の侵入を防止するため，ハウス開口部に防虫ネットを設置する ・花芽分化を阻害しないように注意し，黄色蛍光灯を利用する

表28　新規就農者のための農業経営モデル
（イチゴ専作）

モデルの設定条件	栽培面積	20a
	初期投資資金（円 /20a）	25,000,000
	ビニールハウス 付帯施設（灌水・電照設備，暖房機），倉庫，作業場，予冷庫など トラクター，軽トラック	
収量（kg/10a）		4,000
単価（円 /kg）		1,400
粗収入（円 /10a）		5,600,000
経営費（円 /10a）		3,640,000
種苗費		2,500
肥料費		75,000
農薬費		100,000
光熱費		175,000
農具費		10,000
諸材料費		500,000
賃料料金		25,000
修繕費		50,000
その他共通費		12,500
公課諸負担金		40,000
借入地代		20,000
雇用費		0
支払利子		0
経営生産管理費		25,000
販売経費		1,288,000
施設償却費		1,040,000
機械償却費		277,000
農業所得（円 /10a）		1,960,000
労働時間（時間 /10a）		2,200

注1）福岡県農業振興推進機構資料を改変。新規就農後5年目のモデル，品種‘福岡S6号（あまおう）’
注2）資材費高騰前（2017年ころ）の試算

図38　高設栽培の着果状況

しかし、労働時間は10a当たり2000時間程度、このうち収穫・調製作業にかかる時間が50～60％を占めるといわれている。このように多くの労働時間が必要なため、2人で栽培する場合は、20a程度が限界とされている。

経営規模拡大には、雇用労働の確保、平パック詰めの採用など調製作業の簡素化、収穫・管理作業の姿勢改善のための高設栽培の導入（図38）、さらに地域で利用できるパッケージセンターの整備などを進める必要がある。

（執筆：三井寿一）

露地栽培

1 この作型の特徴と導入

(1) 作型の特徴と導入の注意点

露地栽培は10月ころにイチゴを定植し、自然状態で冬期の低温に当てて、完全に休眠が明けてから開花させ、果実を春～初夏（東京では5月）に収穫する作型である（図39、40）。

今ではイチゴの旬は、ハウス栽培での年末～春先となっているが、露地栽培で初夏に収穫するのがイチゴ本来の旬である。この時期の露地栽培のイチゴは、甘味や酸味が強く、食味は大変良好である。

露地栽培は、ハウス栽培に比べて施設や高設装置などの資材、訪花昆虫などを準備する必要がなく、経営費も安く済むので取り組みやすい作型である。また、栽培期間は10カ月ほどでハウス栽培と大差ないが、途中の管理作業が少なく収穫期間も1カ月と短いので、全体の労働時間は少なくなる。

しかし、自然条件での栽培のため、その年の気象条件の影響を大きく受け、ハウスの促成栽培に比べて生産が安定しない。露地栽培の収穫量は、促成栽培のほぼ3分の1から2

図39　露地栽培の状況（株売り販売）

図40　イチゴの露地栽培　栽培暦例

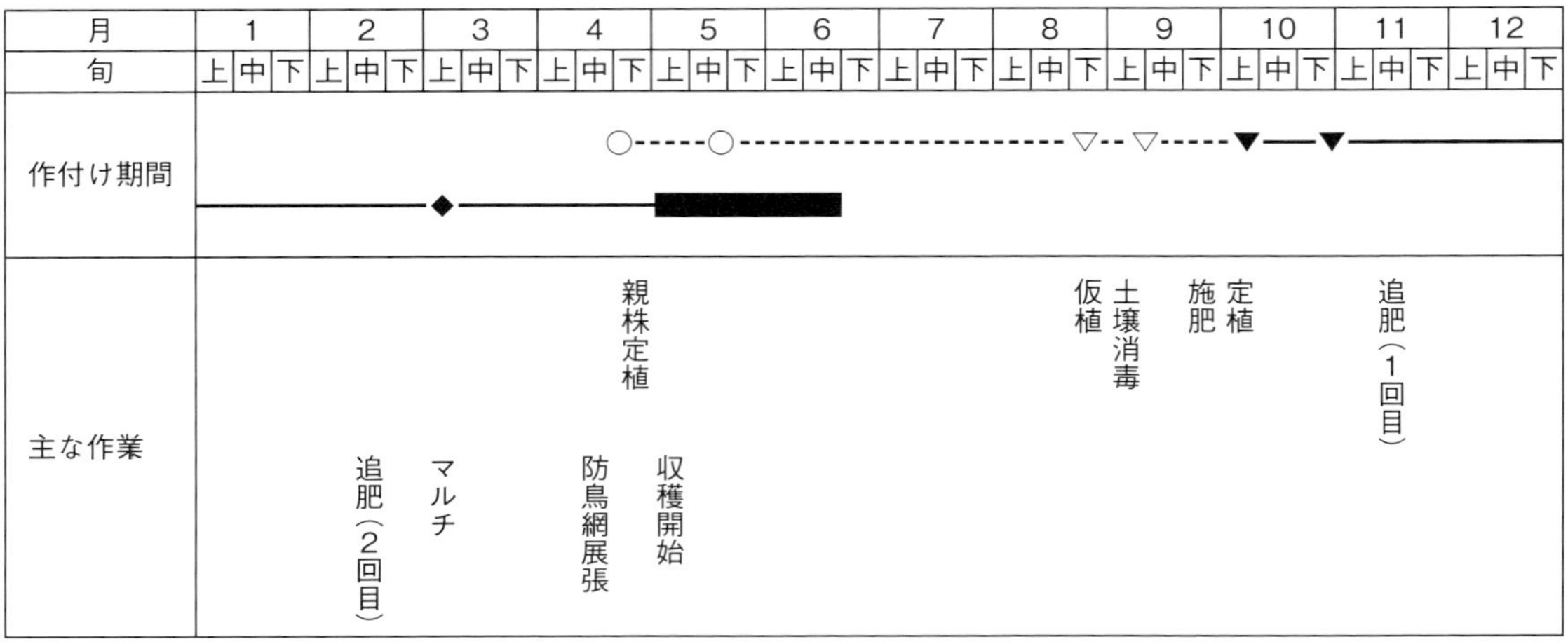

○：親株定植，▽：仮植，▼：定植，◆：マルチ，▬：収穫

分の1くらいで10a当たり1.5t程度である。

(2) 他の野菜・作物との組合せ方

露地栽培では土壌消毒後10月に定植し、収穫が終わり株を片付けるのが翌年6月になるので、圃場の占有期間が長期にわたり、他の野菜や作物との組合せはむずかしい。

しかし、土壌病害や線虫による連作障害を回避するためにも、2～3年はイチゴ栽培をせずに輪作を行なうほうがよい。輪作では、ソルゴーやマメ科の緑肥作物、スイートコーン、エダマメ、ホウレンソウ、コマツナなどの野菜を作付け、地力増進や圃場のクリーニングに努める。

2 栽培のおさえどころ

(1) どこで失敗しやすいか

露地栽培では、育苗期から定植後の初期生育によって収量がほぼ決まってしまう。そのため、収量を上げるには、大苗や早期に定植するのが望ましい。とくに寒冷地では、積雪までの生育量を増やすことが重要になる。

しかし、温暖地では仮植の時期が早かったり、仮植時の葉数が多く、定植時に苗が育ちすぎたりすると、花房数や着花数が増加して小さい果実ばかりになってしまう。逆に仮植時期が遅かったり、仮植床の窒素施用量が多すぎたりすると、場合によっては春先に花房が上がらないことがある。

イチゴを健全に生育させるためには、その地域での適期に仮植や定植することが重要である。

(2) おいしく安全につくるためのポイント

おいしい果実を生産するためには、イチゴを健全に生育させることが基本で、良質な有機物を施用して土つくりを行ない、根の張りをよくする。

また、農薬の使用量を減らすためにも、土壌診断を行なって圃場の状態を把握し、多肥を避けて適正量の肥料を施用し、病害虫の原因になりやすい過繁茂を避ける。

(3) 品種の選び方

①露地栽培品種の考え方

自然条件で栽培される露地栽培は、各地域の気候の影響を受けるので、ハウス栽培以上に適する品種が地域ごとに異なる。

寒冷地で、休眠の浅い促成栽培用の品種を露地で栽培すると、株の生育は旺盛で栄養生長が盛んになり、開花が早く終わり、ランナーばかり発生することになる。また、花芽分化が早い品種を栽培すると、秋が低温で冬が暖かい天候の年には、不時出蕾が発生しやすい。

一方、暖地で休眠の深い寒地向けの品種を栽培すると、休眠から完全に覚めず、株がわい化し、次々に開花するが、果実の肥大が悪くなり収量が上がらな

表29　イチゴ露地栽培に適した主要品種の特性

品種名	販売元	草姿	草勢	果実の大きさ	果形	果皮色	果肉色	果実の硬さ
宝交早生	ミヨシアグリテック，他	中間	中	中	円錐形	鮮赤	淡赤	軟
東京おひさまベリー	ミヨシアグリテック	立性	強	やや大	卵円形	鮮赤	赤	やや軟

注）栽培地：東京都

図41　'東京おひさまベリー'の着果状況

い。

そのため、各地域の気候条件に適した品種を選定する必要がある。東京のような温暖地では、休眠の深さが促成用品種と寒冷地向け品種の中間である'宝交早生''東京おひさまベリー'などの品種が適している（表29、図41）。

②'宝交早生'と'東京おひさまベリー'

'宝交早生'は1960年に兵庫県で育成された古い品種だが、今でも温暖地での露地栽培の主要品種である。着果数が多く、収量性が高いが、収穫後半に小果が多くなる。果実は、酸味が少なくて甘味が強いが、果肉が柔らかく傷みやすい。炭疽病には強い。

'東京おひさまベリー'は、2019年に東京都が新たに育成した露地栽培用品種である。果実は、'宝交早生'より大果で、果皮は鮮やかな赤色で光沢が強く、果肉も赤色である。糖度は'宝交早生'と同程度で、酸度がやや高く、独特の香りがあり、食味は良好である。

3 栽培の手順

(1) 育苗のやり方

①親株の管理と子苗の増殖

親株の準備　親株は、ウイルスの汚染がなく、萎黄病や炭疽病の感染もない、無病苗（ウイルスフリー）を種苗会社などから購入する。親株1株から20～30株の子苗をとるとして、本圃10a当たり5000株前後を定植するためには、親株を150～250株程度準備する。

圃場の準備と施肥　子苗の増殖には、排水がよい圃場を選び、土壌消毒を行なう。'東京おひさまベリー'のような炭疽病に弱い品種では、できればハウスなどの雨よけ施設で増殖したい。

圃場の土壌診断を行ない、緩効性肥料を中心に、10a当たり成分で窒素3～5kg、リン酸10kg、カリ5kgを全面施用する。

植付けと親株の管理　ベッド幅1・5～2・5mの親株床をつくり、ベッドの片側に株間60～120cmで植え付ける（図42）。十分に灌水し、以後も乾燥させないように適宜灌水を行なう。

ランナーの発生が悪いときには、早めに灌水や液肥による追肥を行なう。古葉や花房を早めに除去し、アブラムシ類と炭疽病を中心に、定期的な薬剤防除を行なう。

ランナーの発生数は8月以降多くなるので、込み合って重ならないように定期的に配置する。

②子苗採りと仮植

仮植の時期　露地栽培の場合、仮植の時期を早くすると大苗になるが、育ちすぎると着果数が増えて小果が多くなる。一般に、関東以西の温暖地では、仮植の適期は8月下旬こ

表30　露地栽培のポイント

	技術目標とポイント	技術内容
子苗の増殖	◎優良種苗の導入 ◎親株の定植 ◎ランナーの管理	・品種を選定し，無病苗（ウイルスフリー）を確保する ・本圃10a当たり5,000株前後定植するには，親株を150～250株程度準備する（育苗数7,000本程度） ・施肥は窒素成分で3～5kg /10a施用する ・5月下旬までにベッド幅1.5～2.5m，ベッドの肩付近に株間60～120cmで植え付ける ・定植後は十分灌水する ・ランナーの発生数が多いので，込み合わないようにランナーを配置する ・適宜灌水を行ない，ランナーの発生が少ないときは液肥を与える
育苗（仮植）方法	◎仮植床準備 ◎子株の仮植	・無病地を選び，土壌消毒を行なう ・施肥は窒素成分で10kg /10a施用する ・ベッド幅1～1.2m，高さ10～15cmの仮植床をつくる ・本葉3～4枚で白い根が多く出ている子株を，親株側のランナーを3～5cm残して採苗する ・炭疽病，萎黄病の予防のため，ベンレート500倍液に根部を1～3時間浸漬する ・条間，株間とも15cm，ランナーの切り口を挿すような感じで植え付ける ・十分に灌水を行ない，活着するまで（3～5日）遮光ネットでトンネル被覆する ・乾燥が著しいときは適宜灌水し，適宜枯葉や発生したランナーを取り除く ・萎黄病に罹病した株はすみやかに除去し，薬剤防除を行なう
本圃の準備・定植方法	◎圃場の選定 ◎定植準備 ◎定植	・前作にイチゴの作付けがなく，保水・排水のよい圃場を選定する ・土壌病虫害対策として必ず土壌消毒を行なう ・施肥は10a当たり堆肥2ｔ，元肥として窒素8kg，リン酸25kg，カリ8kgを施用し，よく耕うんする ・ウネ幅130～150cmに幅70～80cmのベッドをつくる ・ランナーの切り口をベッドの内側に向け，条間30～40cm，株間25～35cmで2条千鳥で植え付ける（‘宝交早生’は25～30cm程度，草勢の強い‘東京おひさまベリー’は30～35cmとやや広くする） ・クラウン部が土に埋まらないように覆土し，よく鎮圧した後十分に灌水する
定植後の管理	◎追肥 ◎下葉，腋芽の除去 ◎マルチ張り ◎敷ワラ ◎病害虫防除 ◎防鳥網の展張	・11月中下旬と2月中下旬の2回，10a当たり窒素，カリ成分で各4kgをベッドの中央と肩の部分にまく ・枯葉や老化葉を適宜取り除く ・大きい腋芽を3～4本残して，小さいものを除去する（小果が多くなりすぎる場合） ・2月下旬～3月中旬になり，新芽が少し伸び始めたころ黒色マルチを張る ・開花後，乾燥や雨水の跳ね上がり防ぐため，通路に敷ワラや除草シートなどを敷く ・枯れた花や障害果，病果（灰色かび病）はこまめに取り除き，薬剤による予防に努める ・収穫期に近づいたら，鳥による食害を防ぐため防鳥網を張る
収穫	◎適期収穫	・摘み取りや株売りではできるだけ完熟で収穫するが，とり遅れに注意する ・直売所など出荷する場合，果実に触れる回数を減らし，早朝に収穫する ・収穫後に3～5℃の冷蔵庫で予冷を行なうと，その後の品質低下が少ない

ろになる。

仮植床の準備　仮植床も親株床と同様に排水がよい圃場を選び，土壌消毒を行なう。

土壌診断を行ない，10a当たり成分で窒素10kg，リン酸15kg，カリ10kgを施用し，よく耕うんする。ベッド幅が1～1.2mの仮植床をつくる。

子苗の掘り上げ　親株側ランナーの1番目の子苗は老化苗になるので使わず，2～4番目の葉数が3～5枚で白い若い根が多く出ている子苗を使う。

子苗は親株側のランナーを3～5cm残して切り離し，根を傷めないように掘り上げる（図43）。このとき，子苗から先に出ているランナーは株元から切る。

仮植のやり方と管理　掘り上げた子苗は，炭疽病と萎黄病の予防のため，ベンレート500倍液に根部を1～3時間浸漬する。浸漬後に条間，株間とも15cmで，ランナーの切り口を仮植床に挿すような感じで，一定方向に向くように子苗を植え付ける。

植付け後は十分に灌水を行ない，活着するまでの3～5日間，遮光ネットでトンネル被覆する。乾燥が著しいときは灌水を行ない，適宜枯葉や発生したランナーを取り除く。

図42　間口5.4mハウスでの親株床つくりの例

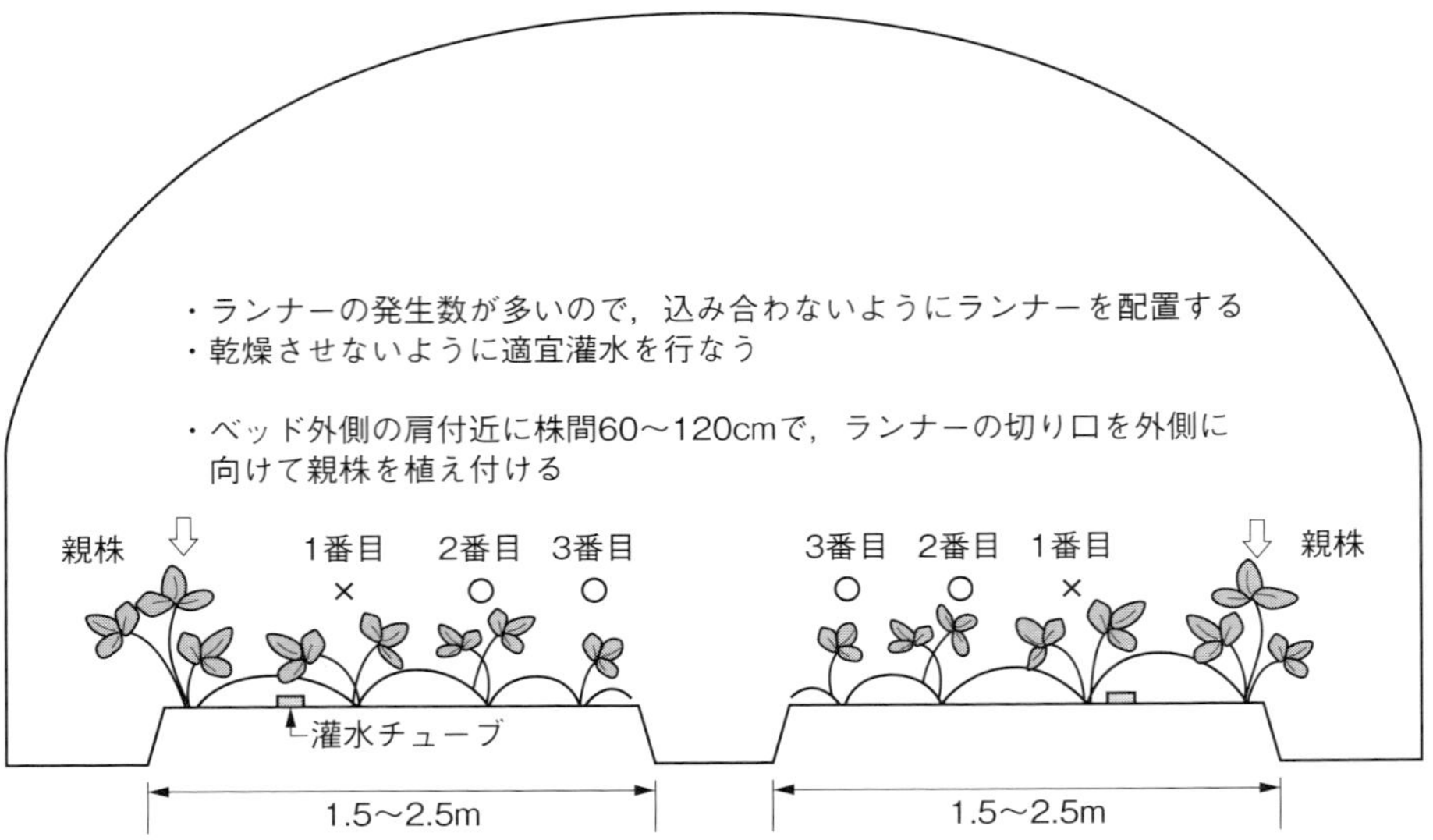

萎黄病に罹病した株はすみやかに除去し、ベンレート水和剤５００倍液の灌注を行なう。

(2) 定植のやり方

① 本圃の準備

イチゴの連作を避け、土壌はとくに選ばないが、土壌病害虫の発生がなく通気性や排水性がよい圃場を選ぶ。土壌病虫害の対策として、必ず土壌消毒を行なう。

土壌診断を行ない、ＥＣやpHの値から圃場の状態を把握し、施肥量を加減する。施肥は、定植の２週間前までに、10ａ当たり完熟堆肥２ｔ、苦土石灰２００kg、元肥として緩効性肥料を中心に成分で窒素８kg、リン酸25kg、カリ８kgを施用し、よく耕うんしておく（表31）。ウネ幅１３０〜１５０cmに幅70〜80cmのベッドをつくる（図44）。

植付け直前に、ネオニコチノイド系の粒剤を植穴に施用し、よく土壌混和する。

② 定植時期と植付け方

露地栽培の定植時期は、温暖地では花芽分化後（露地の仮植床での花芽分化は９月下旬〜10月上旬ころ）の10月上旬〜11月上旬になる。露地栽培では定植後の生育が収量に大き

図43　採苗方法

表31　施肥例　　（単位：kg/10a）

	肥料名	施肥量	成分量		
			窒素	リン酸	カリ
元肥	堆肥	2000			
	苦土石灰	200			
	化成８号	50	4	4	4
	有機配合	50	4	4	4
	重焼燐２号	50		17.5	
追肥	NK 化成２号	1回目　25	4		4
		2回目　25	4		4
施肥成分量			16	25.5	16

注1）苦土石灰は，黒ボク土でpH5.8の場合
注2）沖積土の場合，リン酸は８割の量を施用

図44　露地栽培のベッドつくり，栽植距離の例

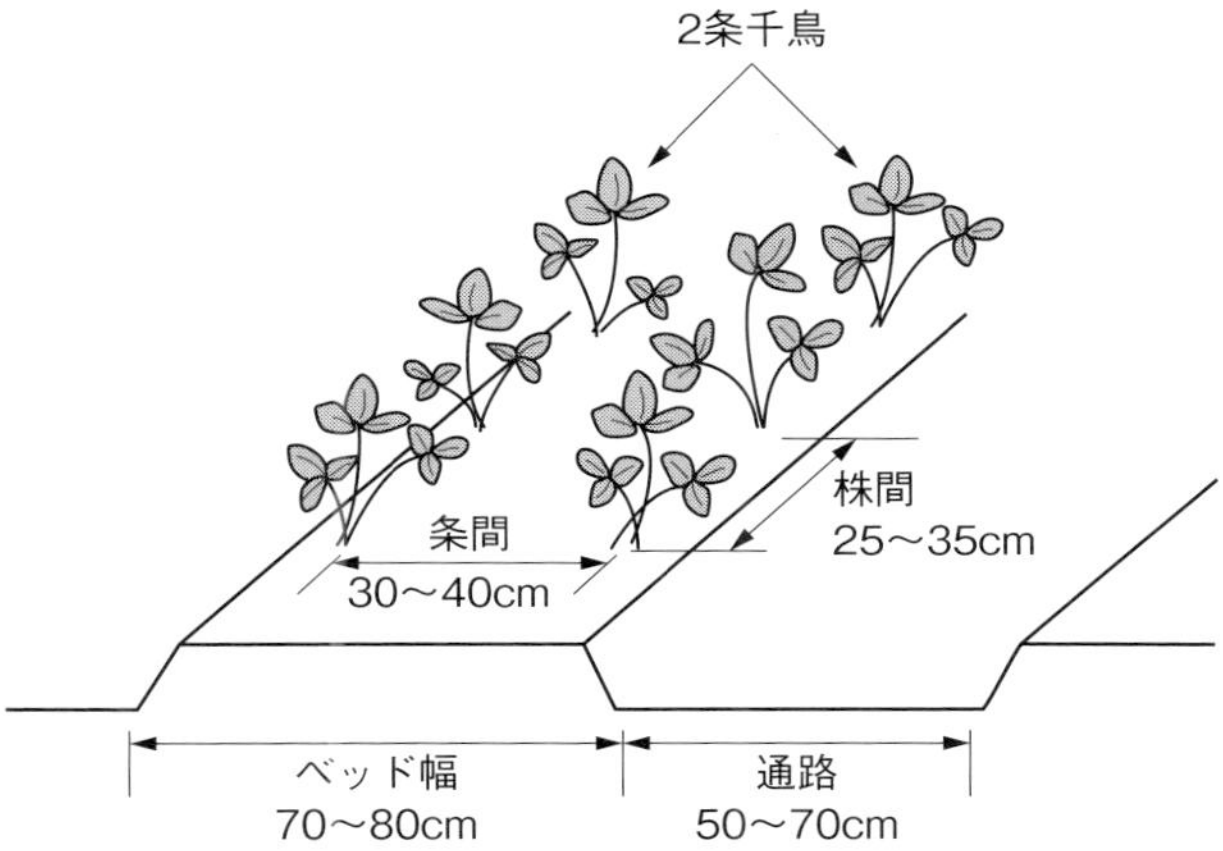

く影響し、11月以降に気温や地温が下がると休眠が深くなり、生育も悪くなるので、植え遅れには注意する。

仮植床の苗は土をつけて掘り上げ、収穫のとき通路側に果房が出るように、ランナーの切り口をベッドの内側に向け、条間30～40cmの2条植えとする。株間は'宝交早生'で25～30cm、草勢が強い'東京おひさまベリー'では30～35cmとやや広くして、千鳥に植え付ける（図45）。

深植えに注意して、クラウンが全部土に埋まらないように覆土し、株の周りをよく鎮圧した後、十分に灌水する。

図45　イチゴの植付け方

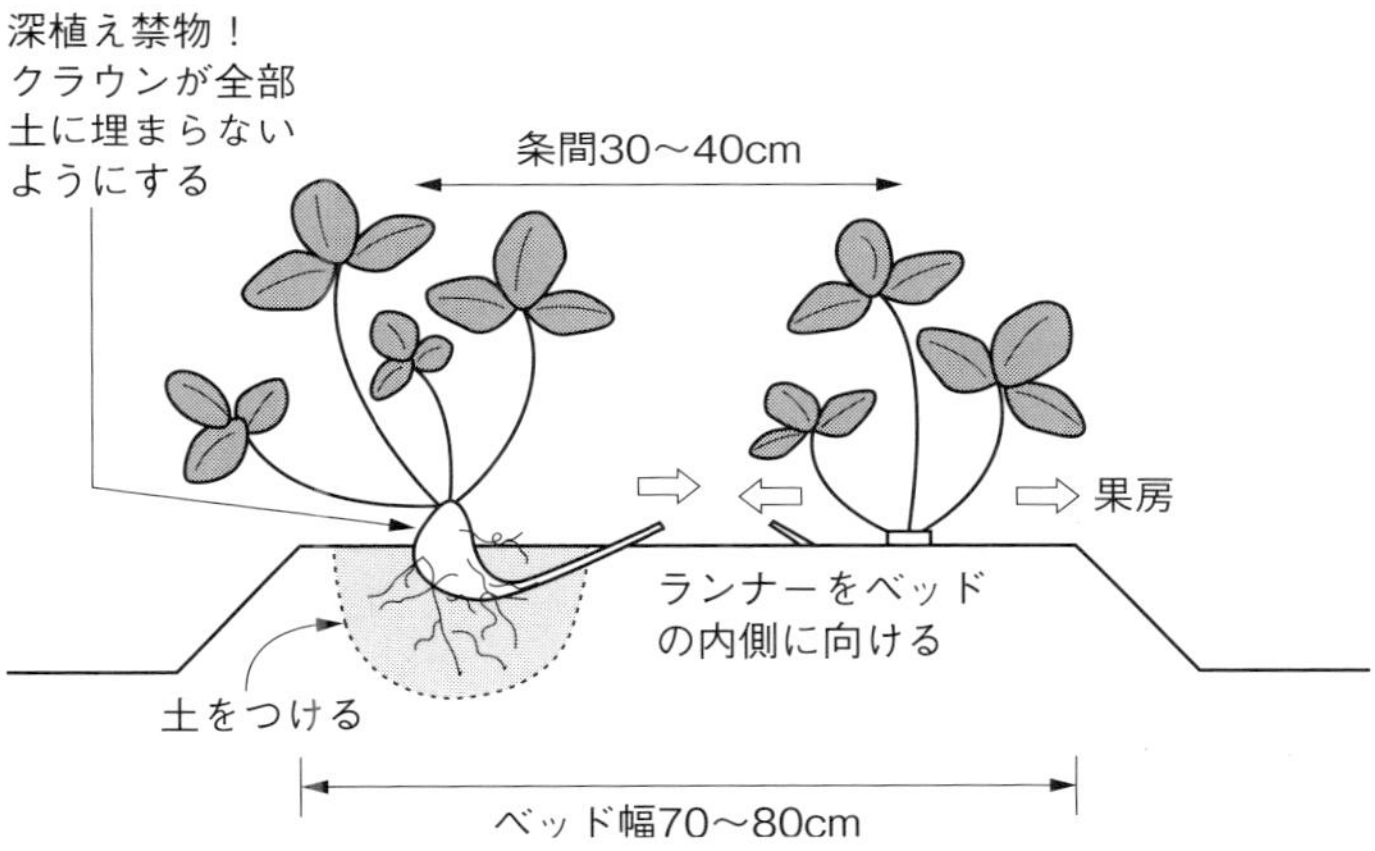

(3) 定植後の管理

① 追肥

追肥は、11月中下旬と2月中下旬の2回行なう。速効性の高度化成を、窒素、カリ成分で10a当たり各4kg、ベッドの中央と肩の部分に播く。とくに2回目の追肥はマルチ張りの前に行ない、できればマルチ張りまでにひと雨当てておきたい。

② 下葉の除去、腋芽の整理など

灰色かび病の原因になる、枯葉や凍霜害花、障害果などを適宜取り除く。促成栽培のように腋芽の整理はとくに必要ない。しかし、収穫時に小果が多くて気になるときは、次年度から、マルチ張りまでに大きい腋芽を3～4本残して、小さい腋芽を除去する。

③ マルチ張り

マルチには地温を上げる効果と、雨水の跳ね返りを防いで、病気や果実の汚れを防ぐ効果がある。

2月下旬～3月中旬になり、株中心部の新芽が少し伸び始めたころ、黒色または透明マルチを張る。透明マルチのほうが地温上昇の効果はあるが、マルチ下に雑草が出るので、黒色マルチのほうが雑草の防止にもなる。また、地温上昇や雑草防止効果が透明マルチと黒マルチの中間になる、紫色マルチや緑色マルチもある。

マルチを張るまでに傷んだ葉や枯葉を取り除き、2回目の追肥を済ませておく。

張り方は、幅95～135cmのマルチをイチゴの株の上からベッド全体にかけていき、マルチの周囲に土を寄せて固定する（図46）。

図46　マルチの敷設

マルチを張ったら刃物で切れ込みを入れ、穴を広げて葉を折らないように気をつけて株を取り出す（図47）。

④通路被覆（敷ワラ）、防鳥網の設置

マルチを張った後、花が上がってきたら雨水の跳ね返りを防ぐために、ワラや透水性の防草シートなどを通路に敷く。

さらに、果実が着色するまでに防鳥網を圃場に設置する。作業性を考えて、網の上部が人が網の中に入れるくらいの高さになるよう展張する。都市部でも、鳥だけでなくタヌキやハクビシンなどの害獣が網の隙間から侵入し、果実を食害するので、網の裾はしっかり固定する。

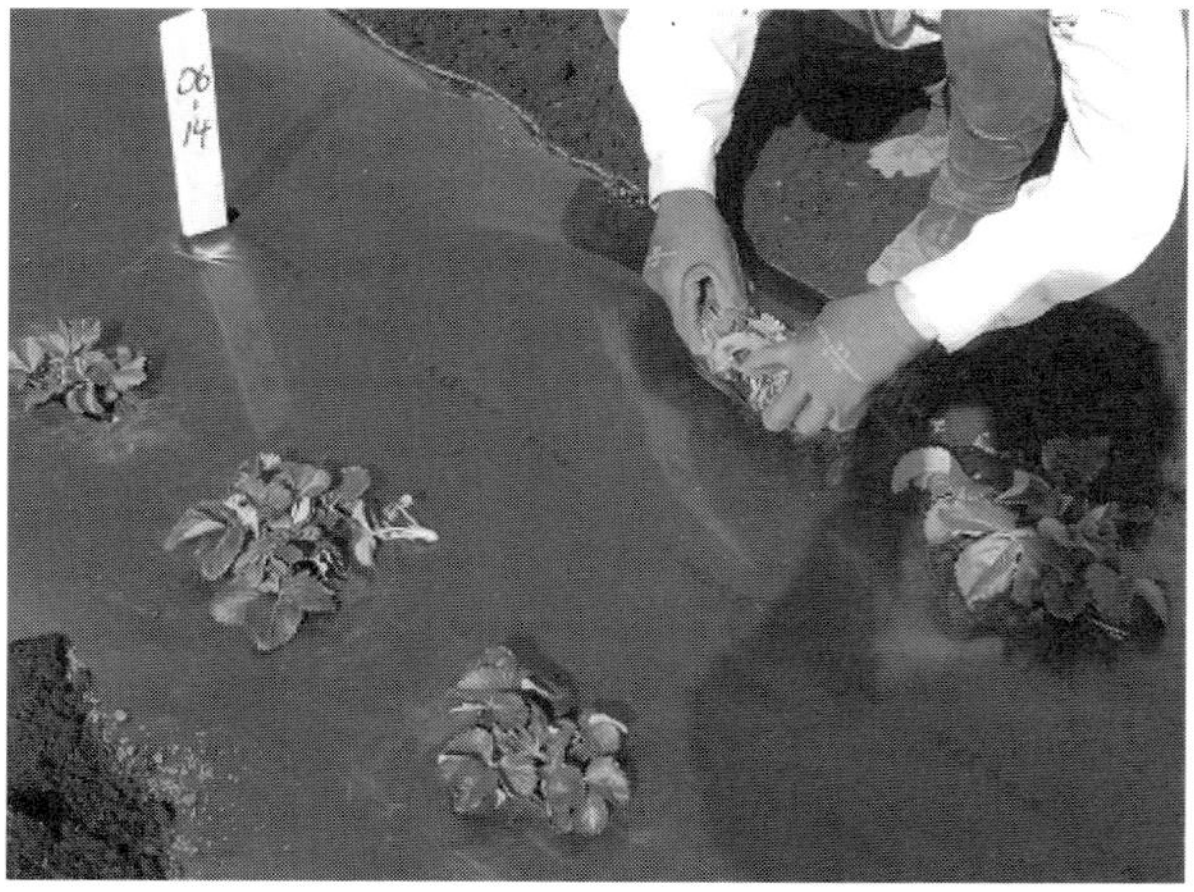

図47　マルチ後の株の取り出し

(4) 収穫

露地栽培の開花から収穫までの成熟日数は、〝宝交早生〟で約30日程度、〝東京おひさまベリー〟で少し長く35～38日前後である。

収穫期の5月の天候では、果実は着色開始からほぼ2～3日で100％に着色する。いずれの品種も最近の促成用品種に比べて果実が柔らかく、軟化しやすいので、とり遅れに注意する。

摘み取りや株売りでの販売では、消費者が直接収穫するので、とり残して傷んだ果実や障害果などの処分は最小限にとどめて、毎日ある程度の数量の果実を確保しておく必要がある。

直売所などに出荷する場合、果実に触れる回数を減らすとともに、気温の上がらない早朝に収穫する。できれば、収穫後に3～5℃の冷蔵庫で予冷を行なうと、その後の果実の品質低下が少ない。

4 病害虫防除

(1) 基本になる防除方法

降雨が直接当たる露地栽培では、ハウス栽培の場合と異なり、うどんこ病とハダニ類の被害は比較的少ないが、灰色かび病の発生がとくに多くなる。他に問題になる主な病害虫は、萎黄病、炭疽病、アブラムシ類、アザミウマ類である。

露地栽培では収穫間隔がほぼ毎日となり、

表32　病害虫防除の方法

	病害虫名	防除法
病気	灰色かび病	果実や葉などに発生し，比較的低温（15～20℃）で湿度が高いと発病が増加する。密植を避け，風通しや水はけをよくする。敷ワラやマルチを行なう。古葉や病果をすみやかに取り除く。発生を認めたら，セイビアーフロアブル20，ジャストミート顆粒水和剤，ロブラール水和剤を散布する
	萎黄病	根から感染する土壌病害で，ランナーを介しても伝染する。無病の親株から採苗する。太陽熱や薬剤による土壌消毒を行なう。発病歴のある圃場は使用しない。発病株はすみやかに抜き取り，圃場外に持ち出す。ベンレート水和剤の採苗時の根部浸漬，育苗期では土壌灌注を行なう
	炭疽病	罹病残渣がある土壌や感染植物体上の胞子が，降雨や灌水による水滴とともに飛散し伝染する。無病の親株から採苗する。苗の増殖はハウスなど雨よけ施設で行なう。ベンレート水和剤の採苗時の根部浸漬を行ない，発病したらキノンドーフロアブル（育苗期），アントラコール顆粒水和剤（育苗期），ベルクートフロアブル，ゲッター水和剤を散布する
害虫	アブラムシ類	新芽や葉裏に群生する，体長１～2mm くらいの吸汁性昆虫である。排泄物である甘露による黒いカビ（すす病）を引き起こしたり，ウイルス病を媒介したりする。定植時にアドマイヤー１粒剤を植穴に施用し，土壌混和する。発生を確認後ウララ DF，チェス顆粒水和剤，ベストガード水溶剤を散布する
	アザミウマ類	体長0.8～2mm 程度の吸汁性昆虫である。被害は，果実の周囲が黄化または褐変する。葉では葉脈間が吸汁され白色斑紋もしくは黒褐色になる。採苗を施設で行なう場合，目合い1mm 以下の防虫ネットや赤色ネットで侵入防止効果を高める。圃場周辺の雑草を定植前に除草する。開花時中心にディアナ SC，スピノエース顆粒水和剤，グレーシア乳剤，ベネビア OD などのローテーション散布を行なう
	ハダニ類	ハダニ類は体長0.5mm 前後で，主に葉裏に寄生する吸汁性の害虫である。被害を受けた部分は白いカスリ状の白斑，葉の黄変，葉裏褐変，葉全体の光沢が失われる。増えると防除がむずかしいので，発生初期にダニコングフロアブル，カネマイトフロアブル，コロマイト水和剤，バロックフロアブルなどによる薬剤防除を行なう。また，薬剤抵抗性が発達しやすいので，薬剤のローテーション散布を行なう

さらに株売りや摘み取り販売では消費者が圃場に収穫にくるので、収穫期には薬剤散布ができないと考えてよい。

萎黄病、炭疽病は仮植、育苗時のベンレート水和剤の浸漬や灌注、灰色かび病は枯葉などの除去と発生初期に薬剤散布で拡大を予防する。アブラムシ類やアザミウマ類は、３～4月の新芽が伸び始めるころから開花期に多く発生するので、この時期に害虫が増える前に薬剤による防除を行なう。

これら主要病害虫は、作用機構が同じ系統の薬剤を連用すると薬剤抵抗性が発達しやすいので、表32を参考に異なる系統の薬剤のローテーション散布を行なう。

(2) 農薬を使わない工夫

無病苗（ウイルスフリー）を用い、土壌病害虫の発生がない圃場を選ぶのが基本である。

灰色かび病は、密植や過繁茂を避けて風通しをよくし、マルチや敷ワラを行ない雨水の跳ね返りを防ぐ。これとともに、枯葉や傷んだ果実などをこまめに取り除く。

萎黄病やネグサレセンチュウなどの土壌病害虫には、連作は避け、夏に太陽熱土壌消毒を行なう。また、害虫が雑草で越冬や繁殖している場合があるので、圃場周りの除草も適宜行なう。

5 経営的特徴

露地栽培の10ａ当たりの労働時間は１０００時間弱で、ハウス栽培の２分の１以下である。これには収穫・出荷の作業時間も含まれており、ハウス栽培ほど割合は高くはないが、露地栽培でも全体の４割を占めている。しかし、株売りや摘み取りの販売形態では、収穫を消費者が行なうので、収穫・出荷作業はほとんどなくなり、摘み残したくず果の処分程

表33　イチゴ露地栽培の経営指標（直売の場合）

項目	
収量（kg/10a）	1,500
単価（円/kg）	1,000
粗収入（円/10a）	1,502,130
経営費（円/10a）	520,918
種苗費	46,400
肥料費	49,113
薬剤費	103,020
資材費	41,800
動力光熱費	6,720
流通経費（手数料）	48,545
荷造経費	225,320
農業所得（円/10a）	981,212
労働時間（時間/10a）	970

度なので、560時間程度まで減少する。

販売単価は、販売形態によって異なるが、直売の場合1パック（250g前後）を200～300円で販売している直売所が多く、1kg当たり1000円ほどである。露地栽培の10a当たりの収量は1.5t程度なので、粗収入は10a当たりほぼ150万円になる。経営費は、10a当たり52万円で、ハウス栽培の3分の1くらいで済む。所得は98万円で、所得率は65%でハウス栽培より高くなる（表33）。

株売り販売の場合、販売価格は25株で5000円くらいが相場なので、粗収入は10a当たり100万円弱である。しかし、株売り販売は、直売所出荷より労働時間が4割程度少ないので、労働単価は高くなる。さらに、経営費の2分の1以上を占める、出荷経費（流通・荷造経費）がかからないので、所得率もさらに高くなる。

東京都内では露地イチゴの専作はなく、狭い圃場で他の直売品目と組み合わせて栽培されている。したがって、作付け体系や圃場全体での作業の繁忙期を考えて、露地イチゴ栽培の規模は2～3a程度が適当である。

小規模でも株売りや摘み取り、体験農園などの収穫体験的な販売は、都市農業特有のものといえるが、生産者と消費者の交流もあり、消費者に大変喜ばれる品目である。

（執筆：海保富士男）

種子繁殖型イチゴの栽培

1 栽培の特徴と導入

(1) 栽培の特徴と導入の注意点

種子繁殖型品種の栽培方法には、種苗事業者からセル苗を購入し、二次育苗して利用する「二次育苗体系」と直接定植する「本圃直接定植体系」、自分で播種から苗を育てて栽培する「播種から始める二次育苗体系」の3タイプの栽培方法がある。

①二次育苗体系の特徴と注意点

この体系は、7月上旬に購入したセル苗をポットに鉢上げし、ポット育苗を開始する。鉢上げ時は小さな株だが急速に生長し、8月下旬には従来のランナー苗と同等の大きさになる。その後は、従来の栄養系品種と同じような管理が可能で、11～12月に収穫が開始できる。

前作の片付けから鉢上げするまでの期間、イチゴの株に接する必要がないため、時間に余裕が生まれるうえ、病害虫の伝染環を断ち切ることもできる。

②本圃直接定植体系の特徴と注意点

7月下旬～8月中旬に、購入したセル苗を直接本圃に定植する体系である。定植適期はセル苗の大きさにより異なり、大きなセル苗ほど定植時期を遅らせることができる。

図48　種子繁殖型イチゴの作型と栽培暦例と特徴

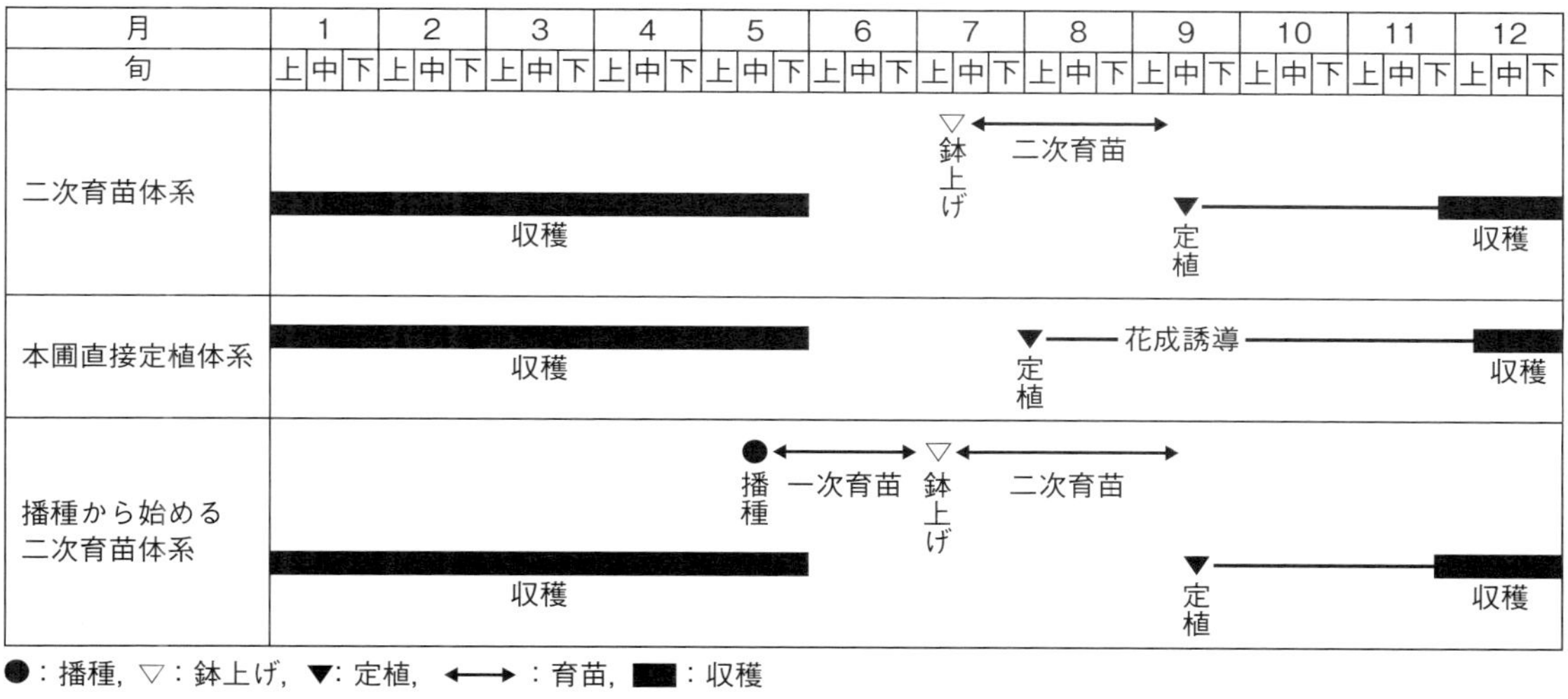

種苗形態と概要と特徴

	種苗形態	概要	特徴
二次育苗体系	セル苗	7月上旬にセル苗を購入し，ただちにポットに鉢上げして育苗する。花成誘導した後，本圃に定植して栽培する	従来品種のランナー苗利用による慣行栽培に近い安定した栽培方法。失敗が少なく，11月下旬からの早期収穫開始が可能。従来品種で問題になる親子間の病害伝染リスクが低い。種苗費はかかる
本圃直接定植体系	セル苗	7月下旬～8月中旬にセル苗を購入して本圃に直接定植し，本圃で花芽分化させて栽培する。定植時期は，大きな規格のセル苗ほど遅くできる	育苗が不要で，育苗施設がいらないうえ，大幅な労力軽減ができる。本圃では窒素制限がむずかしく，花芽分化が遅れ，収穫開始が遅くなるリスクがある
播種から始める二次育苗体系	種子	種子を散播して一次育苗した小さな苗を，ポットに鉢上げして二次育苗する。花成誘導した後，本圃に定植して栽培する	セル苗に比べ種子単価は安く，その分，種苗費がかからない。播種後の発芽管理や発芽したての小さな苗の管理になれるまで，手間と技術を要する

本圃で花芽分化させ、12月の収穫開始を目標とする。育苗しないため、大幅な労力軽減になり、育苗施設も不要になる。

③播種から始める二次育苗体系の特徴と注意点

5月ころに散播して一次育苗した苗を、7月初旬にポットに鉢上げし二次育苗する体系である。

購入したセル苗を用いる二次育苗体系より、根が少なくて活着が遅れるので、鉢上げ日を1週間程度早く設定する。

種子はセル苗より安価なため、種苗コストを抑えることができる。

2 栽培のおさえどころ

(1) どこで失敗しやすいか

①二次育苗体系のポイント

慣行のポット育苗に近い栽培体系で、失敗しにくい安定した栽培体系といえる。育苗初期は小さな株だが、育苗中に急速に生長し、8月中下旬には従来のランナー苗と同程度の大きさになる。

②本圃直接定植体系のポイント

本圃では窒素の吸収制限がむずかしいため、ポット育苗した株より頂花房の花芽分化が遅れがちになる。

③播種から始める二次育苗体系のポイント

播種から発芽まで2～3週間かかる。この間に、種子の周辺が一度でも乾燥すると、発芽率が大きく低下する。また、発芽したての苗は小さく、乾燥すると枯れてしまう。そのため、播種以降、こまめに灌水し、乾燥しないように十分注意する。

(2) おいしく安全につくるためのポイント

イチゴは収穫期間が長いので、毎年の気候変動によってなんらかの影響を受けてしまう。その影響が、経営上、決定的なダメージにならないよう、リスク分散に努める。

(3) 品種の選び方

‘よつぼし’は、わが国で初めて実用化された種子繁殖型品種で、続いて、いくつかの種子繁殖型品種が登場している（表34）。今後、さまざまなタイプの品種が揃ってくると、各経営形態に応じた品種選択が可能になる。

3 栽培の手順

(1) 二次育苗体系の栽培

①育苗のやり方

炭疽病菌の飛び込み対策には、水滴の跳ね返りや拡散を防ぐことが大切で、ベンチ上での育苗、雨よけ育苗、株元灌水、底面給水などを組み合わせる。

7月前半に406穴セル苗を購入し、苗が到着したらただちにポットに鉢上げする。ポットは、各生産者の既存のポットで支障ないが、株当たり12cm角程度のスペースがとれることが好ましい。新規に導入を検討する場合は、9cmポリポットを基準とする。

鉢上げ後、肥料切れしないよう十分な施肥を行なうと、8月中旬にはランナー苗と同等の大きさに育つ。

8月末ころから、慣行のポット育苗法と同様、窒素中断を行なって花芽分化を促進する。このときまでに十分に生長していない場合は、花芽分化促進よりも生長させることを優先し、窒素中断の開始を遅らせるようにする。

②定植のやり方

‘よつぼし’の場合、西南暖地での定植日の目安は、9月20～25日ころと考えられる。このころを基準に、その年の気象条件や栽培管理で早い、遅いが生じるので、顕微鏡観察で花芽分化を確認してから本圃に定植する。

従来の栄養系品種では、ランナーの切り口を内側に向け、株間20cmの2条千鳥植えで定植し、花房を外側に出すようにする。しかし、種子繁殖型品種の場合はランナーの切り口がないため、図49のように斜めに傾けて定植することで、傾けた側に花房を出すことができる。

株元に注目して位置と深さを合わせて植えるが、クラウンがそり上がってくるので、ランナー苗より1～2cm程度内側に植える。

③定植後の管理と収穫

定植後の管理は、慣行のポット育苗したランナー苗と同じである。

株元が乾燥しないよう少量多灌水で常に株元の土の湿り気を保って、一次根の発生を促す。また、光合成適温である、20～25℃の時間ができるだけ長くなるよう温度管理する。

株の様子を見ながら適宜葉かきを行ない、頂花房出蕾までは1芽で管理、それ以降は2

芽で管理する。

なお、'よつぼし'は、果梗が硬いので、高設栽培で果梗折れが発生しやすい。太い針金（10番線程度）を支柱に、ビニールヒモを張るだけで大きな効果があるので、果梗折れ防止は必置する（図50）。

11月下旬から頂果房の収穫が始まり、葉で生産される同化産物に加え、根に蓄えられた同化産物を徐々に消費しながら、初夏まで連続的に収穫できる。

表34　主な種子繁殖型イチゴ品種の特性

品種	販売元	特性
よつぼし	バイオ・ユー 三重興農社 三好アグリテック	わが国初の種子繁殖型イチゴ品種。早生性。鮮紅色で形のきれいな果実。高糖度で風味がある濃厚な食味
ベリーポップすず	三好アグリテック	早生で草勢が強い。果実が硬く，甘味も強いコクのある食味。果皮，果肉とも赤色。炭疽病と萎黄病に抵抗性がある
ベリーポップはるひ	三好アグリテック	作業性がよく省力的。早生性。果実が硬く，糖度と酸度のバランスがよくおいしい。果皮色は赤橙色

注）販売元は種子生産事業者。その他の種苗取扱い事業者もある

表35　種子繁殖型イチゴの栽培のポイント

栽培体系	栽培のポイント
二次育苗体系	・7月前半に406穴セル苗を購入し，育苗ポットに鉢上げ ・8月中旬まで肥切れしないよう施肥し，十分な大きさに育てる ・8月末ころから，慣行のポット育苗法と同様，窒素中断を行なって花芽分化を促進する ・花芽分化開始を確認して定植 ・従来のランナー苗利用のポット育苗法に近い栽培体系で，失敗しにくい安定した技術
本圃直接定植体系	・7月後半～8月中旬に購入したセル苗を，直接，本圃に定植する。大きな規格のセル苗ほど，定植日を遅くできる ・十分な大きさに育てた後，8月下旬から9月下旬まで液肥の施用をやめ，水だけを灌水する ・'よつぼし'の場合，9月15日ころから2週間程度，長日処理による花成促進を行なうこともできる ・育苗施設が不要で，育苗労力を大幅に削減できるが，本圃では窒素吸収を制限するのがむずかしいため，花芽分化開始が遅れやすい
播種から始める 二次育苗体系	・5月上～下旬に，ポリポットに散播する ・底面給水で管理し，6月下旬～7月初めころ，育苗ポットに鉢上げする ・セル苗に比べ根量が少ないため，活着までに時間がかかるが，活着した後は二次育苗体系と同様に管理する

(2) 本圃直接定植体系の栽培

①育苗のやり方

セル苗を購入し、本圃に直接定植する栽培体系なので、育苗の必要はない。育苗労力の大幅な削減になるだけでなく、育苗施設そのものが不要になる。

②定植のやり方

定植時期は、406穴セル苗の場合7月下旬、200穴セル苗の場合8月上旬、72穴セル苗の場合8月中旬が目安になる。

セル苗発注のときに納品予定を確認しておき、苗の到着予定日までに、本圃準備を行なっておく。この時期、高温できわめて乾き

図49　二次育苗体系でのポット苗の定植方法

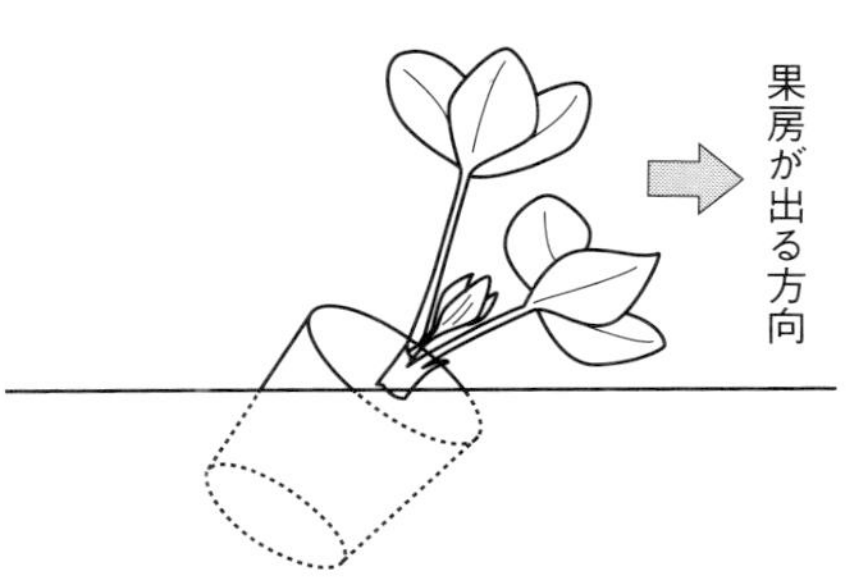

・根鉢が飛び出ても気にせず，株元を目印に位置と深さを合わせ株を斜めに定植する
・斜めに傾けた方向（矢印）に果房が出る

図50　果梗折れ防止対策の例

太い針金を曲げて支柱をつくる。矢印は支柱の針金

支柱の上と丸めた部分に2本ビニールヒモを通す。矢印はビニールヒモ

やすいので、長時間の保管は避け、箱から出したセル苗はすみやかに定植する。

定植方法は図51のとおりで、灌水チューブの近くに、株間20cmの2条千鳥植えで、寝かせて植える。深くなりすぎないよう、軽く押さえる程度でよい。セル苗は根域が小さいので、灌水チューブから離れて水が届かないと、乾燥して枯死することがある。

図51　本圃直接定植体系でのセル苗の定植方法

灌水チューブの近くに寝かせて植える。在圃期間が長い分，ウネの内側に植えると，クラウンの伸長するスペースを確保できる

③定植後の管理

高温期なので、遮光カーテンや遮熱塗布剤を用いたり、十分な換気を行なって温度を下げるよう努める。また、少量多灌水で株元が乾かないよう保ち、肥切れのないよう生育を促す。十分なスペースがあるので、葉かきをこまめに行なう必要はなく、ある程度まとめて葉かきすることができる。

8月下旬までに十分な大きさに育てば、それ以降9月下旬まで、液肥を止め水のみで管理する。目安としては、8月下旬のクラウン径6～8mm程度、9月中旬10mm前後と考えられるが、培土の種類や量によって窒素中断の効果が異なるので、それぞれの栽培環境に応じた適切な施肥方法を見いだす必要がある。

④長日処理による化成促進

〝よつぼし〟の場合、長日条件でも花成誘導される特異な特性があるので、本圃で長日処理することで花成促進も可能である。

長日処理は、日平均気温25℃以下になる時期（西南暖地で9月15日ころ）から2週間程度、24時間日長になるよう夜間電照を行なう。処理始めの株の大きさは、クラウン径10mm程度が目標で、最低8mm以上に育っていないと、幼若性のため花芽分化しにくい。

光源には白熱灯を用い、葉面上の照度40lx以上になるよう配置する。冬期生育促進の電照処理に比べ、2倍以上の数の光源が必要になる。また、蛍光灯やLED灯では、必要な波長の光が十分ではないので使用を避ける。

長日処理を適切に実施すると、花芽分化開始が早まり、開花時期が2週間程度早くなる。しかし、中途半端で処理が効かなかったときは、逆効果になって、無処理よりも遅れてしまうことがある。

⑤収穫

二次育苗体系に比べ、花成誘導期の窒素中断がゆるやかなため、収穫開始時期が遅くなりがちで、株ごとの揃いも悪いことが多い。そのため、早期収量は二次育苗体系より劣ることが多いが、逆に、これを収穫ピークの分散に利用することもできる。

図52　播種後の底面給水

不織布を垂らして余分な水を排水する。不織布が太い場合は短く，細い場合は長くして，排水速度を調整する。不織布を全面に敷くと，水分ムラが軽減される

(3) 播種から始める二次育苗体系の栽培

播種から鉢上げまでを一次育苗、鉢上げ後から定植までを二次育苗とする。

①播種のやり方

発芽適温は25℃程度で、西南暖地では5月上～下旬が播種適期である。培土を充填した9cmポットに30～50粒の種子を散播し、覆土はしない。播種したポットを底面給水トレイに入れ、トレイから不織布を垂らして余分な水分が排水されるようにする（図52）。

炭疽病菌が侵入しないよう、トレイは雨滴が当たらないベンチ上に置く。ヨトウムシ類などが侵入すると食害が大きいので、できれば防虫網を張ったほうがよい。

②一次育苗のやり方

発芽が始まるまでは、細かな水滴の頭上灌水と底面給水を併用する。発芽までの間に、一度でも種子が乾くと発芽率が極端に低下するので、培土の表面が湿った状態を保つ。

株が育ってきたら、炭疽病菌の飛び込みに備え、頭上灌水をやめて、底面給水だけに切り替える。

培土に含まれる肥料によって、発芽後の生育には大きな差が出る。肥料分を多めに含む培土のほうが、生育がスムーズで管理しやすい。肥料切れのきざしが見られたら、薄めの液肥を頭上散布で施用する。肥料分を含まない培土の場合は、発芽直後からこまめに施肥する必要がある。

③鉢上げと二次育苗のやり方

この方法で育てた苗は、セル苗に比べ根が少なく活着に時間がかかるので、二次育苗体系より1週間程度早い、7月初めまでに鉢上げする。

鉢上げは、図53のようにポットから抜き出した後、土をほぐし、1株ずつ抜き取って二次育苗用ポットに植える（使用するポットは「(1) 二次育苗体系の栽培」と同様）。株ごとの生育差が大きいが、二次育苗の後半には揃ってくるので、かなり小さい苗まで使うことができる。

鉢上げ後の管理は、二次育苗体系に準じ、8月下旬までに十分な株に育てば、慣行のランナー苗によるポット育苗と同じように栽培することができる。

④定植、定植後の管理、収穫

二次育苗体系と同様に管理する。

図53　播種から育てた一次育苗苗の鉢上げ

一次育苗苗の根鉢をほぐし，1株ずつ抜き取って鉢上げする。苗に生育差があっても，二次育苗中にある程度是正される

4 病害虫防除

(1) 基本になる防除方法

種子繁殖型品種では、ランナー増殖で見られる親株から子株への病害虫伝染がなく、病害虫に感染していない種苗を容易に得ることができる。しかし、後から侵入してくる病原菌や害虫に対しては、従来と同様に対処しなければならない（表36）。

なお、農薬使用回数は、播種からカウントされる。セル苗を購入した場合、種苗事業者が散布した農薬についても、使用回数に含める必要がある。

① 病気

炭疽病　温度が高い季節に、胞子が水滴とともに飛散して伝染するので、育苗期は雨よけハウス、株元灌水や底面給水などで管理する。定植後に、前作の残渣から感染することもあるので、前作で炭疽病が多発した場合は、土壌消毒をしっかり行なっておく。

本圃直接定植体系では、購入したセル苗をすぐ定植するので、結果的に株間が広がり炭疽病感染リスクは低くなる。

播種から始める二次育苗体系では、一次育苗は密状態になるので、病原菌の飛び込みにとくに注意する。

うどんこ病　気温20℃前後で発生しやすい。盛夏期にはほとんど見られず、秋から再び発生しやすくなる。

二次育苗体系の場合は定植後から、本圃直接定植体系の場合は9月初めころから換気の少なくなる11月ころまで、施設内に菌を持ち込まないよう、化学農薬のローテーション散布で重点的な防除を行なう。

その後、本圃での発生抑制には、硫黄くん蒸や紫外線ランプの利用も効果がある。ただし、硫黄くん蒸の場合は、電子機器やビニールが損傷しやすいので注意を要する。

灰色かび病　空気中の水蒸気が露になって果実に付着することがあり、この濡れ時間を短くすることが、耕種的防除の基本になる。とくに、11～12月ころと3～4月ころ、根からの水分吸収が盛んで、雨天が続くときに注意を要する。

施設内にシートを敷いて土中からの水分蒸散を抑える、高設栽培では排水は施設外に排出する、内張りは透湿性の資材を用いる、除湿機やヒートポンプを利用する、暖房機の温度設定を工夫し空気中の飽和水蒸気量を制御する、など保有設備に応じた除湿対策を行なう。

また、1カ月1～2回程度、化学農薬のローテーション散布を行ない、発生を予防する。

② 害虫

アザミウマ類　高温期に活動が活発になる害虫で、7～9月ころに非常に活発に活動し、冬は被害が少なくなる。しかし、2月後半から再び増え始め、3～6月には果実が被害を受ける。

表36　病害虫防除の方法

	病害虫名	共通	栽培体系別		
			二次育苗体系	本圃直接定植体系	播種から始める二次育苗体系
病気	炭疽病	・春から夏に，水滴とともに胞子が飛散する ・株の中に菌が侵入していると，定植後，収穫前になって株が萎凋・枯死することがある	・雨よけ，株元・底面給水など，慣行ポット育苗と同じ対策を行なう	・本圃土壌中に残る前作の残渣から感染することもある。定植前に土壌消毒を行なう ・定植した苗と苗の間隔が広いため，感染の広がりは少ない	・一次育苗は密のため，菌の飛び込みにはとくに注意が必要。雨よけ，株元・底面給水が必須 ・ポット単位で分けて播種し，菌が飛び込んだときはポットごと廃棄する
病気	うどんこ病	・気温20℃前後が発生しやすい。盛夏期になるとほとんど見られなくなる ・再び気温が低下する9～10月に重点的な防除を行なう			
病気	灰色かび病	・高湿度で発生しやすい ・収穫期間中，根の活動が活発になる11～12月ころと3～4月ころに注意を要する ・果実表面の濡れ時間が短くなるよう湿度制御する			
害虫	アザミウマ類	・高温期に活動が活発になる ・薬剤耐性が出やすいため，防虫網や天敵を有効活用する ・蛹化して土中で生存するので，前作から3週間以上の期間をあけて定植する	・親株からの伝染がないので，慣行栽培よりも防虫網や粘着板の効果が高い	・前作から定植までの期間が短いが，3週間以上空ける ・定植直後，高温で活動が活発なのでとくに注意が必要。定植直後から残効性のある化学農薬で抑える	・親株からの伝染がないので，慣行栽培よりも防虫網や粘着板の効果が高い
害虫	ハダニ類	・乾燥状態で発生する ・9～10月に重点的な防除を行ない，その後は天敵を有効に使う	・雨よけ育苗で発生しやすい ・定植後，根の活動が活発になり，葉から蒸散量が増えると，ハダニ類が弱る。この時期に重点的な防除を行なう	・定植時期が早いと，前作のハダニ類が生き残っていることがある。期間をあけ，蒸し込みを行なう	・雨よけ育苗で発生しやすい ・定植後，根の活動が活発になり，葉から蒸散量が増えると，ハダニ類が弱る。この時期に重点的な防除を行なう
害虫	ヨトウムシ類	・防虫網の効果が高い ・大きな虫は農薬が効きにくいので，圃場を見回り，早期に防除する			・一次育苗で侵入を許すと被害が大きいので，網室内での管理が望ましい
害虫	アブラムシ類	・11月まで施設内に持ち込まないよう防除する ・天敵の効果が高い ・厳寒期には，天敵よりも早く増殖することがあるので，適切な防除を行なう			

前作の片付け後も蛹化して土中で生存しているので、施設内に植物がまったくない状態を3週間以上保つ必要がある。できれば、この間に土壌消毒や蒸し込みを行なう。

とくに、本圃直接定植体系では、前作の片付けから定植までの期間が短いので注意が必要である。しかも、アザミウマ類の活動が活発な暑い時期に定植するので、定植直後から残効性のある化学農薬を用いて発生を抑えるようにする。

ハダニ類　雨よけ条件の二次育苗体系や本圃直接定植体系で、7～8月に発生しやすい。この時期に化学農薬を多用すると、使用回数が上限に達することがあるので、気門封鎖剤を用いる。

9～10月になると、根の活動が活発になって吸水量が増えるため、湿潤に弱いハダニ類に対しイチゴが優勢傾向になる。この時期に重点的に防除したうえで、開花始め以降は天敵を利用する。

ヨトウムシ類　防虫網の効果が高

い。幼い苗は食害による被害が大きい。とくに、密状態での被害は甚大になるので、播種から始める育苗体系での一次育苗は、網室内で行なうことが望ましい。

アブラムシ類　換気回数が少なくなる11月ころまでに防除し、施設内に入れないことが基本になる。天敵が有効に働くが、冬の気温が低い時期には、天敵よりもアブラムシ類の増殖のほうが活発になることがある。その傾向があるときは、気門封鎖剤や化学農薬を併用し発生密度を抑える。

(2) 農薬を使わない工夫

種子繁殖型品種は、従来の栄養系品種のような親株から子株への病害虫伝染がないので、新たな侵入を防ぐだけで、農薬を使わず対応できることもある。しかし、それにはリスクが伴うことを考慮しておく必要がある。

5 経営的特徴

(1) 二次育苗体系の経済性

二次育苗体系では、親株の管理やランナーの発生作業が必要なく、セル苗の鉢上げ作業も容易なため、育苗にかかる労力が大幅に軽減される。一方で、種苗を購入するコストが増える。

農林水産省地域戦略プロジェクトで実証した経営試算では、従来品種の慣行栽培に対して育苗の労働時間が31％削減された。その労力軽減分を収穫期間の延長にあてた場合の増収効果を含め、10ａ当たり47万円の所得増になった（表37）。

(2) 本圃直接定植体系の経済性

本圃直接定植体系は、育苗がいらないうえ定植作業も容易で、定植まで含めた育苗労働時間は90％削減される。育苗施設の減価償却費削減分と育苗労力を収穫期間の延長にあてた場合の増収効果から、種苗コスト上昇分を差し引き、10ａ当たり125万円の所得増になると試算されているが（表37）、気候変動の影響を受けやすいので注意を要する。

（執筆：森　利樹）

表37　種子繁殖型イチゴ栽培の経営指標

項目	従来品種慣行栽培	二次育苗体系	本圃直接定植体系
	・栄養繁殖型品種 ・ランナー増殖 ・高設栽培 ・11月下旬～5月収穫	・‘よつぼし’ ・セル苗購入 ・高設栽培 ・11月下旬～6月収穫	・‘よつぼし’ ・セル苗購入 ・高設栽培 ・12～6月収穫
生産物収量（kg/10a）	3,800	5,018	5,736
主産物収益（円/10a）	4,544,327	5,600,691	6,293,384
経営費（円/10a）	3,687,394	4,272,895	4,191,030
種苗費	25,920	420,000	420,000
償却費	1,201,741	1,201,741	1,106,751
雇用労賃	331,300	349,125	330,500
その他経費	1,265,211	1,208,382	1,096,204
小計	2,824,172	3,179,248	2,953,455
出荷経費	863,222	1,093,647	1,237,575
農業所得（円/10a）	856,933	1,327,796	2,102,354
農業所得率（%）	18.9	23.7	33.4

オクラ

表1　オクラの作型，特徴と栽培のポイント

主な作型と適地

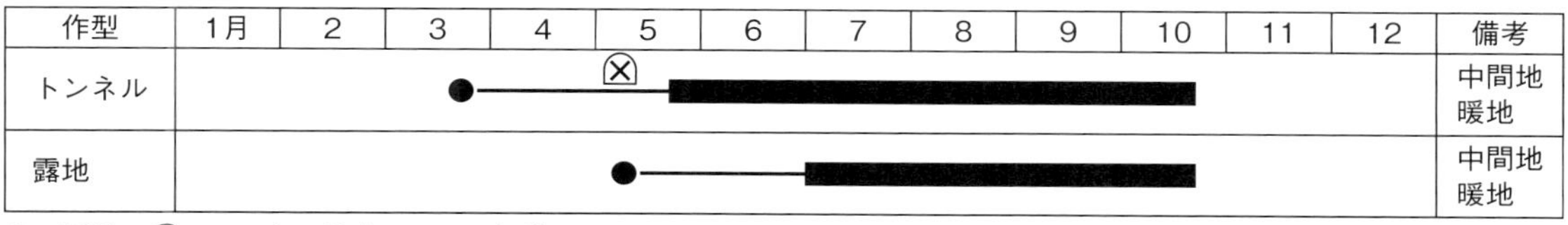

●：播種，⊗：トンネル除去，■：収穫

特徴	名称	オクラ（アオイ科トロロアオイ属），別名：アメリカネリ，黄蜀葵
	原産地・来歴	原産地はアフリカ東北部。古くはエジプトで13世紀に栽培された記録があり，その後中央アジア，インドなどの亜熱帯地域に伝わり，アメリカでは19世紀に入ってから栽培されるようになった。日本へは中国を経て，幕末から明治初期に伝わった
	栄養・機能性成分	β-カロテン，ビタミンB群，ビタミンC，カリウム，カルシウム，食物繊維が多い。とくにカルシウム含量は果菜類の中で最も多い。オクラの粘質物の成分は水溶性食物繊維のペクチンとムチレージ
	機能性・薬効など	ムチレージは悪玉コレステロールの吸収を減らし，胃の粘膜を守ってタンパク質の消化吸収を助ける。ペクチンは血糖値やコレステロール値の上昇を抑え，便通をよくする効果がある
生理・生態的特徴	温度条件	高温性の作物で，生育適温は，昼温25～30℃，夜温20～23℃。最低気温が10℃以下では生育が停止し，落花も多くなる。地温は20～25℃が適温
	発芽条件	発芽適温は28～30℃（地温20℃以上）。発芽日数は3～5日であるが，低温などの温度条件や土壌の乾燥などにより発芽は遅くなる
	土壌条件	pH6～6.5が適する。根は直根性で，耕土が深く，肥沃な土壌が適している。湿害に弱いため，排水対策は重要
	開花（着花）習性	品種にもよるが，6～8節以上の各葉腋に1花ずつ着花。開花は晴天日の早朝から始まり，午後にはしぼみ結実
栽培のポイント	主な病害虫	病害：立枯病，半身萎凋病，葉すす病，灰色かび病 害虫：アブラムシ類，カメムシ類，チョウ・メイガ類，ネコブセンチュウ
	他の作物・野菜との組合せ	ネコブセンチュウの被害が大きいため，葉・根菜類やイネ科作物（緑肥など）との輪作体系の中で栽培するとよい

この野菜の特徴と利用

(1) 野菜としての特徴と利用

①原産・来歴と生産

オクラは別名「アメリカネリ」ともいい、アオイ科の一年生草本で、アフリカ東北部の原産である。13世紀にエジプトで栽培され、その後、小アジア、中央アジア、インドなどの亜熱帯地域に伝わり、アメリカでは19世紀に入ってから栽培されるようになった。

日本へは、中国を経て幕末から明治初期に伝わり、一般的に栽培されるようになったのは戦後になってからである。

現在、日本の主な生産地は、鹿児島県、高知県、沖縄県で、暖地を中心に栽培が行なわれている。主な作型は、加温ハウスによる促成栽培や無加温ハウスによる半促成栽培、早熟栽培（トンネル栽培）、露地栽培、抑制栽培などで、周年で生産されている。

１９７８（昭和53）年ごろから輸入オクラも入荷しており、主にフィリピン、タイなどからの輸入が多い。

②利用と栄養・機能性

オクラは、若い果実を収穫して利用する。生のまま利用したり、ゆでたり炒めたりと、簡単に利用でき、また独特の食味を持ち栄養価が高く、夏バテ克服や健康食品としても注目されている。

オクラは、β-カロテン、ビタミンB群、ビタミンC、カリウム、カルシウム、食物繊維などを多く含み、栄養価の高い緑黄色野菜である。独特の粘質物は、ペクチン、ガラクタン、アラバンなどの水溶性食物繊維とムチレージなどからなる。ムチレージとペクチンにはコレステロール値や血糖値の上昇を抑える効果や、胃の粘膜保護、整腸作用などの働きがある。

(2) 生理的な特徴と適地

オクラは熱帯地域では多年生だが、寒さに弱く、日本では霜などで枯死するため一年生となる。

①温度条件

高温性の作物で、昼温25～30℃、夜温20～23℃が生育適温である。最低気温が10℃以下では生育が停止し、落花も多くなる。地温は20～25℃が適温である。

②土壌条件

土質はあまり選ばず、適応性は広い。根は直根性で、耕土が深く、排水性のよい、肥沃な土壌が適しており、吸肥力が強い作物である。土壌酸度はpH６～６・５が適する。

③水分条件

乾燥に強い作物であるが、生育初期で本葉３枚目程度までは、乾燥状態にすると生育が遅れるので、適当な水分が必要である。

また、収穫期の高温時に乾燥させると草勢と品質の低下が起こりやすいので、積極的に灌水を行なうが、湿害には弱いため、排水対策は重要なポイントである。

④発芽条件

発芽適温は28～30℃、発芽日数は３～５日であるが、低温などの温度条件や土壌の乾燥などで発芽は遅くなる。

発芽後、子葉が２枚展開し、約15～20日で第１葉が展開する。その後３～５日おきに新葉が展開し、本葉２枚までの丸みを帯びた葉も、それ以降はしだいに切れ込みの深い葉になっていく。葉は互生して展開する。

⑤日照条件

日射量が少ないと軟弱徒長や落葉・落花が多くなり、草勢低下および収量低下をまねく。

⑥その他

1番花が開花するころまでは比較的生育が遅いが、それ以降は早くなり、草勢も強くなる。7～8月の高温期には3日に1葉の割合で葉が展開するが、温度が下がるにつれて展開日数は長くなる。

花は、品種にもよるが、6～8節以上の各葉腋に1花ずつ着花していく。開花は晴天日の早朝から始まり、午後にはしぼみ、結実する。適温下では、開花後5日程度で収穫できるようになる。

（執筆：外薗幸夫）

露地栽培

1 この作型の特徴と導入

(1) 作型の特徴と導入の注意点

オクラは高温性の作物なので、露地栽培の場合には、発芽に必要な気温が確保できる5月上旬以降（暖地では4月下旬ころ、目安として最低気温が15℃以上になるころ）に播種する。とくに、発芽には地温確保が重要であり、マルチなどをして地温を確保することで発芽が揃う。

(2) 他の野菜・作物との組合せ方

オクラは、ネコブセンチュウの被害が大きいため、葉・根菜類やイネ科作物（緑肥など）との輪作体系の中で栽培するとよい。

2 栽培のおさえどころ

(1) どこで失敗しやすいか

オクラは、草勢管理が一番のポイントにな

図1　オクラの露地栽培　栽培暦例

月	4			5			6			7			8			9			10		
旬	上	中	下	上	中	下	上	中	下	上	中	下	上	中	下	上	中	下	上	中	下
作付け期間			●	●		∨				■	■	■	■	■	■	■	■	■	■	■	
主な作業		畑の準備（マルチ張り）	播種			間引き				収穫開始	←収穫，灌水，追肥，摘葉など									収穫終了→	

●：播種，∨：間引き，■：収穫

る。開花、着莢のころから生育が早くなり、草勢も強くなるため、元肥の入れすぎに注意する。

　草勢が旺盛になりすぎると、イボ果や曲がり果の発生が多くなりやすい。また、逆に草勢が弱くなっても同様にイボ果や曲がり果が発生する。そのため、肥培管理や灌水、摘葉などの作業を適切に行ない、草勢を維持することが重要である。

(2) おいしく安全につくるためのポイント

　オクラの主枝は、高さ2m以上になるが、大きくなるにつれて、葉が込み合い、過繁茂になってくる。そこで摘葉が重要な作業になる。

　摘葉することで、株元に光線が入りやすくなり、日当たり、風通しがよくなり、オクラの品質低下を防ぎ、病害の発生を抑える。また、摘葉は草勢を調整するうえでも重要な役割を持っている。

　通常は収穫果の下に1～2枚葉を残して、その下を摘葉する。草勢が強すぎる場合は、収穫果のすぐ下まで摘葉して、草勢の安定を図るとよい。

(3) 品種の選び方

　品種はとくに選ばないが、草勢がやや強く、低節位から連続して着果する品種がよい。

　地域によって違いはあるが、'ブルースカイ'、'ブルースカイZ'、'ピークファイブ'、'アーリーファイブ'などが適している（表2）。

　草勢がおとなしい品種は、盛夏に草勢が弱くなりやすい。草勢の強い品種は、降雨などによって肥料が効き、草勢が旺盛になりすぎて、初期の着果が不良となりやすい。

図2　オクラの栽培状況

表2　露地栽培に適した主要品種の特性

品種名	販売元	特性
ブルースカイ	ヴィルモランみかど	・枝の伸長がやや速く，早期収穫でき，低節位から連続して着果する早生種 ・濃緑色で，稜角のはっきりした正五角形 ・果肌も美しく，形状や食味がよい ・秀品率が高く，収量多い
ブルースカイZ	ヴィルモランみかど	・ブルースカイの品質はそのままで，4～5日早くとれる極早生種 ・さらに濃緑色で，稜角のはっきりしたへこみの少ない正五角形
ピークファイブ	サカタのタネ	・低節位から着果する早生種 ・小葉の切れ葉で，草丈低く倒伏しにくい ・濃緑色で，稜角のはっきりした五角形で，多角果の発生がきわめて少ない ・秀品率が高く，収量多い
アーリーファイブ	タキイ種苗	・低節位から多く着果し，収穫初期から多収が望める極早生種 ・濃緑色で，稜角のはっきりした正五角形 ・形状，食味がよい

3 栽培の手順

(1) 圃場の準備

① 圃場の選定

オクラは、多湿を嫌う作物なので、排水のよい圃場を選び、排水溝を設けるなど、排水対策を十分行なっておく。

また、連作によってネコブセンチュウや苗立枯病などの発生が多くなるため、連作を避けるほうがよい。なお、連作圃場では病害虫対策として土壌消毒を行なう。

② 施肥

土壌分析の結果をもとに、施肥を行なう。

オクラは吸肥力が強く、元肥窒素が多すぎると、草勢が旺盛になりすぎて着果が悪くなりやすいので、追肥主体の施肥を行なう。

施肥量は地域により差はあるが、播種の1カ月前までに10a当たり完熟堆肥1t、苦土石灰100kg（pH6～6.5に調整する）を全面散布し耕うんしておく。

播種の約2週間前に元肥を施用する。施肥量は、10a当たり窒素成分で10kg程度とする（表4）。オクラは吸肥力が強いので、緩効性肥料を中心とし、追肥主体で草勢をコントロールするように努める。とくに元肥の過剰投入は、強草勢の要因となるため注意する。

③ ウネつくりとマルチ張り

通路幅80～85cm、ベッド幅70～75cm、ベッドの高さ15～20cmのウネをつくる（図3）。圃場に余裕があれば、通路の幅を広くとったほうが、収穫や管理作業がやりやすい。雑草の抑制と地温の確保のため、黒マルチをする。

表3　露地栽培のポイント

	技術目標とポイント	技術内容
圃場の準備	◎圃場の選定と土つくり ・圃場の選定 ・土つくり ◎施肥 ◎ウネつくり ・マルチ	・連作を避ける（病害虫発生圃場では土壌消毒する） ・排水がよく作土の深い圃場を選定する ・完熟堆肥や緑肥などを施用し深耕する ・pHは6～6.5に矯正する ・土壌分析結果をもとに施肥量を決める ・元肥は緩効性肥料を中心にし，追肥主体で草勢をコントロールする ・ウネ幅150～160cm（通路幅80～85cm，ベッド幅70～75cm，ベッドの高さ15～20cm） ・マルチは，降雨後の土壌水分がある状態で，播種の10日以上前までには展張し，地温の確保を図る ・雑草対策と地温確保のために黒マルチを使用する
播種	◎播種の準備 ・発芽を揃える ◎播種 ◎病害防除	・10a当たり3～4ℓの種子を準備する ・土壌水分と地温の確保 ・オクラは直播き栽培とする ・1穴に4粒を播き，1cm程度覆土する ・ポットまたは育苗トレイに補植用の苗を準備する ・苗立枯病対策として，タチガレン液剤などを株元に灌注する
播種後の管理	◎間引き・補植 ◎草勢管理 ・追肥 ・摘葉 ◎灌水 ◎病害虫防除	・本葉3～5枚までに1穴3本仕立てにする ・欠株が出たら補植用苗を定植する ・追肥，摘葉を草勢に合わせて加減しながら行なう ・収穫開始ころから追肥を行なう ・追肥量は窒素成分で10a当たり1カ月2kg程度とする ・着果節位の下1～2枚の葉を残して摘葉する ・灌水は開花初めころまでは控えめに，その後は生育に応じて行なう ・とくに収穫開始後は，水切れさせないようにこまめに灌水する ・アブラムシ類，カメムシ類，チョウ・メイガ類の早期防除を徹底する（粒剤などを使用する場合は使用時期に注意する） ・葉すす病，灰色かび病などの病害は予防に努める
収穫	◎適期収穫	・開花後5日程度で収穫適期になる ・収穫開始後は基本的に毎日収獲となる

マルチ張りは、できれば降雨後の土壌水分がある状態で、播種の10日以上前までには行ない、地温の確保を図る（可能なら、20日程度前に行なうと地温が安定する）。

(2) 播種のやり方

① 播種の準備

10a当たり3～4ℓの種子を用意する。

オクラの種子は、表面が硬く吸水性が悪いため、水かぬるま湯に一昼夜浸漬してから播種すると発芽がよくなるが、現在はほとんど行なわれていない。

② 播種

播種日以降に好天が続くような日を選んで播種する。条間45cm（2条）、株間15cm、1穴4粒播きとし、覆土の厚さは1cm程度でよい。苗立枯病対策として、タチガレン液剤などを株元に灌注する。

なお、欠株が出た場合の補植用苗を準備しておくとよい。

(3) 播種後の管理

① 間引き

本葉3～5枚までに、1穴3本になるように間引きを行なう。欠株が生じた場合は、補植用の苗を定植する。

② 追肥

最初の追肥は、基本的には収穫を開始してから行なうが、草勢が強い場合は控える。追肥量は、窒素成分で10a当たり1カ月2kg程度とするが、具体的には生長点からの開花位置など図4を参考に草勢を見ながら、草勢を落とさないように少量ずつ多回数行なう。

③ 灌水

土壌水分の状態にもよるが、本葉3枚目程度までは乾燥状態にすると、生育が遅れるので、適当な水分が必要である。ただし、開花初めころまでは控えめに、その後は生育に応じて灌水する。

とくに収穫開始後は、乾燥により草勢や品質の低下が起こりやすいので、こまめな灌水が必要である。

④ 摘葉、整枝

葉が茂りすぎると風通しが悪く、光線不足になり、着果や色づきが悪くなり、病害が発生しやすいため、収穫のたびに下葉を順次摘葉していく。

基本的には、着果節位の下1～2枚の葉を残し、それ以下の葉を摘葉する。草勢が強い場合は着果節位までの葉を摘葉し、弱い場合

図3　ウネのつくり方と栽植密度

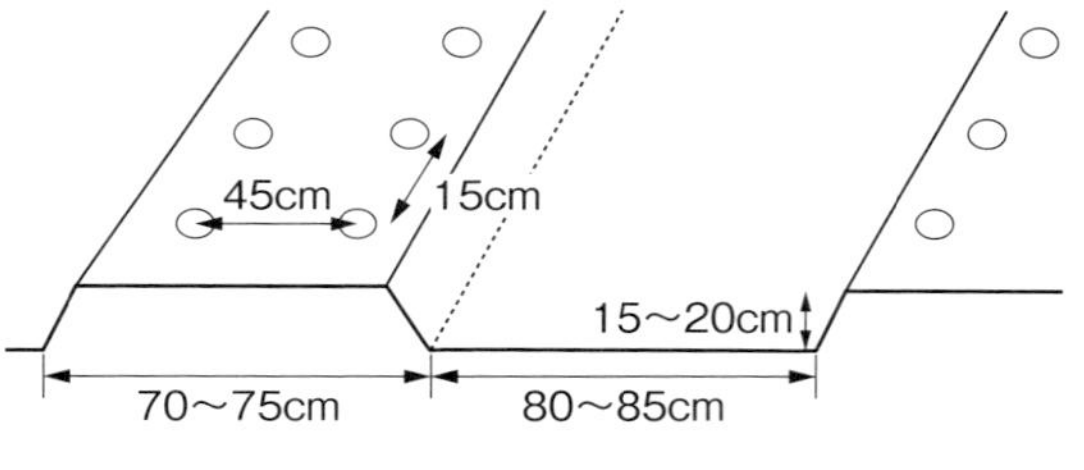

圃場に余裕があれば，通路を広くとると，
収穫や管理作業がやりやすい

表4　施肥例　（単位：kg/10a）

	肥料名	施用量	成分量		
			窒素	リン酸	カリ
元肥	完熟堆肥	1,000			
	苦土石灰	100			
	苦土重焼燐	40		14	
	オクラ配合	60	9.6	7.8	5.4
追肥	BBNK55	40	6		6
施肥成分量			15.6	21.8	11.4

注）鹿児島県指宿市の例

図4　草勢による生育診断の方法

項目	草勢の程度	
	強い	弱い
茎の太さ	太い	細い
葉の大きさ	大きい	小さい
葉色の濃さ	濃い	薄い
収穫節位の小葉の葉幅	4cm 以上	4cm 以下
花の直径	9cm 以上	9cm 以下
生長点～開花節位の長さ	長い	短い
果実の状態	曲がり果が多くなる	生育が遅くなる
葉の刻み	浅くなる	深くなる

図5　草勢による葉かき管理

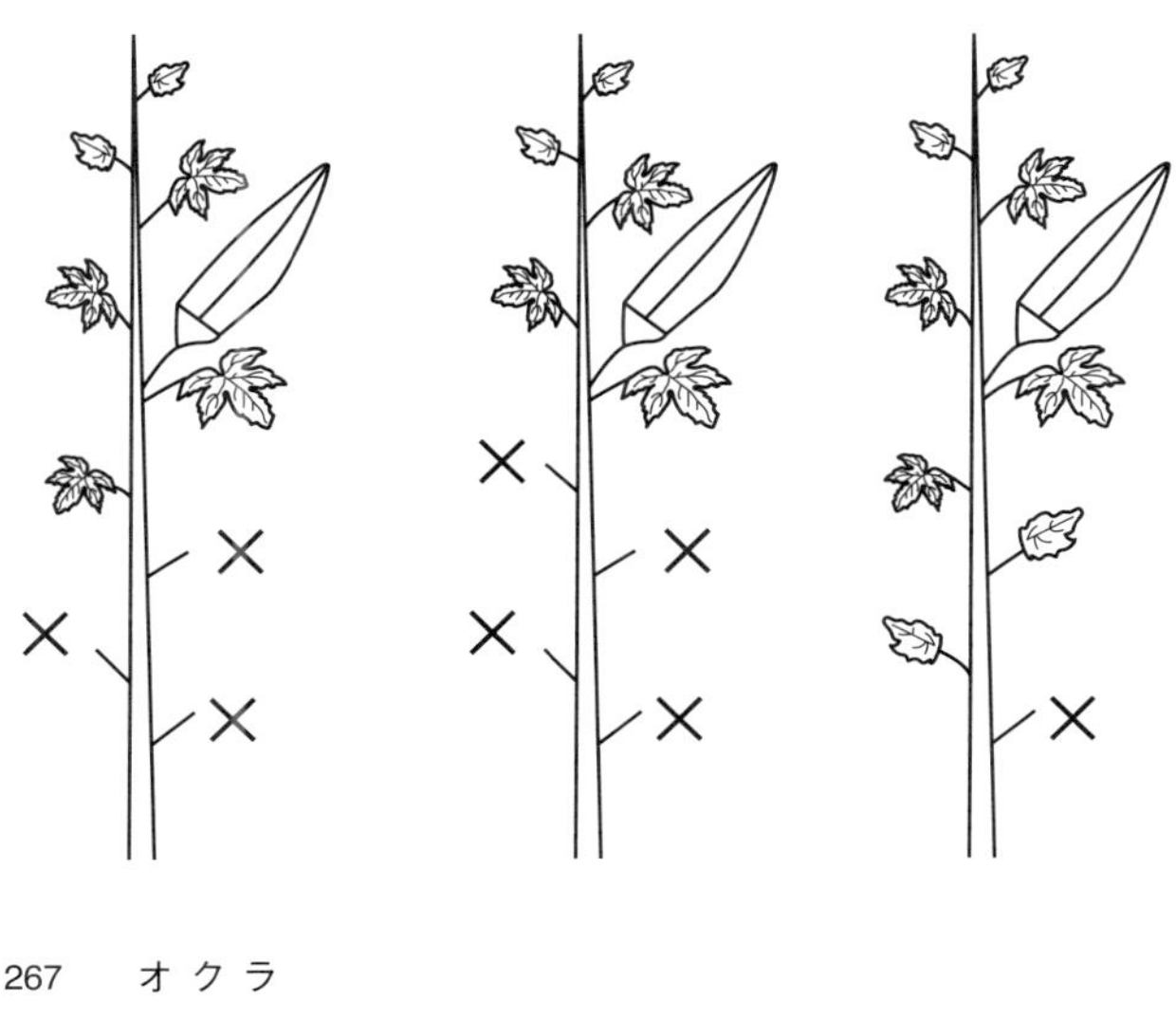

は着果節位の下3枚程度の葉を残して摘葉する（図5、6）。

側芽は基本的に放任とするが、発生が多くなれば適宜整理する。台風など強風で倒伏した場合は、すみやかに根元から起こす。

(4) 収穫

7月上旬ころから収穫が始まり、10月ころまで収穫できる。8月の盛夏時期が出荷のピークになる。

収穫は早朝～午前中の涼しいうちに行なう。9～12㎝になった果実を収穫する。適温では開花後5日程度で収穫適期になるが、低温では日数が多くかかる。

収穫が遅れて果実が大きくなりすぎると、スジが多くなり、硬くなって品質が低下するため、適期収穫に努める。草勢低下の要因にもなるため、とり遅れないように注意する。

なお、果実の毛茸によってかゆみや皮膚の

図6　摘葉の様子

表5　病害虫防除の方法

	病害虫名	特徴と防除のポイント	主な薬剤
病気	苗立枯病	・発芽後，本葉が展開するころまでの発生が多い ・地際部が水浸状に侵され，倒伏，枯死する ・連作地や土壌水分が多い条件で発生しやすい ・土壌消毒や粒剤土壌混和，幼苗期の土壌灌注などが有効	ユニフォーム粒剤 タチガレン液剤 リゾレックス水和剤
	葉枯細菌病	・春から梅雨時期までの生育初期，とくに降雨後に発生が多い ・葉縁や葉脈間に大小の不正形病斑を生ずる ・病勢が激しい場合は病斑が融合して枯れ上がる	カスミンボルドー
	葉すす病	・やや高温条件で発生が多い ・葉の裏側にスス状のカビが生じ，草勢が低下するため減収になる	トップジンM水和剤 ダコニール1000 ベンレート水和剤
	灰色かび病	・開花終了後の花弁から発病し，果実や茎葉に被害が出る ・多湿条件で発病しやすいため，摘葉などで風通しをよくする	ボトキラー水和剤 ロブラール水和剤 アフェットフロアブル
	うどんこ病	・梅雨時期や草勢が弱くなったときや，乾燥条件，風通しが悪く，日当たり不足などのときに発生が多くなる ・葉表に薄い白粉状のカビを生ずる ・草勢を維持することで発生を抑える	アミスター20フロアブル トリフミン水和剤 アフェットフロアブル カリグリーン
害虫	アブラムシ類	・ワタアブラムシ，モモアカアブラムシの発生が多く，生長点付近や若い葉の裏側に多く発生し生育を遅らせる ・初期防除に努める	アディオン乳剤 ウララDF コルト顆粒水和剤 チェス顆粒水和剤
	カメムシ類	・葉，茎，果実に被害を与える ・果実が吸汁されると，黒褐色の点ができ，曲がり果になりやすく品質が低下する	アディオン乳剤 トレボン乳剤
	メイガ類	・フキノメイガ，ワタノメイガの発生が多い ・フキノメイガは齢が進むと茎や葉柄の中に食い入って防除がむずかしくなるため，初期防除に努める	
	ハスモンヨトウ	・幼虫は葉を食害し，齢が進むと日中は土中に潜み，夜間に茎葉を食害する ・中齢期以降の幼虫は薬剤に対する抵抗性が強いため，若齢幼虫のうちに防除する	プレバソンフロアブル5 プレオフロアブル フェニックス顆粒水和剤 アタブロン乳剤
	フタテンミドリヒメヨコバイ	・体長3mm程度，成虫は薄緑色で飛ぶが，幼虫は緑色で，オクラの葉裏の葉脈付近に見られる ・新葉や茎を吸汁し，葉が黄化し縮れ，心止まり症状になる	ウララDF スタークル顆粒水和剤 アルバリン顆粒水和剤

かぶれを起こす場合があるので、管理作業や収穫作業のときには、手袋やカッパなどを使用したほうがよい。

4 病害虫防除

(1) 基本になる防除方法

連作すると、半身萎凋病やネコブセンチュウなどの土壌病害虫が発生しやすくなるため、輪作を基本とする。

また、幼苗期に多湿だと苗立枯病が発生するので、排水対策を徹底すると同時に、摘葉、整枝などの耕種的防除を基本に、病害虫を発生させない栽培管理を行なう。

主な病害虫の特徴と防除法は表5のとおり。

(2) 農薬を使わない工夫

以下のような点に注意して栽培する。

①排水のよい圃場を選定し、連作を避ける。

②勾配を考慮した耕うん作業や額縁明渠などの排水対策を講じる。

③緑肥など良質の有機物の施用、深耕による作土層の確保など、土つくりの基本を徹底

図7　土着天敵を活用したアブラムシ類防除技術（鹿児島県指宿市）

〈防除技術の内容〉
圃場の周囲かウネ間にソルゴー（短尺系）を植栽する
→ソルゴーにオクラに害のないアブラムシ類が発生する
→ソルゴーに土着天敵（ヒラタアブ，テントウムシ，寄生蜂など）が集まる
→土着天敵がオクラに発生するアブラムシ類を捕食する
→アブラムシ類が増えすぎたら生物農薬など環境にやさしい農薬で防除する

ソルゴーの植栽方法

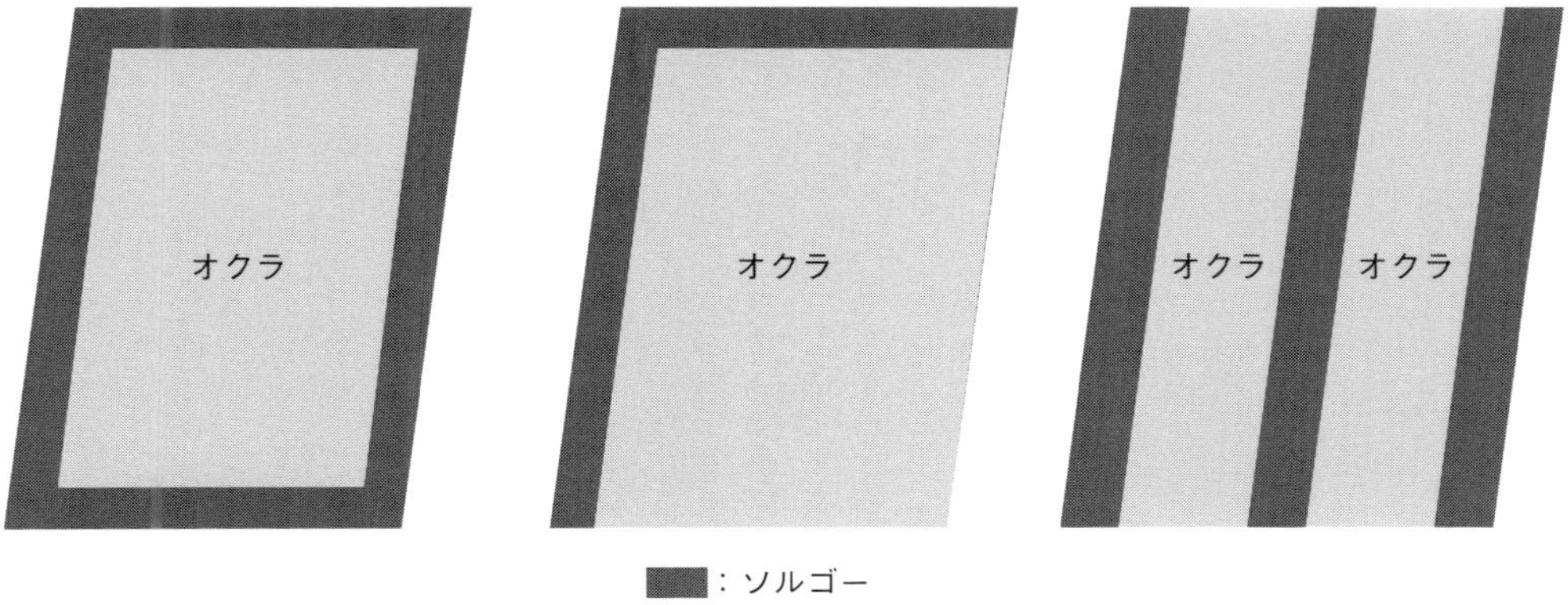

圃場周囲にソルゴーを植栽

ウネ間にソルゴーを植栽

する。

④適切な栽培管理（灌水、追肥、摘葉など）を行ない、栽培環境改善と草勢維持に努める。

⑤IPMの考えにもとづいた病害虫防除対策に取り組む。図7に土着天敵を活用したアブラムシ類防除技術（鹿児島県指宿市）の事例を紹介した。

5 経営的特徴

この作型は、梅雨明け以降から9月にかけて収穫量が多く、オクラの肥大も速いため毎日収穫する必要がある。収穫・調製作業に多くの労力を要するため、1人当たり栽培面積は5a程度が適正規模である。

露地栽培での収穫量の目安は、10a当たり1500kg程度である。主な経費は、種子代、肥料・農薬費、マルチなどの資材費、動力光熱費、出荷経費などである（表6）。出荷経費が大きいが、出荷先や販売方法、地域により差がある。なお、出荷以外の経費はあまりかからない。

（執筆：外薗幸夫）

表6　露地栽培の経営指標

項目	
収量（kg/10a）	1,500
単価（円/kg）	813
粗収益（円/10a）	1,219,500
経営費（円/10a）	786,123
種苗費	59,220
肥料費	22,893
農薬費	37,710
諸材料費	32,661
動力光熱水費	39,934
その他費用	157,483
出荷経費	436,222
農業所得（円/10a）	433,377

注1）経営費には家族労働費は含まない

注2）その他費用は減価償却費など

付録

ウリ科野菜の育苗方法

1 育苗の目的

自根苗と接ぎ木苗がある。カボチャ、シロウリ、トウガン、ユウガオ、ヘチマ、ズッキーニは土壌病害に強く自根苗である。メロンは土壌病害に強いわけではないが、自根苗の果実品質が優れることと、土壌病害の耕種的回避が容易なので自根苗が主流である。ニガウリはつる割病の被害を受けるので接ぎ木もするが、親和性の高い台木がないため、自根苗が主流である。

自根苗の育苗の目標は、定植後の管理を見越して生育を揃えることである。ウリ科野菜は、つるの特性として生長が速い。自根苗は、接ぎ木による途中の足踏みがないのでとくに速く、ポットでもセルトレイでも育苗日数はそれほど変わらない。そのため手のかからないセルトレイでの育苗が有利である。根圏の狭いセル苗を、過度の乾燥に1回も遭遇させず、みずみずしく仕上げることも育苗の目標である。

キュウリとスイカは、つる割病などの土壌病害対策として、接ぎ木苗をつくることが共通の目標である。キュウリはそれに加えて、果実をブルームレスにする目標もある。キュウリもスイカも、営利栽培の100%で接ぎ木苗を利用している。

2 床土

(1) 床土の条件

①市販床土か自家製床土か

苗つくりには3種類の床土を使う。播種用、セルトレイ用、ポット用である。いずれも専用の市販品がある。

土粒の均一さが求められる播種床土とセル床土は、使う量が少なく出費もかさまないので市販品を使うのがよい。とくにセル床土は粒の均一さに加え、ふわふわしていなければ

表1　育苗で使う3種類の床土

用土の種類	必要量	求められる土の状態	調達法
播種床土	少ない	・均一 ・やや重い土粒	購入または自家製造ポット床土をフルイ分け
セル床土	少ない	・均一 ・ふかふか	購入
ポット床土	多い	・原土の割合が多い ・不均一	自家製造または購入

表2　ポット床土のつくり方（10a分の苗の必要量）

資材名	量	7月上旬から太陽熱消毒をする場合の経過				
		5月上旬	5月下旬	6月中旬	7月上旬	7月中・下旬
原土	1m^3 （約1t）	混ぜる	切り返して空気を供給して熟成を進める	切り返し	「熟成完了」 戸外に20cmの厚さに積んで太陽熱消毒	「消毒完了」 そのまま使用または袋などに詰めて収納
イナワラ堆肥	300kg					
苦土石灰	2kg					
過リン酸石灰	0.7kg					
有機化成オール8（8-8-8）などの3要素肥料	0.7kg					

注1）イナワラ堆肥は2カ月前の3月上旬にはつくり始める必要がある
注2）原土が黒ボクの場合のみ熔成リン肥を5kg加用する

ならず、ぜひ市販品を使うべきである。

自家製床土をつくるならポット用である。ポット床土は使う量が多いので、自家製造は経営的に有利でもあるし、いろんな大きさの土粒が混ざり合ったものをつくれる。そういう物理性の床土は、充実した苗をつくりやすい。

ポット床土をフルイにかけて小さい粒に揃え、播種用に使ってもよい。自家製床土は比較的重いので、種子が発芽するとき、子葉が種皮から抜け出るのに苦労しない（表1）。

②床土の条件と肥料

床土の性質は、清潔さ、物理性、pH、肥料（とくに窒素）などで構成される。どれも大切な性質であるが、肥料だけは、自家製ならこりすぎず、市販品なら期待しすぎないことが大切である。

床土は、播種箱やセルトレイやポットなどの「容器」で使うので、水かけで容器外に押し出された肥料は二度と利用できない。床土の肥料はなにもしなければ減るばかりであり、肥料の含有量が自分好みの床土であっても、その状態は最初の水かけまでである。

床土の肥料濃度を自分の望む状態にするには、その濃度の液肥をかけるのが最も確実でてっとり早い。最初から肥料を含んでいない床土であっても、水かけを兼ねて液肥をやれば、たちどころに適濃度にすることができる。

肥料を含んだ床土に液肥をやると、肥料が上積みされて過剰になるように思いがちである。しかし、実際には床土の肥料は液肥に押し出され、液肥と置き換わるので肥料が過剰になることはない。

床土中の肥料濃度が液肥でどうにでもなる以上、肥料にこった床土をつくっても割に合わない。また、肥料を多く含むために高価になっている床土を買っても、1回の水かけでその性質は失われる。

床土は、清潔さ、物理性、pHが条件を満たしているならそれで十分である。表2に示す材料とつくり方に従えば、そういう床土をつくることができる。

3 育苗方法

(1) 施設・装置・用具

育苗ハウスとして、専用のパイプハウスを準備する。本格的なものは間口が4・5mか5・4mで、広さは100㎡単位である。昨今は1坪以下から数坪のハウスも販売されているので、それを利用してもよい（図1）。

ハウスは、ポリかビニールで被覆し、寒い時期は肩の開け閉めで換気と保温をする。暑い時期は天井だけを被覆し、サイドは防虫ネットを張って昼も夜も換気したままにする（図2）。

ハウス内に、板で仕切った120㎝幅の苗床をつくり、専用シートを敷く。その中にトンネルをつくるときは90~100㎝幅とする。

加温が必要な時期は、ハウス全体を加温するよりも、トンネル内だけを加温したほうが省エネになる。専用の電熱線も販売されてい

図1　育苗ハウス

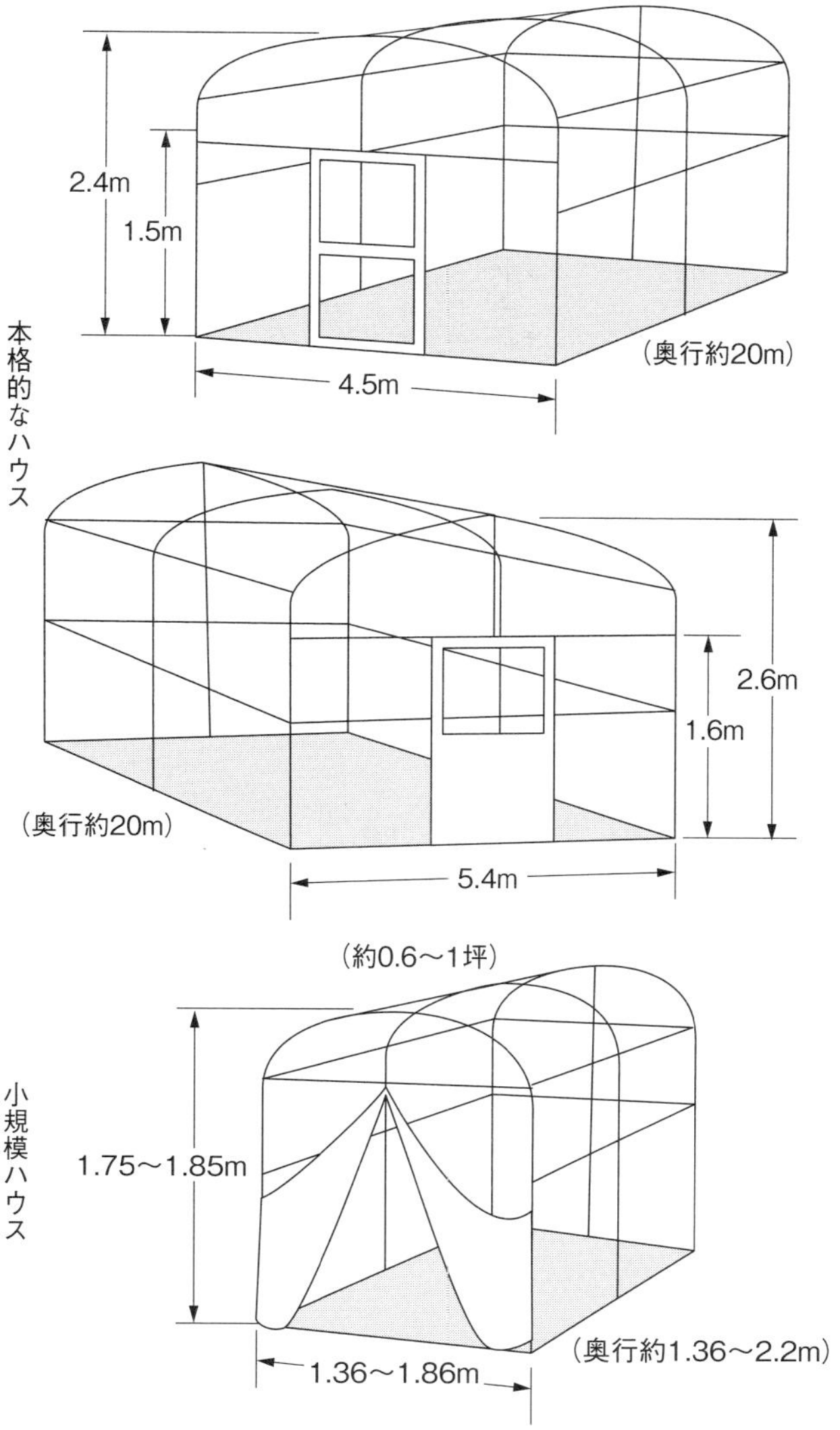

図2　ハウスの被覆

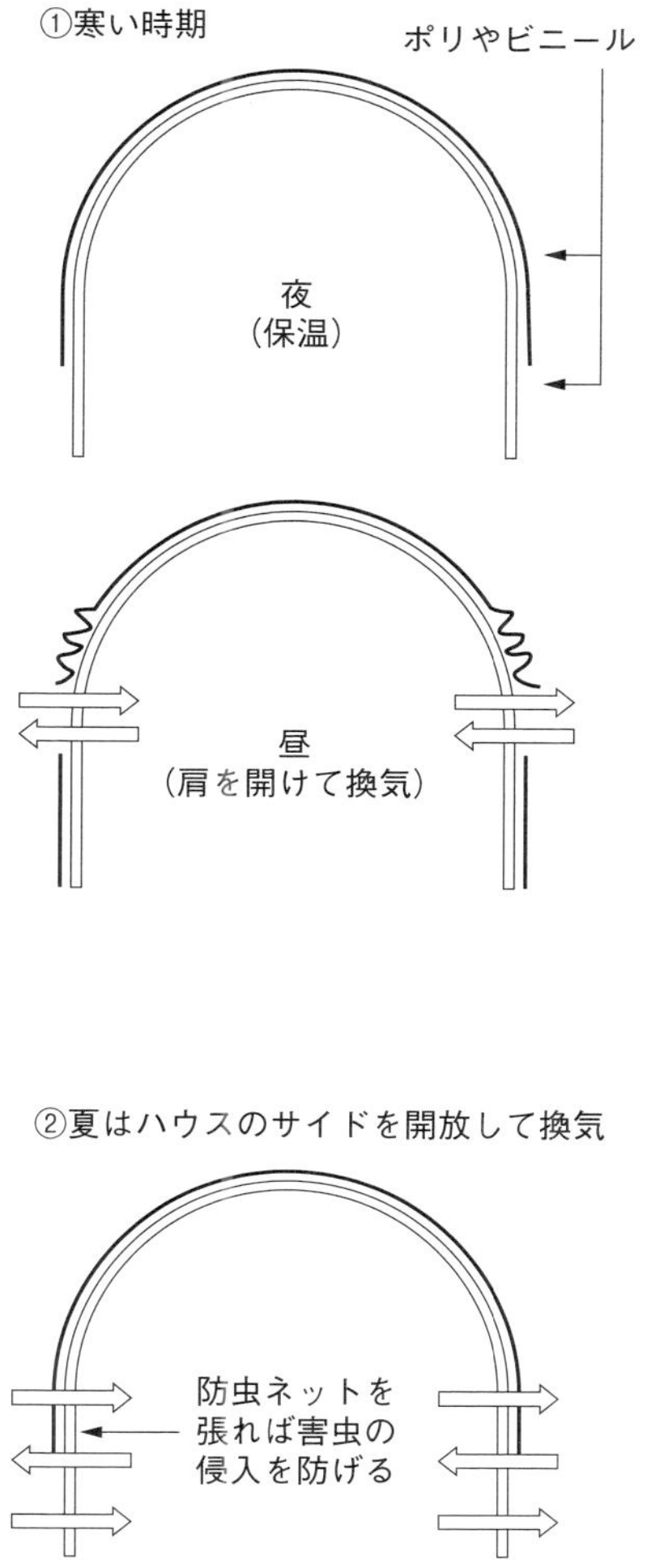

図4　苗床にトンネルをつくるときの大きさ

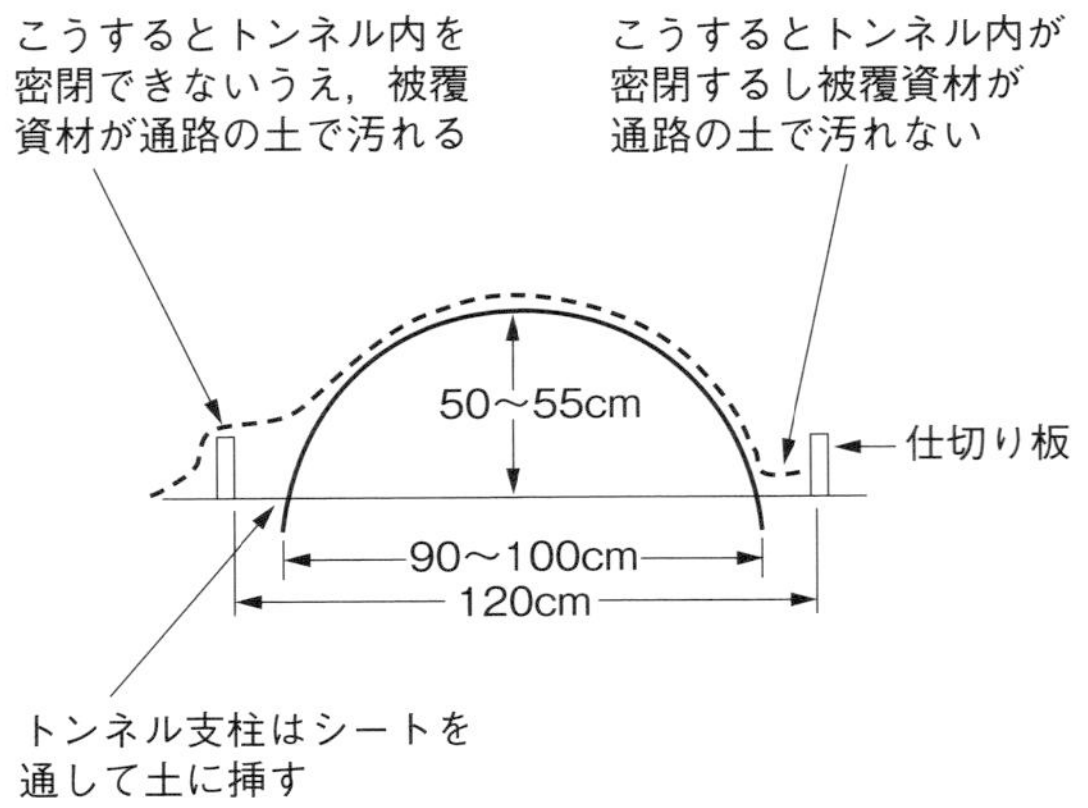
こうするとトンネル内を
密閉できないうえ，被覆
資材が通路の土で汚れる
こうするとトンネル内が
密閉するし被覆資材が
通路の土で汚れない
50～55cm
仕切り板
90～100cm
120cm
トンネル支柱はシートを
通して土に挿す

保温や遮光を目的とするトンネルで180cm幅の被覆資材に対応

図3　苗床には幅120cmの専用シートを敷く

120cm
板

るが、配線の手間を省きたいなら、電熱線を組み込んだマットを利用する手もある（図3、4、5）。

(2) 育苗の用具類

播種箱は水稲の育苗箱を使う。底に数十の穴がある製品がよい。

セルトレイは50穴のものを使う。床土を詰めたセルトレイは、そのままでは持ち運びが困難なので、水稲の育苗箱に入れて使う（図6）。セルの排水がしやすいように、底に1000個ぐらいの穴がある製品がよい。

ポットは9～12cmのものを使う。本項では、ポット苗のよさを発揮しやすい12cmポットを想定して述べる。

接ぎ木専用の用具は、キュウリはクリップ（図7）、スイカは挿し棒である。挿し棒は竹を材料にして自分でつくる（図8）。

(3) 自根苗のつくり方

セルトレイに床土を詰め、種子を押し込むように播種する（図9）。こういう方法で播種するためには、セル床土はふわふわしていなければならない。

図5　敷くだけで使える加温マット
（サーモスタットとセット）

播種箱やセルトレイの底が直接触れないように棒を敷く

図6　セルトレイは水稲の育苗箱に入れて使う

図8　スイカの挿し接ぎに使う挿し棒

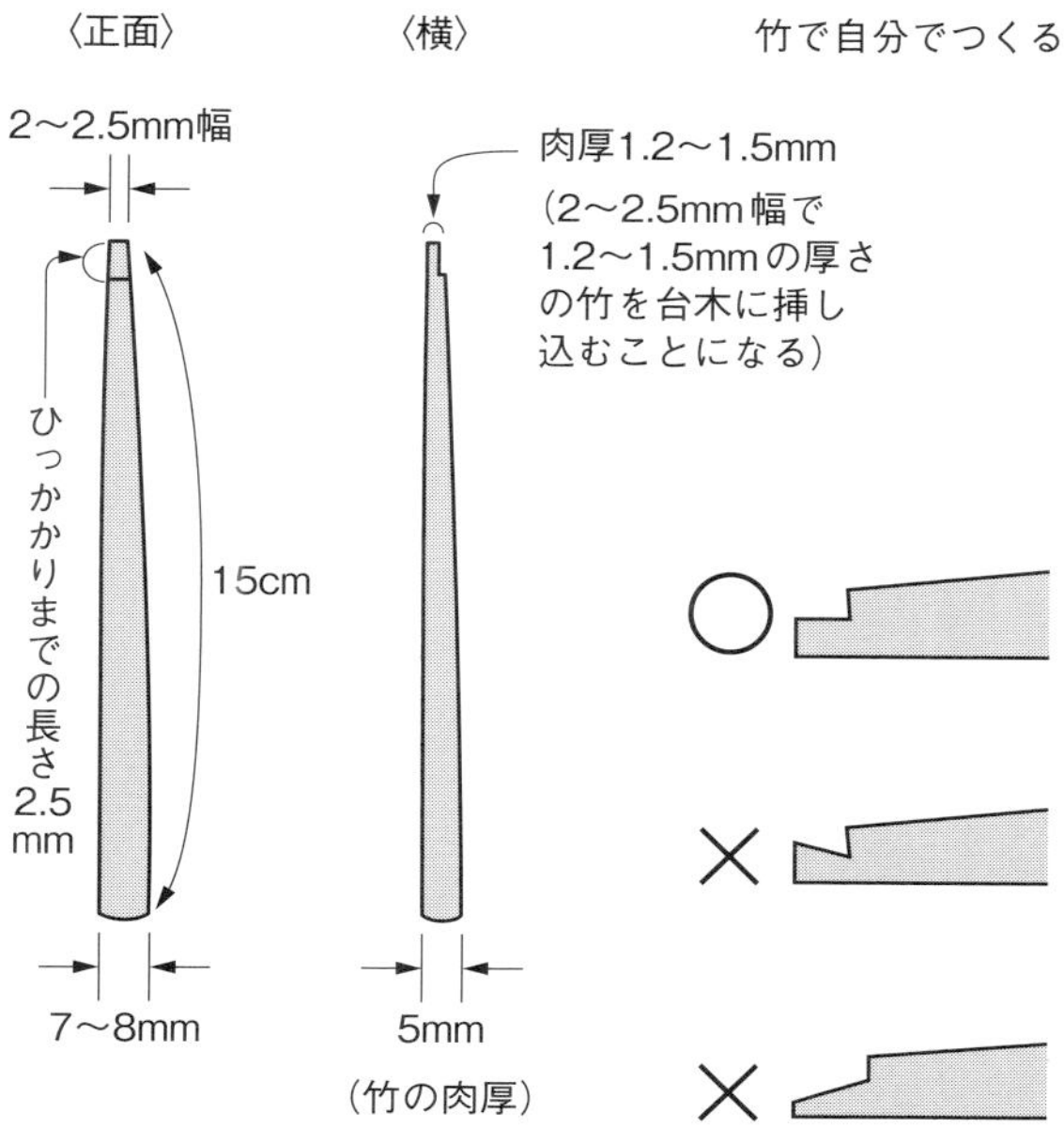

正面と横から見たところ　　先端部のつくり方

図7　キュウリの呼び接ぎに使うクリップ

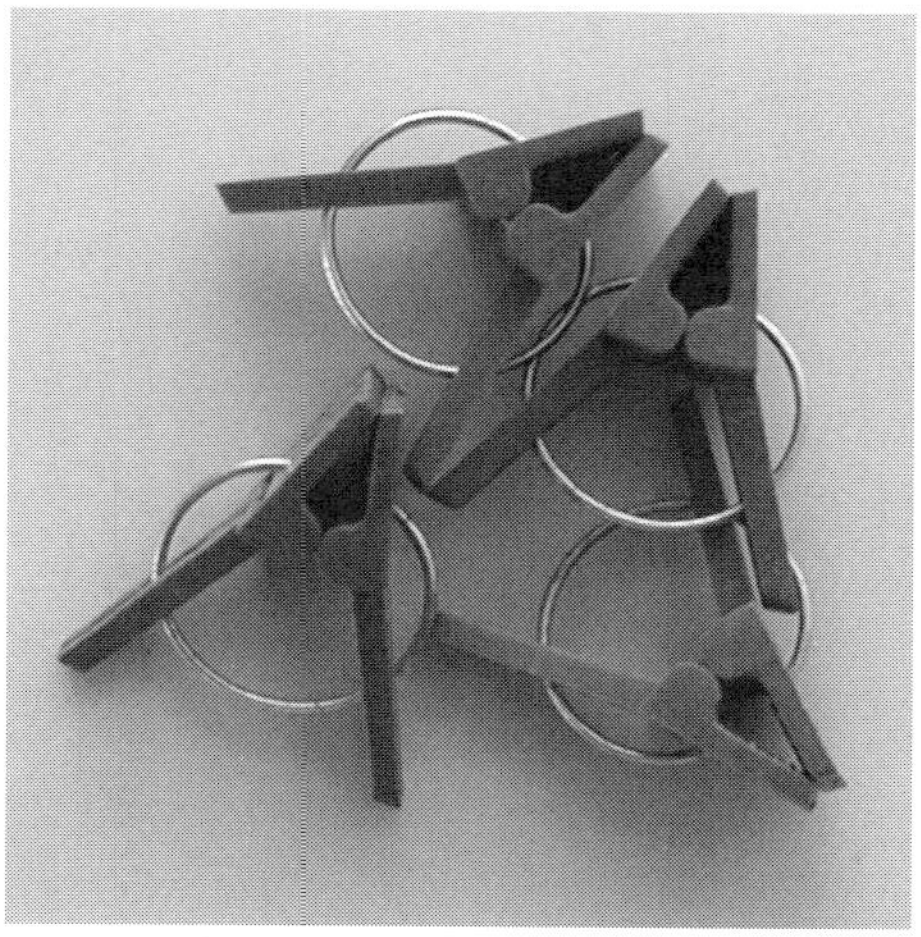

図9　播種のやり方（洋種カボチャ）

種子を床土に押し込み表面をならす

図11　播種後13日で定植適期になる
（洋種カボチャ）

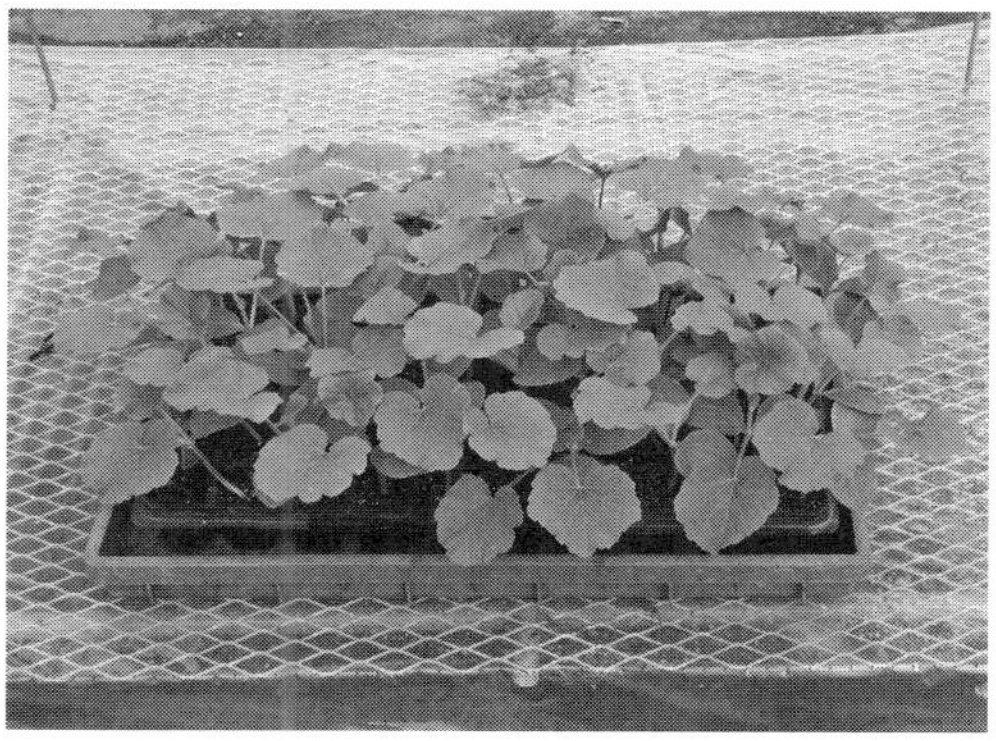

図10　自根苗の育苗過程と育苗日数

作業名	播種	発芽揃い	定植
播種後日数	0	5	13
洋種カボチャ			
	ウリ科野菜の播種から定植までの日数 シロウリ 20日　ズッキーニ 15日 トウガン 15日　メロン 18日 ユウガオ 15日　ニガウリ 12日 ヘチマ 20日		

ほとんどの品目が、播種後20日以内に定植適期にいたる（図10、11）。

(4) 接ぎ木苗のつくり方

① キュウリ

カボチャを台木にする。

本項では呼び接ぎを紹介する。呼び接ぎは、穂木も台木も根のある状態で、胚軸の切り口を合わせる方法である（図12）。呼び接ぎは順化が簡単なことが特徴であり、接ぎ木日と断茎（穂木の胚軸を切断）の日に、それぞれ1日だけ50％ぐらいの遮光をすればよい。

穂木も台木も播種箱に播種する。台木は穂木より2日遅く播種する。接ぎ木は、台木も穂木も根つきのまま箱から取り出して行なう。接ぎ木した苗はポットに鉢上げする。鉢上げ6日後に断茎する（図13、14、15）。

呼び接ぎのポイントは、穂木と台木の切断面を広くすることである。そのためには、台木より胚軸が小さい穂木をしっかり切り込むことが大切である。

図12　キュウリの呼び接ぎのやり方

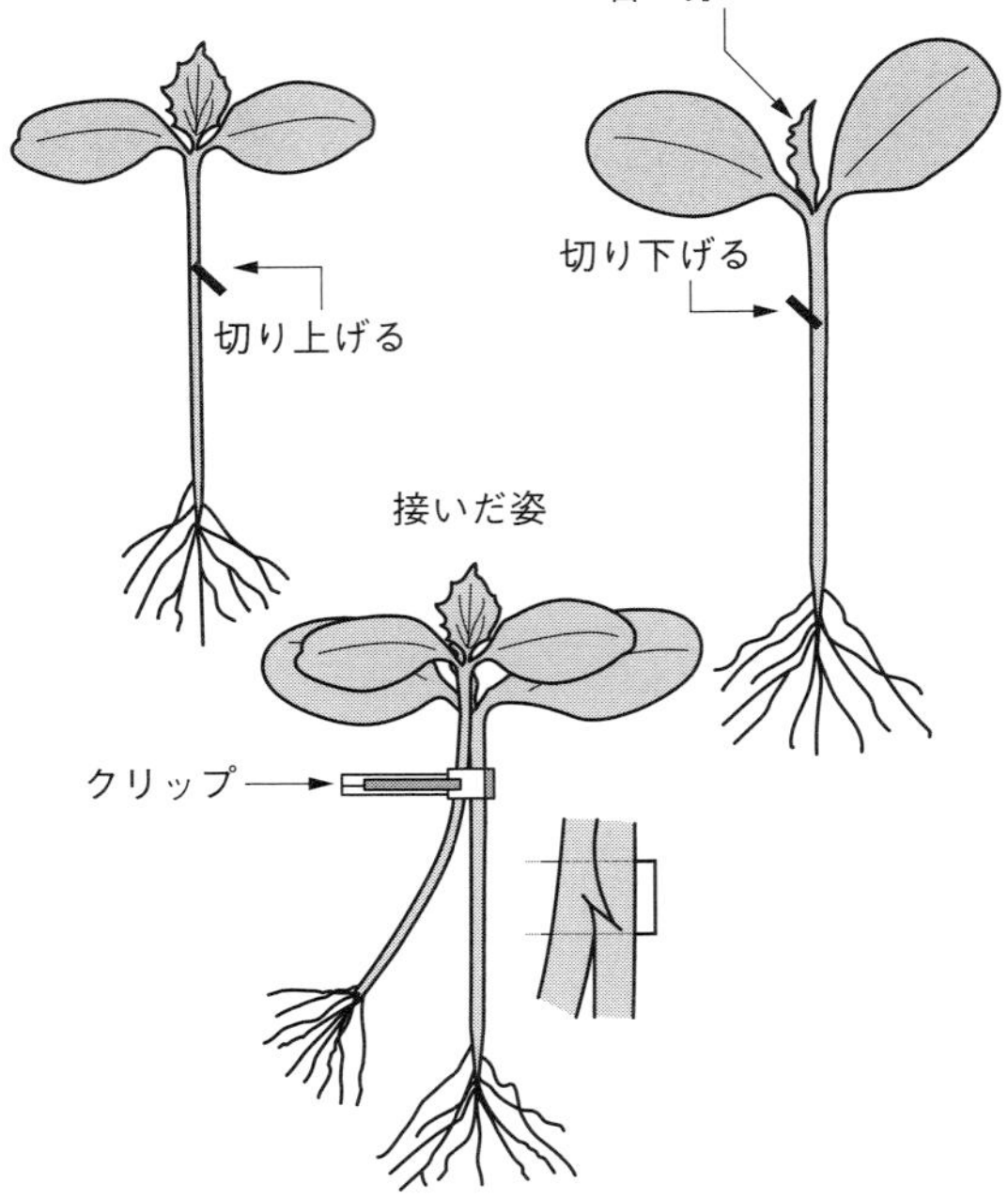

図13　キュウリの呼び接ぎによる苗つくりの過程

作業名	穂木播種	台木播種	接ぎ木	断茎	定植
穂木播種からの日数	0	2	9	15	39
台木播種からの日数	−2	0	7	13	37

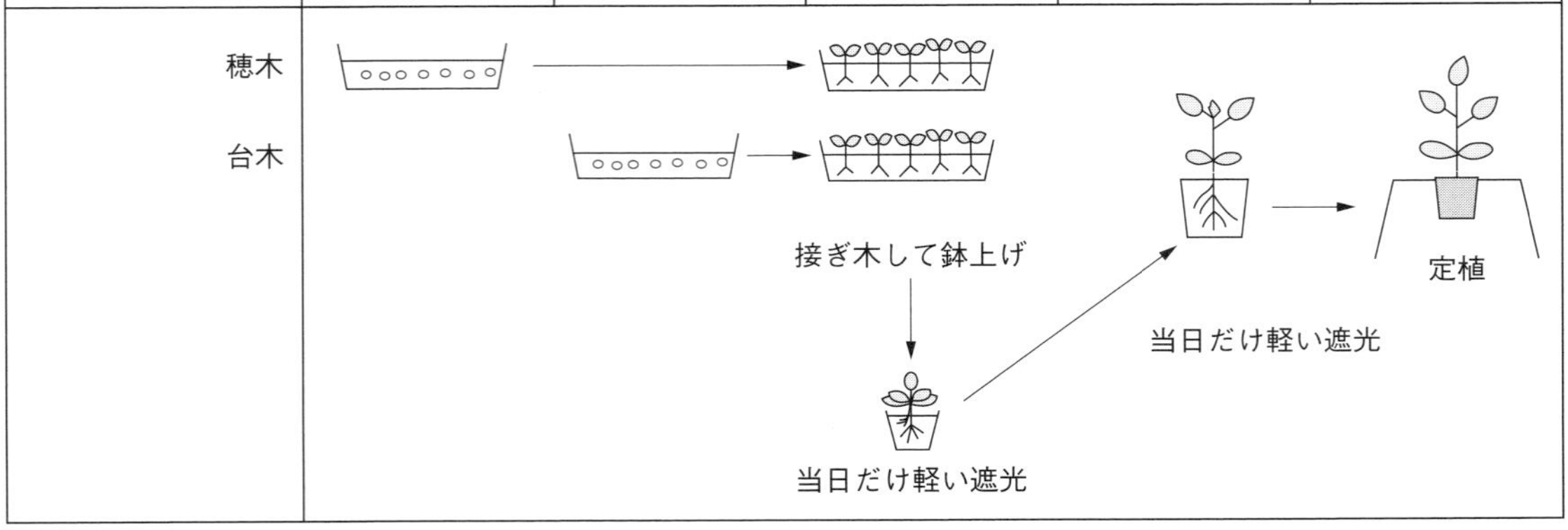

図15　切り口が癒合したら断茎する

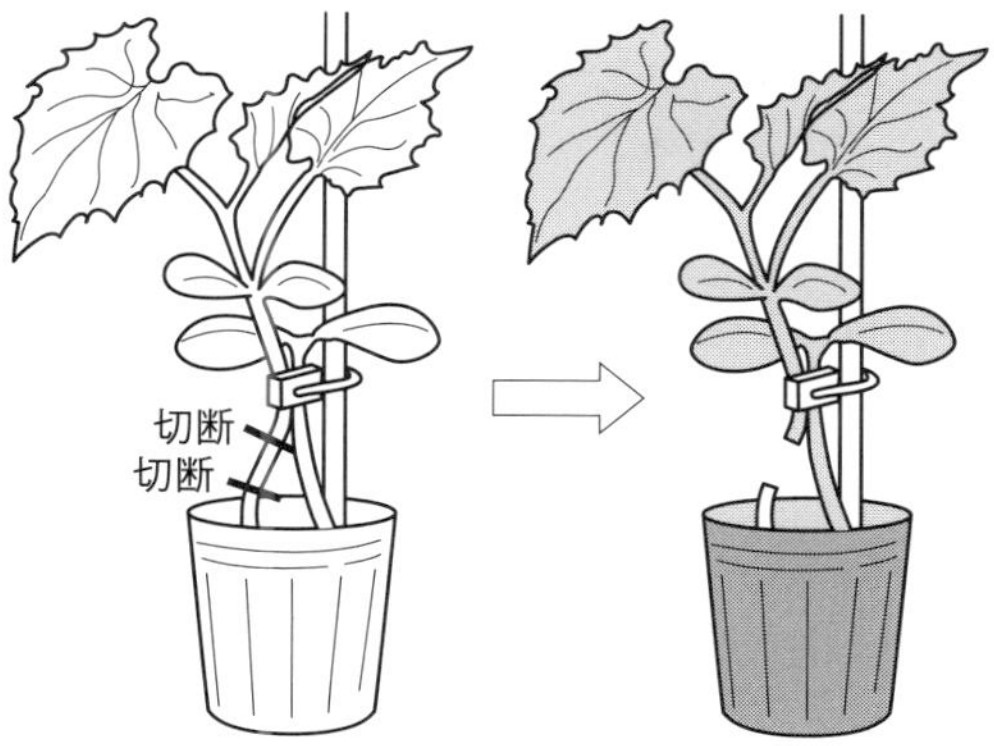

図14　キュウリと台木カボチャの播種

実際にはキュウリを２日早く播種する

図16　スイカの挿し接ぎ（居接ぎ）による苗つくりの過程

作業名	居接ぎ / 断根接ぎ	台木播種	穂木播種	台木鉢上げ	接ぎ木	定植適期
穂木播種後日数		−4	0	1	5	38
台木播種後日数		0	4	5	9	42
挿し接ぎ（居接ぎ）		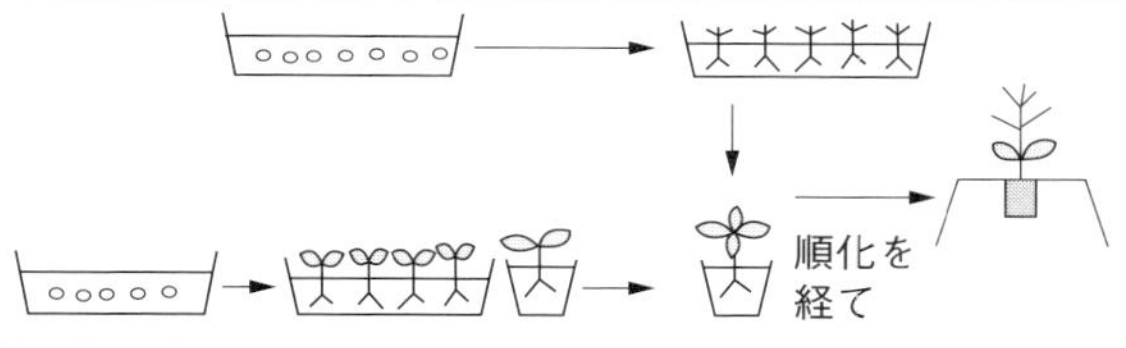				

図18　台木の穴あけと穂木のそぎ方

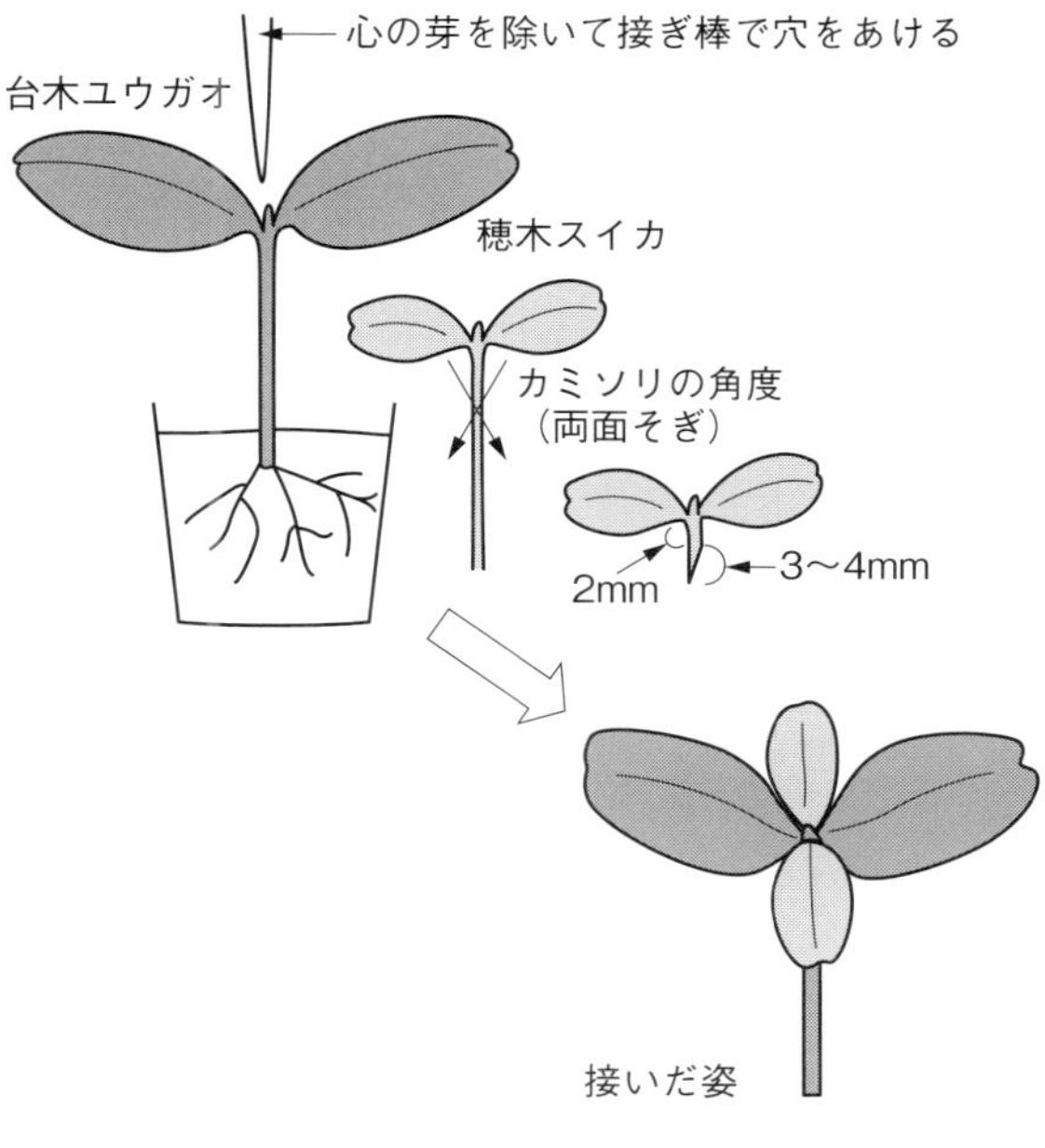

図17　　接ぎ木適期のスイカと台木ユウガオ

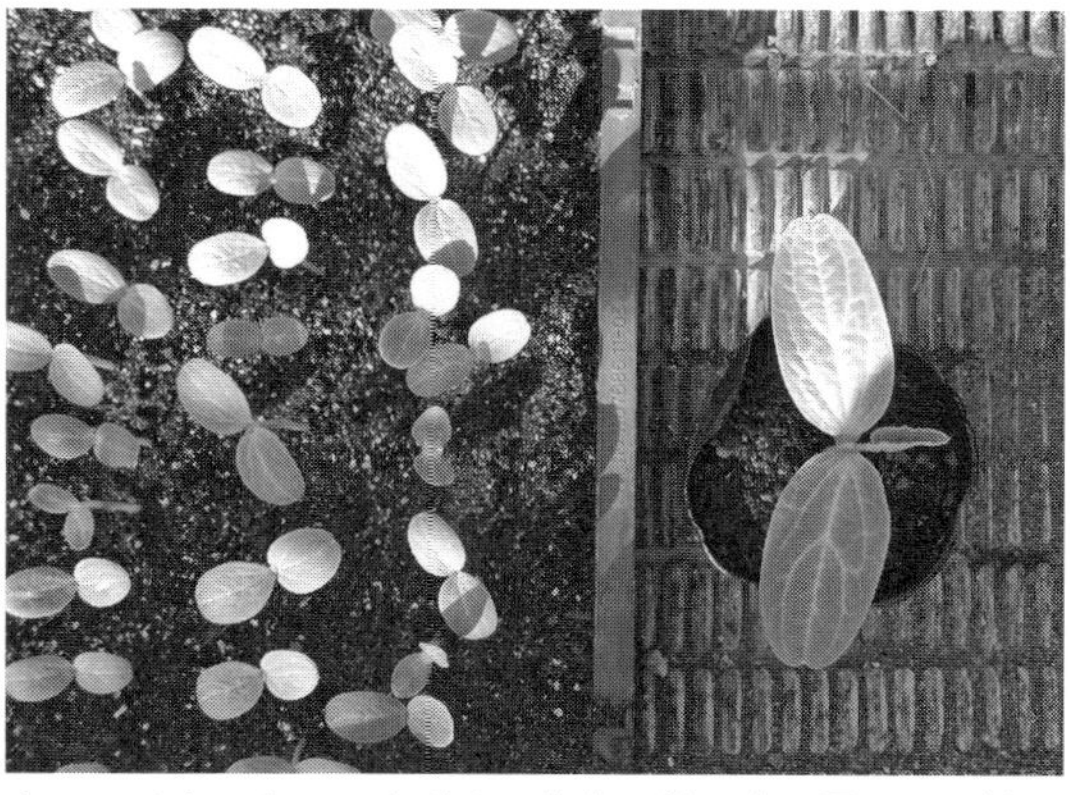

左：スイカ，右：ユウガオ。台木は鉢の中に居るまま接ぐ

図19　断根接ぎ木苗の挿し木

接いで1日おいて挿すほうが切り口がしっかり癒合する

②スイカ

播種、接ぎ木　ユウガオを台木にする。いくつかの接ぎ木法があるが、苗の草姿の面でも、定植後の生育の面でも、挿し接ぎが最も優れる。台木の状態から居接ぎと断根接ぎ（揚げ接ぎ）に分かれる。本項では主に居接ぎを紹介する。

穂木も台木も播種箱に播種する。台木を4日早く播種する。発芽した台木は、あらかじめ用意したポットに鉢上げする。穂木は接ぎ木まで播種箱で育てる。穂木の播種後5日目、子葉展開時（台木の播種後9日目）に接ぎ木する（図16、17、18）。順化を経て、穂木播種後38日目（本葉4～5枚）に定植する。

一方、台木を穂木と同じように、接ぎ木日まで播種箱で育て、穂木、台木とも根のない状態で接ぐのが断根接ぎである。接ぎ木苗は挿し木する。挿し木なら狭いスペースにおさまるので、セル苗にすることもできる（図19）。順化を経て、根鉢ができたら直接定植してもいいし、鉢上げしてポット苗にしてもよい。ポット苗の定植は、居接ぎと同じ穂木播種後38日目（本葉4～5枚）である。

順化　順化は、居接ぎも断根接ぎも10日間を見込む。光の管理は居接ぎも断根接ぎも10日間同じであるが、湿度の管理だけが違う。

光の管理は、最初の6日間は95％遮光とする。7日目は75％遮光。8日目からは55％遮光として徐々にならし、11日目以降は自然条件にする。

湿度の管理は、居接ぎがときどきは葉水をするだけで密閉の必要がないのに対し、断根接ぎは最初の6日間はポリで密閉して、湿度を100％に保つ必要がある。

（執筆：白木己歳）

農薬を減らすための防除の工夫

1　各種防除法の工夫

(1)　耕種的な防除方法

①完熟堆肥の施用

完熟した堆肥の施用は、土壌の物理性や化学性を改善するだけでなく、有用な微生物が多数繁殖し、土壌病原菌の増殖を抑える働きがある。ただし、十分に腐熟していない堆肥を使用すると、作物の生育に障害が出る場合があるので注意する。

イチゴ栽培で、自家製堆肥を使用する場合、堆肥中にコガネムシ幼虫が潜んでおり、イチゴ根部に食害を受ける場合がある。堆肥をつくるときは、コガネムシ成虫の産卵期

表1　物理的防除法と対抗植物の利用

近紫外線除去フィルムの利用	・ハウスを近紫外線除去フィルムで覆うと，アブラムシ類やコナジラミ類のハウス内への侵入や，灰色かび病，菌核病などの増殖を抑制できる ・ただし，ナスではアントシアン系色素の形成が抑制され，果実の色が悪くなるので使用できない
有色粘着テープ	・アブラムシ類やコナジラミ類は黄色に（金竜），ミナミキイロアザミウマは青色に（青竜），ミカンキイロアザミウマはピンク色に（桃竜）集まる性質があるため，これを利用して捕獲することができる ・これらのテープは降雨や薬剤散布による濡れには強いが，砂ボコリにより粘着力が低下する
シルバーマルチ	・アブラムシ類は銀白色を忌避する性質があるので，ウネ面にシルバーマルチを張ると寄生を抑制できる。ただし，作物が繁茂してくるとその効果は徐々に低下してくるので，作物の生育初期のアブラムシ類寄生によるウイルス病の防除に活用する
黄色蛍光灯	・ハスモンヨトウやオオタバコガなどの成虫は，光によって活動が抑制される。作物を防蛾用黄色蛍光灯（40W1本を高さ2.5～3mにつる。約100m^{2}を照らすことができる）で夜間照らすことにより，それらの害虫の被害を大きく軽減できる
防虫ネット，寒冷紗	・ハウスの入り口や換気部に防虫ネットや寒冷紗を張ることにより害虫の侵入を遮断できる ・確実にハウス内への害虫侵入を軽減できるが，ハウス内の気温がやや上昇する ・赤色の防虫ネットは，微小害虫（コナジラミ類やアザミウマ類）のハウス内への侵入を減らすことができる
マルチの利用	・マルチや敷ワラでウネ面を覆うことにより，地上部への病原菌の侵入を抑制でき，黒マルチを利用することで雑草の発生も抑えられる
対抗植物の利用	・土壌線虫類などの防除に効果がある植物で，前作に60～90日栽培して，その後土つくりを兼ねてすき込み，十分に腐熟してから野菜を作付ける ・マリーゴールド（アフリカントール，他）：ネグサレセンチュウに効果 ・クロタラリア（コブトリソウ，ネマコロリ，他）：ネコブセンチュウに効果

表2　農薬使用の勘どころ

散布薬剤の調合の順番	①展着剤→②乳剤→③中和剤（フロアブル剤）の順で水に入れ混合する
濃度より散布量が大切	ラベルに記載されている範囲であれば薄くても効果があるのでたっぷりと散布する
無駄な混用を避ける	・同一成分が含まれる場合（例：リドミルMZ水和剤＋ジマンダイセン水和剤） ・同じ種類の成分が含まれる場合（例：トレボン乳剤＋ロディー乳剤） ・同じ作用の薬剤同士の混用の場合（例：ジマンダイセン水和剤＋ダコニール1000）
新しい噴口を使う	噴口が古くなると散布された液が均一に付着しにくくなる。とくに葉裏
病害虫の発生を予測	長雨→病気に注意，高温乾燥→害虫が増殖
薬剤散布の記録をつける	翌年の作付けや農薬選びの参考になる

表3　野菜用のフェロモン剤

	商品名	対象害虫	適用作物
交信かく乱剤	コナガコン	コナガ オオタバコガ	アブラナ科野菜など加害作物 加害作物全般
	ヨトウコン	シロイチモジヨトウ	ネギ，エンドウなど加害作物全般
大量誘殺剤	フェロディンSL	ハスモンヨトウ	アブラナ科野菜，ナス科野菜，イチゴ，ニンジン，レタス，レンコン，マメ類，イモ類，ネギ類など
	アリモドキコール	アリモドキゾウムシ	サツマイモ

（6〜8月）に、古ビニールなどで堆肥を覆うとコガネムシ成虫の産卵を回避できる。

②輪作

同一作物または同じ科の作物を同一圃場で連続して栽培すると、土壌病原菌の密度が高まり、作物の生育に障害が出る。そのためいくつかの作物を順番に回して栽培する必要がある。

③栽培管理

密植や肥料過多、肥料切れ、換気不足、過湿は病気の発生を助長する。

キュウリ栽培の大敵は、べと病とうどんこ病である。両者とも葉に発生する病気であるが、その発生条件は大きく異なり、降雨が続くとべと病が多発生し、乾燥が続くとうどんこ病が発生する。べと病は、生長点の摘心時期に降雨が続くと発生しやすくなる。薬剤散布を実施する場合は、この時期が初期防除のタイミングである。肥料切れでも、べと病の発生を助長する。

スイカ栽培では、収穫期が近づくと、つる枯病、うどんこ病、炭疽病が多くなる。この時期に薬剤散布を実施しても、茎葉が繁茂しており十分な効果が上がらない。大切な防除時期は交配前後である。

イチゴ栽培では、春にハダニ類、うどんこ病などの発生が多くなる。スイカと同様に、この時期では、茎葉が繁茂し、薬剤の効果が十分に発揮されない。葉裏に十分薬剤が付着する時期、つまり定植後から開花までに薬剤散布を実施すれば、少ない薬剤で効果が上がる。

④圃場衛生

圃場やその周辺に作物の残渣があると病害虫の発生源となるので、すみやかに処分する。

⑤雑草の除去

アブラムシ類、アザミウマ類、ハモグリバエ類などの微小な害虫は作物だけでなく、雑草にも寄生しているので除草を心がける。

(2) 物理的な防除方法、対抗植物の利用

表1参照。

(3) 農薬利用の勘どころ

表2参照。

2 合成性フェロモン利用による防除

合成性フェロモンとは、性的興奮や交尾行動を起こさせる物質で、雌の匂いを化学的に合成したものが、特殊なチューブに封入され販売されている。

合成性フェロモン利用による防除には、①大量誘殺法（合成性フェロモンによって大量に雄成虫を捕獲し、交尾率を低下させる方法）と、②交信かく乱法（合成性フェロモンを一定の空間に充満することにより、雌雄の交信をかく乱させ、雄が雌を発見できなくなる交尾阻害方法）がある（表3）。

合成性フェロモンは作物に直接散布をするものではなく、天敵や生態系への影響もない防除手段であり、注目されているが、前記のいずれの方法も数ha規模の広域に使用しないとその効果は期待できない。

（執筆：加藤浩生）

天敵の利用

1 ウリ科・イチゴ（施設栽培）

(1) 天敵利用と注意点

天敵利用の体系は施設栽培を前提に組み立てられており、メニューは比較的豊富である。

施設栽培では作物に自然発生する土着天敵が少ないため、生物農薬として販売されている天敵昆虫・ダニ類や特定農薬（特定防除資材）に指定されている土着天敵（注1）（表1）の放飼、微生物殺虫剤（注2）の散布によって対応する。

①ウリ科での利用

ウリ科（キュウリ）では、アザミウマ類、コナジラミ類を抑制する方法として、スワルスキーカブリダニ、タバコカスミカメの放飼が有効である。

促成栽培で天敵放飼が11月以降になる場合は、スワルスキーカブリダニより低温に強いリモニカスカブリダニの利用が推奨される。スワルスキーカブリダニとタバコカスミカメを併用する場合は、両者を同時に放飼する。

②イチゴでの利用

イチゴの主要作型である促成栽培では、ハダニ類の防除として、チリカブリダニ、ミヤコカブリダニを10～11月ころに同時放飼する方法が確立されている。両種は育苗期のハダニ類の防除にも用いられるが、炭疽病防除との両立が必須となる。

また、本圃では春以降に増加するアザミウマ類の防除にも、リモニカスカブリダニやアカメガシワクダアザミウマの利用が始まっている。

③成功させるための注意点

天敵を用いた害虫防除を成功させるためには、①健全苗の利用、②害虫発生源の除去、③施設開口部への赤色系ネットなど微細な防虫ネットの展張などによって、あらかじめ害虫が発生しにくい環境を整え、害虫がごく少ないうちに天敵を放つことが重要である。また、以下に述べる点も成否に影響する。

（注1）特定農薬に指定されている天敵（土着天敵）は、同一都道府県（離島）内で採集または採集後に増殖された昆虫綱およびクモ綱の捕食者、捕食寄生者（人畜に有害な毒素を産生するものを除く）。

（注2）ボーベリア バシアーナ剤、アカンソマイセス ムスカリウス（バーティシリウム レカニ）剤などがある。

(2) 温湿度管理の工夫

物理的な環境条件で、最も大きく影響するのは温度である。

生物農薬として販売されている種の中には、35℃近い高温条件でも活動可能なものもあるが、多くの種の活動に最適な温度帯は20～25℃である。30℃以上の高温では、生存率や産卵数が低下する種が多いため、夏に栽培する作型で天敵を用いる場合は、暑熱対策を行なう。

逆に低温条件では、発育速度、生存率、増殖能力、探索能力、捕食能力などが低くなるため、冬の利用では加温が必要になる場合も多い。

また、とくにカブリダニ類の生存や活動には湿度が大きく影響し、相対湿度50％以下の

表1　施設栽培のウリ科，イチゴで害虫防除効果が見込める主な天敵昆虫，ダニ類（2023年2月現在）注1)

対象害虫	天敵の種類	天敵の和名	ウリ科	イチゴ
アザミウマ類	捕食性昆虫	アカメガシワクダアザミウマ		○
		タバコカスミカメ	○	
	捕食性ダニ	ククメリスカブリダニ	○	○
		スワルスキーカブリダニ	○	
		リモニカスカブリダニ	○	○
アブラムシ類	寄生蜂	コレマンアブラバチ	○	○
		チャバラアブラコバチ	○	
	捕食性昆虫	ナミテントウ	○	○
		ヒメカメノコテントウ	○	
コナジラミ類	捕食性昆虫	タバコカスミカメ注2)	○	
	捕食性ダニ	スワルスキーカブリダニ	○	
		リモニカスカブリダニ	○	○
ハモグリバエ類	寄生蜂	ハモグリミドリヒメコバチ	○	
ハダニ類	捕食性ダニ	チリカブリダニ	○	○
		ミヤコカブリダニ	○	○
チャノホコリダニ	捕食性ダニ	スワルスキーカブリダニ	○	
		リモニカスカブリダニ	○	○

注1）日本植物防疫協会ウェブサイト（https://www.jppa.or.jp/）を参考に作成，適用害虫，適用作物は天敵の種類やメーカーによって異なるため，詳しくは公式情報を参照のこと

注2）生物農薬として販売されている個体群に農薬登録がないため，土着の個体群を特定農薬として用いる

乾燥条件では卵がほぼ孵化しない。そのため、カブリダニ類を利用する場合は、保湿性のあるバンカーシート®（天敵保護装置）の使用や、施設内を適湿に保つ管理が求められる。

　適湿は、微生物殺虫剤の効果を安定させるためにも重要である。

図1　日本生物防除協議会ウェブサイトへのQRコード

(3) 天敵と化学合成農薬などの上手な併用

　天敵では対応できない病害虫の対策には、薬剤を適切に組み合わせて用いることが、天敵利用成功のポイントである。ただし、天敵の定着や増殖に悪影響をおよぼすものもあるので、併用薬剤の選択には細心の注意をはらう必要がある。

　天敵の種類によって個々の薬剤による影響の程度は大きく異なるが、選択的なものを用いることが基本になる。農薬登録がある主な天敵については、殺菌剤も含めて各種薬剤の影響の目安を、日本生物防除協議会がウェブサイト（http://www.biocontrol.jp/、図1を用いてアクセス可）に一覧で公開しており、これを参考にできる。

　殺虫剤の場合、天敵の種を問わず影響が小さいものは、気門封鎖剤、BT剤など数種類に限られる。殺菌剤の大半は天敵にほとんど影響ないが、カブリダニ類などに対して、生存期間の短縮や産卵数の減少をもたらす薬剤もある。

　天敵を放飼した状況で、やむを得ず非選択的な薬剤を用いる場合は、利用する剤型や処理方法を工夫し、できるかぎり影響を軽減する。たとえば、直接散布すると影響が大きい薬剤を寄生蜂の利用中に用いなければならない場合は、粒剤処理や土壌灌注処理で対応する。また、害虫密度が高い株や発生部位に限った、スポット散布なども有効である。

(4) 適切な放飼方法の選択

①ドリブル法

天敵を周期的に放飼することをドリブル法という。ドリブル法には、害虫の発生確認直後から定期的に数回放飼する方法と、害虫の発生調査を行なわず、栽培開始直後から複数回スケジュール放飼する方法がある。

前者は、効果が個々の経験や観察力に左右される可能性がある。後者は、無駄な放飼が生じる恐れもあるが、イチゴなど花粉が豊富な作物へ、花粉を好むアカメガシワクダアザミウマやミヤコカブリダニなどを放飼する場合は、害虫発生前から定着させることができ、安定した害虫防除効果が得られる。

②バンカー法

害虫発生前や作物の生育初期から、①「作物を加害せず、害虫の代わりに天敵の餌になる昆虫」と、②「その寄主植物」、③「作物の害虫と①の両方を餌とする天敵」を組み合わせて圃場に導入し、これらを長期間維持して十分量の天敵を継続的に供給しながら害虫を待ち伏せる方法であり、通常は①と②のセットをバンカーと呼ぶ。

最も普及が進んでいるバンカー法は、イネ科植物とこれに寄生するムギクビレアブラムシをバンカーとする、コレマンアブラバチの利用で、バンカー、天敵とも市販されている。また、雑食性のタバコカスミカメは、クレオメ、ゴマ、バーベナ（'タピアン'）などを栽培し、ここに放して施設内に設置すれば、①がなくてもバンカーとして機能する。

スワルスキーカブリダニ、ミヤコカブリダニには、作物を加害しない餌ダニとともに、小型の耐水性紙の袋に封入されたパック製剤がある。本製剤やこれをさらにバンカーシート®に封入したものを圃場に設置すれば、前述のバンカーと同様の効果が期待できる。

(5) 作物と天敵の相性

天敵の定着性や増殖性には、植物表面の毛茸や粘液などの表面構造や、花粉、花蜜の生産量などが関係するため、対象害虫が同じでも防除効果は作物によって異なることがある。

たとえばイチゴでは、毛茸の密生する植物体表面がカブリダニ類やアカメガシワクダアザミウマなどの産卵場所として適するが、植物組織中に産卵するヒメハナカメムシ類は毛茸が多い部位を好まないことが知られており、これが定着や増殖の妨げとなっている可能性がある。

(6) その他の留意事項

①ゼロ放飼

ゼロ放飼とは、天敵放飼を始める前に害虫の密度が高すぎると判断した場合、あらかじめ化学合成農薬などで害虫密度をゼロ近くまで下げてから放飼することをいう。この方法では、薬剤散布後の天敵への影響を考慮して、残効の短い薬剤や選択性の薬剤を用いることがポイントになる。

なお、「ゼロ」は必ずしも害虫密度を完全に「0」にすることを意味するものではなく、天敵が抑制できる密度以下となっていれば十分である。

②タバコカスミカメは害虫密度とのバランスに注意

雑食性のタバコカスミカメは作物への定着が良好で、キュウリではアザミウマ類の防除に有効であるが、被害発生にも注意が必要である。餌になる害虫を食いつくし、かつ高密度になった場合には、葉や果実を加害することもあるので、害虫との密度のバランスに留意する。

表2　土着天敵を保護・強化するオクラ栽培で利用できる選択性殺虫剤

IRAC 作用機構分類	サブグループ	薬剤名	対象害虫種	
			アブラムシ類	チョウ目
9B	ピリジン アゾメチン誘導体	チェス顆粒水和剤	○	
		コルト顆粒水和剤	○	
11A	*Bacillus thuringiensis* と殺虫タンパク質生産物	各種 BT 剤		○
28	ジアミド系	プレバソンフロアブル		○
		フェニックス顆粒水和剤		○
29	フロニカミド	ウララ DF	○	
UN	ピリダリル	プレオフロアブル		○
—	—	エコピタ液剤	○	
		粘着くん液剤	○	

表3　オクラとの組合せで害虫防除効果が期待できる主な天敵温存植物とその効果，留意事項

対象害虫				天敵温存植物	強化が期待される天敵							天敵に供給される餌，効果				主な利用時期				留意事項
アブラムシ類	チョウ目	ハモグリバエ類	ヨコバイ類		寄生蜂 	クサカゲロウ類 	ゴミムシ類 	テントウムシ類 	徘徊性クモ類 	ヒラタアブ類 	捕食性カメムシ類 	花粉・花蜜	隠れ家	植物汁液	代替餌（昆虫）	春	夏	秋	冬	
○				ソバ	○					○		○								・秋ソバ品種を早播きすると長く開花する ・倒伏・雑草化しやすい
○				ソルゴー	○	○		○		○				○	○					・ヒエノアブラムシや傷口から出る汁液が餌になる
○	○	○		ハゼリソウ	○		○	○	○	○		○	○		○					・ナモグリバエの寄主になる ・被覆植物としての効果も期待できる
○	○			ヘアリーベッチ	○		○	○	○	○		○	○							・被覆植物としての効果も期待できる
○			○	ホーリーバジル	○					○	○	○								・開花期間が長い

2 オクラ（露地栽培）

オクラで問題になる主な害虫は、オオタバコガ、ハスモンヨトウなどチョウ目の幼虫、ワタアブラムシをはじめとするアブラムシ類、ヨコバイ類である。露地栽培でこれらに対して利用できる生物農薬はないため、土着天敵を活用する。

主要害虫の防除には、表2のような選択性殺虫剤を用いることで、土着天敵の働きを妨げる要因（悪影響をおよぼす薬剤の使用など）を回避し保護する。また、圃場内に天敵温存植物（表3）を植栽し、土着天敵の活動に好適な条件を整えて働きを強化する。

鹿児島県の産地では、春にヘアリーベッチまたはソバ、夏にソルゴーを圃場の外周などに配置して、アブラムシ類の土着天敵を強化する方法が確立され、結果として殺虫剤散布回数を大幅に減らしたＩＰＭが可能になっている。

（執筆：大井田　寛）

各種土壌消毒の方法

土壌消毒を実施するかどうかの判断は非常にむずかしい。作物の生育期間中に土壌害虫や線虫の寄生に気がついても手の施しようがないので、前作で病気や線虫による株の萎れや根の異常があれば実施するのが賢明である。

1 太陽熱利用による土壌消毒

太陽の熱でビニール被覆した土壌を高温にし、各種病害、ネコブセンチュウ、雑草の種子を死滅させる方法である。冷夏で日射量が少ないと効果が不十分になる。

処理は梅雨明け後から約1カ月間に行なうのがよい。処理手順は図1、2のように行なう。

近年、有機物を施用して太陽熱消毒を行なう土壌還元消毒が施設栽培を中心に実施されている。有機物を餌に微生物が急増してその呼吸で酸素が消費され、土壌が還元化することで、これまでの太陽熱消毒に比べて、より低温で短期間に安定した効果が得られる。

有機物がフスマや米ぬか、糖蜜の場合、10a当たり1t施用してから土壌に混和し、十分な水を与えて農業用の透明フィルムで被覆し、ハウスを密閉する。エタノールを使用する場合、処理前日ないし当日、圃場全体に灌水チューブなどで50㎜程度灌水する。その後、液肥混入器などで0・25〜0・5％に希釈したエタノールを50㎝程度の間隔で設置した灌水チューブで黒ボク土では1㎡当たり150ℓ、砂質土では濃度を2倍にして半量散布後、フィルムで被覆する。

いずれの方法もハウスを2〜3週間密閉後、フィルムを除去してロータリーで耕うんし、土壌を下層まで酸化状態に戻し、3〜4日後に播種・定植ができる。

土壌消毒効果は、有機物を混和した部分までに限定され、低濃度エタノールは処理費用が高いが、深層まで処理効果を示す。

図1　露地畑での太陽熱土壌消毒法

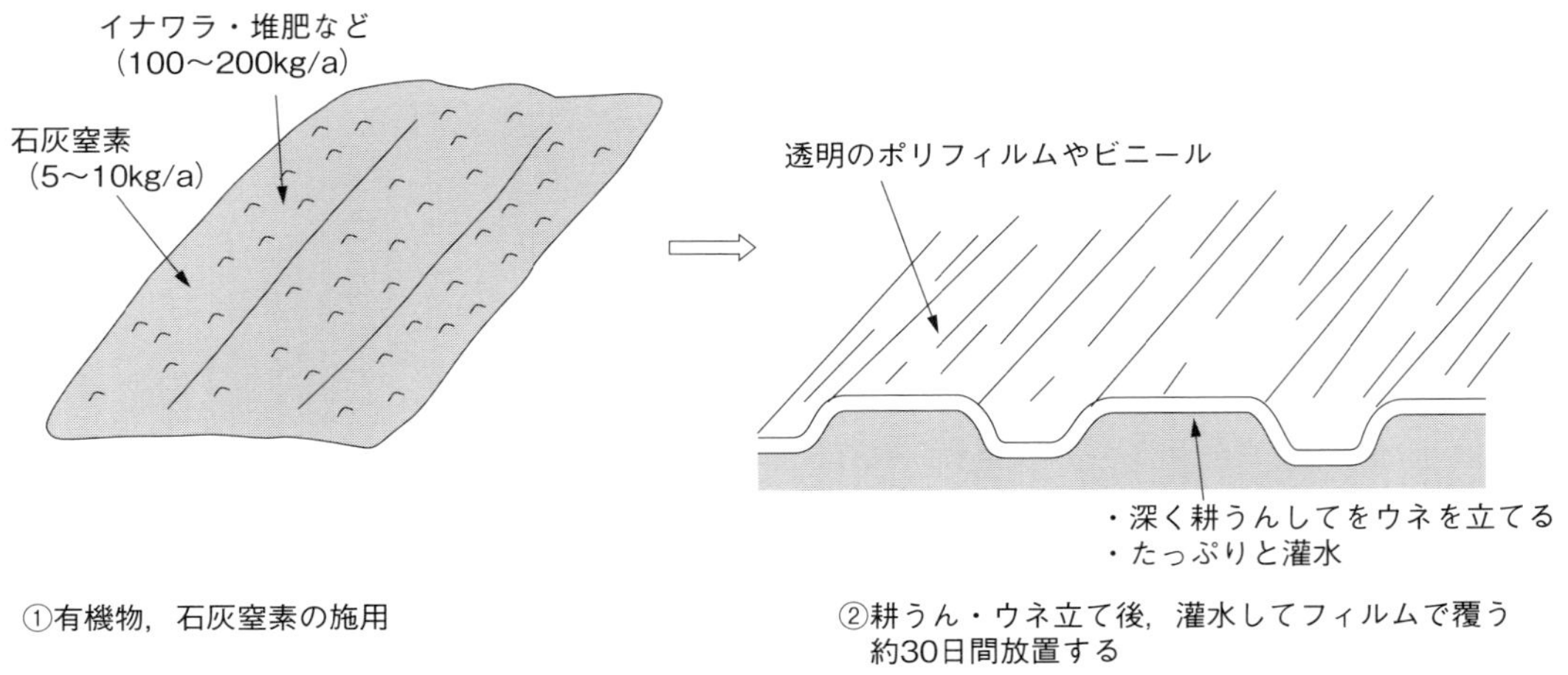

①有機物，石灰窒素の施用
②耕うん・ウネ立て後，灌水してフィルムで覆う
約30日間放置する

図2　施設での太陽熱土壌消毒法

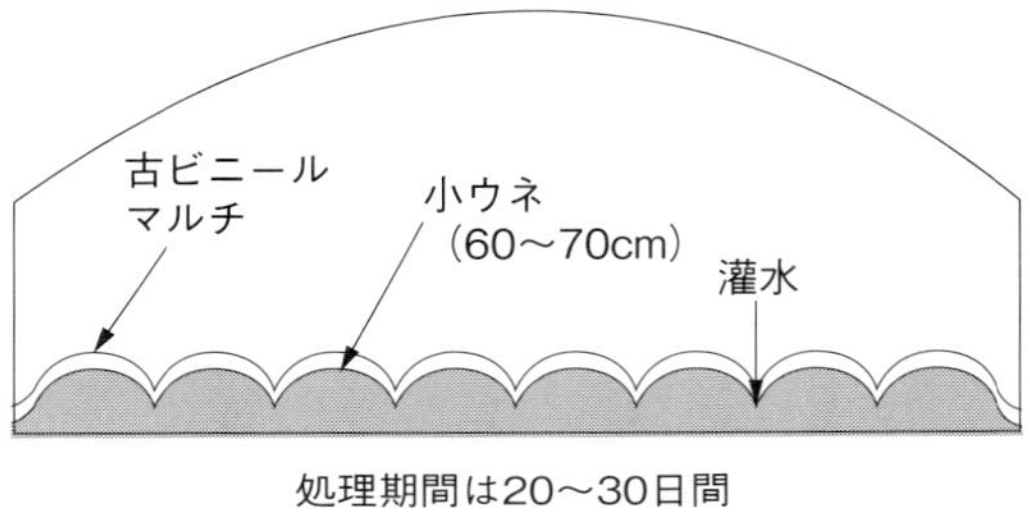

処理期間は20〜30日間

2　石灰窒素利用による土壌消毒

作付け予定の5〜7日以上前に、100㎡当たり5〜10kgを施用し、ていねいに土壌混和する。土壌が乾燥している場合は灌水をする。太陽熱利用や化学農薬による土壌消毒より防除効果は低いが、手軽に利用できる。

表1　主なくん蒸剤

種類／対象	線虫類	土壌病害	雑草種子	主な商品名
D-D剤	○	—	—	DC，テロン
クロルピクリン剤	○	○	○	クロルピクリン
ダゾメット剤	○	○	○	ガスタード微粒剤

3　農薬による土壌消毒

(1) くん蒸剤による土壌消毒

土壌病害と線虫類、雑草の種子を防除対象とするものと、線虫類だけを対象とするものとがある（表1）。

くん蒸剤を施用してから作物を作付けできるまでの最短の必要日数は、使用する薬剤によって異なり、D-D剤やクロルピクリン剤では約2週間、ダゾメット（ガスタード微粒剤）では約3週間程度である。気温が低い場合は、この日数よりも長く必要になる。

くん蒸剤は土壌病害、線虫害を回避する一つの方法であるが、その使用方法は非常にむずかしいので、表示されている注意事項に十分留意して行なう。

〈くん蒸剤使用の留意点〉

①D-D剤やクロルピクリン剤を使用するときには、専用の注入器が必要である。

②くん蒸剤全体に薬剤の臭いがするが、と

くにクロルピクリンは非常に臭いが強いので、その取扱いには注意が必要。
③テープ状のクロルピクリンは、使用時の臭いが少なく使用しやすい。
④くん蒸剤注入後はポリフィルムやビニールで土壌表面を覆う。
⑤ダゾメット剤は処理時の土壌水分を多目にする。

(2) 粒状殺線虫剤

粒状殺線虫剤はくん蒸剤と異なり、手軽に使用できる。植付け直前にていねいに土壌に混和する。植付け前の施肥時の使用が合理的である。100㎡当たり200～400gを土壌表面に均一に散粒し、ていねいに土壌混和するのが効果を高めるポイントである。

植付け時の植穴使用は効果がない。また、生育中の追加使用も同様に効果がない。

果菜類のネコブセンチュウ対策としての実施が主である。キャベツなどのアブラナ科に発生する、根こぶ病とは使用薬剤が異なるので注意する。

（執筆：加藤浩生）

被覆資材の種類と特徴

ハウスやトンネル、ベタがけ、マルチに使用する被覆資材にはいろいろな材質、特性のものがある。野菜の種類や作期などに応じて最適なものを選びたい。

(1) ハウス外張り用被覆資材（表1）

①資材の種類と動向

ハウス外張り用被覆資材は、ポリ塩化ビニール（農ビ）が主に使用されてきたが、保温性を農ビ並みに強化し、長期展張できるポリオレフィン系特殊フィルム（農PO）が開発されてそのシェアを伸ばしてきた。

2018年の調査によるハウス外張り用被覆資材は、農POが全体の52％を占め、次いで農ビが36％、農業用フッ素フィルム（フッ素系）が6％である。

ハウス外張り用被覆資材に求められる特性としては、第一に保温性、光線透過性が優れていることで、防曇性（流滴性）、防霧性なども重要である。

②主な被覆資材の特徴

農ビ　農ビは、柔軟性、弾力性、透明性が高く、防曇効果が長期間持続し、赤外線透過率が低いので保温性が優れていることなどが特長である。一方、資材が重くてべたつきやすく、汚れの付着による光線透過率低下が早いのが欠点である。

べたつきを少なくして作業性をよくする、チリやホコリを付着しにくくして汚れにくくする、3～4年展張可能といった、これまでの農ビの欠点を改善する資材も開発されている。

農PO　農POは、ポリオレフィン系樹脂を3～5層にし、赤外線吸収剤を配合するなどして保温性を農ビ並みに強化したもので、軽量でべたつきなく透明性が高い。こすれに弱いが、破れた部分からの傷口が広がりにくく、温度による伸縮が少ないので、展張した資材を固定するテープなどが不要で、バンドレスで展張できる。厚みのあるものは長期間展張できるといった特徴がある。

表1　ハウス外張り用被覆資材の種類と特性

種類	素材名		商品名	光線透過率（%）	近紫外線透過程度[注)]	厚さ（mm）	耐用年数（年）	備考
硬質フィルム	ポリエステル系		シクスライトクリーン・ムテキLなど	92	△〜×	0.15〜0.165	6〜10	強度，耐候性，透明性に優れている。紫外線の透過率が低いため，ミツバチを利用する野菜やナスには使えない
硬質フィルム	フッ素系		エフクリーン自然光，エフクリーンGRUV，エフクリーン自然光ナシジなど	92〜94	○〜×	0.06〜0.1	10〜30	光線透過率が高く，フィルムが汚れにくくて室内が明るい。長期展張可能．防曇剤を定期的に散布する必要がある。ハウス内のカーテンやテープなどの劣化が早い。キュウリやピーマンは保湿が必要。近紫外線除去タイプ（エフクリーンGRUVなど）や光散乱タイプ(エフクリーン自然光ナシジ)もある。使用済み資材はメーカーが回収する
軟質フィルム	ポリ塩化ビニール（農ビ）	一般	ノービエースみらい，ソラクリーン，スカイ8防霧，ハイヒット21など	90〜	○〜×	0.075〜0.15	1〜2	透明性が高く，防曇効果が長期間持続し，保温性がよい。資材が重くてべたつきやすく，汚れによる光線透過率低下がやや早い。厚さ0.13mm以上のものはミツバチやマルハナバチを利用する野菜には使用できないものがある
軟質フィルム	ポリ塩化ビニール（農ビ）	防塵・耐久	クリーンエースだいち，ソラクリーン，シャインアップ，クリーンヒットなど	90〜	○〜×	0.075〜0.15	2〜4	チリやホコリを付着しにくくし，耐久農ビは3〜4年展張可能。厚さ0.13mm以上のものには，ミツバチを利用する野菜に使用できないものがある
軟質フィルム	ポリ塩化ビニール（農ビ）	近紫外線除去	カットエースON，ノンキリとおしま線，紫外線カットスカイ8防塵，ノービエースみらい	90〜	×	0.075〜0.15	1〜2	害虫侵入抑制，灰色かび病などの病原胞子の発芽を抑制する。ミツバチを利用する野菜やナスには使えない
軟質フィルム	ポリ塩化ビニール（農ビ）	光散乱	無滴，SUNRUN，パールメイトST，ノンキリー梨地など	90〜	○	0.075〜0.1	1〜2	骨材や葉による影ができにくい。急激な温度変化が緩和し，葉焼けや果実の日焼けを抑制し，作業環境もよくなる。商品によって散乱光率が異なる
軟質フィルム	ポリオレフィン系特殊フィルム（農PO）	一般	スーパーソーラーBD，花野果強靭，スーパーダイヤスター，アグリスター，クリンテートEX，トーカンエースとびきり，バツグン5，アグリトップなど	90〜	○	0.1〜0.15	3〜8	フィルムが汚れにくく，伸びにくい。パイプハウスではハウスバンド不要。保温性は農ビとほぼ同等。資材の厚さなどで耐用年数が異なる
軟質フィルム	ポリオレフィン系特殊フィルム（農PO）	近紫外線除去	UVソーラーBD，アグリスカット，ダイヤスターUVカット，クリンテートGMなど	90〜	×	0.1〜0.15	3〜5	害虫侵入抑制，灰色かび病などの病原胞子の発芽を抑制する。ミツバチを利用する野菜やナスには使えない
軟質フィルム	ポリオレフィン系特殊フィルム（農PO）	光散乱	美サンランダイヤスター，美サンランイースターなど	89〜	○	0.075〜0.15	3〜8	骨材や葉による影ができにくい。急激な温度変化が緩和し，葉焼けや果実の日焼けを抑制し，作業環境もよくなる

注）近紫外線の透過程度により，○：280nm付近の波長まで透過する，△：波長310nm付近以下を透過しない，×：波長360nm付近以下を透過しない，の3段階

表2　被覆資材の近紫外線透過タイプとその利用

タイプ	透過波長域	近紫外線透過率	適用場面	適用作物
近紫外線強調型	300nm 以上	70％以上	アントシアニン色素による発色促進	ナス，イチゴなど
			ミツバチの行動促進	イチゴ，メロン，スイカなど
紫外線透過型	300nm 以上	50％±10	一般的被覆利用	ほとんどの作物
近紫外線透過抑制型	340±10nm	25％±10	葉茎菜類の生育促進	ニラ，ホウレンソウ，コカブ，レタスなど
近紫外線不透過型	380nm 以上	0%	病虫害抑制 害虫：ミナミキイロザミウマ，ハモグリバエ類，ネギコガ，アブラムシ類など 病気：灰色かび病など	トマト，キュウリ，ピーマンなど ホウレンソウ，ネギなど
			ミツバチの行動抑制	イチゴ，メロン，スイカなど

硬質フィルム　近年、硬質フィルムで増えているのが、フッ素系フィルムである。エチレンと四フッ化エチレンを主原料とし、光線透過率が高く、透過性が長期間維持される。強度、耐衝撃性に優れ、耐用年数は10～30年と長い。粘着性が小さく、広い温度帯での耐性も優れている。表面反射がきわめて低いので室内が明るく、赤外線透過率が低いため保温性も優れている。使用済みの資材は、メーカーが回収する。

③用途に対応した製品の開発

各種類には、光線透過率を波長別に変えたり散乱光にしたりするなど、さまざまな用途に対応する製品が開発されている。

近紫外線を除去したフィルムは、害虫侵入抑制、灰色かび病などの病原胞子の発芽を抑制する利点があるが、ナスでは果皮色が発色不良になり、ミツバチやマルハナバチの活動が低下するので注意する（表2）。

光散乱フィルムは、骨材や作物の葉などによる影ができにくく、急激な温度変化が少ないので、葉焼けや果実の日焼けを抑制し作業環境もよくなる。

そのほか、外気温に反応して透明性が変化し、低温時は透明で直達光を多く取り込み、高温時は梨地調に変化して散乱光にするといった資材も開発されている。

(2) トンネル被覆資材（表3）

①資材の種類

野菜の栽培用トンネルは、アーチ型支柱に被覆資材をかぶせたもので、保温が主な目的である。保温性を高めるために二重被覆も行なわれる。

保温を目的とする場合は、一般に軟質フィルムが使用されるが、虫害や鳥害、風害を防止するために寒冷紗や防虫ネット、割繊維不織布をトンネル被覆することもある。

換気を省略するためにフィルムに穴をあけた有孔フィルムもある。

②各資材の特徴

農ビ　保温性が最も優れているので、保温効果を最優先する厳寒期の栽培や寒さに弱い野菜に向く。裂けやすいので穴あけ換気はむずかしい。

農PO　農ビに近い保温性があり、べたつきが少なく、汚れにくいので、作業性や耐久性を重視する場合に向く。裂けにくいので、穴あけ換気ができる。

農ポリ　軽くて扱いやすく、安価だが、保

表3　トンネル被覆資材の種類と特性

種類	素材名		商品名	光線透過率（%）	近紫外線透過程度注1)	厚さ（mm）	保温性注2)	耐用年数（年）	備考
軟質フィルム	ポリ塩化ビニール（農ビ）	一般	トンネルエース，ニューロジスター，ロジーナ，ベタレスなど	92	○	0.05〜0.075	○	1〜2	最も保温性が高いので，保温効果を最優先する厳寒期の栽培や寒さに弱い野菜に向く。裂けやすいので穴あけ換気はむずかしい。農ビはべたつきやすいが，べたつきを少なくしたもの，保温力を強化したものもある
		近紫外線除去	カットエーストンネル用など	92	×	0.05〜0.075	○	1〜2	害虫の飛来を抑制する。ミツバチを利用する野菜には使用できない
	ポリオレフィン系特殊フィルム（農PO）	一般	透明ユーラック，クリンテート，ゴリラなど	90	○	0.05〜0.075	△	1〜2	農ビに近い保温性がある。べたつきが少なく，汚れにくいので，作業性や耐久性を重視する場合に向く。裂けにくいので穴あけ換気ができる
		有孔	ユーラックカンキ，ベジタロンアナトンなど	90	○	0.05〜0.075	△	1〜2	昼夜の温度格差が小さく，換気作業を省略できる。開口率の違うものがあり，野菜の種類や栽培時期によって使い分ける
	ポリエチレン（農ポリ）	一般	農ポリ	88	○	0.05〜0.075	×	1〜2	軽くて扱いやすく，安価だが，保温性が劣る。無滴と有滴がある
		有孔	有孔農ポリ	88	○	0.05〜0.075	×	1〜2	換気作業を省略できる。保温性は劣る。無滴と有滴がある
	ポリオレフィン系特殊フィルム（農PO）＋アルミ		シルバーポリトウ保温用	0	×	0.05〜0.07	◎	5〜7	ポリエチレン2層とアルミ層の3層。夜間の保温用で，発芽後は朝夕開閉する

注1）近紫外線の透過程度により，○：280nm付近の波長まで透過する，△：波長310nm付近以下を透過しない，×：波長360nm付近以下を透過しない，の3段階

注2）保温性　○：高い，△：やや高い，×：低い

温性が劣るので、気温が上がってくる春の栽培やマルチで利用される。穴のあいた有孔フィルムは、昼夜の温度格差が小さく、換気作業を省略できる。開口率の違うものがあり、野菜の種類や栽培時期によって使い分ける。

防虫ネット　防虫ネットと寒冷紗は、ベタがけも行なわれるが、トンネル被覆で利用することが多い。防虫ネットは、対象になる害虫によって目合いが異なる（表4）。目が細かいほど幅広い害虫に対応できるが、通気性が悪くなり、蒸れたり気温が高くなったりするので、被害が予想される害虫に合った目合

表4　害虫の種類と防虫ネット目合いの目安

対象害虫	目合い（mm）
コナジラミ類，アザミウマ類	0.4
ハモグリバエ類	0.8
アブラムシ類，キスジノミハムシ	0.8
コナガ，カブラハバチ	1
シロイチモジヨトウ，ハイマダラノメイガ，ヨトウガ，ハスモンヨトウ，オオタバコガ	2〜4

注）赤色ネットは0.8mm目合いでもアザミウマ類の侵入を抑制できる

表5　ベタがけ，防虫，遮光用資材の種類と特性

種類	素材名	商品名	耐用年数（年）	備考
長繊維不織布	ポリプロピレン（PP）	パオパオ90，テクテクネオなど	1～2	主に保温を目的としてベタがけで使用
	ポリエステル（PET）	パスライト，パスライトブルーなど	1～2	吸湿性があり，保温性がよい。主に保温を目的としてベタがけで使用
割繊維不織布	ポリエチレン（PE）	農業用ワリフ	3～5	保温性が劣るが通気性がよいので防虫，防寒目的にベタがけやトンネルで使用
	ビニロン（PVA）	ベタロンバロン愛菜	5	割高だが，吸湿性があり他の不織布より保温性が優れる。主に保温，寒害防止，防虫を目的にベタがけやトンネルで使用
長繊維不織布＋織布タイプ	ポリエステル＋ポリエチレン	スーパーパスライト	5	割高だが，吸湿性があり他の不織布より保温性が優れる。主に保温，寒害防止，防虫を目的にベタがけやトンネルで使用
ネット	ポリエチレン，ポリプロピレンなど	ダイオサンシャイン，サンサンネットソフライト，サンサンネットe-レッドなど	5	防虫を主な目的としてトンネル，ハウス開口部に使用。害虫の種類に応じて目合いを選択する
寒冷紗	ビニロン（PVA）	クレモナ寒冷紗	7～10	色や目合いの異なるものがあり，防虫，遮光などの用途によって使い分ける。アブラムシ類の侵入防止には♯300（白）を使用する
織布タイプ	ポリエチレン，ポリオレフィン系特殊フィルムなど	ダイオクールホワイト，スリムホワイトなど	5	夏の昇温抑制を目的とした遮光・遮熱ネット。色や目合いなどで遮光率が異なり，用途によって使い分ける。ハウス開口部に防虫ネットを設置した場合は，遮光率35％程度を使用する。遮光率が同じ場合，一般的に遮熱性は黒＜シルバー＜白，耐久性は白＜シルバー＜黒となる

いのものを選ぶ。アブラムシ類に忌避効果がある、アルミ糸を織り込んだものなどもある。

寒冷紗　目の粗い平織の布で、主な用途は遮光である。黒色と白色があり、遮光率は黒が50％、白が20％程度のものが使われる。主に夏の播種や育苗に利用する。遮光率が高いほうが暑さを緩和する効果は高いが、発芽後もかけておくと徒長しやすいので、発芽後に取り除くことが必要である。

(3) ベタがけ資材（表5）

ベタがけとは、光透過性と通気性を兼ね備えた資材を、作物や種播き後のウネに直接かける方法である。支柱がいらず手軽にかけられ、通気性があるために換気も不要である。

果菜類では、冬から春先に定植する苗の保温や防寒を目的に、トンネル内側の二重被覆や露地に定植した苗に直接被覆することが行なわれる。

(4) マルチ資材（表6）

土壌表面をなんらかの資材で覆うことを、マルチまたはマルチングという。地温調節、降雨による肥料の流亡抑制、土壌侵食防止、

表6　マルチ資材の種類と特性

種類	素材		商品名	資材の色	厚さ(mm)	使用時期	備考
軟質フィルム	ポリエチレン（農ポリ）	透明	透明マルチ，KO透明など	透明	0.02～0.03	春，秋，冬	地温上昇効果が最も高い。KOマルチはアブラムシ類やアザミウマ類の忌避効果もある
		有色	KOグリーン，KOチョコ，ダークグリーンなど	緑，茶，紫など	0.02～0.03	春，秋，冬	地温上昇効果と抑草効果がある
		黒	黒マルチ，KOブラックなど	黒	0.02～0.03	春，秋，冬	地温上昇効果が有色フィルムに次いで高い。マルチ下の雑草を完全に防除できる
		反射	白黒ダブル，ツインマルチ，パンダ白黒，ツインホワイトクール，銀黒ダブル，シルバーポリなど	白黒，白，銀黒，銀	0.02～0.03	周年	地温が上がりにくい。地温上昇抑制効果は白黒ダブル＞銀黒ダブル。銀黒，白黒は黒い面を下にする
		有孔	ホーリーシート，有孔マルチ，穴あきマルチなど	透明，緑，黒，白，銀など	0.02～0.03	周年	穴径，株間，条間が異なるいろいろな種類がある。野菜の種類，作期などに応じて適切なものを選ぶ
	生分解性		キエ丸，キエール，カエルーチ，ビオフレックスマルチなど	透明，乳白，黒，白黒など	0.02～0.03	周年	価格が高いが，微生物により分解されるのでそのまま畑にすき込め，省力的で廃棄コストを低減できる。分解速度の異なる種類がある。置いておくと分解が進むので購入後すみやかに使用する
不織布	高密度ポリエチレン		タイベック	白	—	夏	通気性があり，白黒マルチより地温が上がりにくい。光の反射率が高く，アブラムシ類やアザミウマ類の飛来を抑制する。耐用年数は型番によって異なる
有機物	古紙		畑用カミマルチ	ベージュ，黒	—	春，夏，秋	通気性があり，地温が上がりにくい。雑草を抑制する。地中部分の分解が早いので，露地栽培では風対策が必要。微生物によって分解される
	イナワラ，ムギワラ			—	—	夏	通気性と断熱性が優れ，地温を裸地より下げることができる

土の跳ね上がり抑制による病害予防、土壌水分・土壌物理性の保持、アブラムシ類忌避、抑草などの効果があり、さまざまな特性を備えたマルチ資材が開発されている。

コーンスターチなどを原料とし、栽培終了後、畑にそのまますき込めば微生物によって分解されてしまう、生分解性フィルムの利用も進んでいる。

栽培時期や目的に応じて適切な資材を使い分ける。マルチ張りの作業は、土壌水分が適度なときに行ない、土壌表面とフィルムを密着させる。

高温性の果菜類を冬から春に定植する場合は、定植の1～2週間前にマルチをして地温を高めておくと、活着とその後の生育が早まる。

（執筆：川城英夫）

主な肥料の特徴

(1) 単肥と有機質肥料

（単位：％）

肥料名	窒素	リン酸	カリ	苦土	アルカリ分	特性と使い方注)
硫酸アンモニア	21					速効性。土壌を酸性化。吸湿性が小さい（③）
尿素	46					速効性。葉面散布も可。吸湿性が大きい（③）
石灰窒素	21				55	やや緩効性。殺菌・殺草力あり。有毒（①）
過燐酸石灰		17				速効性。土に吸着されやすい（①）
熔成燐肥(ようりん)		20		15	50	緩効性。土壌改良に適する（①）
BMようりん		20		13	45	ホウ素とマンガン入りの熔成燐肥（①）
苦土重焼燐		35		4.5		効果が持続する。苦土を含む（①）
リンスター		30		8		速効性と緩効性の両方を含む。黒ボク土に向く（①）
硫酸加里			50			速効性。土壌を酸性化。吸湿性が小さい（③）
塩化加里			60			速効性。土壌を酸性化。吸湿性が大きい（③）
ケイ酸加里			20			緩効性。ケイ酸は根張りをよくする（③）
苦土石灰				15	55	土壌の酸性を矯正する。苦土を含む（①）
硫酸マグネシウム				25		速効性。土壌を酸性化（③）
なたね油粕	5～6	2	1			施用2～3週間後に播種・定植（①）
魚粕	5～8	4～9				施用1～2週間後に播種・定植（①）
蒸製骨粉	2～5.5	14～26				緩効性。黒ボク土に向く（①）
米ぬか油粕	2～3	2～6	1～2			なたね油粕より緩効性で，肥効が劣る（①）
鶏糞堆肥	3	6	3			施用1～2週間後に播種・定植（①）

(2) 複合肥料

（単位：％）

肥料名（略称）	窒素	リン酸	カリ	苦土	特性と使い方注)
化成13号	3	10	10		窒素が少なくリン酸，カリが多い，上り平型肥料（①）
有機アグレットS400	4	10	10		有機質80％入りの化成（①）
化成8号	8	8	8		成分が水平型の普通肥料（③）
レオユーキL	8	8	8		有機質20％入りの化成（①）
ジシアン有機特806	8	10	6		有機質50％入りの化成。硝酸化成抑制材入り（①）
エコレット808	8	10	8		有機質19％入りの有機化成。堆肥入り（①）
MMB有機020	10	12	10	3	有機質40％，苦土，マンガン，ホウ素入り（①）
UF30	10	10	10	4	緩効性のホルム窒素入り。苦土，ホウ素入り（①）
ダブルパワー1号	10	13	10	2	緩効性の窒素入り。苦土，マンガン，ホウ素入り（①）
IB化成S1	10	10	10		緩効性のIB入り化成（①）
IB1号	10	10	10		水稲（レンコン）用の緩効性肥料（①）
有機入り化成280	12	8	10		有機質20％入りの化成（①）
MMB燐加安262	12	16	12	4	苦土，マンガン，ホウ素入り（①）
CDU燐加安S222	12	12	12		窒素の約60％が緩効性（①）
燐硝安加里S226	12	12	16		速効性。窒素の40％が硝酸性（主に①）
ロング424	14	12	14		肥効期間を調節した被覆肥料（①）
エコロング413	14	11	13		肥効期間を調節した被覆肥料。被膜が分解しやすい（①）
スーパーエコロング413	14	11	13		肥効期間を調節した被覆肥料。初期の肥効を抑制（溶出がシグモイド型）（①）
ジシアン555	15	15	15		硝酸化成抑制材入りの肥料（①）
燐硝安1号	15	15	12		速効性。窒素の60％が硝酸性（主に②）
CDU・S555	15	15	15		窒素の50％が緩効性（①）
高度16	16	16	16		速効性。高成分で水平型（③）
燐硝安S604号	16	10	14		速効性。窒素の60％が硝酸性（主に②）
燐硝安加里S646	16	4	16		速効性。窒素の47％が硝酸性（主に②）
NK化成2号	16		16		速効性（主に②）
CDU燐加安S682	16	8	12		窒素の50％が緩効性（①）
NK化成C6号	17		17		速効性（主に②）
追肥用S842	18	4	12		速効性。窒素の44％が硝酸性（②）
トミー液肥ブラック	10	4	6		尿素，有機入り液肥（②）
複合液肥2号	10	4	8		尿素入り液肥（②）
FTE	マンガン19％，ホウ素9％				ク溶性の微量要素肥料。そのほかに鉄，亜鉛，銅など含む（①）

注）使い方は以下の①～③を参照。①元肥として使用，②追肥として使用，③元肥と追肥に使用

（執筆：齋藤研二）

◉著者一覧

＊執筆順（所属は執筆時）

白木　己歳（元宮崎県総合農業試験場）
根本　知明（福島県農林水産部農業振興課）
大木　　浩（千葉県農林総合研究センター）
金子　賢一（茨城県農業総合センター園芸研究所）
白水　武仁（熊本県鹿本地域振興局農林部農業普及・振興課）
芹川　　誉（千葉県海匝農業事務所改良普及課）
宮町　良治（北海道日高農業改良普及センター）
町田　剛史（千葉県農林総合研究センター東総野菜研究室）
木村　美紀（千葉県印旛農業事務所）
畠山　雅直（群馬県東部農業事務所普及指導課）
太田　和宏（神奈川県農業技術センター三浦半島地区事務所）
若宮　貞人（北海道空知農業改良普及センター北空知支所）
長嶋　寿明（千葉県海匝農業事務所改良普及課）
隔山　普宣（JA全農徳島県本部営農開発課）
宇賀神正章（JA全農栃木県本部）
桑鶴　紀充（元鹿児島県農業開発総合センター）
田中　義弘（鹿児島県農業開発総合センター大隅支場）
棚原　尚哉（沖縄県農業研究センター）
三井　寿一（JA全農福岡県本部園芸部）
松本　　勇（北海道道南農業試験場技術普及室）
畠山　昭嗣（栃木県農政部経営技術課）
海保富士男（東京都農林総合研究センター）
森　　利樹（元三重県農業研究所）
外薗　幸夫（鹿児島県南薩地域振興局指宿市十二町駐在）
加藤　浩生（JA 全農千葉県本部）
大井田　寛（法政大学）
川城　英夫（JA 全農耕種総合対策部）
齋藤　研二（JA 全農東日本営農資材事業所）

編者略歴

川城英夫（かわしろ・ひでお）

1954年、千葉県生まれ。東京農業大学農学部卒。千葉大学大学院園芸学研究科博士課程修了。農学博士。千葉県において試験研究、農業専門技術員、行政職に従事し、千葉県農林総合研究センター育種研究所長などを経て、2012年からJA全農 耕種総合対策部 主席技術主管、2023年から同部テクニカルアドバイザー。農林水産省「野菜安定供給対策研究会」専門委員、野菜産地再編強化協議会・産地高度化新技術調査検討委員、農林水産祭中央審査委員会園芸部門主査、野菜流通カット協議会生産技術検討委員など数々の役職を歴任。

主な著書は『作型を生かす ニンジンのつくり方』『新 野菜つくりの実際』『家庭菜園レベルアップ教室 根菜①』『新版 野菜栽培の基礎』『ニンジンの絵本』『農作業の絵本』『野菜園芸学の基礎』（共編著含む、農文協）、『激増する輸入野菜と産地再編強化戦略』『野菜づくり畑の教科書』『いまさら聞けない野菜づくりQ&A300』『畑と野菜づくりのしくみとコツ』（監修含む、家の光協会）など。

新 野菜つくりの実際　第2版

果菜Ⅱ　ウリ科・イチゴ・オクラ

誰でもできる露地・トンネル・無加温ハウス栽培

2023年10月20日　第1刷発行

編　者　川城　英夫

発行所　一般社団法人 農山漁村文化協会
〒335-0022 埼玉県戸田市上戸田2丁目2－2
電話　048（233）9351（営業）　048（233）9355（編集）
FAX　048（299）2812　振替 00120-3-144478
URL　https://www.ruralnet.or.jp/

ISBN978-4-540-23105-6　DTP制作／㈱農文協プロダクション
〈検印廃止〉　印刷・製本／TOPPAN㈱